AF577756

Mikrobiologie des Weines

Handbuch der Lebensmitteltechnologie

Mikrobiologie des Weines
Von H. H. DITTRICH und M. GROSSMANN

Getränkebeurteilung
Herausgegeben von J.KOCH

Technologie der Obstbrennerei
Von P. DÜRR, W. ALBRECHT, M. GÖSSINGER, K. HAGMANN, D. PULVER, G. SCHOLTEN

Frucht- und Gemüsesäfte
Von U. SCHOBINGER und Mitarbeitern

Technologie des Weines
Von G. TROOST

Sekt, Schaum- und Perlwein
Von P. BACH

Chemie des Weines
Herausgegeben von G. WÜRDIG UND R. WOLLER

Fleisch–Technologie und Hygiene
Herausgegeben von A. FISCHER

Nahrungsfette und -öle
Von M. BOCKISCH

Prof. Dr. em. Helmut Hans Dittrich
unter Mitarbeit von
Prof. Dr. Manfred Grossmann

Mikrobiologie des Weines

4., aktualisierte Auflage

70 Abbildungen
56 Tabellen

Inhaltsverzeichnis

Vorwort

Zur ersten Auflage

Ohne die Mikroorganismen, die hier besprochen werden, gäbe es keinen Wein. Sie sind es, die das köstliche Getränk bereiten. Die „Kunst des Kellermeisters" lenkt sie, die heute sehr umfängliche Technologie ist das nicht immer notwendige Beiwerk.

Über Wein gibt es viele Bücher, aber kein zeitgemäßes über die Lebewesen, die den Wein im wahren Sinne des Wortes „machen". Deshalb wurde dieses Buch geschrieben. Ich habe darin auch eine Tradition fortzuführen: alle meine Amtsvorgänger haben sich der Mühe unterzogen, das Wissen ihrer Zeit über die Mikrobiologie der Weinbereitung zusammenzufassen. Das geschah stets, um eine Umsetzung dieses Wissens in die praktische Anwendung zu ermöglichen.

Diese Absicht liegt auch dieser Darstellung zugrunde. Sie ist deshalb keine Monographie, sondern ein Grundriss. Nur das Wichtigste wird gebracht. Aber was ist „das Wichtigste"? Zunächst einmal das, was der, der Wein „macht" oder darüber urteilen muss oder will, als notwendiges Wissen braucht. Auch den Studenten soll das Buch ein Leitfaden sein. Für ihre späteren Aufgaben als Betriebsleiter sei es eine Quelle zur schnellen Orientierung über die wichtigsten Fakten und Zusammenhänge.

Das hier Besprochene orientiert sich vor allem an den Gegebenheiten und Bedürfnissen der Weinbereitung in deutschen Weinbaugebieten. Manches ist bekanntlich bei uns anders als in anderen Weinbauländern. Ich denke zum Beispiel an die Anwendung von Süßreserve und ihre mikrobiologischen Folgeprobleme, wie den Zwang zur Sterilfüllung. Weiter sei erinnert an das *Botrytis*-Problem und an die differenzierten Verhältnisse der Gewinnung von Auslesen.

Gliederung, Auswahl und Umfang des Stoffes wurden im Hinblick auf die Benutzbarkeit des -Buches gewählt. Wiederholungen sollen zum -besseren Verständnis beitragen. Bei der Literaturauswahl wurde auf neue, wenn möglich zusammenfassende Arbeiten Wert gelegt.

Mancher Leser mag enttäuscht sein, wenn er sein Problem nicht in erwarteter Ausführlichkeit angesprochen findet. Mancher würde vielleicht lieber weniger „Theorie" haben wollen. Ihm sei gesagt, dass die Praxis Naturgesetze anwendet. Ihre sinnvolle Anwendung ist aber nur möglich, wenn man die theoretischen Grundlagen kennt. Ohne ihre Kenntnis bleibt man ein Stümper, weil dann das Gelingen nur vom Zufall abhängt. Ein derart risikoreiches Arbeiten ist aber zu teuer.

Das Buch enthält manche neuen Ergebnisse. Sie und die bereits von uns veröffentlichten verdanke ich vielen, über die Jahre wechselnden, aber stets mit Sorgfalt und mit Fleiß bemühten Mitarbeitern. Ihnen danke ich auch hier für ihre Beiträge. Vielen Kollegen und Vertretern des Berufsstandes danke ich für den Erfahrungsaustausch und fördernde Gespräche, ganz besonders meinem Kollegen Dr. Sponholz.

Geisenheim, Sommer 1976
H. H. Dittrich

Zur dritten Auflage

Wenn ein Buch mit einem so kleinen Interessentenkreis in dritter Auflage erscheint, erfüllt es ein Erfordernis und hat sich bewährt. Die Grundkonzeption wurde daher beibehalten. Im Detail musste allerdings viel aktualisiert und geändert werden. Das erforderten nicht nur die beachtlichen Fortschritte der Mikrobiologie des Weines, sondern auch neue Gesetze und Verordnungen.

Die neue Literatur wurde bis zum Redaktionsschluss berücksichtigt, auf die Zitierung der älteren wurde großenteils verzichtet. Sie ist in den Auflagen von 1977 und 1987 enthalten. Da die ältere Literatur nicht immer so beachtet wird wie sie beachtet werden müsste, ist hierzu der Rat zu beachten: „Literaturstudium schützt vor ‚neuen' Entdeckungen!"

Es hat mich gefreut, dass das Buch als didaktisch gelungen bezeichnet worden ist. Da Fakten und Zusammenhänge immer komplexer werden, habe ich mich bemüht, sie einfach und klar zu beschreiben. Dazu fühlte ich mich auch durch das Lob meines amerikanischen Freundes Gerald Reed verpflichtet. Er wollte das Buch übersetzen, damit die englisch sprechende Wein-Welt eine praxisbetonte Darstellung der Mikrobiologie des Weines erhält. Leider hat sein Tod das Vorhaben verhindert.

Meinen ehemaligen Kolleginnen und Kollegen danke ich, dass sie mich noch immer an ihren Arbeiten in Gesprächen teilnehmen lassen.

Ich freue mich, dass mein Nachfolger Manfred Grossmann an dieser Auflage mitgearbeitet hat. Er schrieb die Kapitel 7, 8 und 9. Er wird die „Mikrobiologie des Weines" fortführen.

Geisenheim, Frühjahr 2005
H. H. Dittrich

Zur vierten Auflage

Die 3. Auflage hat eine zügige und wiederum freundliche Aufnahme gefunden. Die vorliegende Auflage musste schon wegen vieler wichtiger neuer Ergebnisse und der Zulassung neuer Behandlungsmittel aktualisiert werden. Dies ist für die Praxis wichtig. Wie schon bisher haben sich die Autoren bemüht, den Benutzern ein Buch zu liefern, das der Praxis bei der Herstellung des Weines helfen soll. Auf die theoretischen Grundlagen wurde deshalb verzichtet oder sie wurden nur kurz behandelt. Dies ist nicht nur deshalb erfolgt, weil es genügend gute Darstellungen der allgemeinen Mikrobiologie gibt, sondern auch, um den bisherigen Umfang des Textes zu erhalten. Wir wünschen ihnen maximalen Kenntnisgewinn beim Studium dieser neuen „Mikrobiologie des Weines".

Für die lange und stets angenehme Zusammenarbeit danken wir den Eigentümern und den Damen und Herren des Verlages E. Ulmer sehr herzlich.

Geisenheim, Herbst 2010
H. H. Dittrich, M. Grossmann

1 Geschichtliches

Die Kenntnis der alkoholischen Getränke ist so alt wie die Menschheit. Die „Erfindung" des Weinbaus und der Weinbereitung haben die ältesten Kulturvölker meist ihren Göttern zugeschrieben. Daher war der Wein kultisches und religiöses Gut und ist es beim Gottesdienst noch bis heute.

Die Umwandlung zuckerhaltiger Flüssigkeiten in berauschende Getränke, das **Gären**, bezeichnet das althochdeutsche Wort **jerian**. Wie das griechische **jestos**, das kochend oder sprudelnd bedeutet, leitet es sich vom Sanskritwort **yastas** ab. Davon stammt auch das englische **yeast** und das holländische **Gist** für Hefe und unser Wort **Gischt** für Schaum. Als Merkmal der Gärung wurde also die brodelnde Bewegung und das Schäumen des Gärsubstrates erkannt. Auch die Bezeichnung für den Erreger der Gärung, die Hefe, ist alt. Das Aufsteigen des Schaumes, das Sich-Herausheben, aber auch das Aufgestiegene selbst benannte das mittelhochdeutsche **Hebe**, das zu **Hefe** wurde.

Gesehen wurde Hefe erstmals 1680 von A. van Leeuwenhoek[1]. Mit seinem **Mikroskop**, das 100- bis 150-mal vergrößerte, fand er in gärenden Flüssigkeiten kleine rundliche Gebilde: Hefezellen. Er hatte aber keine Vorstellung von der Bedeutung seiner Entdeckung. Mit seinem Mikroskop sah er auch Weinstein und *Botrytis*-Mycel.

Bereits 1662 hatte die Royal Society die Schrift „Die Mysterien des Weingewerbes – Ein Diskurs über die Krankheiten des Weines und die ... dafür gebräuchlichen Heilmittel" erhalten. Beispielsweise sollte „kränkelnder Wein mit rohem Rindfleisch gestärkt" und „stillgemachter (gestoppter) Wein durch Heringsrogen haltbar gemacht" werden. Wichtiger ist: „Unsere Küfer ... verwenden Zucker und Melasse in großen Mengen, damit sich die Weine spritzig und schäumend trinken." Diese Küfer hatten damit nicht nur die „Anreicherung" erfunden, sie kannten auch bereits den **Schaumwein**, bevor sein angeblicher Erfinder Dom Pérignon ihn hätte erfinden können. In dieser Zeit praktizierte man die Urform der Alkohol-Analyse: Brannte eine mit Schießpulver gemischte Flüssigkeit mit blauer Flamme, enthielt sie mindestens 50 % Alkohol.

1789 wies Lavoisier Ethylalkohol und CO_2 als Endprodukte nach. 1810 stellte Gay-Lussac die **Gärungsformel** auf:

$$C_6H_{12}O_6 \rightarrow 2\ C_2H_5OH + 2\ CO_2$$

1818 erschien eine Schrift von Erxleben mit der Feststellung, die im Trub vergorener Flüssigkeiten enthaltenen kugeligen Gebilde seien Lebewesen, die die Gärung verursachen. 1837 erschienen drei Arbeiten mit der gleichen Aussage von de la Tour, vom Kölner Physiologen Schwann und von Kützing, einem Lehrer. Kützing entdeckte auch die Essigsäurebakterien und ihre Essigbildung. Damit war erwiesen, dass die verschiedenen Gärungen von verschiedenen Organismen verusacht werden. Um diese Zeit wird die Hefe von Meyen systematisiert und ihr der Gattungsname ***Saccharomyces* = Zuckerpilz** gegeben.

Die großen Fortschritte der Chemie drängten diese Arbeiten in den Hintergrund. Justus v. Liebig, einer der damals bekanntesten Chemiker, maßte sich auch mikrobiologische Kompetenz an. Er machte die Entdecker der Hefe lächerlich, indem er ihre Feststellung verglich „mit der Ansicht eines

1 Die Arbeiten der in diesem Kapitel genannten Autoren wurden nicht in das Literaturverzeichnis aufgenommen.

Kindes, das den raschen Lauf des Rheins erklärt durch die vielen (Schiffs)Mühlen bei Mainz, deren Räder das Wasser nach Bingen hin bewegen."

PASTEUR[2] hatte 1858 gefunden, dass Bakterien aus Zucker Milchsäure bilden. 1866 erschien sein Buch „Etudes sur le vin". Er beschrieb darin die „Krankheiten" der Weine und auch die Apparate zu der nach ihm benannten „Pasteurisation". 1876 folgte sein Buch „Etudes sur la bière".

Die fundamentale Bedeutung der Hefe hatte bereits 1845 BALLING in seinem Werk „Die Gärungschemie" wissenschaftlich begründet und in ihrer **Anwendung auf die Weinbereitung, Bierbrauerei, Branntweinbrennerei und Hefeerzeugung** praktisch dargestellt. Seitdem blieb die Hefe als der Organismus, der die alkoholische Gärung verursacht, unbestritten.

Seit 1847 war durch DUBRUNFAUT die Glucophilie der Hefe und die Ausbildung des typischen Glucose/Fructose-Verhältnisses bekannt, gleichzeitig beschrieb C. SCHMIDT die Bernsteinsäure-Bildung. 1858 entdeckte PASTEUR das Glycerin als Gärungsprodukt.

Obwohl jetzt die Grundlagen für alle Gärungsgewerbe erarbeitet waren, wurden sie kaum angewandt. Die Erkenntnisse der Wissenschaft führte erst CHRISTIAN E. HANSEN in die Praxis ein. Erst seit ihm kann das Braugewerbe risikolos arbeiten: Er führte nämlich die aus nur einer Zelle vermehrten **Reinkulturen in die Brauerei** ein. HANSEN hatte erkannt, dass Hefe nicht gleich Hefe ist, dass es vielmehr auch Hefen gibt, die schädlich sind. Daher vermehrte er nur die geeignetsten Hefen, um mit ihnen eine gleich bleibend gute Bierqualität zu sichern.

Die Arbeiten HANSENS über „Hefereinzucht" wurden von HERMANN MÜLLER-THURGAU in Geisenheim aufgenommen. Er selektierte „Reinzuchthefen" zur Weinbereitung. Sein Nachfolger JULIUS WORTMANN setzte diese Arbeiten fort und gründete 1894 die erste Weinhefe-Reinzucht-Station.

Mit MÜLLER-THURGAU beginnt die **Erforschung der Mikroorganismen des Weines**. Er klärte die Herkunft der Hefen und ihre Verbreitung, er wies nach, dass beim Angären des Mostes die Apiculatus-Hefen gegenüber den Weinhefen in der Überzahl sind und sich dieses Verhältnis während der Gärung umkehrt. 1891 erkannte er, dass der Säureabbau der Weine durch Bakterien verursacht wird. ALFRED KOCH bewies dies 1900. WENZEL SEIFERT fand 1901, dass ein Diplokokkus das Malat zu Lactat und CO_2 abbaut. MÜLLER-THURGAUS Arbeiten und seine *Botrytis*-Studie „Die Edelfäule der Trauben" verschafften seinem Institut Weltgeltung. Sein Heimatland, die Schweiz, berief ihn deshalb zum Gründer der Eidgenössischen Forschungsanstalt Wädenswil.

Sein Geisenheimer Nachfolger WORTMANN befasste sich neben der Isolierung und Anwendung „reiner" Hefen mit der Ursache von Gärungshemmungen und mit Konservierungsmitteln, mit dem Bitterwerden der Rotweine, dem Korkgeschmack und der Böckserentstehung. Er wurde 1904 Direktor der Geisenheimer Lehr- und Forschungsanstalt und Geheimrat, der Deutsche Weinbauverband setzte ihm ein Denkmal. Das einschlägige Wissen seiner Zeit fasste er 1905 in seinem Buch „Die wissenschaftlichen Grundlagen der Weinbereitung und Kellerwirtschaft" zusammen. Sein Kollege KARL WINDISCH komplettierte diese Darstellung 1906 mit seinem Buch „Die chemischen Vorgänge beim Werden des Weines".

In diesen Jahren war die Ursache der alkoholischen Gärung im erstaunlichsten Sinne

2 Eine eingehende Darstellung der Hefe-Forschung schrieben BARNETT et al.: A history of research on yeast, 1: 1789–1850 (Yeast 14, 1439–1451, 1982), 2: Louis Pasteun and his contemporaries, 1850–1880 (Yeast 16, 755–771, 2000= 3: E. Fischer, E. Buchner and their contemporaries, 1880–1900 (Yeast 18, 363–388, 2001), 4: Cytology I, 1890–1950 (Yeast 19, 151–182, 2002), 4: Cytology II, 1950–1990 (Yeast 19, 745–772, 2002).

geklärt worden: EDUARD BUCHNER[3] hatte 1897 die chemische und die vitalistische Gärungstheorie zur Synthese gebracht: Mit zellfreiem Hefesaft hatte er Gärung erzeugt und damit nachgewiesen, dass **„Fermente“**, die wir heute Enzyme nennen, in der Hefe die Umwandlung des Zuckers bewirken. Für diese Entdeckung, die ganz neue Perspektiven eröffnete, wurde er an die Universität München berufen und mit dem Nobelpreis ausgezeichnet.

KARL KRÖMER, der Nachfolger WORTMANNS, hatte sich mit der Keimzahlverringerung durch **Filtrationen** befasst. Die Seitz-Werke in Bad Kreuznach erkannten die enorme praktische Bedeutung. Sie gewannen daher seinen Mitarbeiter SCHMITTHENNER, der ab 1913 die entkeimende (EK-) Filtration praxisreif machte. Ohne sie gäbe es keine mikrobiologisch stabilen Weine, noch weniger Fruchtsäfte u. a. zuckerhaltige Getränke.

KRÖMER befasste sich auch mit dem Einfluss der SO_2 auf die Gärung und die Mostflora, er beschrieb die SO_2-resistente Hefe *Saccharomycodes ludwigii.* Daneben bearbeitete er die Gärführung, Weintrübungen, Apfel-, Trester- und Beerenweine, den Korkgeschmack, Böckser und die Bildung der flüchtigen Säure. Mit KRUMBHOLZ hat er eine klassische Arbeit über „osmophile“ Hefen verfasst. Diese weit gespannte Thematik machte sein Institut auch zur **Ausbildungsstätte** für ausländische Oenologen. Für viele sei CHARLES NIEHAUS aus Paarl/Südafrika genannt, der später seine Genossenschaft zum zweitgrößten Weinerzeuger der Welt machte.

In dieser Zeit feierte die Biochemie Triumphe. MEYERHOF klärte bis 1937 den Biochemismus der alkoholischen Gärung weitgehend auf. Für die Weinbereitung ergab sich daraus kein unmittelbarer Nutzen, ebenso wenig aus den ersten genetischen Arbeiten von WINGE & LAUSTSEN, die 1938 die ersten Hefehybriden züchteten.

Die Mikrobiologie des **Sherry** beschäftigte den KRÖMER-Nachfolger HUGO SCHANDERL. Er griff die Ergebnisse armenischer Önologen auf, die bewiesen hatten, dass auch Sherry das Produkt von Saccharomyceten ist. Er zeigte, dass Inseln und Häute auf dem Gärsubstrat nach der Gärung unter aeroben Bedingungen von allen Weinhefestämmen gebildet werden. Auch in Spanien, in Kalifornien und Südafrika wurden die theoretischen Erkenntnisse bei der Sherryherstellung praktisch angewandt. An die alte Kellerwirtschaft erinnert eine SCHANDERL-Arbeit (1936) über den Weinkellerschimmel *Cladosporium cellare*. Heute ist dieser Pilz in modernen Kellereien gar nicht mehr vorstellbar.

Nach dem Zweiten Weltkrieg hatte sich die Weinforschung erst Mitte der 50er-Jahre wieder konsolidiert. In Deutschland eroberten sich Weine mit einem **Zuckerrest** steigende Marktanteile. Der Zuckerrest wurde durch Kaltgärung gewonnen. Seine Erhaltung war schwierig. Man rief nach Konservierungsmitteln und fand die Sorbinsäure geeignet. SCHANDERL arbeitete ein Verfahren zur Bestimmung der mikrobiologischen Stabilität aus. Als neuartiges Konservierungsmittel hatte man Diethyldicarbonat zugelassen. Leider wurde dieser „Verschwindestoff“ wieder verboten. Seit 1980 werden zur Sterilisation von Flaschen und Geräten statt SO_2 auch Ozon und Peressigsäure angewandt.

Viele Autoren befassten sich mit dem **Äpfelsäureabbau** durch Milchsäurebakterien (RADLER, PEYNAUD, LAFON-LAFOURCADE, KUNKEE, FORNACHON, RANKINE, LEE, FLEET, MAYER, HENICK-KLING u. a.). Herkunft und Ernährungsansprüche der Bakterien und die Biochemie ihres Malatabbaues wurden geklärt. Die damit verbundene ATP-Produktion bewiesen COX & HENICK-KLING 1991, die dadurch entstehende Erwärmung des Weines maßen GENT et al. 1997. Von RADLER wurde

3 1860–1917, Nobelpreis für Chemie

1972 der mögliche Abbau der Weinsäure durch Milchsäurebakterien aufgeklärt. Der Milchsäurestich, der bei säurearmen Weinen vorkommen kann, wurde 1964 von DITTRICH auf die **Diacetylbildung** der Bakterien zurückgeführt und zur Beseitigung dieses Geschmacksfehlers die Aufgärung dieser Weine empfohlen. Schon früher hatten sich LÜTHI & RENTSCHLER mit dem **„Zähwerden"** befasst. Die Struktur des viskosen *Pediococcus*-Glucans wurde 1989 von CANAL-LLAUBERES aufgeklärt. Mitte der 60er-Jahre wurde Histamin im Wein gefunden. Mehrere Arbeitskreise fanden weitere Amine im Wein. Auch das **„Mäuseln"** wurde geklärt (HERESZTYN 1986, GRBIN et al. 1996). Es erwies sich, dass auch Stämme von *Oenococcus oeni*, dem wichtigsten Malat-Abbauer (COSTELLO et al. 2001) und auch Essigsäurebakterien sowie *Brettanomyces*-Hefen „Mäuseln" erzeugen können. 1974/75 erkannte man in der Veränderung der Sorbinsäure durch Milchsäurebakterien die Ursache des **„Geranientons"** der damit konservierten Weine.

Der Äpfelsäureabbau durch Hefen wurde 1963 an *Schizosaccharomyces*-Stämmen aufgezeigt. Ihr Malat-Abbau liefert keine Milchsäure, sondern Ethanol und CO_2. Dass auch *Saccharomyces-cerevisiae*-Stämme Malat zu Ethanol und CO_2 vergären können, zeigte RADLER. WENZEL et al. haben 1982 den in der Praxis stattfindenden Abbau quantifiziert.

Viele Arbeiten befassten sich mit den **Nebenprodukten der Gärung**. Die Bildung von Glycerin und 2,3-Butandiol wurden oft untersucht, weil bestimmte Relationen Aufschluss über Verfälschungen geben sollten. Die ersten Angaben über die Aminosäureabnahme während der Gärung lieferten 1959 VENTER sowie LAFON-LAFOURCADE & PEYNAUD. Ihre Veränderung durch *Botrytis*-Befall und die Gärung wurden 1975 von DITTRICH & SPONHOLZ veröffentlicht. Höhere Fettsäuren, Carbonylverbindungen, höhere Alkohole und ihre Ester wurden erst mit der Einführung leistungsfähiger Methoden bestimmbar. Wichtig war der Beweis von THOUKIS (1958), dass die höheren Alkohole hauptsächlich aus dem Zucker gebildet werden und nicht aus den korrespondierenden Aminosäuren. Die wohl erste Quantifizierung vieler Gärungsprodukte stammt von KEPNER & WEBB (1956). In Deutschland wird dieses Arbeitsgebiet von BAYER, DRAWERT, POSTEL, RAPP, DITTRICH & SPONHOLZ und anderen mit verschiedenen Zielpunkten weiter bearbeitet.

Die Weinforschung wurde stark vom **SO_2-Problem** beherrscht. KERP hatte 1904 den **Acetaldehyd** als wichtigsten SO_2-bindenden Weininhaltsstoff erkannt. Weitere Bindungspartner haben BLOUIN & PEYNAUD (1966) nachgewiesen. Da dies im Wesentlichen die Hefe-Metaboliten Acetaldehyd, Pyruvat und Ketoglutarat sind, wurde ihre Bildung bei verschiedenen Gärungsbedingungen und bei gehemmten Gärungen, z. B. bei Auslesen sowie im Hinblick auf die Süßreservebereitung untersucht (DITTRICH & STAUDENMAYER 1968, ZÜRN 1976). Es wurde klar, dass die Bildung dieser SO_2-Binder stark von den Gärungsbedingungen abhängt. Die höchsten Quantitäten bleiben in gestoppten oder nicht durchgegorenen Weinen zurück. Weil die meisten Weine seither durchgegoren werden, hat ihr SO_2-Erfordernis auch deutlich abgenommen. Es wurden auch viele Hefestämme untersucht und die mit geringer Bildung dieser Metaboliten selektiert, um mit diesen Starterkulturen den SO_2-Bedarf unserer Weine weiter zu senken.

Von WÜRDIG & SCHLOTTER wurde beobachtet, dass der SO_2-Gehalt während der Gärung des Mostes von bestimmten Hefen stark erhöht werden kann. TRÜPER et al. haben die Stoffwechselanomalien dieser Stämme aufgeklärt. Ab 1963 wurden Ergebnisse über die Bildung von **H_2S** und **Böcksern** gewonnen (RANKINE, DITTRICH, WENZEL, ESCHENBRUCH u. a.). Zu ihrer Beseitigung wurde Kupfersulfat zugelassen. 1978 hatte Vos N-Mangel als einen Einflussfaktor erkannt. Die Zulassung von NH_4-Zusätzen zum Most (1977) wirkt H_2S-mindernd. Die Bildung und Bedeutung von S-haltigen Substanzen im Wein bearbeitete RAUHUT ab 1991 erfolgreich.

Die Qualität der Spitzenweine aus edelfaulen Beeren veranlassten nach MÜLLER-THURGAU (1888) und LABORDE (1907) verschiedene Arbeitsgruppen, die Veränderungen der Beereninhaltsstoffe durch ***Botrytis*** zu charakterisieren. Den Extrakt fand man verändert durch Gluconsäure (RENTSCHLER & TANNER 1955) und ihre Oxidationsprodukte (SPONHOLZ & DITTRICH 1984/85) sowie Schleimsäure (KIELHÖFER & WÜRDIG 1961), aber auch durch die vermehrte Bildung von Glycerin. Zum Nachweis von Verfälschungen wurde sie neuerlich bearbeitet. Auch Polyole wurden in z. T. hohen Mengen gefunden (DUBERNET et al. 1974, SPONHOLZ & DITTRICH 1984/85). Die Mostoxydation durch die Laccase des Pilzes und die Struktur des filtrationserschwerenden Polysaccharids sowie seinen enzymatischen Abbau klärten RIBÉREAU-GAYON et al. (1974, 1981, DUBOURDIEU et al. 1981) und WUCHERPFENNIG & DIETRICH (1983) auf.

Die Untersuchungen über das SO_2-Bedürfnis der Weine hatten gezeigt, dass Weine aus *Botrytis*-befallenen Beeren besonders viel SO_2 brauchen. Durch die starke Thiamin-Zehrung des Pilzes wird die Hefe-Vermehrung gehemmt und ihre Pyruvat- und Ketoglutaratbildung und damit auch der SO_2-Bedarf erhöht. Zu seiner Senkung wurde daher 1977 der Zusatz von Thiamin zum Most zugelassen. Als Ursache der langsamen Gärung dieser Moste erkannte DITTRICH (1964) die osmotische Hemmwirkung ihrer hohen Zuckerkonzentrationen. Die Qualität dieser Spitzenweine hat sogar zur künstlichen „Botrytisierung" geernteter Trauben geführt (AMERINE et al. 1956–1959, GANGL & TIEFENBRUNNER 1999).

Das Vorkommen von Hefen auf Traubenbeeren, in Mosten, auf Kellereigeräten und als Infektanten abgefüllter Weine haben neben französischen, italienischen und südafrikanischen Autoren MINARIK, RAGALA und GOTO erfolgreich erforscht. BENDA sowie SCHÜTZ & GAFNER haben die Hefen in Mosten bestimmt. Mögliche Gärstörungen wurden zunehmend durch den Einsatz von Trocken-Reinzuchthefen verhindert, die die flüssigen Kulturen ablösten. Damit wurde auch eine Senkung des SO_2-Bedarfs der Weine erreicht.

Auch der **bakterielle Äpfelsäureabbau** – für den sich mehr und mehr die Bezeichnung malo-laktische Gärung einführt – wurde als SO_2-senkend erkannt (MAYER 1979).

Seine Enzymatik in Milchsäurebakterien und Hefen haben RADLER u. Mitarbeiter aufgeklärt. Seit 1980 versuchte man in Kalifornien, Oregon, Australien und Frankreich den Malatabbau mit Bakterien-Reinkulturen. In der EU wurden sie 1990 zugelassen.

Den häufigsten Weinfehler, den **Essigstich**, beschrieben BANDION et al. 1977 genauer. SPONHOLZ, DITTRICH & BARTH klärten 1982 seine unterschiedliche Genese: Als die wichtigsten Essigsäurebildner wurden Milchsäurebakterien erkannt. Essigsäurebakterien, deren Vorkommen u. a. von LAFON-LAFOURCADE et al. 1982 untersucht wurde, bilden aus Glucose zwar Glucon- und andere Zuckersäuren (SPONHOLZ & DITTRICH 1984), aber kaum Essigsäure und Essigsäureethylester. Der durch diesen Ester bedingte Weinfehler geht hauptsächlich auf „wilde" Hefen zurück (SPONHOLZ, DITTRICH et al. 1974, 1982).

An weiteren Arbeiten über qualitätsbeeinflussende Veränderungen seien nur ausschnittsweise die Verändung von Terpenen durch Hefen (KLING & DICKINSON 2000) und die Bildung von flüchtigen Phenolen durch Brettanomyceten (CHATTONET et al. 1999) genannt. Die Bildung und Beseitigung von schwefelhaltigen Stoffen sowie ihre Bedeutung für die Ausprägung bestimmter Sortenaromen werden weiterhin von Rauhut, Bernath und Dubourdieu bearbeitet.

Inzwischen wurde die Weinherstellung weltweit qualitätsorientierter: Die Vorteile des Einsatzes von Starterorganismen sind überall erkannt worden. Ebenso wurde erkannt, dass man die Gärungen wie auch den bakteriellen Säureabbau konsequent überwachen muss. Schon davor muss die Frage beantwortet werden, welche Starterstämme man einsetzen soll. Da eine unübersehbare Anzahl angeboten wird, haben Grossmann und Mitarb. die Auswahl durch einen „Hefefinder“ erleichtert. Dafür mag hilfreich sein, dass das Genom der Weinhefe durch Hansen et al. (2001) und durch Pretorius et al. (2008) aufgeklärt wurde.

Die künftige Entwicklung wird bestimmt sein von den Forderungen, die Weinerzeugung noch sicherer zu machen und die Qualität der Weine weiter zu verbessern. Das erfordert die noch weitergehende Selektion der Starter-Organismen. Bei den selektierten Stämmen muss man, um optimale Produkte herstellen zu können, wissen, welche Bedingungen die Starter brauchen. Dabei ist zu beachten, dass Mikroorganismen in ihren Eigenschaften und Fähigkeiten variieren. Doch gerade dies und die Tatsache, dass das Substrat des Weines und seine Herstellungspraxis ebenfalls variieren, werden die Beschäftigung mit dem Wein und seinen Mikroorganismen ihren Reiz stets erhalten.

Wein ist das Produkt mehrerer, sehr verschiedener **Organismen**, die ihn in jeweils anderer Weise determinieren:

1. Die **Rebe** liefert das Ausgangsprodukt, den Traubensaft, den „Most“. Seine Zusammensetzung ist die Basis der Qualität des Weines. Sie ist unterschiedlich je nach Rebsorte, Standort und Klima sowie den verschiedenen weinbaulichen Maßnahmen.
2. Die durch *Botrytis cinerea* hervorgerufene **„Edelfäule“** kann günstigenfalls den Saft der Beere konzentrieren und u. a. den Zuckergehalt erhöhen. Gleichzeitig entnimmt der infizierende Pilz für sein Wachstum Nährstoffe, die später der Hefe fehlen. Er produziert aber auch Stoffe, die vorher nicht im Saft enthalten waren. Die vielen Veränderungen lassen im günstigen Falle eine Verbesserung der Weinqualität erwarten. Andere Mikroorganismen, die ebenfalls frühzeitig auf den Most einwirken können, z. B. die „wilden“ Hefen, verändern ihn dann negativ.
3. Die **„Weinhefen“** vermehren sich im gepressten Most rasch und unterdrücken dadurch andere Mikroorganismen. Sie vergären den Zucker weitgehend bis vollständig zu Alkohol. Ihre Nebenprodukte sowie die Veränderung und der Abbau mancher Inhaltsstoffe tragen zum harmonischen Gesamteindruck des Weines bei.
4. Die **Milchsäurebakterien** können die Säure in den Jungweinen – in denen sie als zu hoch empfunden wird – durch ihren „biologischen Säureabbau“ verringern. Dabei vergären sie die Äpfelsäure zu Milchsäure. Außerdem bilden sie geschmackswirksame Nebenprodukte.

Das Produkt des Zusammenwirkens dieser ganz verschiedenartigen **Organismen** ist bei sachkundiger Anwendung der Technologie im besten Fall die optimale **Qualität des Weines**. Sie ist das – subjektive – Maß seines Gesamteindrucks, insbesondere der harmonischen Ausprägung seiner Eigenschaften, die der Konsument positiv empfindet.

2 Die Hefe, der Gärungserreger

Der Wein verdankt seinen Charakter vorrangig der alkoholischen Gärung. Dabei verschwindet der Zucker des Traubensaftes, des Mostes, bis auf kleine Reste. An seine Stelle ist Alkohol, genauer Ethylalkohol oder Ethanol, getreten. Auch Aminosäuren, Mineralstoffe und viele andere Substanzen sind aus dem Most verschwunden oder verringert worden. Andere Stoffe wurden neu gebildet, wie etwa Glycerin, Butandiol, Bernsteinsäure, höhere Alkohole und viele Ester.

Diese tief greifende **Veränderung des Traubensaftes**, Most genannt, oder eines anderen Pflanzensaftes **durch** die **Gärung** ist das Produkt des Stoffwechsels der **Hefe**. Ohne die Hefe gäbe es keine Gärungsgetränke, auch nicht den Wein.

Die Einzahl Hefe ist hier nur dann zutreffend, wenn man damit den Mikroorganismus meint, der die Voraussetzung für die Vergärung des Mostes zu Wein ist. Daher ist zu wiederholen: Ohne Hefe kein Wein.

Neben dieser Hefe-Art gibt es noch andere **Hefen**. Sie **sind niedere Pflanzen**, die zu den **Pilzen** gehören. Über sie orientiert KOCKOVÁ-KRATOCHVILOVÁ (1990). Ihre Zugehörigkeit zu Gattungen und Arten entnehme man BARNETT et al. (2000) und KURTZMAN & FELL (1998; dort auch eine Auflistung der in Wein gefundenen Hefen). Die Hefen der Weinbereitung beschreiben BISSON & JOSEPH (2009), HENSCHKE (1997) und KUNKEE & BISSON (1993). Vorkommen, Genetik und Stoffwechsel der „Weinhefe" referiert PRETORIUS et al. (2004). Die für den Wein wichtigen Hefen, Bakterien und Pilze behandeln BISSON & KUNKEE (1995), DITTRICH (1995, 2008), FLEET (1993 a), FUGELSANG & EDWARDS (2007), KÖNIG, UNDEN, FRÖHLING (2009), RIBÉREAU-GAYON et al. (2000), SHIMIZU (1993) und ZAMBONELLI (1998). Den Nachweis und die Bestimmung der Mikroorganismen des Weines durch z. T. farbige Fotos und physiologisch-biochemische Tests ermöglicht BACK (1994, 2000; dort Seite 138 eine Liste der Hefen als Begleitorganismen in Brauerei, Weinbereitung, AfG, Wasser und Milchprodukten), FLEET (1993 b) und die Mikrofotos in LÜTHI & VETSCH (1981).

2.1 Herkunft der Hefen

2.1.1 Vorkommen auf Traubenbeeren

Hefen kommen dort vor, wo **Zuckerlösungen** vorkommen. Das sind vor allem Pflanzensäfte. Man findet sie im Frühjahr im Blutungssaft von Reben und Birken, auch im Nektar mancher Pflanzen. Dann bieten ihnen Früchte, vor allem wenn sie aufgeplatzt oder verletzt sind, beste Ernährungs- und Vermehrungsbedingungen.

Wichtig für die Weinbereitung ist das Vorkommen der Hefen auf Traubenbeeren (BELIN 1972). Viele Hefezellen sitzen über den feinen Rissen, die die Oberfläche reifer Beeren oft hat. Aus ihnen tritt Saft aus, deshalb vermehren sich die Hefen dort stark. Auch das Fruchtpolster der Beerenstiele bietet solche Bedingungen. Auch dort ist eine dichte Hefebesiedlung möglich. Das Stielgerüst der Traube ist dagegen fast frei von Hefen. Auf der unverletzten Beerenoberfläche finden sich einzelne Zellen, die sich nicht vermehren können, da sie durch die Beerenschale von den darunterliegenden Nahrungsquellen isoliert sind.

Unter normalen Bedingungen kommen auf Traubenbeeren genügend vermehrungsfähige Hefezellen vor. Ausnahmen sind sehr trockene Herbste. Die Zellen trocknen dann aus und sterben ab. Eine ähnliche Situation entsteht, wenn hefetoxische Schädlingsbekämpfungsmittel eingesetzt werden.

Das Vorkommen der Hefen auf den Beeren bedeutet, dass das Lesegut – und damit auch der daraus gepresste Most – die für seine „spontane" Vergärung nötigen Erreger mitbringt. Für die erfolgreiche spontane Vergärung ist hochreifes Traubenmaterial Voraussetzung (Eder et al. 2010), weil es schon viele gärkräftige Hefen enthält. Schon während der Lese und während des Transportes werden die Beeren z. T. gequetscht, sie platzen, sie lösen sich von den Stielen. Dann tritt Saft aus, sodass die Hefezellen, die bis dahin „hungernd" auf der Beere saßen, nun im Überfluss der Nährstoffe schwimmen, die der Saft enthält. Bei heißem Wetter und langem Transport der Trauben kann es zum Angären dieser „Maische" kommen. Beim Pressen spült dann der ablaufende Saft viele Hefezellen in den Most.

Früher wurde vielfach angenommen, dass die Hefen aus der Luft in Maische und Most gelangen. Wenn man sterilen Most in Kellern und Kelterhäusern stehen lässt, verschimmelt er meist, gärt aber nur selten. Keine große Bedeutung hat auch die Infektion durch Regenspritzer, die mit Erdpartikeln und den eventuell darin enthaltenen Hefen auf die Trauben hochspritzen. Diese Infektionsmöglichkeit besteht nur bei liegenden Reben, allenfalls bei niedrigen Erziehungsformen.

Hefen kommen zwar im Weinbergboden vor (Poulard et al. 1981), für die Gärung sind aber andere Verbreitungswege wichtiger: Aufgesprungene oder verletzte Beeren tragen viel mehr Hefen als unverletzte. Ihr angegorener Saft lockt vor allem Wespen und Essigfliegen an. Bei der Aufnahme der Säfte bleibt ein Teil der Hefezellen, die sich in diesem Saft vermehrt haben, an den Mundwerkzeugen und den Beinen dieser **Insekten** hängen. Sie fliegen auf noch unverletzte Beeren, die sie durch ihr Herumkriechen mit den Füßen infizieren. Bei Wespenfraß gelangen die Hefen tief in das Beereninnere. Sie vermehren sich dort stark. Bereits in der am Stock hängenden Beere kann Gärung aufkommen. Zwischen der Häufigkeit der Wespen und der Intensität der Angärung der Moste besteht ein Zusammenhang: Je mehr Wespen, umso besser gären die Moste „spontan" an.

2.1.2 Hefeflora von Beeren und Mosten und ihre Veränderung während der Gärung

Neben den Hefen, die wir wegen ihrer ausgeprägten Gärfähigkeit für die Weinbereitung benötigen und die deshalb oft ehrerbietig als **Weinhefen** bezeichnet werden, gibt es noch andere Hefen. Diese anderen Hefen sind entweder für die Weinbereitung entbehrlich oder sie sind sogar schädlich. Sie werden deshalb häufig als **wilde Hefen** bezeichnet. Die verschiedenen Arten und Gattungen haben unterschiedliches Aussehen, unterschiedliche Ernährungs- und Standortbedürfnisse und auch einen unterschiedlichen Stoffwechsel. Das bedeutet, dass sich die eine Gattung unter diesen, die andere unter anderen ökologischen Bedingungen besser behaupten kann.

Neben den „echten" Weinhefen kommen auf den Weinbeeren auch andere Hefen vor, die ein nur geringes Gärvermögen haben, die kleiner sind und die auch nicht alle elliptisch, sondern teilweise an einem oder beiden Polen zugespitzt sind. Das sind die sog. **Apiculatus-Hefen** (apiculat = zitronenförmig). Besonders in Obst- und Beerenmosten gehören fast alle vorkommenden Hefezellen zu ihnen. Die Weinhefen treten dort ganz zurück, weil schon auf diesen Früchten die Apiculatus-Hefen den weitaus größten Prozentsatz aller Hefen stellen. Auch auf Weinbeeren treten die Weinhefen sehr stark zurück. Im frisch gepressten Most werden rund 90 bis 99,5 % Apiculatus-Hefen gefunden. Sie gehören der Art *Hanseniaspora uvarum* an, die früher als asexuelle Form *Kloeckera apiculata* genannt wurde.

Der Vielfalt der Hefearten auf Traubenbeeren entspricht nach dem Abpressen das Hefevorkommen im Most. Tab. 1 und Abb. 1 zeigen die Zusammensetzung der **Hefeflora der Moste** als Beispiele für Weinbaugebiete der gemäßigten Klimazone.

Diese in Mosten vorkommenden Hefearten sind bezüglich ihrer Bedeutung für die Gärung und den Wein einzuteilen in

1. die stark gärenden Hefen, die die Gärung hauptsächlich bestreiten und die bei hoher Alkoholbildung auch eine positive Nebenproduktbildung aufweisen. Das sind Stämme der Arten ***Saccharomyces cerevisiae*** und – seltener – ***Saccharomyces bayanus***.
2. die nur schwach gärenden Hefen, die z. T. in hoher Zellzahl im Most vorkommen. Man kann annehmen, dass im frischen Most zunächst 100–1000 Zellen dieser gärschwachen Hefen auf eine Zelle der erwünschten stark gärenden Saccharomyceten kommen. Deshalb leiten sie die Gärung zwar ein, treten aber im weiteren Verlauf der Gärung zahlenmäßig immer mehr zurück. Ihre Gärungsprodukte wirken sich normalerweise nicht nachteilig auf den Wein aus. Hierher gehört hauptsächlich ***Hanseniaspora uvarum*** (vor Auffindung ihrer sexuellen Vermehrung *Kloeckera apiculata* genannt) sowie Arten der Gattungen ***Candida*** und ***Metschnikowia*** sowie ***Torulaspora delbrueckii***.

Tab. 1. Keimzahlen/mL in frischem Most nach verschiedenen Klärungsarten. Mittelwerte aus 12 Kellereien des Trentino (N-Italien; CAVAZZA & ZINI 1996).

Stelle der Probenahme	*Sacch. cerev.*	*Hanseniaspora uvarum*	*Candida stellata*	*Torulaspora delbr.*	Essigsre.-Bakt.	Milchsre.-Bakt.	Andere	Gesamt
Vorlaufsaft ohne Maischestandzeit	378 928	633 040	270 192	61 333	201 591	40 000	117 052	1 238 796
Vorlaufsaft nach Maischestandzeit	4 998 000		3 692 846	325 714	121 350	25 000	179 318	6 898 533
Nach Sedimentation	116 536	62 045	91 300	50 000	43 909	2000	42 000	245 833
Nach Zentrifuge								275 500
Nach Flotation								340 960
Nach Drehfilter								129 853

3. Die **Kahmhefen**. Da sie sehr sauerstoffbedürftig sind, vermehren sie sich nach der Gärung auf der Oberfläche des Weines, wenn das Gärbehältnis nicht aufgefüllt wird. Bei so schlechter Weinbehandlung verderben sie den Wein. Zwischen 2 und 3 gibt es fließende Übergänge, wie Arten der Gattung *Candida* zeigen. Häufigste Erreger des Verkahmens sind *Pichia membranifaciens, P. fermentans, Candida vini* und *Cand. zeylanoides*.
4. Die nur sporadisch im Most vorkommenden Hefen, die deshalb für die Weinbereitung bedeutungslos sind, z. B. die roten Hefen der Gattung *Rhodotorula*.

In heißen und trockenen Weinbaugebieten wie dem Bordeaux-Gebiet und Israel ist der Anteil an *Saccharomyces cerevisiae* größer als bei uns. Ihre Ascosporen sind hitze- und trockenresistent. Infolgedessen hat diese Art in Trockengebieten einen Selektionsvorteil gegenüber nichtsporenbildenden Apiculatus-Hefen. In Mallorca enthielten die Moste zehn Hefe-Arten. *Candida stellata* war mit 43 bis 90 % vorherrschend, *Sacch. cerevisiae* konnte aus keinem Most isoliert werden (Mora et al. 1988).

Die **Zahl der Hefen** schwankt begreiflicherweise sehr stark. In Weinbaugebieten gemä-

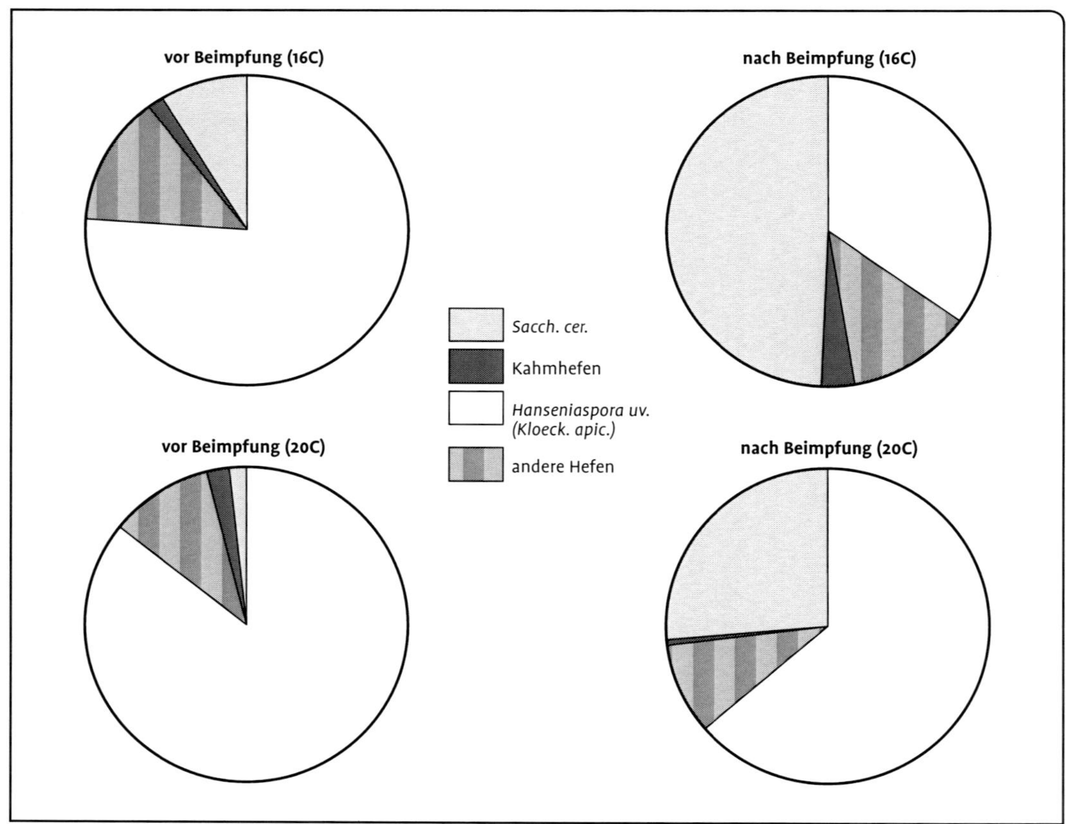

Abb. 1. Zusammensetzung der Hefe-Flora in fränkischen Mosten 1994 nach dem Zentrifugieren, unmittelbar vor und nach Beimpfung mit Trockenhefe (Köhler et al. 1995, veränd.; andere Hefen = *Metschnikowia, Candida, Torulaspora delbrueckii* u. a.).

ßigter Klimate bewegen sich die Hefezahlen bei aseptisch gewonnenen Traubensäften zwischen zehn und 100 Zellen/mL. Nach dem Pressen sind sie auf 1000–10 000 000/mL gestiegen. Dies bedeutet, dass die wichtigste Infektionsquelle der Moste die Pressen und andere Kellereigeräte sind (Benda 1981). Durch die folgende Trubverringerung durch Absitzenlassen oder Zentrifugieren nimmt auch der Keimgehalt ab. Durch einen SO_2-Zusatz (Most-Schwefelung) werden Nicht-Saccharomyceten gehemmt oder z. T. abgetötet. Dennoch besteht anfangs eine starke Dominanz „wilder“ Hefen, die am Anfang der Gärung aktiv sind, falls „spontan“, also ohne Zusatz einer Starterkultur, vergoren wird.

Keimzahlbestimmungen in Frankreich ergaben 4300 000 Keime/g Beerengewicht. In der Schweiz wurden auf 100 gesunden Beeren 22 bis 808 Millionen Hefen gefunden, in Österreich 2,7 bis 124 Millionen Hefen auf 100 g Beeren.

Es ist daher nicht möglich, eine allgemein zutreffende Hefezahl anzugeben. Zu beachten ist, dass beim Stehenlassen von Maischen die Keimzahlen in kurzer Zeit stark ansteigen. Warme Maischen können sogar binnen weniger Stunden angären (Schneider & Vetsch 1986).

Standorteinflüsse und weinbauliche Maßnahmen scheinen auf die Hefeflora kaum zu wirken. Nur quantitative Unterschiede innerhalb der Hefeflora sind – hauptsächlich klimabedingt – zu erkennen. Das Vorkommen auf verschiedenen Rebsorten zeigt gleichfalls kaum Unterschiede, auch prägende Einflüsse des Bodens waren nicht nachweisbar. Selbst die ausgebrachten Pflanzenbehandlungsmittel beeinflussen die Hefezusammensetzung der Moste nicht signifikant.

Dagegen sind die Hefe- und die Bakterien-Zellzahlen in feucht-kühleren Gebieten abhängig vom ***Botrytis*-Befall**. In Mosten aus

Im Bordeaux-Gebiet fand Barnett (1972) in frisch gepressten Mosten der Sorten Cabernet Sauvignon, Cabernet franc und Sémillon 100 000 lebende Hefezellen/mL. Da bei diesen Sorten die Beeren etwa 1 g wogen, entspricht das dem Vorkommen von 100 000 Zellen auf einer Beere, falls die Pressung annähernd infektionsfrei erfolgte. *Saccharomyces*-Weinhefen wurden kaum gefunden. Die höchsten Keimzahlen lieferten Rosahefen der Gattung *Rhodotorula*, die für Wein bedeutungslos sind. Erst dann folgten zahlenmäßig die Apiculatus-Hefen, schließlich *Metschnikowia pulcherrima* und Zellen des hefeartigen Pilzes *Aureobasidium pullulans*. Ähnliche Zahlen sind auch in Neuseeland gefunden worden. Danach ist mit etwa 50 000 lebenden Hefezellen pro cm^2 Beerenoberfläche zu rechnen.
Die Hefezahlen in einem Most einer weißen japanischen Rebsorte schwankten zwischen zehn und 100 000 Zellen/mL und im Most einer roten Sorte zwischen 1000 und 1000 000 Zellen/mL. Davon waren 40 bis 72 % Apiculatus-Hefen, 0 bis 18 % Saccharomyceten, 13 bis 19 % *Candida*-Arten, 3 bis 22 % Kahmhefen und 1 bis 4 % *Rhodotorula* und andere Hefen. Insgesamt fand man 22 Arten, die zehn Gattungen angehörten.

„gesunden“ Beeren sind sie niedriger (jeweils kleinerer Wert). Moste aus „faulen“ Beeren sind stärker verkeimt (jeweils größerer Wert):

- *Sacch. cerevisiae:* 10 000 bis 20 000/mL
- Apiculatushefen: 50 000 bis 1000 000/mL
- Rote Hefen: 5000 bis 100 000/mL
- Andere Hefen: 10 000 bis 100 000/mL
- Essigsäurebakterien: 10 000 bis 100 000/mL
- Milchsäurebakterien: 1000 bis 10 000/mL

Die höheren Keimzahlen „fauler“ Trauben erklären sich aus dem Einwachsen des Pilzes in die Beere. Er schafft damit auch für Hefen und Bakterien Zugang zum Traubensaft, in dem sie sich stark vermehren.

Noch bevor die Beeren gemahlen bzw. eingemaischt werden, kann die Mikroorganismenvermehrung bereits auf dem Transport zu stark werden. Werden Trauben in niedriger Schicht, z. B. in Kisten, transportiert, enthält der Pressmost z. B. 10^3 bis 10^4 Keime/mL. Beim Transport teilweise eingemaischter Trauben erhöht sich die Keimzahl schnell auf 10^5 bis 10^6 Keime/mL, bei langem Stehen und hoher Temperatur noch mehr. Um dadurch verursachte Fehlentwicklungen (Esterton, erhöhte flüchtige Säure u. a.) zu vermeiden, sollte bei kühlen Temperaturen – bei heißem Klima nachts – geerntet werden. Die Trauben sollten nach Möglichkeit wenig gequetscht auf die Presse kommen.

Während der „spontanen" **Gärung verändert** sich die Zusammensetzung der **Hefeflora**, die der Most hatte, grundlegend. Wie Tab. 2 zeigt, geht der Anteil der schwach gärenden Hefen schnell zurück. Die gärstarken Saccharomyceten haben sich dagegen stark vermehrt, sodass nach der Gärung kaum noch andere Hefen festzustellen sind. Von dem Artengemisch im Most bleibt meist nur noch eine Art im Jungwein übrig, nämlich *Saccharomyces cerevisiae*. Doch selbst innerhalb dieser Art setzen sich nur solche Stämme durch, die vitaler als die anderen und/oder an die gegebenen Bedingungen besser angepasst sind.

Das in Tab. 2 ersichtliche Ergebnis demonstriert auch, dass die Beimpfung von Mosten mit Gemischen mehrerer *Sacch.-cerevisiae*-Stämme meist erfolglos ist, weil sich nur ein Stamm durchsetzt, während die anderen in ihrer Vermehrung unterschiedlich schnell zurückbleiben und so ausscheiden. Die Ansicht, dass spontan vergorene Weine mehr „Spiel" und „Ausdruck" hätten, dass sie „gehaltvoller" seien, weil sie das Produkt mehrerer Hefen seien, ist dadurch widerlegt. Weine aus simulierten Spontangärungen hatten sogar mit Beteiligung von Nicht-Saccharomyceten in Vergleichen mit Weinen von selektierten *Saccharomyces*-Starthefen keine besseren Qualitäten. Beide Weingruppen unterschieden sich weder sensorisch noch analytisch (Herrmann et al. 2009).

Diese Änderung der Zusammensetzung der Hefeflora spontan gärender Moste (Tab. 2, Abb. 2) wird durch eine **Schwefe-**

Tab. 2. Die Veränderung der Hefe-Arten und ihrer Stämme während der Gärung des Mostes in % (Schütz & Gafner 1993).

Blauer Spätburgunder-Most (Marugg, Fläsch, Schweiz)	Vor	Mitte	Nach der Gärung
Hanseniaspora uvarum			
Stamm 1	8 %		
Stamm 2	47 %		
Stamm 3	22 %		
Metschnikowia pulcherrima	22 %		
Saccharomyces cerevisiae			
Stamm 1	0 %	89 %	100 %
Stamm 2	0 %	11 %	0 %

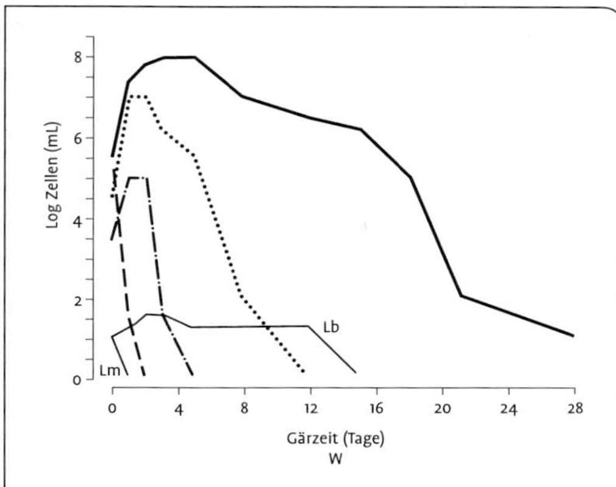

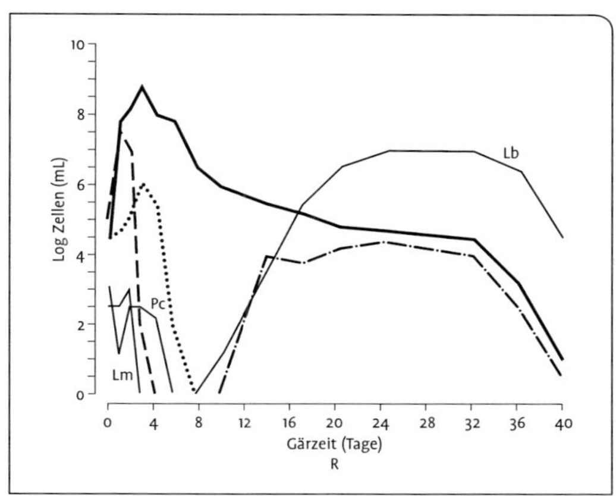

Abb. 2. Veränderungen der Anzahl von Hefen und Milchsäurebakterien in Most aus weißen Beeren (W, oben) und in Maischen roter Beeren (R, unten) während der Spontangärung (Bordeaux-Gebiet 1982; Fleet & Lafon-Lafourcade 1984)

● *Saccharomyces cerevisiae*, ○ *Kloeckera apiculata*, □ *Candida stellata*, ■ *Pichia membranifaciens*, ▲ *Candida krusei*.
Lm = *Leuconostoc mesenteroides*;
Pc = *Pediococcus damnosus*;
Lb = *Lactobacillus*.

lung des Mostes noch verstärkt. Da die Apiculatus-Hefen empfindlich gegenüber SO_2 sind, werden sie dadurch gehemmt.
Die Saccharomyceten erhalten dadurch früh ihre zahlenmäßige Überlegenheit. Die Hemmung der Vermehrung der Apiculatus-Hefen durch **SO_2 verringert** deshalb **die Hefe-Zellzahlen** der Jungweine. Während man in abgegorenen nicht geschwefelten Mosten bis zu 200 Milliarden/L gezählt hat, fand man in Jungweinen aus geschwefelten Mosten nur 40 bis 80 Milliarden/L. Das wirkt sich auf den **Alkoholgehalt** aus. Da die Zellsubstanz der Hefen im Wesentlichen aus dem Zucker synthetisiert wird, verliert ein Most, in dem sich die Hefe stark vermehrt, mehr Zucker als ein anderer, in dem nur eine schwache Vermehrung erfolgt. Da der Zucker auch das Substrat der Alkoholbildung ist, hat der Wein mit der großen Hefemasse einen geringeren Alkoholgehalt als der mit geringerer Hefemasse.

Für Großbetriebe ist die Aufarbeitung und Beseitigung großer Hefemengen ein Problem. In einem der größten Kellereibetriebe, fallen im Herbst etwa 1,2 Millionen kg „Hefe" an. Auch nach der Gewinnung des Weines aus ihr bleiben noch immer 0,6 Millionen kg (vgl. 4.4). Diese „Hefe" besteht außer der Masse der Hefezellen zum ebenso großen Teil aus sedimentierten Traubenbestandteilen und aus Weinstein.

Die Beimpfung mit Trockenhefe hat die Most-Schwefelung entbehrlich gemacht. Die Zusammensetzung der Most-Flora vor und nach dem Zusatz von Trockenhefe zeigt Abb. 1. Wichtig ist die Temperatur des Mostes; bei höheren Temperaturen vermehren sich unerwünschte Hefen noch relativ stark.

Schon das bisher Gesagte macht klar, dass die Weinbereitung eine Folge von chemischen Veränderungen ist, die von der Zusammensetzung der Mikroflora abhängen. Ihre Zusammensetzung hängt ihrerseits von der gegenseitigen Beeinflussung ihrer Mikroorganismen ab, also von den Interaktionen innerhalb der Hefen, der Hefen mit den Bakterien und den gegenseitigen Beeinflussungen der verschiedenen Bakterien (Dicks, Todorov & Endo 2009). Nach der Mostqualität prägen im Wesentlichen diese mikrobiellen Interaktionen die Qualität der unter ihrem Einfluss entstandenen Weine.

2.2 Systematik der Hefen

Die Hefen sind eine Pilzgruppe, die sehr verschiedenartige Organismen umfasst. Ursprünglich war es der Gärschaum, der kennzeichnend für die Gärung und die gärenden Organismen war. Deshalb sind in den germanischen Sprachen die Bezeichnungen für Schaum und für Hefe ähnlich (z. B. Gischt = Schaum, holländisch gist = Hefe). Auch der Laie verbindet begrifflich mit der Hefe immer die Gärung. Die Gärfähigkeit allein ist aber kein ausreichendes Merkmal für die Zuordnung zu den Hefen, denn es gibt auch Hefen ohne Gärfähigkeit.

Die Hefen stellen keine systematisch einheitliche Gruppe dar, sie gehören vielmehr zu verschiedenen Pilzklassen und Ordnungen. Für die Entscheidung, ob ein Mikroorganismus eine Hefe ist, werden neben seinen Gärungseigenschaften auch Ernährungseigenschaften sowie besonders die Sprossung und die Ascosporenbildung herangezogen. Anleitungen zur Bestimmung der Hefen mit charakteristischen Abbildungen bieten Barnett et al. (2000) und Kurtzman & Fell (1998). In beiden Werken sind alle Hefen beschrieben und abgebildet. Die Getränke-Organismen – auch die des Weines – beschreibt und bildet Back (1994 u. 2000) ab.

Aus praktischen Gründen werden hier die in das „natürliche System" eingeordneten Hefen (I) von den verwandtschaftlich noch nicht befriedigend zuzuordnenden Hefen (II) unterschieden. Darunter befinden sich z. B. die Gattungen *Brettanomyces*, *Candida*, *Kloeckera*, *Rhodotorula*. Das Unterscheidungsmerkmal zwischen diesen Gruppen ist die geschlechtliche Sporenbildung. Die **Sporen bildenden** oder sporogenen **Hefen** (I) sind daher von den nicht Sporen bildenden oder a(nasco)sporogenen Hefen (II) zu unterscheiden (griechisch: *a* = nicht + *spores* = Same, Spore + *gennao* = ich gebäre).

Während die Sporenbildung einer Hefe ihre geschlechtliche Vermehrung anzeigt, ist bei den nicht Sporen bildenden Hefen die geschlechtliche Vermehrung noch nicht bekannt. Nach dem Auffinden ihrer geschlechtlichen Vermehrung durch Sporenbildung werden die bis dahin nicht Sporen bildenden Hefen in das „natürliche System" eingegliedert. Die Anzahl dieser Hefen (II) wird sich daher ständig verringern.
Die asporogenen Hefen vermehren sich nur ungeschlechtlich, d. h. nur vegetativ, durch Sprossung. Wegen des Fehlens ihrer geschlechtlichen Vermehrung bezeichnet man sie als „imperfekte" (unvollständige) Hefen, als Nebenfruchtformen oder als Deuteromyceten.

Die Gruppe I ist charakterisiert durch die so genannte **Ascosporenbildung**. Zu dieser Klasse der danach benannten Ascomyceten, zu deutsch Schlauchpilze (griechisch *askos* = Schlauch, Sack, ursprüngl. Ziegenhaut + *myketes* = Pilze), gehören viele mikroskopische Pilze, auch solche, die wir Schimmelpilze nennen, aber auch Hefen. Sie sind in der Unterklasse der Protoascomyceten, der *Protascales* zusammengefasst. Damit sind die Hefen die ursprünglichsten Askomyceten.

Für die Weinbereitung am wichtigsten ist in der Familie der *Saccharomycetaceae* die Gattung *Saccharomyces* (griech. *saccharon* = Zucker + *myketes* = Pilze). Das hervorragendste Charakteristikum der Hefen dieser Gattung ist ihre **starke Gärfähigkeit**. Der Mensch nutzt diese Fähigkeit für die Herstellung von gegorenen Getränken. Und wenn der erste Satz dieser Darstellung gelautet hat „Wein ist ein Gärungsgetränk", muss der folgende deshalb lauten: Die gärstarken Hefen der Art *Saccharomyces cerevisiae* sind die für die Weinbereitung wichtigsten Hefen. Hinzu kommen höher vergärende Stämme, die man

„Nachgär-“ oder „Sekthefe“ genannt hat. Man hat sie als Art *Sacch. bayanus* verselbstständigt.

2.2.1 Die Gattung *Saccharomyces* (Meyen) Rees

Diese Hefen sind rückgebildete Endomyceten. Deren fadenförmiges Myzel ist zu einzelnen Zellen zurückgebildet. Reduziert ist auch die Zahl der Ascosporen auf eins bis vier (manchmal mehr).

MEYEN*[4] hat die Gattung 1837 benannt. Die erste Beschreibung stammt von SCHWANN*: „Runde, meistens aber ovale Zellen, gelbweiß, einzeln oder in Sprossverbänden von zwei bis acht Zellen. ..., sodass das Ganze ein kleines Pflänzchen darstellt. Die einzelnen Glieder können sich lösen und auf sich selbst weiter wachsen. Dies ist die Zuckerhefe: *Saccharomyces cerevisiae*.“

REES* beschrieb 1870 die Sporenbildung und lieferte damit die Basis für die Einordnung in das System der Pflanzen: „Einfache Ascomyceten ohne eigentliches Mycel. Die **Zellen entstehen durch Sprossung** und sprossen selbst auch wieder. Die so entstandenen Knospen lösen sich von der Mutterzelle nach kurzer oder längerer Zeit und vermehren sich dann selbstständig. Ein Teil der Zellen entwickelt sich zum Ascus, der ein bis vier einzellige Sporen bildet. Die keimenden Sporen wachsen wieder wie die vegetativen Zellen weiter.“

Aus dieser Beschreibung wird die Entstehung der Sprossverbände noch deutlicher: Eine Hefezelle bildet an bestimmten Stellen einen rundlichen Auswuchs; sie sprosst. Dieser Spross wächst zur Größe der Mutterzelle heran und sprosst erneut. Eine Hefezelle kann viele Tochterzellen bilden, man kann dies an den Narben der Mutterzelle sehen. Der gebildete **Sprossverband** kann mehr oder weniger groß sein, die Zellen können mehr oder weniger lange zusammenbleiben. Bei der Gärung zerfällt er, sodass dann meist Einzelzellen, allenfalls solche mit kleinen Sprosszellen im Gärsubstrat vorkommen. Auf

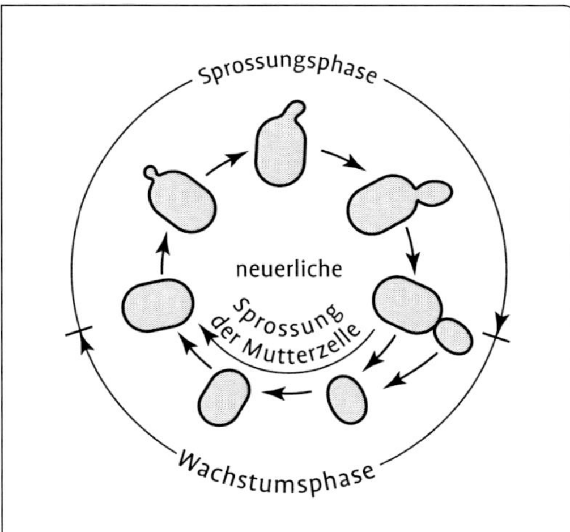

Abb. 3. Vegetativer Zellzyklus von *Saccharomyces cerevisiae*.

Der Vermehrung der Zellen geht die Verdoppelung ihres Erbmaterials, der Desoxyribonucleinsäure (DNS oder DNA für DNAcid), voran. Da jede Tochterzelle die gleiche DNS wie die Mutterzelle erhalten soll, muss die DNS der Mutterzelle identisch verdoppelt werden. Diese Reduplikation erfolgt während der DNS-Synthesephase S; aus einer DNS-Doppelhelix werden zwei identische DNS-Doppelhelices. Die Sprossung beginnt, wenn die S-Phase beginnt. Die somit duplizierten Chromosomen werden durch die Mitose getrennt, die beiden identischen Chromosomensätze werden zu zwei Tochterkernen. Weitere Synthesen, vor allem solche der Proteine, bewirken eine Vergrößerung der Zelle, sie wächst. Ist sie groß genug und sind Nährstoffe vorhanden, wird der Start einer neuen Sprossung ausgelöst. Dieser Zyklus wird von vielen Genen gesteuert. Sie wirken durch Kinasen, die bestimmte Proteine phosphorylieren, wenn sie aktiviert werden.

4 Die mit * bezeichnetem Arbeiten wurden nicht in das Literaturverzeichnis aufgenommen.

die Sprossungsphase, die die Zelle verdoppelt, folgt eine Wachstumsphase der neuen Zelle, in der sie Zellinhaltsstoffe bildet und die mit dem Erreichen der Größe der Mutterzelle abgeschlossen ist. Die Mutterzelle sprosst dann an einer anderen Stelle der Zelloberfläche erneut (Abb. 5). Eine neue Sprossung erfolgt, wenn ein bestimmtes Verhältnis ihrer Oberfläche zu ihrem Volumen erreicht ist. Auch bei bester Nährstoffversorgung stirbt die Zelle nach 20 bis 25 Sprossungen.

Die **Ascosporenbildung** erfolgt, indem zwei diploide Hefezellen, also Zellen mit dem doppelten Gehalt an genetischem Material (= zwei Chromosomensätze) fusionieren und sich danach in einen Ascus mit ein bis vier Ascosporen umwandeln. Der Ascusbildung geht die Vereinigung zweier haploider Zellen mit je einer einfachen Ausstattung an Erbmaterial (= ein Chromosomensatz) voraus. Ob aber eine Hefezelle haploid oder diploid ist, sieht man ihr nicht an. Die Ascosporenbildung ist somit die Folge dieses Sexualaktes. Sie kennzeichnet die geschlechtliche Vermehrung der Hefe. Die **Sprossung** ist dagegen nicht von einem Sexualakt abhängig. Sie **erfolgt ungeschlechtlich** (somatisch oder vegetativ). Sie liefert deshalb Klone (reine Linien).

Die Ascosporenbildung erfordert aerobe Bedingungen, d. h. Luftzutritt. In Gäransätzen kann sie u. U. im Schaum stattfinden. Durch lange Aufbewahrung eines Stammes in Sammlungen kann sie verloren gehen.

Die **Eigenschaften** der Hefen der Gattung *Saccharomyces* sind:

- Kräftige Gärung.
- Vegetative Vermehrung der kugeligen, ellipsoiden oder zylindrischen Zellen durch vielseitiges Sprossen.
- Pseudohyphen[5] können gebildet werden, septierte Hyphen werden nicht gebildet.
- Die Sprosszellen sind meist diploid oder polyploid. Bei der Keimung der Ascosporen oder bald danach konjugieren sie. Diploide Ascosporen kommen vor.
- Die Asken sind widerstandsfähig. In ihnen werden ein bis vier, manchmal mehr kugelige bis kurz-ellipsoide, glattwandige Ascosporen gebildet.
- Stärkeähnliche Stoffe werden nicht gebildet.
- Kein Wachstum mit Nitrat als einziger N-Quelle.

Die Gattung *Saccharomyces* umfasst nach Barnett et al. (2000) 15 Arten.

2.2.2 Die Art *Saccharomyces cerevisiae* Hansen

Der Begriff der Art ist bei Hefen ebenso schwer zu definieren wie die Hefen als Gesamtheit innerhalb der Pilze abzugrenzen sind. Die klassische Systematik wertet die einzelnen Merkmale als eng umgrenzte, statische Kriterien. Das hat zur Folge, dass eine Vielzahl von Arten mit oft nur geringen Merkmalsunterschieden aufgestellt wurden.

Die erste Hefesystematik (Stelling-Decker 1931*) sagte dagegen zum Artbegriff: „Ein starres Schema für die Einteilung der Arten ist überhaupt nicht zu geben; die aufgestellten Einheiten gehen graduell ineinander über."

Das Basismerkmal der klassischen **Bestimmung einer Hefeart** ist der Nachweis ihrer geschlechtlichen (Asco-)Sporenbildung. Neben den morphologischen Merkmalen (z. B. Zellabmessungen, Bildung von Pseudo-

5 Griech. pseudo = nicht wirklich, nur vortäuschend.

mycel[6] u. a.) sind auch die Fähigkeiten zur Vergärung bestimmter Zucker, ihre Assimilation und die Nitrat-Verwertung sowie der Vitaminbedarf entscheidend. Die Unterscheidung mancher Arten/Stämme ist oft schon durch die Form ihrer Kolonien möglich (Back 1994, 2000, Grossmann et al. 1992). Molekularbiologische Methoden (Abb. 4) erlauben sogar die Unterscheidung einzelner Stämme einer Art (Grossmann & Pretorius 1999, Pulvirenti & Giudici 2003). Eine neue Methode bietet die Fourier-Transform Infrarotspektroskopie: Infrarotes Licht wird in den Hefezellen von bestimmten Stoffen spezifisch absorbiert (Wallbrunn 2010).

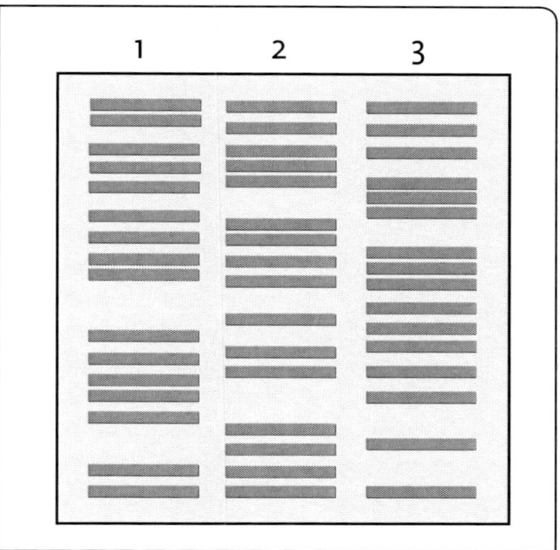

Abb. 4. „Genetischer Fingerabdruck" von drei Weinhefen: Die Karyotypisierung zeigt das für jeden *Sacch.-cerevisiae*-Stamm typische Verteilungsmuster der 16 Chromosomen (Grossmann & Pretorius 1999).

Die Gattung *Saccharomyces* wurde früher als artenreicher angesehen. Viele dieser vermeintlich selbstständigen „Arten" sind aber nur Rassen der Art *Saccharomyces cerevisiae*. Heute sind in die Art *Sacch. cerevisiae* z. B. folgende ehemals selbstständige bzw. früher beschriebene „Arten" einbezogen: *S. logos, S. oviformis, S. carlsbergensis, S. cheresiensis, S. diastaticus, S. fructuum, S. italicus, S. vini, S. beticus, S. chevalieri, S. veronae, S. hispanica, S. oxidans, S. prostoserdovii, S. sake, S. steineri*. Auch die *Sacch.-cerevisiae*-Varietät *ellipsoideus*, der frühere Prototyp der Weinhefen, hat keine Berechtigung. Alle diese früheren Artbezeichnungen sind nur noch Synonyme für *Sacch. cerevisiae*. Sowohl ihre physiologischen wie morphologischen Varianten (Rassen) können erheblich von der „Normalform" der Art abweichen. Man vergleiche dazu z. B. die Abbildungen vieler Stämme in Back (1994, 2000). Auch die **Bier-**, **Brennerei-** und **Backhefen** gehören **zu *Sacch. cerevisiae*.**

Die *Sacch.-cerevisiae*-Weinhefen stimmen in ihren Eigenschaften mit den obergärigen Bierhefen weitgehend überein. Wie diese steigen die Weinhefen während der Gärung großenteils nach oben. Sie haben auch höhere Temperatur-Optima als untergärige Hefen, sie gären gut bei Temperaturen von 15 bis 25 °C. Die zur Vergärung des relativ sauren Traubenmostes eingesetzten Hefen sind jedoch säuretoleranter als Bierhefen.

Die Hefen, die zur Vergärung der Traubenmoste erforderlich sind und die wir als **„Weinhefen"** im engeren Sinne bezeichnen, gehören zur **Gattung *Saccharomyces*** und deren nahe verwandten **Arten *cerevisiae* und *bayanus***. Daraus sind viele **physiologische Rassen** kultiviert worden: Diese so genannten „Stämme" wurden meist nach dem Herkunftsort oder der Weinbergslage benannt, aus der sie stammen. Hefen aus berühmten Lagen, Weinorten oder Weinbaugebieten – wie Bernkasteler Doktor, Steinberg, Johannisberg oder Bordeaux, Rioja, Chateâu Laffitte – schienen Garanten für die hohe Qualität der Weine zu sein, die mit ihnen erzeugt werden sollten. Obwohl sich die einzelnen He-

6 Gesamtheit lang gestreckter, aneinander gereihter Zellen, die durch polare Sprossung auseinander entstanden sind. Während bei echten Hyphen die Zellwände T-trägerartig auf den Längswänden stehen, lassen bei Pseudohyphen die Einziehungen zwischen zwei Zellen ihre Entstehung durch Sprossung erkennen.

festämme mehr oder minder unterscheiden, ist jedoch ihre Herkunft ohne Bedeutung. Wichtig sind allein ihre für die Weinqualität maßgebenden Eigenschaften und die Qualität des Mostes, den sie vergären sollen.

Sacch. bayanus ist bis zu 6 °C relativ kälteunempfindlich. *Sacch. cerevisiae* erreicht den gleichen Vergärungsgrad erst bei 12 °C. *Sacch. bayanus* gärt aber bei 12 °C langsamer. In anderen Eigenschaften unterscheiden sich die beiden Arten bei der Vergärung von Most nach ZAMBONELLI (1998, S. 200) wie folgt:

	Sacch. cerevisiae	*Sacch. bayanus*
Zucker, %	<1	<1
Alkohol, %vol	10,4	10,0
pH	3,2	3,1
flüchtige Säure, g/L	0,3	0,1
Gesamtsäure, g/L	6,5	8,0
Glycerin, g/L	6,0	9,0
Succinat, g/L	0,5	1,0
Malat, g/L	1,7	3,0
Höhere Alkohole, g/L	0,3	0,3
Phenylethanol, g/L	0,02	0,2
Trockenextrakt, g/L	16,0	20,0
SO_2-Produktion, mg/L	<10	20–60

Von *Sacch. cerevisiae* unterscheidet sich ***Sacch. bayanus*** u. a. durch eine geringere Zuckeraufnahmekapazität. Nach der Gärung liegen die Glucose/Fructoseverhältnisse bei *Sacch. cerevisiae* in aller Regel unter 1,0. *Sacch. bayanus* ist 3- bis 5-mal glucophiler. Die verbleibenden hohen Fructosereste können Gärstörungen verursachen (SCHÜTZ & GAFNER 1995, GAFNER 1998). Da *Sacch.-bayanus*-Stämme bei Spontangärungen gegen Ende der Gärung meist überwiegen und bei den dann hohen Alkoholgehalten noch ausreichend gären, nennt man diese Art gelegentlich Nachgärhefe. Durch diese Eigenschaft eignet sie sich auch als Sekthefe. Sie bildet jedoch 20 bis 40 mg/L SO_2 – deutlich mehr als *Sacch. cerevisiae* (< 10 mg/L). Ihr Einsatz bei der Gärung kann deshalb den bakteriellen Äpfelsäureabbau behindern (GAFNER & HOFFMANN 1997).

Die Stämme der früher selbstständigen Art *Sacch. uvarum* gehören zu *Sacch. bayanus* (KURTZMAN & FELL 1998, S. 360). Auch sie bilden 1,5 bis 2,0 g/L Glycerin mehr als *Sacch. cerevisiae* und bis zu 200 mg/L Phenylethanol.

Die Art *Sacch. bayanus* umfasst zwei Gruppen von Stämmen: *Sacch. bayanus* var. *uvarum* und *Sacch. bayanus* var. *bayanus* (FERNÁNDEZ-ESPINAR et al. 2003).
Eine Mischform von *Sacch. cerevisiae* und *Sacch. bayanus* scheint *Sacch. pastorianus* zu sein. Bei ihr fand man Chromosen sowohl von *Sacch. cerevisiae* wie von *Sacch. bayanus* (THIELE & BACK 2008).

2.2.3 Morphologie und Cytologie von *Saccharomyces cerevisiae*

Die **Morphologie** der verschiedenen Stämme kann sehr unterschiedlich sein. Zellformen und Zellgrößen variieren oft stark. Meist sind die Zellen rundlich bis oval mit Maßen von (5–10) × (5–12) µ. Auch elliptische bis zylindrische Zellen kommen vor (3,5–9) × (5–20) µ. Lang gestreckte oder schlauchförmige Zellen (bis 40 µ) sind selten (siehe BACK 1994, 2000). Bei einigen dieser Zellen deutet sich die Bildung eines Pseudomycels (griech. *pseudo* = falsch + Mycel) an: Die langen Zellen sitzen dann mit breiter Basis aufeinander. Nur kleine Einziehungen an den Längswänden verraten noch, dass diese Zellen durch Sprossung auseinander entstanden sind. Die Sprossung ist multilateral, sie kann an jeder Stelle der Zelloberfläche erfolgen. Manche Stämme sprossen bevorzugt in Richtung der Längsachse.

Die meisten Stämme liegen in gärenden Mosten als Einzelzellen oder als Zellpaare vor. Seltener sind Stämme, die kleinere oder größere traubenartige Sprossverbände bilden, die längere Zeit zusammenhalten. Einzelne Stämme bilden fast runde Zellen.

Das Vorkommen verschiedener Zellgrößen und -formen nebeneinander muss kein Anzeichen einer Infektion mit einer anderen Hefeart sein. Ein Gestaltwechsel ist bei manchen Stämmen beim Wechsel des Nährsubstrates zu beobachten. Schließlich können in alten Kulturen oder durch schädigende Einflüsse abnorme Formen, sog. Involutionsformen (*involutus* = ungewöhnlich) gebildet werden. Vergleiche sollten daher nur mit jungen (meist drei Tage alten) Zellen aus Standardsubstraten vorgenommen werden.

Junge Hefezellen haben oft Sprosszellen und große Vakuolen (= Safträume) im Innern. Der Zellinhalt ist gleichmäßig durchsichtig, außer einigen körnchenartigen Einschlüssen. Junge Zellen enthalten keine Reservestoffe (Abb. 6). Bei **gärenden Zellen** nimmt die Sprossung schnell ab und hört schließlich ganz auf. Man findet dann meist nur Einzelzellen. Die Vakuolen sind meist kleiner, das Plasma ist dichter geworden. Die Zellen lagern Glykogen – ein Polysaccharid – ein. Nach der Gärung sind die für den Stoffumsatz geeigneten Substrate verbraucht, die Hefe setzt sich ab. Sie kann nur noch von ihren Reservestoffen leben. Man spricht von **ruhender Hefe**. Ihr Plasma ist körnig (Abb. 7), die Vakuolen sind meist klein und kaum mehr scharf begrenzt oder gar nicht mehr vorhanden. Die Zellen sind infolge

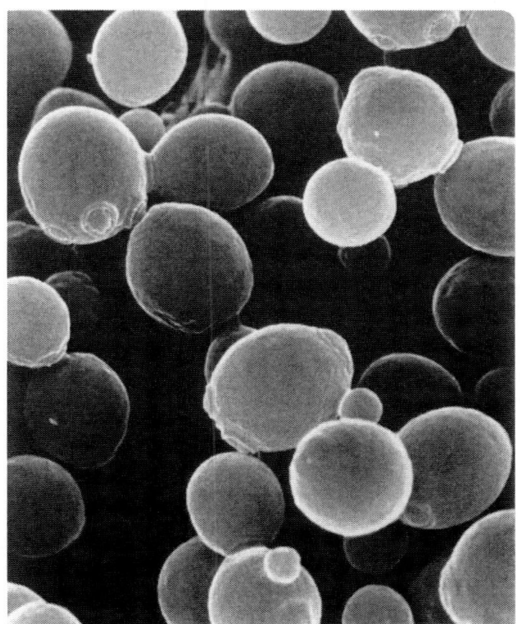

Abb. 5. *Saccharomyces cerevisiae*. Rasterelektronenmikroskopische Aufnahme sich vermehrender Hefezellen. Einige Zellen bilden durch Sprossung (= Knospung) Tochterzellen, andere zeigen pustelartige Narben, die sichtbar bleiben, wenn sich eine Tochterzelle von der Mutterzelle ablöst (Aufnahme A. T. PRINGLE, Univ. v. Kalifornien, L. A., aus P. GRUSS et al. 1984*).

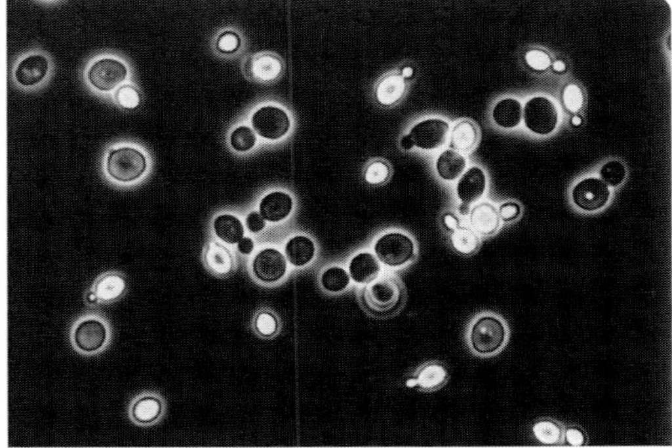

Abb. 6. Die „Weinhefe“ *Saccharomyces cerevisiae*. Drei Tage alte sprossende Kultur in Traubenmost. Typisch für junge Zellen ist der gleichmäßig durchscheinende Zellinhalt. Vergrößerung 800fach, Dunkelfeld (LEMPERLE & KERNER 1982).

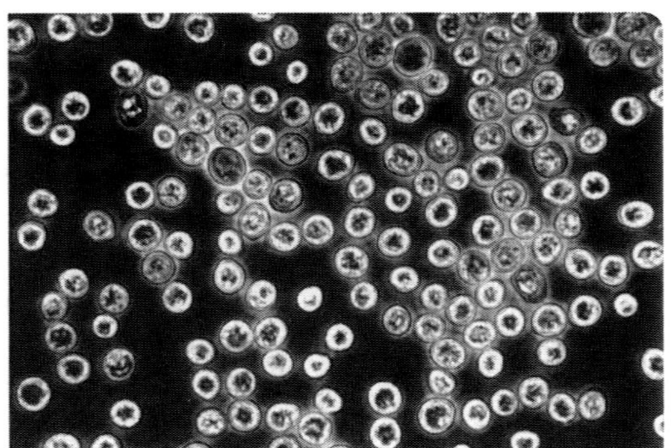

Abb. 7. Die „Weinhefe" *Saccharomyces cerevisiae*. Abgegorene, ruhende, z. T. tote (besser: nicht mehr vermehrungsfähige) Zellen im Jungwein. Typisch ist der gekörnte Zellinhalt. Vergrößerung 800fach, Dunkelfeld (LEMPERLE & KERNER 1982).

ihrer Gerbstoffaufnahme gelblich bis bräunlich.

Wichtig ist, dass manche dieser Zellen noch vermehrungsfähig sind. Wird einem Wein, der durch mangelhafte Filtration noch solche Hefe enthält, bei der Füllung zur Süßung Traubensaft („Süßreserve") zugesetzt, so vermehrt sich diese Hefe, sie trübt den Wein ein und gärt.

Dauert der Hungerzustand länger, stirbt die Hefe, sie verliert ihre Vermehrungsfähigkeit. Je höher der Alkoholgehalt des Weines ist, umso größer ist der Anteil an **toter Hefe**. Ihr Plasma zieht sich von der Zellwand zurück und löst sich teilweise oder völlig auf. Die Zellwand ist bei toten Zellen oft etwas geschrumpft. Es entstehen unregelmäßig geformte Ballen, die recht lange erhalten bleiben können, im Übrigen erscheinen solche tote Zellen optisch leer, sie sind autolysiert: Mit dem Zelltod hat die Regulation ihres Stoffwechsels aufgehört. Ihre Enzyme bauen daher die hochpolymeren Inhaltsstoffe der Zelle ab. Da die Plasmamembran durchlässig geworden ist, können die Hydrolyseprodukte austreten; u. a. nimmt dadurch der Gesamt-N-Gehalt und der Mineraliengehalt des Weines zu (CHARPENTIER & FEUILLAT 1993, FORNAIRON-BONNEFOND et al. 2001, siehe auch Tab. 20).

Eine schnelle Orientierung erlaubt die Färbung mit Methylenblau: Frische Lösungen von 0,02 g Methylenblau in 100 mL dest. Wasser und 4 g Tri-Na-Citrat in 100 mL dest. Wasser werden 1:1 gemischt. Diese Färbelösung wird 1:1 mit der zu prüfenden leicht trüben Hefesuspension vermischt. Tote Zellen färben sich schnell tiefblau, lebende Zellen bleiben farblos. Die mikroskopische Zählung der gefärbten (toten) Zellen soll in fünf Minuten erfolgt sein. Danach können sich auch lebende Zellen färben. Um einen gesicherten Durchschnitt zu erhalten, sollten 20 Gesichtsfelder ausgezählt werden.
Die Zellzahl und die Aktivität einer Hefecharge können mittels eines Biosensors bestimmt werden (GROSSMANN et al. 2002).
Die **Cytologie** einer stoffwechselaktiven *Sacch.-cerevisiae*-Zelle erklärt Abb. 8. Auffällig ist die große Vakuole. Der Zellkern ist groß, aber mikroskopisch nicht sichtbar. Ebenfalls nicht sichtbar sind die Mitochondrien, in denen der Citratzyklus und das Endstadium der Atmung lokalisiert sind (Abb. 14) sowie die 10^3 bis 10^5 Ribosomen, in denen in sich vermehrenden Zellen die Proteinsynthesen ablaufen. Die Fetteinschlüsse sind dagegen stark lichtbrechend und daher auffällig. Bei Gärungsbedingungen kann die Hefe jedoch kaum Lipide synthetisieren. Bei aerobem Stoffwechsel ist die Lipidsynthese stark. In den Zellen der Oberflächenvegetation auf Sherry sind die Lipidkugeln groß. Bemerkenswert sind die Sprossnarben, die nach der Ablösung der Tochterzellen zurückbleiben. Sie sind ein Maß für das Alter einer Zelle.

Durch Pasteurisation abgetötete Hefen sind geschrumpft und kleiner als noch lebende. Veränderungen der Hefezellen während der Versektung beschreiben PITON et al. (1988). Bei aeroben Bedingungen, z. B. in Flor-Decken auf Sherry, manchmal auch schon im Gärschaum, lagern die Zellen Lipide ein, die mikroskopisch als stark lichtbrechende Kugeln auffallen.

Zur **Unterscheidung lebender und toter Hefezellen** ist der Nachweis ihrer Vermehrung am sichersten (siehe 8.3).

Die **Zellwand** erscheint mikroskopisch ziemlich dick durch starke Auflagerungen von Polysacchariden. Bei einigen für Wein bedeutungslosen Arten können die äußeren Zonen verschleimt sein. Man spricht dann von „Schleimhefen“. Bei *Saccharomyces* hat die Zellwand zu 15 bis 25 % Anteil an der Trockenmasse. Sie besteht zu etwa 90 % aus Polysacchariden. Dies sind α-Mannane bzw. α-Mannoproteine, β-Glucane, Glykogen und kleine Mengen Chitine. Die α-Mannane bilden die äußere Oberfläche (AQUILAR-USCANGA & FRANCOIS 2003).

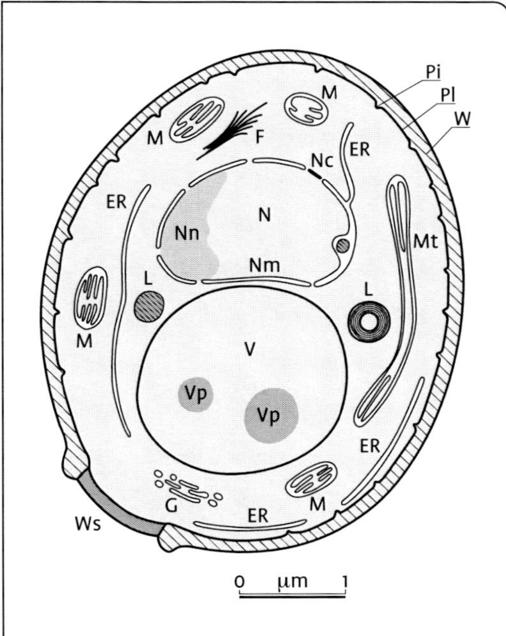

Abb. 8. Schema einer Zelle von *Saccharomyces cerevisiae* (MATILE et al. 1969*).
ER = Endoplasmatisches Retikulum, F = Filament, G = Golgi-Apparat, L = Fetteinschlüsse, M und Mt = Mitochondrien, N = Zellkern, Nm = Kernmembran, Nn = Nucleolus, Pl = Plasmalemma, Pi = Invaginationsstelle, V = Vakuole, Vp = Polymetaphosphatgrana, W = Zellwand, Ws = Sprossnarbe.

Bereits während der Gärung werden exozelluläre Mannoproteine mit 97,9 % Polysaccharidgehalt (davon 89,2 % Mannose und 10,2 % Glucose) freigesetzt (ROSI et al. 1999). Die Menge ist abhängig vom Hefestamm, vom Klärungsgrad des Mostes und der Gärungstemperatur (FEUILLAT 2003). Die Mannoproteine fördern den Malat-Abbau durch *Oenococcus*.

Während und nach der Gärung werden Mannane und geringe Mengen von β-Glucanen freigesetzt. Diese Polysaccharide können im Wein mehrere hundert mg/L betragen (DIETRICH & SCHMITT 1991). Sie verstärken dann das „mouthfeeling“, d. h. den sensorischen Eindruck des „Körpers“ eines Weines. In Rotweinen scheinen diese von der Hefe abgelösten Polysaccharide mit Anthocyanen bzw. mit

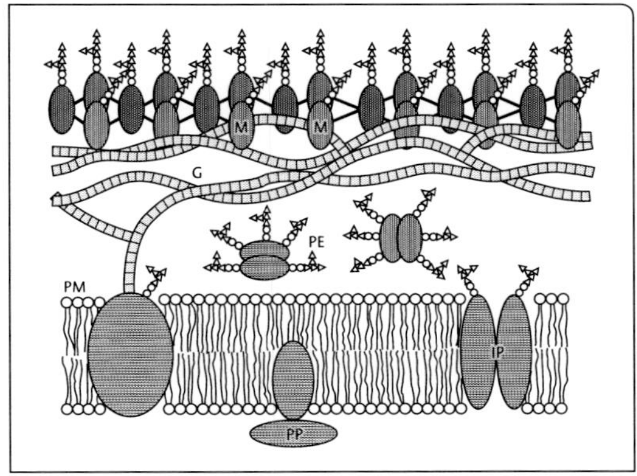

Abb. 9. Bau der Plasmamembran und der Hefezellwand (SCHEKMAN & NOVICK 1982).
G = Glucan, M = Mannoprotein, PE = periplasmatische Enzyme, z. B. Saccharase, PM = Plasmamembran, IP = integrale Membranproteine, PP = periphere Membranproteine.

Tanninen Komplexe zu bilden, welche die Farbstabilität erhöhen bzw. die Adstringens abschwächen (Escot et al. 2001). Die Mannane, die überwiegen, beeinflussen die statische Filtration nicht, sie hemmen jedoch die Cross-Flow-Filtration (Will et al. 1991).

Zur Gärungsförderung bzw. zur Vermeidung von Gärstockungen oder vorzeitigem Gärungsstillstand sind u. a. Zusätze von **Hefezellwand-Präparaten** zum Most bis zu 40 g/100 L erlaubt. Ihre Wirkung beruht auf dem Gehalt an ungesättigten Fettsäuren, Sterinen und N-haltigen Substanzen (Sponholz et al. 1990). Sie fördern deshalb die Hefe-Vermehrung. Außerdem wirkt die damit verbundene Vermehrung des Trubstoffgehaltes CO_2-freisetzend und dadurch gärungsfördernd.

Die Eigenschaften der Oberfläche der Zelle bestimmen das Sedimentationsverhalten der Hefe, ihre **Bruchbildung** oder **Flockulation.** Sie beeinflussen dadurch die Gärleistung, die Klärung und die Filtrierbarkeit des Jungweines. Auch die Qualität wird durch die Reduktionskapazität der suspendierten Zellen beeinflusst, z. B. durch die mehr oder weniger starke Reduktion des Acetaldehyds, die den SO_2-Bedarf des Weines bestimmt.

Das Ausflocken der Hefe wird verursacht durch Agglomerieren von Zellen zu größeren Verbänden, die schneller sedimentieren. Diese Verklumpung beginnt während der stationären Phase. Flockulierende Hefestämme synthetisieren antikörperähnliche Mannoproteine in der Zellwand, die mit den Oberflächenproteinen der Nachbarzelle Brückenbildungen bilden. Sie haben dadurch eine höhere Zelloberflächen-Hydrophobie als „Staubhefen“, die nicht verklumpen (Jin et al. 2001, Verstrepen et al. 2003).
Die strukturellen Polymere, die Zell-Organellen und den Lebenszyklus von *Sacch. cerevisiae* beschreiben Kreutzfeldt & Witt (1991).

2.3 Entwicklungskreisläufe bei Hefen

Haploide Zellen, die aus einer Ascospore hervorgegangen sind, verschmelzen nach spontanem Wechsel ihres Paarungstyps paarweise miteinander. Es kopulieren also Schwesterzellen, die durch Sprossung entstanden sind. So entstehen diploide Zellen. Kopulieren haploide Zellen unterschiedlichen Paarungstyps, die aus unterschiedlichen Ascosporen stammen, ist diese Hefe heterothallisch. Heterothallische Hefen sind bestimmt durch ihren Paarungstyp; alle aus a-Zellen entstandenen Zellen behalten ihren Paarungstyp a, aus α-Zellen können nur α-Zellen sprossen.

In der Folge wird die Entwicklung eines heterothallischen Stammes von *Sacch. cerevisiae* skizziert: Die diploide Entwicklungsphase ist gekennzeichnet durch große, ovale Zellen, die sich durch Sprossung vegetativ vermehren. Bei günstigen Bedingungen wird diese Vermehrung für eine unbegrenzte Zahl von Sprossgenerationen fortgesetzt. Bei ungünstigen Bedingungen, vor allem bei Erschöpfung des Substrates, hört die Sprossung auf. Es kommt dann zur Ausbildung von Asken. Der Kern macht eine Reduktionsteilung (Meiose) durch, die vier haploide Kerne liefert. Nach Plasmaverdichtungen um jeden Kern werden im Ascus vier Ascosporen gebildet. Sie sind morphologisch gleich. Genetisch unterscheiden sie sich jedoch: zwei Sporen haben den Paarungstyp a, die zwei anderen Sporen haben Paarungtyp α. Bei günstigen Bedingungen kopulieren entweder je zwei der vier Sporen eines Ascus sofort miteinander, oder sie keimen aus, bilden Klone haploider Zellen, die dann mit haploiden Zellen des anderen Paarungstyps verschmelzen können. Aus den Kopulationsprodukten, den Zygoten, entstehen diploide Zellen, die infolge ihres Paarungstyps a/α heterozygot sind. Diese Zellen bilden bald diploide Sprossgenerationen.

Der **Entwicklungskreislauf von *Sacch. cerevisiae*** durchläuft daher folgende Phasen:

1. Vegetative Vermehrung diploider Zellen durch Sprossung
2. Ascosporenbildung
3. Ascosporenkeimung und Sprossung haploider Zellen
4. Kopulation zweier haploider Zellen
5. Zygotenbildung und Sprossung diploider Zellen

Die Mehrzahl der technisch genutzten Stämme von *Sacch. cerevisiae* ist mindestens diploid. Auch die Zellen, die sich normalerweise in den Mosten vermehren und sie vergären, sind diploid (oder polyploid), da etwa vorkommende haploide Zellen früher oder später zu diploiden Zellen verschmelzen. Außerdem haben diploide Zellen eine schnellere Vermehrungsrate, sodass der prozentuale Anteil haploider Zellen schnell abnimmt.

Bei bestimmten anderen Hefen bleibt dagegen die diploide Phase auf die Zygote beschränkt. Sie wird sofort zum Ascus. Die Massenvermehrung dieser Hefen der Gattung *Zygosaccharomyces* erfolgt daher durch haploide Zellen. Man bezeichnet diese Hefen deshalb als haplobiontischen Typ von *Saccharomyces*, im Gegensatz zum meist vorkommenden diplobiontischen Typ.

Den Hefen mit einem in sich geschlossenen Entwicklungsgang stehen also andere gegenüber, bei denen bisher keine Ascosporenbildung beobachtet werden konnte. Diese „imperfekten" (= unvollkommenen) Hefen pflanzen sich nur vegetativ fort. Man glaubt aber, dass ihre sexuelle Fortpflanzung nur noch nicht entdeckt werden konnte. Wenn bei ihnen Sporenbildung nachgewiesen werden könnte, würden sie in ähnliche Arten mit schon bekannter Sporenbildung eingegliedert werden (vgl. 2.2.).

2.3.1 Entwicklungskreisläufe von *Saccharomyces cerevisiae*

An natürlichen Standorten steht der Hefe stets nur eine kleine Menge einer zuckerhaltigen Flüssigkeit zur Verfügung. Der Zuckergehalt ist meist nur gering, der Sauerstoffgehalt hoch – es sind aerobe Bedingungen gegeben.

Bei der Vergärung von Most liegt dagegen ein Pflanzensaft mit vergleichsweise hohem Zuckergehalt in großer Menge vor. Das bedingt, dass in ihm die Sauerstoffversorgung der Hefe extrem schlecht ist – es herrschen anaerobe Verhältnisse. Diese vermehrungshemmenden Bedingungen werden eventuell durch eine Mostschwefelung noch verstärkt. Unter diesen Bedingungen wird die Hefe zur größtmöglichen Gärleistung gezwungen. Eine geschlechtliche Vermehrung durch Ascosporenbildung ist so gut wie unmöglich. Nach der Gärung wird die Hefe entfernt.

Zwischen diesen beiden Extremen liegen die Verhältnisse der Weinbereitung in Ländern mit noch nicht so konsequenter Technik. Noch stärker den natürlichen Verhältnissen angenähert sind die Entwicklungsbedingungen der Hefe bei der Sherry-Herstellung (vgl. Kap. 9).

2.3.2 Zum Erbverhalten von *Saccharomyces cerevisiae*

Von höheren Pflanzen weiß man, dass neben dem Großteil der normalen Formen auch solche vorkommen, die schnellwüchsiger, kräftiger, widerstandsfähiger sind. Diese Steigerung der Eigenschaften beruht meist auf **Polyploidie**. Diese Organismen enthalten nicht nur einen oder zwei, sondern mehrere Chromosomensätze in ihrem Kern. Die Vervielfachung steigert die Leistungsfähigkeit der Zelle. Bei Hefen ist **Polyploidie häufig**. Sie ist deshalb ein gewisses Maß für ihre Eignung als „Nutzpflanzen".

Von 50 heterothallischen Brauhefe-Stämmen waren sechs diploid, drei triploid, 15 tetraploid, acht pentaploid, sieben hexaploid. Elf waren ebenfalls polyploid, doch konnte die Kernwertigkeit nicht ermittelt werden. Die Diploidie ist also keineswegs der Normalfall (NEUMANN 1972). Das Volumen haploider, diploider, triploider und tetraploider Hefezellen verhält sich etwa wie 1:2:3:4.

Bei polyploiden Hefen, die ungerade Zahlen von Chromosomensätzen (3n oder 5n statt 2n) enthalten, kann eine normale Reduktionsteilung nicht stattfinden. Sie lassen zwar die Bildung von vier Kernen erkennen, doch diese entwickeln sich nicht immer zu normalen Sporen. Neben haploiden können dann auch diploide Sporen gebildet werden. Diese Unregelmäßigkeiten bei der Kernteilung verhindern oft die Sporenbildung oder führen zu Anomalien der Kernverhältnisse. Die gebildeten Sporen keimen dann schlecht oder gar nicht. Solche Schwierigkeiten weisen auch auf aneuploide Hefen hin. **Aneuploidie** ist gegeben, wenn die Kerne ein oder mehrere Chromosomen zu viel oder aber zu wenig haben.

Polyploidie ist nicht nur bei den technisch genutzten „Kultur"-Hefen gefunden worden, sondern auch bei Hefen natürlicher Standorte. Sie scheint eine Besonderheit der Saccharomyceten zu sein. **Polyplonten** haben einen **Selektionsvorteil**. Die Selektion von leistungsfähigen „Kulturhefen" – wie dies die Starterkulturen für die Wein- und Bierbereitung, die Brennerei und die Backhefeproduktion sind – in der für diese Organismen unphysiologischen Umwelt (O_2-Mangel, tiefe Temperaturen, extrem hohe Zuckerkonzentrationen, SO_2-Zusatz) war möglich, weil sie in die Polyploidie ausweichen konnten. Die damit erworbene **Plastizität der Eigenschaften** hat die Hefen zu „Kulturpflanzen" werden lassen. Die über Jahrzehnte auf Leistung betriebene Hefereinzucht hat bewirkt, dass die Polyplonten ihren Selektionsvorteil nutzen konnten: So sind im Regelfall die obergärigen *Sacch.-cerevisiae*-Weinhefen polyploid, während die nicht ganz so leistungsfähigen Hefetypen bei den Bedingungen der Mostvergärung schnell verdrängt werden.

Die für uns wichtigste Eigenschaft ist die Gärung. Die Gärfähigkeit scheint dominant vererbt zu werden. Oft wird sie durch polymere Gene beeinflusst – für die Synthese eines bestimmten Enzyms sind dann mehrere Gene vorhanden. Ist nur ein Gen für die Synthese dieses Enzyms da, werden nur geringe Enzymmengen gebildet. Die Gärfähigkeit ist dann nur schwach. Ist bei Polyploidie dieses Gen aber mehrfach vorhanden, wird auch die Enzymsynthese vervielfacht. **Polyploide Hefen** haben deshalb meist eine **starke Gärfähigkeit**.

Die mit dem Ploidiegrad vermutlich korrelierte **Zellgröße** einer Hefe bestimmt die Höhe ihrer **Esterbildung**: Je größer die Zellen sind, umso höher ist ihre Produktion von Ethyl-, Isoamyl- und Phenylethyl-Essigsäure. Die Zellgröße kann deshalb als Marker für die Vorhersage der Acetatester-Bildung eines Stammes dienen (SHIMIZU et al. 2001).

Eine Hefe kann eine Eigenschaft, etwa ihre Gärfähigkeit, verlieren. Solche „Degenerationen" sind zurückzuführen auf spontane Mutationsereignisse in den betreffenden Genen.

Tank-zu-Tank-Überimpfungen von Starterkulturen über längere Zeit ließen jedoch keine nachteiligen Veränderungen bei den Vergärungen der Moste erkennen; die Hefen blieben uneingeschränkt gärfähig. Most als Vermehrungsmedium scheint ihre Eigenschaften weitgehend zu erhalten (GROSSMANN et al. 2000).

Die haploide *Sacch.-cerevisiae*-Zelle enthält 80 bis 85 % der DNS (= Desoxyribonucleinsäure), in der die Vererbungsinformationen kodiert sind, in ihrem Zellkern in 16 Chromosomen mit DNS von 300 000 bis mehr als 2 Millionen Basenpaaren Länge. Die „genetische Information“ aller Chromosomen hat mehr als 13 Millionen Basenpaare mit einem Molekulargewicht von 9×10^9 Dalton. Industriell genutzte Stämme haben wegen ihrer meist polyploiden Chromosomenausstattung einen höheren DNS-Gehalt pro Zelle.

Auch in den Mitochondrien liegen Gene. Bei der Geisenheimer Reinzuchthefe „Epernay“ ist die mitochondriale DNS mit 102,6 Kilobasenpaaren (kbp) bzw. 95,3 kbp sehr groß (DONHAUSER et al. 1989). Das genetische Material, das nicht in den Chromosomen enthalten ist, hat einen Anteil von 10 bis 20 % am Gesamtgenom. Das Genom von *Sacch. cerev.* und verwandten Hefen beschreiben BLONDIN et al. (2009).

Die Funktionsanteile der **Genprodukte**, d. h. der von ihnen kodierten Enzyme, veranschaulicht Abb. 10. Allerdings sind die Funktionen eines großen Teils der bisher identifizierten Gene noch nicht bekannt. Den Stand der Erforschung des **Proteoms**, d. h. der vom Genom festgelegten Proteine, ihre Organisation in Proteinverbänden und ihr funktionales Zusammenwirken referiert ein AUTORENTEAM (2002). Das Proteom eines Weinhefe-Stammes während der Gärung untersuchten ROSSINGNOL et al. (2009). Das Genom einer Weinhefe analysierten HAUSER et al. (2001) sowie PRETORIUS et al. (2008). Einige Eigenschaften von Weinhefen wurden bereits mit genetischen Verfahren verbessert. Z. B. kann ein so veränderter Stamm L-Malat vollständig zu Alkohol vergären (VOLSCHEK et al. 2004).

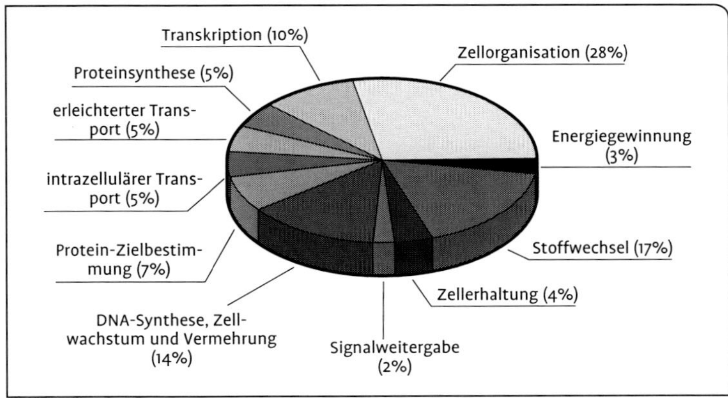

Abb. 10. Funktionsanteile der Genprodukte bei *Sacch. cerevisiae* (GROSSMANN & PRETORIUS 1999).

3 Die Gärung

Die Umwandlung des Mostes zu Wein erfolgt durch die **alkoholische Gärung**. Da sie nicht nur die am längsten bekannte, sondern auch die am meisten genutzte Gärung ist, wird sie als Prototyp aller Gärungen meist nur „Gärung" genannt.

Die Gärung ist der wichtigste Prozess der Weinbereitung, weil sie den wichtigsten Weininhaltsstoff produziert, den Alkohol. Sie ist ein komplexer Stoffwechselvorgang vieler Mikroorganismen, vor allem aber der Hefen. Unter ihnen ist *Saccharomyces cerevisiae* der prominenteste Gärungserreger. Bei dieser Hefeart ist die alkoholische Gärung der wichtigste und auch auffälligste Weg des **anaeroben Zucker-Abbaus**.

Die 1810 aufgestellte Gärungsgleichung benennt Ausgangs- und Endprodukte:

$$C_6H_{12}O_6 \rightarrow 2\ C_2H_5OH + 2\ CO_2$$

Beide **Endprodukte** sind von größtem praktischen Interesse: **Ethylalkohol**, meist verallgemeinernd nur **Alkohol** genannt, ist der absolut unverzichtbare Inhaltsstoff des Weines, nach dessen Gehalt in vielen Ländern Weine bewertet werden. **CO_2** ist als erstickendes Gas ein Sicherheitsrisiko in der Kellerei. Dieses „Abgas" ist aber auch technologisch bedeutsam.

Bei der Weinbereitung werden der Hefe stressende Leistungen abgefordert, die sie an die Grenzen ihrer Leistungsfähigkeit bringen, sie nicht selten sogar überfordern. Ihr Stoffwechsel, beginnend mit ihrer Vermehrung, geht bei den gegebenen Bedingungen in die Gärung über. Früher oder später bricht er zusammen, sie stirbt. Damit ist auch die Regulation des Stoffwechsels zusammengebrochen, die enzymatischen Prozesse verlaufen regellos: Viele Stoffe werden abgebaut, die Abbauprodukte können aus der Zelle in den umgebenden Jungwein austreten. Diese Prozesse, in die wir die Hefe hineinzwingen, sind bedeutsam. Nach der Mostqualität hängt von ihnen die Qualität ihres Produktes Wein ab. Deshalb müssen wir sie kennen lernen:

1. Wird eine Hefezelle, die auf einer Traubenbeere lag, beim Pressen in den ablaufenden Most gespült, so verändern sich ihre Lebensbedingungen in kürzester Zeit dramatisch: Sie ist plötzlich von einer Wasser entziehenden Zuckerlösung eingeschlossen, in der der eingebrachte Sauerstoff nach etwa 20 Minuten verbraucht ist. Die Hefe – und dies gilt auch für die eingesetzte Reinzucht-Starthefe – muss sich diesen für sie sehr ungünstigen Bedingungen anpassen, sie befindet sich in der **Anlaufphase** (oder Latenzphase) ihres Stoffwechsels, in der ihre **Vermehrung beginnt**.
2. Schon nach wenigen Stunden geht sie in die **Vermehrungsphase** (oder exponentionelle Phase) über. Jetzt vermehren sich die Zellen gleichmäßig schnell. Z. B. vermehren sich 10–20 g/100 L „eingesäte" Reinzucht-Starthefe fünf bis sieben Generationen lang. Bei spontanen Gärungen müssen sich die wenigen *Saccharomyces*-Zellen, die der Most mitgebracht hat, einige Generationen länger vermehren, bis sie sich ebenfalls auf 50 bis 100 Millionen Zellen/mL vermehrt haben.
3. Bereits während der Vermehrungsphase sind die bis dahin vermehrten Zellen schon wegen der hohen Zuckerkonzentration gezwungen zu gären. Da aber die Gärung zu wenig Energie liefert, kann sich die Hefe deshalb und aus anderen Gründen nicht weiter vermehren; die Zellzahl

bleibt unverändert. Die **stationäre Phase** der Hefevermehrung ist erreicht. Dies ist auch die Phase der **Hauptgärung**.

Die sich zunehmend verschlechternden Veränderungen ihres Gärsubstrates variieren die Genexpressionen der Hefe, um sie an die immer stärker wirksamen Stress-Bedingungen (fortdauernde Anaerobiose, zunehmende Nährstoffverknappung, ständige Erhöhung des Alkoholgehaltes u. a. hemmender Metaboliten wie Acetaldehyd und Essigsäure usw.) zu adaptieren. Schätzungsweise sind daran mehr als 2000 Gene beteiligt (ROSSIGNOL et al. 2003).

4. Der anhaltende Stress, die Zunahme des Alkohols und anderer hefeschädigender Stoffwechselprodukte haben die Zellen mehr und mehr erschöpft. Sie sterben in zunehmender Zahl ab. Die Hefe befindet sich in der **Absterbephase**. Während bis zum Ende der stationären Phase die Zuckerabnahme fast konstant war, nimmt als Folge des Hefesterbens die Gärintensität mehr und mehr ab. In der Endphase der Gärung wird der Zucker durch eine immer kleiner werdende Zahl noch stoffwechselaktiver Zellen vergoren. Mit der Verringerung der Gärintensität nimmt die Durchmischung des Mostes ab und die Sedimentation der Hefe allmählich zu. Schließlich folgt zunehmend ihre Autolyse: Die aus den toten Zellen austretenden Stoffe fördern Milchsäurebakterien, die die Äpfelsäure des Jungweines abbauen können. Abb. 11 verdeutlicht die Vermehrungsphasen des Gärungserregers und seine dadurch bestimmten Gärphasen.

Zur zügigen Vergärung des Mostes ist es daher erforderlich, die Vermehrungsbedingungen der Hefe schon frühzeitig so zu gestalten, dass ihre Zellmasse und ihre Vitalität dazu ausreicht. Nur in Mosten mit ausreichenden

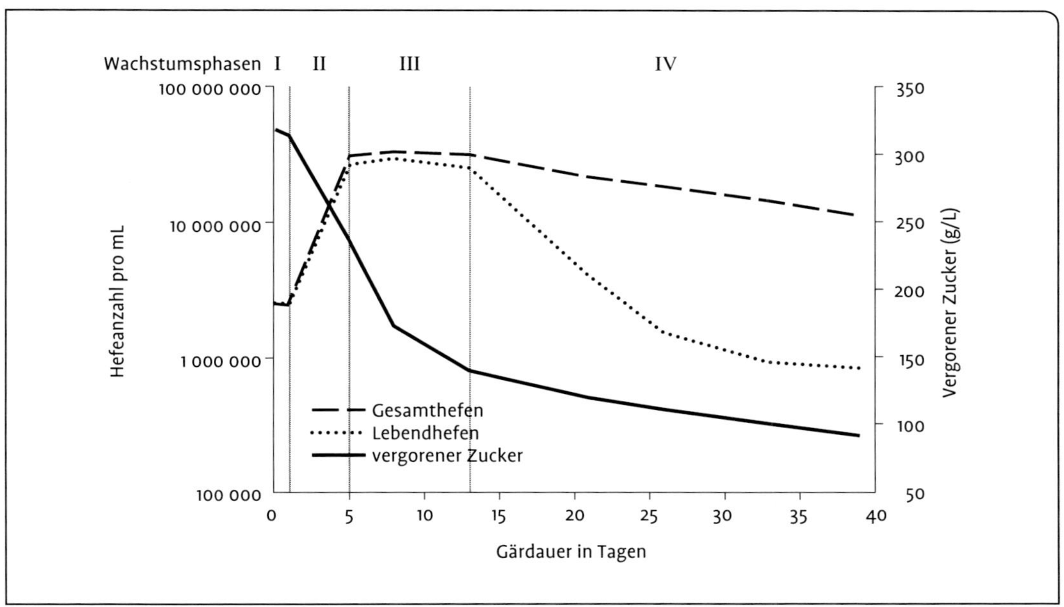

Abb. 11. Die Vermehrungs- und Stoffwechselphasen der Hefe während der Gärung (FISCHER 2000).

Nährstoffgehalten wird die Hefe schnell angären und den Zucker vollständig vergären. Nährstoffarme Moste werden länger gären und öfter unvollständig vergären. Dies sind vor allem Moste aus gestressten und/oder ungenügend gedüngten Rebanlagen. Nährstoffergänzungen durch N- und Thiaminzusätze reichen dann nicht immer aus, weil Stress – auch durch mangelhafte Düngung – einen vielfachen Nährstoffmangel erzeugt, der über das N- und das Thiamin-Defizit weit hinausgeht.

3.1 Chemismus

3.1.1 Vergärbare Kohlenhydrate

Im Traubenmost sind die weitaus überwiegenden Kohlenhydrate die Hexosen Glucose und Fructose. Sie liegen etwa im Verhältnis 1:1 („Invertzucker") vor. Die oft beträchtlichen Zuckermengen werden bei normalen Bedingungen bis auf kleine Reste vergoren. Die Zuckerreste enthalten auch Arabinose und andere Pentosen (DITTRICH & BARTH 1992). **Pentosen werden** nämlich von *Sacch. cerevisiae* **nicht vergoren**.

Glucose und Fructose werden sehr gut vergoren, andere Hexosen nur schwach oder nicht. Von dem im Most vorliegenden Gemisch von α- und β-D-Glucose wird die α-Glucose von *Saccharomyces* bevorzugt.

Von den Disacchariden ist für Wein die **Saccharose** (Sucrose) zur Anreicherung zuckerarmer Moste wichtig. Sie wird von *Sacch. cerevisiae* glatt vergoren: Die Hefe spaltet den Zucker mit ihrer β-Fructofuranosidase, die auch **Saccharase** oder Invertase genannt wird, da Fructose und Glucose im Invertzucker-Verhältnis (1:1) entstehen. Die Aktivität der Saccharase ist in Hefepresswein 10- bis 15-mal höher als in normalem Wein. Daher wird er gelegentlich unzulässig zur Saccharose-Spaltung zwecks Verschleierung der Süßreservezuckerung missbraucht. Die Saccharase ist an der äußeren Oberfläche der Zellmembran lokalisiert. Saccharose und andere β-Fructoside werden daher außerhalb der Zelle gespalten. Die entstandenen Hexosen werden dann in die Zelle transportiert und dort vergoren. Den typischen Apiculatus-Hefen fehlt Saccharase. Sie können infolgedessen Saccharose nicht vergären.

Obwohl **Trehalose** auch ein α-Glucosid ist, wird es von typischen α-Glucosidasen nicht hydrolysiert, nur von Trehalase. Da manche Hefen bis zu 10 % ihres Trockengewichtes an Trehalose enthalten, mobilisiert die Trehalase diesen Reservestoff. Intrazelluläre Trehalose schützt die Hefe bei Stress. Dazu wird sie schnell synthetisiert (HUTTER et al. 2003). Ein hoher Gehalt verlängert ihr Überleben und erhöht dadurch den Zuckerumsatz (PLOURDE-OWOBI et al. 2000). Über Trehalose und Glycogen in Weinhefe siehe ROUSTAN & SABLAYROLLES (2002).
Ein Trisaccharid, dessen Vergärung zur Unterscheidung von Brauhefen benutzt wird, ist die Raffinose. Die untergärigen Hefen vergären sie vollständig, die obergärigen nur zu einem Drittel: Sie spalten nur die Fructose ab, die verbleibende Melibiose kann nur von untergärigen Hefen in Glucose und Galactose gespalten werden. Ein anderes Trisaccharid, die Maltotriose, kann nur von wenigen Brauhefen vergoren werden.
Ein intrazelluläres Polysaccharid, das in älteren Zellen in beachtlichen Quantitäten vorkommen kann, das auch in der Zellwand enthalten ist, ist **Glycogen**. Es besteht aus Glucose. Deshalb kann es bei Bedarf schnell als Energiequelle genutzt werden.

Zusammenfassend ist zu sagen, dass Kohlenhydrate von einem Polymerisationsgrad von drei und mehr kaum vergärbar sind, da sie kaum mehr in die Zelle kommen. Sie werden nur vergoren, wenn sie von Glucosidasen oder Fructosidasen hydrolysiert werden, die auf der Zelloberfläche lokalisiert sind. Von Ausnahmen (z. B. Inulin) abgesehen, werden

Oligo- und Polysaccharide nicht oder höchstens langsam vergoren.

Die bevorzugte Glucosevergärung ermöglicht die Herstellung von „Diabetiker-Weinen“ mit erhöhtem Fructose-Gehalt durch vorzeitige Gärungsbeendigung. Sie dürfen in Deutschland bis zu 20 g/L Gesamtzucker, jedoch höchstens 4 g/L Glucose enthalten. Der Alkoholgehalt ist auf 12 %vol, der Gesamt-SO_2-Gehalt auf 150 mg/L begrenzt.

Glucose und Fructose, die im Most weitaus vorherrschenden Zucker, **werden** von der Weinhefe gut und **gleichzeitig vergoren. Glucose** wird jedoch etwas **schneller** umgesetzt als -Fructose (Abb. 12). *Sacch. cerevisiae* ist nämlich **glucophil**. Nach der Vergärung eines Mostes liegt dann **im Zuckerrest** des Jungweines meist neben weniger Glucose **mehr Fructose** vor. Da **Fructose** etwa **doppelt so süß** ist **wie Glucose**, schmecken diese Weine „voller“, „harmonischer“. Die stärkere Süßkraft der Fructose erklärt, dass nicht ganz vollständig vergorene Weine in aller Regel besser beurteilt werden. Bei weitgehender Vergärung liegt das Verhältnis beider Zucker bei 0,1 bis 0,2. Ist viel Zucker unvergoren geblieben, kann es bei 0,3 bis 0,4 liegen (Wucherpfennig et al. 1986). Vereinzelt können auch durchgegorene Weine mehr Glucose als Fructose enthalten.

Die Glucose/Fructose-Verhältnisse (y) in gärenden Mosten können für jeden Vergärungsgrad (x) berechnet werden (Prior et al. 1992). Bis zu 99 % Vergärung gilt:

$$y = (1 - x^2):(1 + x^2).$$

Die Berechnung der löslichen Trockensubstanz (t) (= löslicher Extrakt; g/L), in der der noch nicht vergorene Zucker enthalten ist, kann erfolgen nach der Formel:

$$t = 1{,}191 \times c + 1{,}419 \times b.$$

Die Berechnung des in einem Most/Maische gebildeten Alkohols a (g/L) ermöglicht die Formel

$$a = (c - b) \times 2{,}854.$$

c sind die korrigierten Oechslegrade des Handrefraktometers, b die abgelesenen °Oe der Mostwaage, jeweils bezogen auf 20 °C (Kraus 1991).

Manche nicht durchgegorenen Weine enthalten außer viel Fructose (z. B. 10 bis 25 g/L) nur sehr kleine Mengen Glucose (z. B. 0,2 bis 2 g/L). Anscheinend verursacht ein derart hoher Fructoseüberschuss Gärungsstillstand (Schütz & Gafner 1993).

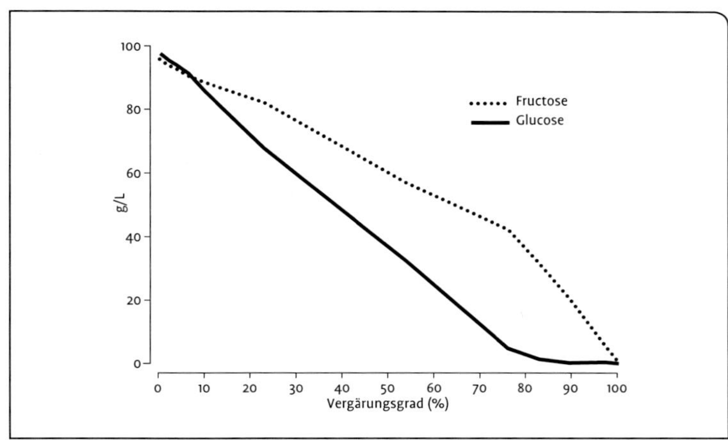

Abb. 12. Die Abnahme von Glucose und Fructose bei der Vergärung von Traubenmost durch *Sacch. cerevisiae* (Prior et al. 1992).
Most: 1987, Morio-Muscat, Rheinhessen, QbA, Trockenhefe Oenoferm, 2000 L.

Von fructophilen Hefen wird Fructose schneller vergoren. Zu ihnen gehören osmophile Hefen wie *Zygosaccharomyces rouxii* und *Zygosacch. bailii* sowie manche Stämme von *Candida stellata* (SPONHOLZ et al. 1986). Solche Stämme können zu hohe Fructose-Gehalte abbauen, die eine Gärstörung verursacht haben. Danach ist die Endvergärung möglich (WEINAND 2008). Einige „wilde" Hefen (*Hanseniaspora uvarum*, *Candida vini*, *Metschnikowia pulcherrima* u. a.) vergären Glucose und Fructose etwa gleich stark (SPONHOLZ et al. 1990 b).

Die Befähigung einer Hefe zur Vergärung verschiedener Zucker unterliegt **Gärungsregeln**. Sie sind für die Bestimmung der Hefen wichtig:

1. Wenn eine Hefe gärfähig ist, so vergärt sie immer Glucose. Kann sie das nicht, kann sie auch keine anderen Zucker vergären.
2. Wenn Glucose vergoren wird, werden auch Fructose und Mannose vergoren.
3. Maltose und Lactose werden – von Ausnahmen abgesehen – nicht von derselben Hefe vergoren, sondern nur entweder der eine oder der andere Zucker.

3.1.2 β-Glucosidspaltung und Anthocyanabbau

ß-Hetero-Glucoside kommen häufig vor, deshalb sind viele Mikroorganismen fähig, sie enzymatisch zu spalten und die freigesetzte Glucose zu nutzen. Die meisten Hefen können β-Glucoside spalten, wenn auch unterschiedlich stark.

Die **Rotweinfarbstoffe**, die zu den Anthocyanen gehören (Hauptkomponente ist meist Malvidin-3-Glucosid), sind β-Glucoside. Während der Gärung von roten Traubensäften nimmt ihre Farbhelligkeit zu, sie erleiden einen **Farbstoffverlust**. Er ist zu Beginn der Gärung am stärksten, nimmt bis zur Mitte der Gärung weiter zu, danach ist er nur noch gering. Der Farbverlust kann bis zu 70 % betragen. Er ist von Hefe zu Hefe unterschiedlich (EDER et al. 1992). Die Ursache der Farbabnahme ist der Abbau der Anthocyane. Hinzu kommt die Reaktion dieser Polyphenole mit dem Hefeeiweiß.

Der Farbverlust ist pH-abhängig, er vergrößert sich mit steigendem pH-Wert. Moste, die längere Zeit gären, verlieren mehr Farbstoff.

Die stärkste Abnahme zeigt Cyanidin (~ 95 %). Der Abbau von Peonidin, Delphinidin, Petunidin und Malvidin ist geringer (~ 75, 65, 55 und 50 %). Bei den acylierten Anthocyanen betragen die Abnahmen etwa 50 % (WENZEL 1989).

Trollinger/Vernatsch, Sangiovese und Pinotage erleiden wegen ihrer hohen Gehalte an Cyanidin und Peonidin starke Farbverluste – Gamay, Limberger, St. Laurent, Portugieser und Syrah haben die geringsten. Auch bei Spätburgunder, Frühburgunder und der Müllerrebe sind die Farbverluste wegen des hohen Malvidin-Anteils geringer als bei der Trollingergruppe.
Die β-Glucosidase der Hefe kann in geringem Maße auch die Terpen-Glucoside spalten. Die freigesetzten **Monoterpene** sind flüchtig und prägen das Bukett von Gewürzsorten. Die Freisetzung des an Cystein gebundenen 4-Mercapto-4-Methylpentan-2-on erzeugt insbesondere das Aroma der Sauvignon-Weine.

3.1.3 Zuckeraufnahme in die Zelle

Bevor bestimmte Stoffe umgesetzt werden können, müssen sie an den Ort ihres Umsatzes kommen. Die Zellwand hält nur Makromoleküle zurück, lässt aber kleine Moleküle und Ionen ein. Die eigentliche Zellgrenzschicht, die für den Stofftransport in die Zelle begrenzend ist, ist die **Cytoplasmamembran**.

D-Glucose wird schneller aufgenommen als D-Fructose. Glucose wird daher auch schneller vergoren (Abb. 12). Sie hemmt kompetitiv den Fructose-Transport. *Sacch. cerevisiae* hat **zwei Aufnahmesysteme:** Zellen, die sich in hohen Zuckerkonzentrationen (> 1 %, also auch in normalen Mosten) vermehrt haben, haben ein konstitutives Niedrig-Affinitäts-System. Zellen in niedrigen Zuckerkonzentrationen (< 0,1 %) bilden neben dem Niedrig-Affinitäts-System ein Hoch-Affinitäts-System aus. Zwei der Niedrig-Affinitäts-Carrier haben Km(Glucose)-Werte[7] von 100 und 60 mM. Zwei der Hoch-Affinitäts-Transporter haben dagegen Km-Werte für Glucose von 1 bis 2 mM. Zwei weitere Niedrig-Affinitäts-Träger haben Km(Glucose)-Werte von etwa 10 mM. Die verschiedenen Carrier transportieren während verschiedener Stadien der Gärung: z. B. ist einer der Hoch-Affinitäts-Träger beteiligt am Beginn der Hefevermehrung, während zwei andere Hoch-Affinitäts-Carrier gegen Ende der Gärung aktiv werden (Luyten et al. 2002). Glucose und Fructose haben die gleichen Transporter. Fructose liegt aber im Most zu etwa 30 % in der Furanoseform vor, die schlechter transportiert wird. Die als Pyranose vorkommende Glucose hat eine stärkere Affinität. Durch ihre schnellere Aufnahme ändert sich das anfänglich etwa gleiche Glucose/Fructoseverhältnis.
Aktiv aufgenommen werden z. B. K^+, Na^+, Ca^{++} und Mg^{++}. Dazu ist ATP und eine membrangebundene Transport-ATPase erforderlich. Sie erhält in sauren Substraten wie Most auch den annähernd neutralen pH-Wert des Zellinneren aufrecht. 6 bis 8 % Ethanol fördern sie.

Bekannt sind vier Arten des Eintritts von Stoffen aus dem Substrat in die Zelle

- Einfache Diffusion durch Poren,
- erleichterte Diffusion oder trägervermittelter Transport,
- aktiver Transport und
- Transport durch Permeasen.

7 Km: Substratkonzentration (hier Glucose), die halbmaximale Umsatzgeschwindigkeit ergibt.

Die einfache oder **freie Diffusion** ist für den Durchtritt **von Wasser** anzunehmen. Die Weite der Wasser-Poren beträgt einige Å. Ein Spezialfall ist der „Lösungsmittelschlepp“: Manche Substanzen gehen mit dem Wasser in die Zelle. Auch die Diffusion bestimmter Ionen kann durch Membranporen erfolgen. Zellfremde Stoffe wie Hemmstoffe und Gifte können ebenso in die Zelle kommen. Auf gleiche Weise gehen **Alkohol** und undissoziierte **Nebenprodukte** aus der Zelle in das Medium.

Die **Zuckeraufnahme** in die Hefezelle erfolgt **durch Trägertransport**. Dieser Ausgleichstransport bleibt stehen, wenn in der Zelle die gleiche Zuckerkonzentration vorliegt wie außerhalb der Zelle. Zucker kann aus diesem Grund nicht gegen sein Konzentrationsgefälle in der Zelle angehäuft werden.

Die aus dem Most aufzunehmenden Zucker Glucose und Fructose werden von „Trägern“, auch „Carrier“ oder „Transporter“ genannt, in das Zellinnere „transportiert“. Sie sind Proteine, die durch die Membran hindurchreichen. *Sacch. cerevisiae* hat mindestens 18 solcher Hexose-Transporter (Bisson 1999, Özcan & Johnston 1999). Das Transportprotein bindet den Zucker an der Außenseite der Membran. Er wird in das Cytoplasma entlassen und dort vergoren. Ein hypothetisches Modell dieser Zuckeraufnahme bietet Fuchs (2007, Abb. 9.1, S. 266).

Diese trägervermittelte Aufnahme ist für die Hefe der wichtigste **Zuckeraufnahme**mechanismus. Er ist der **geschwindigkeitsbestimmende Schritt der Gärung**. Die Zuckeraufnahmegeschwindigkeit ist bei sonst gleichen Bedingungen bei niedrigen und bei hohen Zuckerkonzentrationen gleich. In der Zelle übersteigt die Zuckerkonzentration 0,4 mM nicht. Höhere Konzentrationen wären toxisch. Hohe äußere Zuckerkonzentrationen sowie Alkohol hemmen die Zuckeraufnahme. Unphysiologische Bedingungen wie Ernährungsmängel, extreme Temperaturen und pH-Werte, Ionen-Ungleichgewichte, Zellgifte wie Alkohol, SO_2 und

Acetaldehyd stressen die Hefe und schränken ihre Zuckeraufnahme ein. Oft wird dann die Gärung vorzeitig abgebrochen.

Bei Vorliegen von Zucker oder Ethanol wird bei Gärungsbedingungen die Synthese von Transportproteinen ausgelöst, die z. B. H^+, Prolin, Leucin, SO_4^{2-} und PO_4^{3-} transportieren. Es ist anzunehmen, dass die Hefezelle mehrere, einander ergänzende Möglichkeiten zur Aufnahme wichtiger Stoffe hat.

Die Zucker-Aufnahme der Weinhefen beschreiben Bisson (1999), Schütz & Gafner (1993, 1995) sowie Leandro et al. (2009).

3.1.4 Biochemie der alkoholischen Gärung[8]

Den Abbau von Glucose und von Fructose zu Alkohol und Kohlendioxyd nennt man nach dem mengenmäßig größten und bedeutsamsten Endprodukt alkoholische Gärung. Sie verläuft auf dem Glykolyse-, Embden-Meyerhof- oder, nach dem charakteristischen Zwischenprodukt Fructose-1,6-bisphosphat (FBP) benannt, dem **FBP-Weg**. Abb. 13 zeigt diese Reaktionsfolge, deren Gesamtheit die alkoholische Gärung ergibt. Die Tab. 3 nennt einige Eigenschaften der Enzyme, die diese Reaktionen katalysieren.

8 Eine Darstellung der Erforschung der alkoholischen Gärung verdanken wir Barnett, J. A. (2003): A history of research on yeast, 5: The fermentation pathway, Yeast 20, (6), 509–543.

Abb. 13. Alkoholische Gärung mit Glycerinbildung.

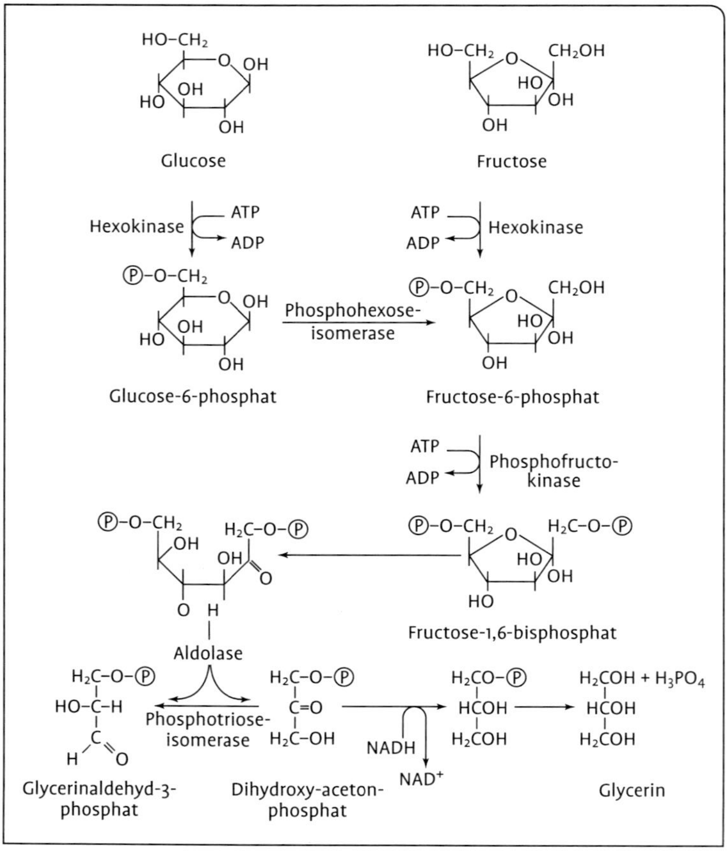

Glycerinaldehyd-3-phosphat ($H-C(=O)$ / $H-C-OH$ / $H_2C-O-(P)$) + HS-Enzym → [OH / $H-C-S$-Enzym / $H-C-OH$ / $H_2C-O-(P)$]

Glycerinal-dehyd-3-P-dehydrogenase (NAD → $NADH_2$) → O=C-S-Enzym / $H-C-OH$ / $H_2C-O-(P)$

+ H_3PO_4 / - HS-Enzym → Glycerinsäure-1,3-bisphospat (O=C-O-(P) / $H-C-OH$ / $H_2C-O-(P)$)

ADP → ATP, Phosphoglyceratkinase

Glycerinsäure-3-phospat (O=C-$O^{\ominus}$ / $H-C-OH$ / $H_2C-O-(P)$) → Phosphoglycerat-mutase → Glycerinsäure-2-phospat ($COO^{\ominus}$ / $H-C-O-(P)$ / H_2C-OH)

Enolase → Phosphoenolpyruvat ($COO^{\ominus}$ / C-O~(P) / CH_2)

Pyruvatkinase (ADP → ATP) → Enolpyruvat ($COO^{\ominus}$ / C-OH / CH_2)

⇅

Pyruvat ($COO^{\ominus}$ / C=O / CH_3) → Pyruvat-decarboxylase (CH_2) → Ethanal (H / C=O / CH_3)

Alkohol-dehydro-genase ($NADH_2$ → NAD) → Ethanol (H / $H-C-OH$ / CH_3)

Tab. 3. Die Eigenschaften der Gärungsenzyme von *Sacch. cerevisiae* (RODICIO & HEINISCH 2009, verändert).

Reaktion s. Abb. 13	Enzyme *(Gene)*	Enzym-Nr.	Untereinheiten	Anzahl d. Aminosäuren pro Unter-Einheit*	Km (mM)	Co-Faktoren	ΔGo (kJ/Mol)
1	Hexokinase PI *(HXK1)*	2.7.1.1	2	485	Gluc 0,1, Fruct. 0,7 ATP 0,2	Mg^{2+}	−16,7
	PII *(HXK2)*		2	486			
	Glucokinase *(GLK1)*	2.7.1.2	2	500			
2	Phosphoglucose-isomerase *(PG11)*	5.3.1.9	2	554			+1,7
3	Phosphofructo-kinase α *(PFK1)*	2.7.1.11	4**	987	Fruct-6-P 0,15, ATP 0,02	Mg^{2+}	−14,2
	β *(PFK2)*		4	959			
4	Aldolase *(FBA1)*	4.1.2.13	2	359	Fruct-1,6-bis-P 0,3, GAP 2,0, DHAP 2,0	Zn^{2+}	+23,8
5	Triosephosphat-isomerase *(TP 11)*	5.3.1.1	2	248			+7,5
6	Glycerinaldehyd-3-P-dehydrogenase *(TDH1)*	1.2.1.12	4	322			+6,3
	(TDH2)		4	332			
	(TDH3)		4	332			
7	Phosphoglycerat-kinase *(PGK1)*	2.7.2.3	1	416	1,3-bis-P-Glycerat 0,002, ADP 0,2, 3-P-Glycerat 0,2, ATP 0,1	Mg^{2+}	−18,8
8	Phosphoglycerat-mutase *(GPM1)*	2.7.5.3	4	247	2-P-Glycerat 0,1	2,3-bis-P-Glycerat	+4,6
9	Enolase *(ENO1)*	4.2.1.11	2	437	2-P-Glycerat 0,2	Mg^{2+}	+1,7
	(ENO2)		2	437			
10	Pyruvatkinase *(PYK1)*	2.7.1.40	4	499	P-Enolpyruvat 2,0, ADP 0,5		−31,4

* Aus anderen Werten erschlossen ** Aktiv ist nur das Octamer aus 4α + 4β-Untereinheiten

Reaktion s. Abb. 13	Enzyme *(Gene)*	Enzym-Nr.	Untereinheiten	Anzahl d. Aminosäuren pro Unter-Einheit*	Km (mM)	Co-Faktoren	ΔGo (kJ/Mol)
11	Pyruvatdecarboxylase *(PDC1)*	4.1.1.1	4	563	Pyruvat 1,0	$TPPMg^{2+}$	−21,3
	(PDC5)			563			
	(PDC6)			563			
12	Alkoholdehydrogenase *(ADH1)*	1.1.1.1	4	348	Acetaldehyd 0,01. NADH 0,78	Zn 2+	−22,6

* Aus anderen Werten erschlossen ** Aktiv ist nur das Octamer aus 4α + 4β-Untereinheiten

Den Ablauf der Gärung kann man kurz wie folgt beschreiben: Die aus dem Most in die Hefezelle aufgenommenen Hexosen – Glucose und Fructose – werden im Cytoplasma vergoren (etwa 50 % der löslichen Proteine der Hefezelle sind Gärungsenzyme!). Zunächst werden sie an C 6 phosphoryliert. **Fructose-6-Phosphat**[9] wird nochmals zu **Fructose-1,6-bisphosphat** (FBP) phosphoryliert. **Glucose-6-Phosphat** muss zu Fructose-6-Phosphat isomerisiert werden, bevor es ebenfalls zu FBP phosphoryliert werden kann. Das Fructose-bisphosphat wird in zwei Triosen gespalten, nämlich zu **Dihydroxyaceton-Phosphat** (DHAP) und zu **Glycerinaldehyd-3-Phosphat** (GAP). Das Gleichgewicht der Spaltung liegt ganz auf der Seite der Hexose. DHAP muss laufend in GAP umgewandelt werden, wenn die Gärung nicht stehen bleiben soll, da GAP dem Gleichgewicht ständig in Richtung Pyruvat/Ethanol entzogen wird. Die erste Reaktion auf diesem Weg ist die Dehydrierung von GAP. Dazu ist **NAD^+ erforderlich**, das Wasserstoff aufnimmt und nun als NADH + H^+ vorliegt. Dadurch ist der Aldehyd GAP zu einer Säure oxydiert worden. Über Zwischenprodukte (vgl. Abb. 13 und Tab. 4) und nach Abspaltung des Phosphates entsteht **Pyruvat**[10]. Es wird decarboxyliert.

Diese **CO_2-Freisetzung macht** die **Gärung**, ihren Eintritt und ihre Beendigung gut feststellbar, weil **sichtbar** und **messbar**.

Der auf diese Weise entstandene **Acetaldehyd** (Ethanal) ist die Vorstufe von Ethanol. Die Alkohol-Dehydrogenase (ADH) hydriert ihn zu **Ethanol**. Die Hydrierung erfolgt mit dem Wasserstoff, den NAD^+ von GAP übernommen hatte. Durch diese Hydrierung wird das entstandene NADH zu NAD^+ oxydiert, die Wasserstoffbilanz ist wieder ausgeglichen.

Der Reaktionsablauf besteht daher im Wesentlichen darin, dass die beiden Zucker an beiden Enden ihrer 6-C-Kette phosphoryliert und danach in zwei 3-C-Stücke gespalten werden. Beide Spaltstücke werden in eines von ihnen, den Aldehyd GAP, umgewandelt. GAP wird darauf oxydiert. Mit dem von GAP abgezogenen Wasserstoff wird der später durch CO_2-Freisetzung aus Pyruvat entstandene Acetaldehyd zu Ethanol hydriert.

Dies verdeutlicht: **Gärung ist Zuckerabbau**, denn ein Hexose-Molekül wird in zwei

9 Das tatsächliche Substrat ist β-D-Fructofuranose-6-phosphat.

10 Sie Säuren liegen beim annähernd neutralen pH des Zellinneren als Salze vor. Es ist deshalb berechtigt, Brenztraubensäure als Pyruvat, Äpfelsäure als Malat usw. zu bezeichnen.

Der entstandene Alkohol enthält die C-Atome 1 und 2 sowie 5 und 6 der vergorenen Hexosen, das CO_2 die C-Atome 3 und 4.
Die Phosphorylierung der aufgenommenen Zucker ist für die Ökonomie der Gärung wichtig: Durch die Überführung in dissoziierende Derivate bleiben sie und ihre Abbauprodukte in der Zelle „gefangen". Ohne Phosphatgruppen würden sie teilweise aus der Zelle austreten; die Alkoholausbeute wäre geringer.

3-C-Hälften zerlegt, aus denen je ein CO_2 und ein Stoff mit 2 C entsteht: 2 CO_2 + 2 C_2H_5OH.

Dieser Zuckerabbau ist der **Prototyp einer Gärung**: Sie ist eine enzymatische Reaktionsfolge, bei der einem frühen Reaktionsglied Wasserstoff entzogen und auf ein späteres Reaktionsglied übertragen wird: In diesem Fall wird Glycerinaldehyd-P dehyriert, und mit diesem Wasserstoff wird das später entstehende Ethanal zu Ethanol hydriert.

Tab. 4 Zwischenprodukte der Gärung (mM) im Cytosol der Hefe nach 20 Minuten mit 50 mM (= 9 g/L) Glucose unter anaeroben Bedingungen (HOHMANN 1993, Brief).

Substanz	mM
Glucose-6-phosphat	2,5
Fructose-6-phosphat	0,4
Fructose-1,6-bisphosphat	4,5
Dihydroxyaceton-phosphat	0,9
3-Phosphoglycerat	1,0
2-Phosphoglycerat	0,1
Pyruvat	7,7
NAD	1,6
NADH	0,1
Phosphat	13,0
Fructose-2,6-bisphosphat (µM)*	5,5

* aktiviert P-Fructokinase, beschleunigt dadurch die Gärung

Pyruvat kann auch in andere Reaktionen eingehen. Die wichtigste ist ihre aerobe Umsetzung im Pyruvat-Oxydase-System zu „aktivierter Essigsäure", zum **Acetyl-Coenzym-A**. Der Acetylrest wird als Baustein für Zellsubstanzsynthesen, also letztlich für die Vermehrung der Hefe benötigt. Er wird auch für Acetylierungen, z. B. für Estersynthesen, verwandt. Bei aeroben Bedingungen – und ebenso wirkenden niedrigen Zuckerkonzentrationen (< 1 %) – geht der Acetylrest in den **Citronensäurekreislauf** ein, der ebenfalls Synthese-Vorstufen und Energie liefert.
Die bei Gärungsbedingungen hydrierende ADH kann, wenn der Zucker verbraucht ist, bei aeroben Bedingungen Ethanol oxydieren. Darauf beruht die **Flor-Sherry-Bereitung**: Die Veratmung des Alkohols liefert der Hefe Energie, die für ihre Vermehrung **auf** dem Wein Voraussetzung ist (vgl. Kap. 9). Auch die **Kahmhefen** können so auf dem Wein wachsen und ihn dadurch schädigen. Tab. 4 gibt die Konzentrationen einiger Zwischenprodukte in der Hefe während der Gärung wieder. Den Zuckerstoffwechsel in den beiden Reaktionsräumen der Zelle – Gärung im Cytoplasma, Citratzyklus in den Mitochondrien – zeigt Abb. 14.

Bei optimalen Bedingungen kann Hefe pro Stunde ihr eigenes Gewicht an Zucker umsetzen, d. h., jede Zelle kann in einer Sekunde etwa 200 Millionen Zucker-Moleküle vergären.

Die **Pyruvat-Decarboxylase** hat Thiaminpyrophosphat (TPP) als prosthetische Gruppe. Die Hefe kann zwar Thiamin synthetisieren, wenn ihr jedoch die Synthese durch Zusatz des fertigen Moleküls erspart wird, kann sie es sofort in das Enzym einbauen. Der **Zusatz von Thiamin** zum Most fördert die Vermehrung und auch die Gärung. Er wirkt außerdem SO_2-sparend (DITTRICH 1983). Die Brenztraubensäure-Decarboxylase decarboxyliert teilweise auch 2-Ketoglutarsäure.

Zur besseren Anpassung an die jeweiligen

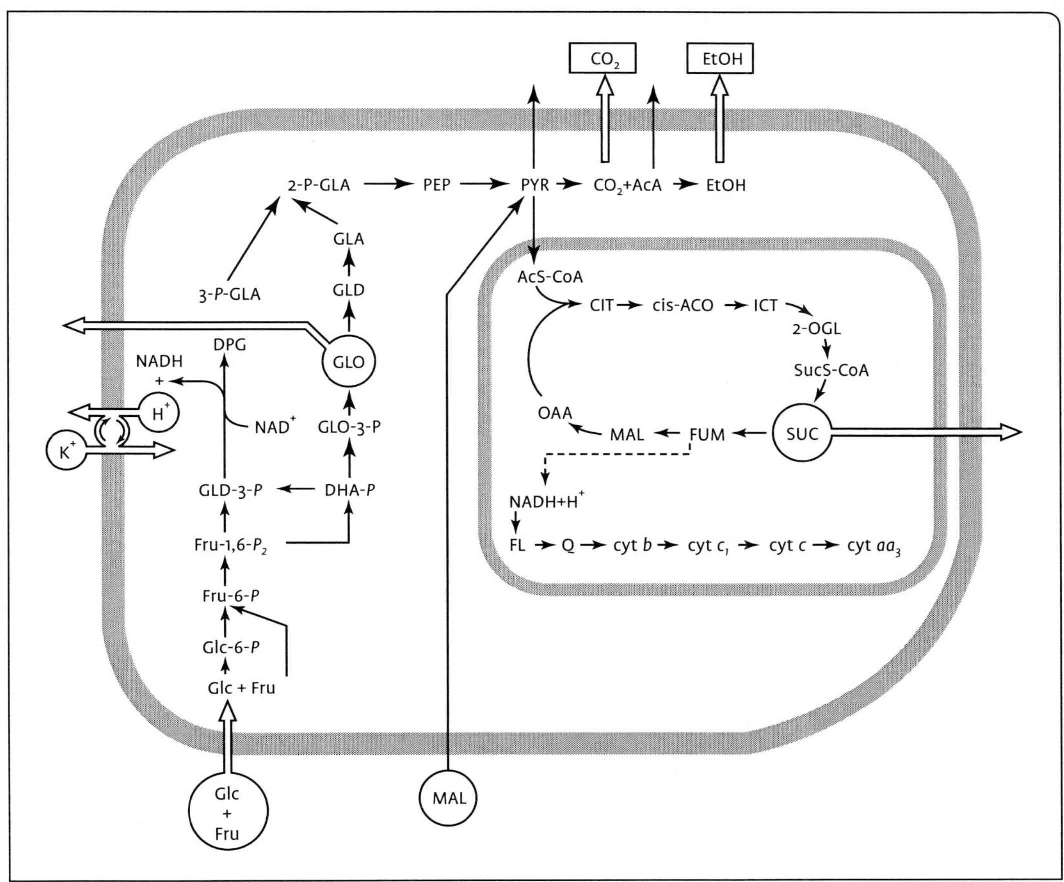

Abb. 14. Schema des Zuckerstoffwechsels in der Hefe-Zelle: Alkoholische Gärung im Cytoplasma; Abgabe von Ethanol (EtOH), CO_2, Glycerin (GLO) und H^+ in das Substrat. Citrat-Zyklus in einem Mitochondrion; Abgabe von Bernsteinsäure (SUC) in das Substrat.
Glc = Glucose, Fru = Fructose, GLD = Glycerinaldehyd, GLA = Glycerinsäure, GLO = Glycerin, DHA = Dihydroxyaceton, PEP = Phosphoenolpyruvat, PYR = Pyruvat, AcA = Acetaldehyd, AcS-CoA = Acetyl-Coenzym A, CIT = Citrat, ACO = Aconitat, ICT = Isocitrat, 2-OGL = 2-Oxoglutarat, SucS-CoA = Succinyl-Coenzym A, FUM = Fumarat, MAL = Malat, OAA = Oxalacetat, FL = Flavoprotein, Q = Ubiquinon, cyt b, c_1, c, aa_3 = Cytochrome.

Bedingungen wird der Zuckerabbau in der Zelle auf verschiedene Weise reguliert. Die **Regulation**en können durch die Synthese von Enzymen bzw. durch deren Abbau oder durch die Veränderung der Aktivität von Enzymen erfolgen. Das Zusammenwirken beider Mechanismen befähigt die Hefe, sich auch an stark wechselnde Bedingungen anzupassen, um zu überleben. Die Feinregulation durch Aktivitätsbeeinflussung wirkt schneller. Sie ist deshalb bei technischen Prozessen wie der Mostgärung wichtiger, bei denen die Gärungserreger meist schon vorvermehrt in hohen Mengen zugesetzt werden.

Über den Zuckerstoffwechsel der Hefe unterrichten u. a. Bisson (1993), Rodicio & Heinisch (2009) und Zimmermann & Entian (1997).

Bei der Gärung ist der Haupt-„Hahn“, der mehr oder weniger weit geöffnet werden kann, die Phosphofructo-Kinase. Sie wird von Fructose-2,6-bisphosphat aktiviert. Das bifunktionelle Enzym, das Kinase und Phosphatase in einem ist, stabilisiert seinen Pegel; es kann F-2,6-bP aus Fructose-6-P synthetisieren, kann es aber auch zu F-6-P abbauen. Phosphofructo-Kinase wird außerdem von ADP und AMP aktiviert, von ATP, NADH, Citrat und Fettsäuren gehemmt. Auch die Pyruvat-Kinase ist regulierbar: Sie wird von Fructose-1,6-bP aktiviert, von ATP, NADH, Citrat, Succinyl-CoA und Fettsäuren gehemmt. Das erste Enzym der Gärung, die Hexokinase, unterliegt ebenfalls einer Modulation: Sie wird von Trehalose-6-P gehemmt. Auf die Gärung wirken also an mehreren Stellen aktivierende und/oder hemmende Effektoren ein. Wie gesagt, können an der Regulation der Gärung auch Metaboliten anderer Herkunft mitwirken, beispielsweise solche des Citrat-Zyklus, der, wie andere Stoffwechselabschnitte auch, ebenfalls regulierbar ist. Im Stoffwechsel kann eine Enzymreaktion einem Netzwerk von Beeinflussungen unterliegen, andererseits kann ein Stoff wie ATP ganz unterschiedliche Stoffwechselwege beeinflussen. Doch die Regulation der Gärung ist nur ein Teil der Mechanismen, die wirksam werden, wenn sich eine Zelle bei der Umsteuerung des Gärungs- auf den Atmungsstoffwechsel vermehrt.

3.2 Endprodukte

Die bisherigen Darstellungen betonen, dass aus jedem vergorenen Molekül Glucose oder Fructose zwei Moleküle Alkohol und zwei Moleküle CO_2 gebildet werden. Die Verdoppelung der Endprodukte erklärt sich daraus, dass das aus der Spaltung des Fructose-1,6-bisphosphates entstandene Dihydroxyacetonphosphat in Glycerinaldehydphosphat übergeführt und dann auf gleichem Wege zu gleichen Produkten abgebaut wird wie das primär aus der Spaltung hervorgegangene Glycerinaldehydphosphat.
Die ungefähren quantitativen Verhältnisse der Ausgangs- und der Endprodukte der Gärung sind:

$C_6H_{12}O_6$	→	2 C_2H_5OH	+	2 CO_2
1 Mol	→	2 Mol	+	2 Mol
180,15 g	→	2 × 46,05 g	+	2 × 44 g
Theoretische Ausbeute:		51,1 % Alk.	+	48,9 % Kohlendioxyd

Die **praktische Alkoholausbeute** kann zwischen 46 und 48 % schwanken. Meist wird mit einer mittleren Ausbeute von 47,5 % gerechnet.

Die **Schwankungen der Alkoholausbeute** sind hauptsächlich auf die **Gärungsbedingungen** zurückzuführen. Der wichtigste Faktor ist die Größe des Gärvolumens. Die geringsten Alkoholverluste treten in kleinen Behältern auf. In großen Mostmengen dagegen steigt die Temperatur schnell an.

Bei höherer Mosttemperatur destilliert mit dem Gärgas mehr Alkohol ab als bei niedriger Mosttemperatur:

- bei 35 °C z. B. 1,2 %vol,
- bei 20 °C z. B. 0,65 %vol,
- bei 5 °C z. B. nur 0,17 %vol.

In einem anderen Most wurden bei 27 °C Verluste von 0,8 %vol, bei 35 °C von 1,7 %vol des gebildeten Alkohols ermittelt. Bei der Vergärung eines 88-grädigen Mostes zwischen 18 und 24 °C ermittelte man einen Austrag von 0,3 g/L Alkohol.

Alkoholverluste durch Austrag mit dem Gärgas sind bei „Kaltgärungen“ und noch bei Mosttemperaturen um 20 °C gering. Zwischen 22 und 27 °C können aber schon 0,3 bis 0,8 % des gebildeten Alkohols verloren gehen (Haushofer & Meier 1979).

Zur Vermeidung der Alkoholverluste empfiehlt sich die Gärung in nicht zu großen Behältern. Große Tanks müssen rechtzeitig und wirksam gekühlt werden. Zu empfehlen ist außerdem eine gute Klärung

des Mostes, da der Trub die Gärungsgeschwindigkeit und damit die Mosttemperatur erhöht.

Alkoholverluste ergeben bei Rückrechnung auf das ursprüngliche Mostgewicht ungünstige Resultate: Bei Gärungen in Großbehältern betrug der Unterschied zwischen dem ursprünglichen und dem errechneten Mostgewicht bis fast 8 °Oe. Die Folgen für die rechtliche Beurteilung eines Weines können schwerwiegend sein.

Die Alkoholproduktion ist auch vom gärenden Hefestamm abhängig (Curschmann et al. 2004). Sie wird zusätzlich modifiziert durch die **Mostzusammensetzung**, besonders durch die Zusammensetzung des zuckerfreien Extraktes: Ein extraktarmer Most – der einen relativ hohen Zuckergehalt haben wird – kann eine höhere Alkoholausbeute ergeben als nach der Umrechnungstabelle vom Mostgewicht auf Alkohol anzunehmen ist. Umgekehrt ergibt ein extraktreicher, weil säurereicher, aber zuckerärmerer Most einen Wein mit geringerem Alkoholgehalt, obwohl viele Hefen die Äpfelsäure teilweise ebenfalls zu Alkohol vergären (siehe 12.2).

Vermutlich bilden Hefen mit geringem Glycerinbildungsvermögen etwas mehr Alkohol als solche mit höherer Glycerinbildung. Die Koppelung der Bildung des Alkohols an die des Glycerins ist hauptsächlich eine Folge der Konkurrenz um das verfügbare NADH.

Das entstehende **CO_2**-Volumen ist je nach Mostgewicht 40- bis 50-mal so groß wie das des gärenden Mostes.

Von der freigesetzten CO_2-Menge kann auf die produzierte Alkohol-Konzentration zurückgeschlossen werden (El Haloui et al. 1988). Die Signifikanz bzw. Variabilität der Gärung beschreiben Bely et al. (1990). Die CO_2-Bildungsrate eines Hefestammes ist in einem Most charakteristisch. Gärungsmodelle referiert Marin (1999). Eine mathematische Beschreibung der Gärung liefert Wachtler (1979) und Blank (2008).

Bei der Vergärung von **Saccharose** ergeben sich folgende Mengen:

$$C_{12}H_{22}O_{11} + H_2O \rightarrow 4\ C_2H_5OH + 4\ CO_2$$

Zur **Versektung** eines Weines reichen 20 bis 22 g/L Saccharose, um den erforderlichen CO_2-Druck von 5,5 bis 6,0 bar zu erreichen; 4 g Saccharose liefern etwa 1 bar.

Alkohol und CO_2 werden zu fast gleichen Teilen gebildet. Fast die Hälfte des Zuckers geht als nutzloses Gas verloren. Dieses Gas ist sogar ein erhebliches **Sicherheitsrisiko**. CO_2 ist zwar nicht giftig. Aber infolge seines hohen spezifischen Gewichtes sinkt es an die tiefsten Stellen der Kellereiräume, verdrängt dort die Luft und damit den in ihr enthaltenen Sauerstoff. Schon bei 3 bis 4 %vol CO_2-Gehalt treten Atembeschwerden, bei 10 %vol starke Atemnot, bei 15 %vol kurzfristig Bewusstlosigkeit ein, schließlich Tod durch Ersticken. Die maximale Arbeitsplatzkonzentration (MAK-Wert) beträgt 0,5 %vol. Da eine brennende Kerze bei etwa 10 %vol CO_2-Gehalt der Luft verlöscht, ist dies ein bewährtes Warnzeichen. Wenn gegoren wird, ist daher eine ausreichende CO_2-Entfernung lebenswichtig.

Hefen bilden auch Spuren des giftigen CO (Kohlenmonoxyd; Radler et al. 1974).

Das entweichende CO_2 führt etwa 20 % der bei der Gärung entstehenden Wärme ab.

CO_2 hemmt in Wein und Schaumwein die Vermehrung von Hefen, aber nicht die von Milchsäurebakterien (siehe 5.3).

In einem Liter eines Mostes von 77 °Oe ist etwa 1 Mol (~ 180 g) Glucose + Fructose ent-

CO_2 entsteht in größeren Mengen auch beim Abbau der Äpfelsäure durch Hefen und durch Milchsäurebakterien. Ein nach der Gärung erfolgender bakterieller Malatabbau kann daher eine Nachgärung vortäuschen.

halten. Bei einer **theoretischen Ausbeute** von 51,1 % müsste der Jungwein 91,98 g/L Ethanol enthalten. Als **praktische Ausbeute** sind jedoch nur 80,5 g/L oder 10,2 %vol Ethanol zu erwarten (Würdig & Woller 1989, Tab. 191, S. 779). Aus 100 g vergärbarem Zucker werden durchschnittlich 47 bis 47,5 g Ethanol gebildet.

Dieser Vergleich der theoretischen mit der bei der Weinherstellung tatsächlich zu erzielenden Alkoholausbeute zeigt eine große Differenz. Selbst wenn man einen sehr hohen Alkoholschwund während der Gärung von z. B. 2 % annehmen würde, müssten noch immer 90 g/L Alkohol erwartet werden. Auch die Tatsache, dass ja das Mostgewicht nicht identisch mit dem Zuckergehalt ist, erklärt die Differenz nicht. Die Erklärung bietet hingegen jede Weinanalyse. Sie weist nämlich auch Stoffe aus, die im Most nicht vorkamen, die vielmehr erst bei der Gärung gebildet worden sein müssen.

Das heißt, dass die so genannte Gärungs-„Formel" keine Formel im Sinne der chemischen Definition ist. Sie gibt weder eine qualitative noch eine quantitative Aussage. Neben den angegebenen Produkten entstehen nämlich bei der Gärung noch weitere. Einige sind mengenmäßig bedeutsam, andere sind wegen ihrer Geruchs- und/oder Geschmacksqualitäten wichtig. Entscheidend ist, dass diese Stoffe größtenteils ebenfalls aus dem vergärbaren Zucker entstehen und für Gärungserzeugnisse typisch sind.

Schon wegen des unkalkulierbaren Alkoholverlustes durch die Mosterwärmung ist die Differenz zwischen dem während der Gärung gebildeten und dem tatsächlich vorhandenen Alkohol im Einzelfall nicht bekannt, eine Rückrechnung daher schon deshalb angreifbar. Ein Rückschluss allein vom Alkoholgehalt des Weines auf den Zuckergehalt des Mostes ist nicht möglich. Doch selbst die Einbeziehung in Rückrechnungen ergibt keine zutreffenden Ergebnisse wegen mikrobiologischer Unkalkulierbarkeiten: Die Vergärung des Mostes wird außer von *Sacch. cerevisiae* auch von *Sacch. bayanus* getätigt. Das Verhältnis beider Arten kann bei Spontangärungen sehr unterschiedlich sein. Beide Arten werden als Starthefen eingesetzt. Hierbei ist wichtig, dass sich ihre Glycerinbildung unterscheidet (s. S. 25). Hinzu kommt, dass die Gärungsbedingungen, besonders die Erwärmung großer Mostmengen, die Zusammensetzung des Weines verändern: durch Austrag entstehen Alkoholverluste, die Glycerinbildung der Hefe steigt, auch Butandiol und Bernsteinsäure nehmen zu. Außerdem kann die Erwärmung den bakteriellen Malatabbau schon während der Gärung fördern, sodass Fructose zu Mannit hydriert und so der Vergärung entzogen, der Extrakt dagegen vermehrt wird.

Ethylalkohol (Ethanol), das wichtigste Gärungsprodukt und der bekannteste **Alkohol**, unterliegt je nach dem Zuckergehalt des Trauben- oder Obstmostes großen Schwankungen (~ 40 bis 140 g/L). Mehr als 144 g/L (etwa 18,2 %vol) kann in einem Wein kaum durch Gärung entstanden sein, höchstens durch „gestaffelte Zuckerung" oder durch besondere Fördermaßnahmen (Ausrühren oder Absaugen von CO_2 u. ä.). Derart hohe Alkoholkonzentrationen beeinflussen den Stoffwechsel der Hefe negativ. Alkohol ist ein gutes Lösungsmittel, das die lipidhaltige Zellmembran schädigt, sodass die Stoffaufnahme und -abgabe der Zelle gestört wird. Außerdem denaturiert der Alkohol zunehmend die Proteine. Das hat eine Abnahme der Enzymaktivitäten und den Tod der Zelle zur Folge.

In einem Most-Konzentrat mit 35 % Zucker konnten durch starke Hefebeimpfung, Nährstoffzusätze und Belüftung in geschüttelten Gäransätzen bis zu 20,96 % Alkohol erzielt werden (BUESCHER et al. 2001).
Bei Gärungsbeginn steigt die Alkoholkonzentration in der Zelle an. Nach etwa 12 Stunden ist sie bei niedrigen Zuckergehalten des Mediums innerhalb der Zelle gleich hoch. Höhere Zuckergehalte verursachen eine Erhöhung der intrazellulären Alkohol- und Glycerinkonzentration. Die Gärungsgeschwindigkeit wird dadurch nicht gehemmt, aber die Vermehrung. Die tolerierbare Höhe des Alkoholstaus in der Zelle bestimmt wahrscheinlich die Alkoholtoleranz. Sie ist abhängig vom Oleinsäuregehalt der Zellmembran (YOU et al. 2003).
Über die zellphysiologischen Wirkungen des Ethanols auf Hefe informiert JONES (1989). Die Alkoholwirkungen auf den Menschen, die in der Trivialbezeichnung „Kater" summiert sind, sind dagegen äußerst komplex. Mäßiger Weinverzehr wird meist positiv beurteilt (z. B.GRØNBAEK 2000): Moderater Weinkonsum soll das Leben verlängern – vor allem wegen der Senkung des Herzinfarktrisikos. Alkohol erhöht jedoch das Krebsrisiko. Z. B. steigt das Brustkrebsrisiko pro 10 g Alkohol (in ca. 125 mL Wein) täglich um je 10 % (BÜRGER, BRÖNSTRUP, PIETRIK 2000). – Am Alkoholmissbrauch dagegen sterben in Deutschland jährlich rund 40 000 Menschen. Jeder zehnte Europäer stirbt an den Folgen seines Alkoholkonsums. Die volkswirtschaftlichen Gesamtkosten (Produktivitätsverlust mit Folgekosten, Belastung des Gesundheitswesens, Verkehrsunfälle und Straftaten) belaufen sich in Deutschland auf 15 bis 40 Milliarden Euro jährlich (TEYSSEN & SINGER 2001).
Zur Psychologie der Alkoholwirkung ergab sich Überraschendes: „Zu glauben, man trinke Alkohol, reicht offensichtlich aus, die typischen Anzeichen von Betrunkenheit zu produzieren."[11]
In Wein ist Alkohol als Geschmackstoff/-verstärker von einiger Bedeutung (FISCHER 2010).
Verschiedenfarbiges Licht verändert die Geschmackswahrnehmung: Bei kräftig blauem Licht schmeckt ein Riesling-Wein „kalt und leicht", bei rosarotem Licht „nach roten Früchten", bei grünlich gelbem Licht „nach Zitrone und Stachelbeere" (ANONYM 2004).

Der **Abbau des Alkohols** im menschlichen Körper erfolgt zu rund 90 % in der Leber. Seine Oxidation liefert Acetaldehyd, der vom Blut verteilt wird. Infolge seiner Lipidlöslichkeit dringt er in die Zellen ein und schädigt sie. Wird die Oxidation des Acetaldehyds durch Medikamente gehemmt, tritt Unwohlsein und Abscheu gegen Alkohol ein.

An der Ethanol-Oxydation in der Leber ist die Alkohol-Dehydrogenase (ADH) mit 8 bis 9 g und die Katalase mit etwa 2 g stündlich beteiligt. Bei hoher Alkoholbelastung wirkt auch das mikrosomale Alkohol-oxydierende System mit. Medizinisch gesicherte **Empfehlungen** erlauben neuerdings Frauen (weil ihre Magenschleimhaut weniger ADH-Aktivität hat) täglich nur 10 g (~ ein halbes Glas Wein) und Männern nur 20 g (TEYSSEN & SINGER 2001)[12].
Die toxische Wirkung des Alkohols geht hauptsächlich von seinem Abbauprodukt Acetaldehyd aus. Infolge seiner hohen Reaktionsfähigkeit reagiert er mit vielen Stoffen im menschlichen Körper. Auch Sucht erregende Opiate werden aus ihm synthetisiert. (BRINKMANN 1980).

11 Der Spiegel 42, 2003, 72.
12 Jenseits aller medizinischen Fakten und Bedenken sollte man jedoch die humane Weisheit des hl. Benedikt, der im Wein auch „Lebensqualität" sah, nicht gering schätzen: „Der Wein erfreut das Herz des Menschen ... und nur Übermaß schadet ihm." Sein tolerierbares Maß war die antike Hemina, ungefähr ein viertel Liter.

4 Die Nebenprodukte der Gärung

Wie wir festgestellt haben, ist die Gärungsgleichung keine chemische Gleichung im Sinne der Definition. Selbst bei der Vergärung reiner Zuckerlösungen ergibt die Analyse, dass außer Ethanol und CO_2 noch viele andere Stoffe entstanden sind. Man bezeichnet diese sehr unterschiedlichen Stoffe als **Gärungsnebenprodukte**.

Zur besseren Übersichlichkeit unterteilen wir in **Primäre** Nebenprodukte

- die Zwischenprodukte der Gärung selbst sind oder
- die durch einfache Reaktionen wie Reduktion oder Oxydation daraus entstanden sind,
- sowie Zwischenprodukte der nachfolgenden Zuckerabbauetappe, des Citratzyklus.

Sekundäre Nebenprodukte

- die eine kompliziertere Bildungsweise haben, z. B. die höheren Alkohole, die eventuell noch weitere Reaktionen eingehen wie beispielsweise Veresterungen.
- Schließlich noch solche, die weder mit der Gärung noch mit dem Stoffwechsel der Hefe zu tun haben, sondern eine ganz andere Genese haben.

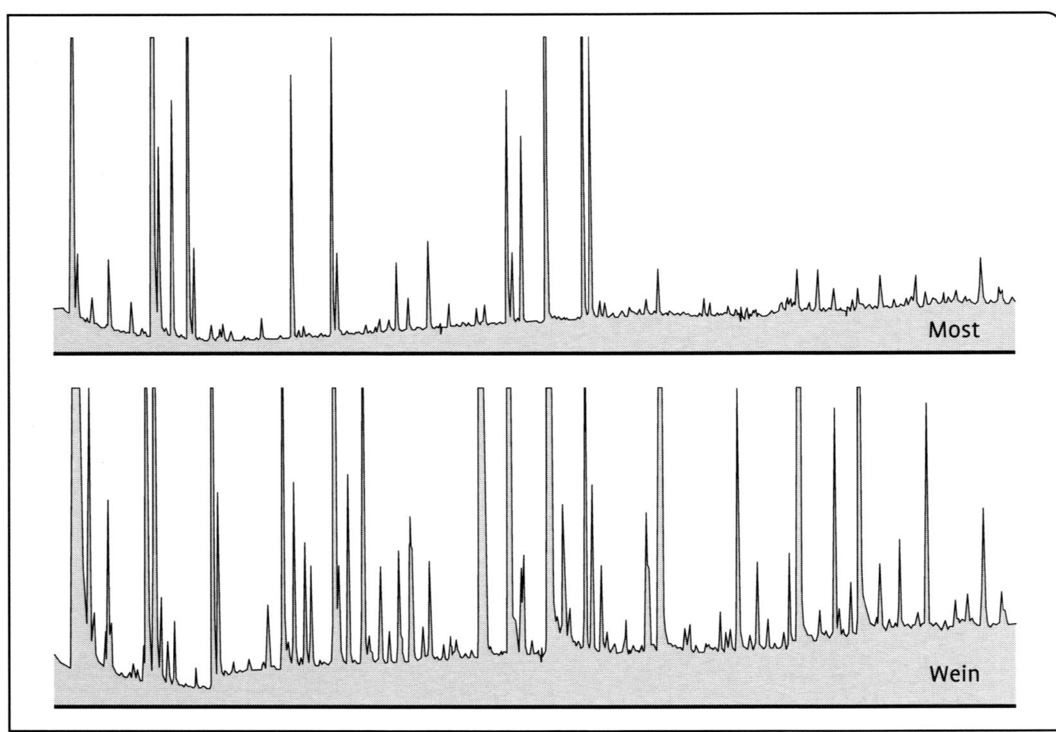

Abb. 15. Gaschromatogramm der flüchtigen Inhaltsstoffe eines Mostes (oben: 1993er Johannisberger Riesling) und der flüchtigen Inhaltsstoffe des daraus hergestellten Weines (unten) (Dipl.-Oenol.-Arbeit Ess 1989).

4.1 Primäre Gärungsnebenprodukte

Untersucht man während der Gärung einen Most auf ihre Zwischenprodukte, so findet man allein Brenztraubensäure und ihr Abbauprodukt Acetaldehyd in nennenswerten Mengen. Diese Zwischenprodukte sind als einzige keine Phosphorsäureester. Die Dephosphorylierung macht diese Metaboliten diffundierbar, sie können wie der Alkohol durch die Zellmembran z. T. in den Most austreten.

Die Zucker des Mostes werden bei ihrem Eintritt in die Zelle sofort in Phosphorsäureester überführt. Durch die Phosphorylierung ist der Zucker in der Zelle „gefangen". Er und seine Abbauprodukte bleiben es bis zur Abspaltung des stark geladenen Phosphatrestes. Ungeladene Stoffe gehen leichter in die Zelle hinein oder aus ihr heraus. Da also nur die Vorstufe des Alkohols frei diffundieren kann und das für die Brenztraubensäure wegen ihrer nur schwachen Ladung ebenfalls gilt – und in ähnlich geringen Quantitäten auch für andere Säuren – ist in der Zelle ein ökonomischer Zuckerabbau gewährleistet. Ohne Phosphorylierung würde weniger Alkohol gebildet, weil mehr Zwischenprodukte aus der Zelle und ihrem Stoffwechsel ausscheiden könnten.

4.1.1 Brenztraubensäure, Acetaldehyd und 2-Ketoglutarsäure als SO_2-Bindungspartner

Acetaldehyd (Ethanal), Brenztraubensäure (Pyruvat) und 2-Ketoglutarsäure (2-Keto- oder 2-Oxoglutarat) sind Nebenprodukte, die man bei ausschließlich quantitativer Wertung in ihrer Bedeutung unterschätzen könnte. Ihre Bedeutung liegt hingegen in ihrer Eigenschaft als **Bindungspartner der** schwefligen Säure (**SO_2**). Ihre Carbonyl-Gruppe reagiert mit SO_2. Bei normaler Schwefelung liegen diese Metaboliten im Wein daher nicht – oder nur teilweise – frei vor, sondern als Verbindungen mit SO_2. Acetaldehyd bindet SO_2 am stärksten (1 mg bindet 1,45 mg SO_2), Pyruvat weniger stark (1 mg bindet 0,5 mg SO_2) und Ketoglutarat am geringsten (1 mg bindet 0,2 mg SO_2). Der **SO_2-Gehalt** der Weine ist **gesetzlich begrenzt**, daher sind die Weinerzeuger gezwungen, möglichst SO_2-arme Weine zu produzieren. Deshalb sollte die Bildung dieser SO_2-Binder – besonders von Acetaldehyd – bei der Gärung möglichst gering sein. In der Regel kommen diese Stoffwechselprodukte nach zügigen Gärungen in geringeren Konzentrationen im Wein vor. Nach langsamen, schleppenden Gärungen sind sie meist höher. Deshalb brauchen diese Weine mehr SO_2 als schneller vergorene. In Weinen unterschiedlicher Qualitätsstufen wurden die in Tab. 5 aufgeführten Konzentrationen gefunden. Das Verhältnis, in dem diese Metaboliten zueinander stehen, ist unterschiedlich. In vielen Weinen normaler Qualitäten (Qualitäts-, Kabinettweine und Spätlesen) kommt Pyruvat in der geringsten Konzentration vor, Acetaldehyd und Ketoglutarat in höheren (siehe Tab. 5).

Die Bildung dieser Metaboliten ist **abhängig vom Hefestamm** und **den Gärungsbedingungen**, außerdem von der **Zusammensetzung des Mostes**, besonders von seinem **Thiamingehalt** und seinem Zuckergehalt und schließlich vom **bakteriellen Äpfelsäureabbau**.

Brenztraubensäure ist in deutschen Weinen zwischen 0 und 290 mg/L gefunden worden (DITTRICH & BARTH 1984; siehe auch Tab. 5). Sie wird während der Angärung in größerer Menge gebildet. Das Maximum wird dann im Verlaufe der weiteren Gärung durchschritten, gegen Ende der Gärung nehmen die Konzentrationen meist ab (siehe Abb. 16). Versuche mit unterschiedlich hoch gezuckerten Mosten und verschiedenen Mosttemperaturen lassen schließen, dass die Pyruvatbildung von der Gärungsintensität beeinflusst wird. Bei relativ hoher Tempera-

Tab. 5. Durchschnitts-, Minimal- und Maximal-Konzentrationen (DS, Min., Max.) der SO_2-bindenden Hefe-Metaboliten Acetaldehyd, Pyruvat und Ketoglutarat (mg/L) in Weiß- u. Rotweinen der Weinbaugebiete Ahr, Mosel, Mittelrhein und Nahe der Jahre 1997 bis 2000 (nach Chem. Dir. BREITBACH, Koblenz).

	97 QbA-Weine			4-Kabinett-Weine			16 Spätlese-Weine			7 Auslese-Weine			7 Eisweine		
	DS	Min.	Max.	DS	Min.	Max.	DS	Min.	Max.	DS	Min.	Max.	DS	Min.	Max.
Acetaldehyd	29	2	198	44	20	74	44	19	138	63	17	179	60	31	96
Pyruvat	21	0	209	7	1	16	10	4	22	19	3	74	18	6	33
Ketoglutarat	56	0	195	54	17	146	28	3	80	34	0	111	44	27	111

tur (25 °C und mehr) vergorene Moste enthielten mehr, während kühl vergorene nur geringe Pyruvatbildung ergaben. In beiden Fällen ist die Gärungsintensität gering.

Eine **Erhöhung der Pyruvatbildung** erfolgt bei *Botrytis*-Befall der Trauben, aus denen der Most stammt, eventuell auch bei Erhitzung des Mostes. Der Grund ist die Verringerung des Thiamingehaltes des Mostes. Zur **Senkung der Pyruvatbildung** während der Gärung und der Verringerung der im Jungwein verbleibenden Pyruvatreste ist ein Zusatz von maximal 0,6 mg/L Thiamin zum Most zulässig. Als Pyrophosphat ist es Coenzym des Pyruvat und Ketoglutarat umsetzenden Enzyms. Der SO_2-Bedarf des Jungweines wird deshalb durch **Thiaminzusatz** herabgesetzt.

Da im Handel nur das Thiamindichlorid (= Thiamindichlorhydrat) erhältlich ist, beträgt die höchstzulässige Zusatzmenge 0,76 mg/L Thiamindichlorid.

In feucht-kühlen Weinbaugebieten sind die Ausbreitungsbedingungen für den Beeren infizierenden Schimmelpilz *Botrytis cinerea* (siehe Kap. 14) besonders günstig. Deshalb ist der Anteil von Mosten aus befallenen Beeren hoch. In diesen Beeren hat der Infektant Thiamin und auch viele andere Stoffe für sein Wachstum genutzt. Die Hefe müsste daher einen nährstoffarmen Most vergären. Um ihren Stress zu verringern, empfiehlt es sich daher, das defizitäre Thiamin und auch N durch Zusätze zu ersetzen.

Bei Mosten aus solchen Beeren ist die Verstärkung des Umsatzes von Pyruvat und Ketoglutarat während der Gärung durch vorherigen Thiaminzusatz sehr SO_2-sparend (WÜRDIG 1981, DITTRICH 1983, siehe Tab. 6).

In angegorenen Mosten ist der Thiamingehalt durch die Hefe verringert. Die zweite Hefe, die man zugibt, um den Most zu Ende zu gären, findet dann ebenfalls ein Thiamin-Defizit vor. Diesen ausgezehrten Mosten muss Thiamin zugesetzt werden, um die weitere Vergärung zu normalisieren und hohe Pyruvat- und Ketoglutarat-Reste auszuschließen.

Eine Verringerung des von der Hefe gebildeten Pyruvats erfolgt durch Milchsäurebakterien während ihres Malatabbaus, des so genannten **biologischen Säureabbaus**. Pyruvat wird dann – oft vollständig – zu Lactat hydriert (siehe 13.2.2).

Weine mit ganz geringen Pyruvatkonzentrationen (z. B. 0 bis 5 mg/L) lassen auf einen stattgefundenen Malatabbau schließen. Auch die beiden anderen SO_2-Bindungspartner werden mehr oder weniger hydriert, Acetal-

Tab. 6. Verminderte Bildung SO_2-bindender Metaboliten durch Zusatz von Thiamin zum Most (WÜRDIG 1981). Most: Müller-Thurgau 1979, 82 °Oe, Mittelwerte von 64 Einzelversuchen. Most teils keltertrüb, teils EK-filtriert, spontan oder mit verschiedenen (Trocken-) Hefestämmen vergoren.

	Ethanal*	Brenz-traubensäure	Ketoglutarsäure	Sonstige SO_2-bindende Stoffe als mg/L SO_2**	SO_2 gesamt bei 50 mg/L SO_2 frei (berechn.) mg/L
mit Thiamin vergoren	44	21	31	38	131
ohne Thiamin vergoren	44	130	62	60	254

* Acetaldehyd ** Dissoziationskonstante $K_D = 1{,}5 \cdot 10^{-3}$ (geschätzt)

dehyd zu Alkohol, Ketoglutarat zu Hydroxyglutarat. Weine mit Säureabbau brauchen deshalb meist weniger SO_2. Doch nicht immer haben sie eine geringere Gesamt-SO_2-Konzentration als vergleichbare Weine ohne Säureabbau (DITTRICH & BARTH 1984).

Durch Decarboxylierung des Pyruvats entsteht das wichtigste SO_2-bindende Zwischenprodukt, der **Acetaldehyd**. In Analogie zum zugehörigen Alkohol wird er auch Ethanal genannt. In normalen Weinen, die Produkte guter handwerklicher Praxis sind, wird man bis zu 60 mg/L zu erwarten haben (siehe auch Tab. 5). Auch Acetaldehyd erreicht schon während der Angärung sein Maximum, das dann rasch durchschritten wird (siehe Abb. 16). In der Mehrzahl unserer Weine ist Acetaldehyd in größeren Mengen enthalten als seine Vorstufe Pyruvat – speziell bei Weinen mit biologischem Säureabbau. Bei sehr kühlen Gärungen, also geringen Gärungsintensitäten, bleibt oft relativ viel Acetaldehyd im Jungwein zurück, weil die Hefe vorzeitig sedimentiert und das anfangs ausgeschiedene Ethanal nur noch teilweise wieder aufnehmen kann. Bei Spontangärungen wird mehr gebildet als bei Vergärung mit Starterkulturen, weil die in ihnen enthaltenen höheren Hefezahlen eine Gärungsintensivierung bewirken. Generell führen alle Maßnahmen, die eine **zügige Gärung** sichern, zu **niedrigen Acetaldehydgehalten** des Jungweines und damit auch zu geringen SO_2-Konzentrationen (DITTRICH et al. 1973, ZÜRN 1976). Zu

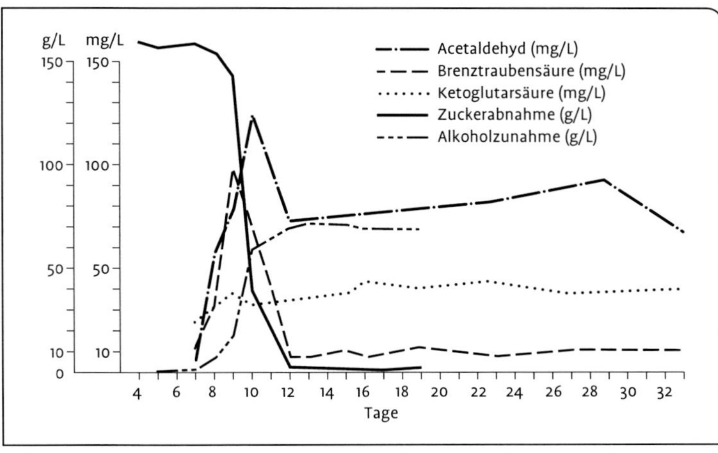

Abb. 16. Bildung von Acetaldehyd, Pyruvat und Ketoglutarat bei der Gärung von 600 Liter Most in 65 cm Höhe über dem Fassboden (Riesling, 69 °Oe) in einem 600-Literfass (88 cm Innenhöhe) bei Praxisbedingungen (DITTRICH et al. 1973).

den physiologischen Wirkungen von Ethanal vergleiche man JONES (1989).

2-Ketoglutarsäure (2-Oxoglutarsäure) ist ein Zwischenprodukt des Tricarbonsäure- oder Citronensäurekreislaufs. Ihre Produktion während der Gärung zeigt, dass sie auch bei anaeroben Bedingungen entstehen kann. Ihre Konzentrationen sind Tab. 5 zu entnehmen. In aller Regel nehmen sie mit fortschreitender Gärung zu, Maxima werden nicht ausgebildet.

Wie Pyruvat wird auch Ketoglutarat in Mosten aus *Botrytis*-befallenen Beeren vermehrt gebildet. Hierfür sind die gleichen Gründe verantwortlich. Bei der Gärung von Mosten aus infektionsfreien Beeren erfolgte z. B. eine durchschnittliche Zunahme von 24 auf 36 mg/L, in Mosten aus *Botrytis*-infizierten Beeren von 39 auf 68 mg/L. Die Erhöhung ist kleiner als die der Pyruvatbildung. Auch die Ketoglutaratkonzentrationen können durch Thiaminzusatz zum Most verkleinert werden. Dies trägt zur Senkung des SO_2-Bedarfes des Weines bei.

Die SO_2-Bindung, die aus diesen drei Stoffen errechnet werden kann, ist meist kleiner als die tatsächliche. Es sind also noch weitere SO_2-Binder in Mosten und Weinen anzunehmen. Neben Glucose und Galacturonsäure sind dies z. B. die Ketosäuren und Aldehyde, die den höheren Alkoholen zu Grunde liegen (siehe Abb. 16), sowie einige Metaboliten von *Botrytis* und von Essigsäurebakterien.

Der SO_2-Bedarf eines Jungweines ist nach schleppender Gärung meist höher als nach zügiger. Die Erklärung ist anhand der Bildungskurven der SO_2-bindenden Stoffe – vor allem des Acetaldehyds, der die größte SO_2-Menge bindet – möglich. Während nämlich bei zügiger Gärung, die in die vollständige Vergärung des Zuckers mündet (Zuckerreste unter 4 g/L, oft sogar unter 2 g/L), die Acetaldehyd- und Pyruvatgehalte gegen Null abnehmen können, wird bei schleppender Gärung, die meist gleichbedeutend ist mit nicht vollständiger Vergärung des Zuckers, dieser Tiefstpunkt nicht erreicht. Diese Verhältnisse sind auch bei Auslesen gegeben. Daraus erklärt sich z. T. ihr hohes SO_2-Bedürfnis.

Im Extrem zeigt sich die nicht mehr erfolgte Abnahme der SO_2-bindenden Stoffe bei angegorenen Mosten. Auch hier steigt Acetaldehyd anfangs steil an, nimmt dann aber nicht ab, sondern bleibt auf der erreichten Höhe stehen (DITTRICH & STAUDENMAYER 1968). Auch bei ganz langsamen Gärungen nimmt der Acetaldehyd kaum mehr ab. Zur Süßung von Weinen sind daher nicht angegorene Moste zu verwenden.

Die **Anhäufung SO_2-bindender Metaboliten** bei geringer Gärungsintensität ist eine Folge der ungleichmäßigen Verteilung der Hefe im Substrat. Während der späten Gärungsstadien hat sich die Hefe schon weitgehend abgesetzt. Die Gärung geht dann hauptsächlich von der am Boden liegenden Hefe aus, während das darüber stehende Substrat nur noch wenig gärende Hefe enthält.

In 600- oder 1000-Liter-Holzfässern und in stehenden Tanks bis 17 000 L Inhalt wurden **Schichtungen** der SO_2-Binder gefunden. Für Acetaldehyd waren die maximalen Differenzen zwischen oberster und unterster Entnahmestelle mit 20 mg/L am größten. In der Bodenzone, die die höchste Hefedichte hat, ist die Acetaldehydkonzentration geringer. Für Pyruvat und Ketoglutarat waren die Unterschiede geringer.

Bei hoher Gärungsintensität bleibt die **Hefe** bis gegen Ende der Gärung **in Schwebe**. Die anfangs aus der Zelle entlassenen SO_2-bindenden Stoffe werden daher gegen das Gärungsende wieder anteilig in die Hefe aufgenommen und in ihr metabolisiert. Sie nehmen im Substrat also ab. Das Gleiche passiert auch bei der Schönung mit noch aktiver Hefe. Sedimentiert die Hefe dagegen zu schnell, wie dies im Extrem beim „Versieden" (siehe 5.1.1) passiert, können die ausgeschiedenen SO_2-Binder nicht wieder umgesetzt werden. Diese Weine sind deshalb „Schwefelfresser".

Eine Verringerung dieser Stoffe ist möglich, wenn die Hefe von Gärungsbeginn an durch Rühren gleichmäßig verteilt bleibt oder später aufgerührt wird (Vorsicht! Plötzliche CO_2-Entbindung).

Ein direkter Einfluss der Rebsorte auf den SO_2-Bedarf der Weine ist nicht nachweisbar (Dittrich & Barth 1984). Er kann allenfalls indirekt durch den *Botrytis*-Einfluss oder über die Erntezeit wirken. Frühreife Sorten liefern bei gutem Wetter noch wärmeren Most, der recht rasch vergärt. Spätreife Sorten wie Riesling, die oft bei schon kaltem Wetter geerntet werden, vergären dann langsamer. Sie können deshalb einen höheren SO_2-Bedarf haben.

Zusammenfassend ist über die **mikrobiologischen Ursachen des SO_2-Bedarfs** des Weines festzustellen:

Die Höhe der Gesamt-SO_2 ist ein Maß für das Können des Kellermeisters. Um Weine mit möglichst geringem SO_2-Gehalt zu erzeugen, gibt es folgende Möglichkeiten:

1. **Zügige Gärung.** In diesem Sinne führen alle Faktoren, die die Gärung fördern (vgl. nächstes Kap.) auch zu niedrigen SO_2-Gehalten der Weine.
   Möglichst weitgehendes **Durchgären** bis auf weniger als 4 g/L, besser noch auf weniger als 2 g/L Zucker. Nicht nur der Zucker, sondern auch die aus ihm produzierten – zwischenzeitlich teilweise aus der Hefe in den Most entlassenen – SO_2-bindenden Stoffe werden wieder in die Hefe aufgenommen; ihre Konzentrationen nehmen im Most ab.
   Ausnahme: Bei Mosten mit hohen und sehr hohen Zuckergehalten (Beeren- und Trockenbeerenauslese-Moste) ist ein Durchgären weder beabsichtigt noch überhaupt möglich. Die aus ihnen gewonnenen Weine haben daher – aber nicht nur deshalb – einen hohen SO_2-Bedarf.
   Die vorzeitige Unterbrechung der Gärung – Gärstopp – zur Erhaltung eines Zuckerrestes erfordert meist mehr SO_2, da die Wiederaufnahme der SO_2-bindenden Stoffe und ihr weiterer Umsatz in der Hefe dann noch nicht abgeschlossen ist.
   „Gestoppte" Weine – gleich ob durch Abkühlung oder durch starke Schwefelung – **brauchen** daher **mehr SO_2**.
   Zur Herstellung SO_2-armer Weine ist die Verwendung **nicht angegorener Süßreserven** geboten. **Angegorene Moste** enthalten wie beschrieben hohe Konzentrationen SO_2-bindender Stoffe. Ihre Verwendung zur Süßung zieht daher einen **hohen SO_2-Bedarf** der mit ihnen gesüßten Weine nach sich. Auch das **Schwefeln** in die **noch nicht beendete Gärung** – beispielsweise bei Auslesen zum vermeintlichen Schutz vor Oxydation – wirkt negativ. Die im Most vorliegenden SO_2-Bindungspartner – am stärksten Acetaldehyd – werden gebunden. Da die Gärung weitergeht, wird wieder Acetaldehyd, Pyruvat und Ketoglutarat von der Hefe in den Most ausgeschieden. Die zugesetzte SO_2 war also ohne positiven Effekt. Nur die **Gesamt-SO_2** ist unnötigerweise **erhöht** worden.
   Bei einer **Most- oder Maischeschwefelung** reagieren die von der Hefe gebildeten SO_2-Binder so lange mit der zugesetzten SO_2, bis sie gebunden ist. Die freie SO_2 ist dann null oder annähernd null. Die Hefe kann nun ungehemmt von freier SO_2

normal gären. Sie bildet dabei auch die genannten SO_2-bindenden Metaboliten. Zu den SO_2-Bindern, die anfangs die zugesetzte SO_2 gebunden haben, **kommt** noch der **SO_2-Bedarf hinzu**, den die SO_2-Binder erfordern, die bei der späteren Gärung entstehen.

2. **Vergärung mit Starterhefe**. Die Anwendung von *Saccharomyces*-cerevisiae-Reinzuchthefe – am praktischsten in Form von Trockenhefe – vermindert den SO_2-Bedarf entscheidend.
3. **Zusatz von Thiamin** senkt ebenfalls den SO_2-Bedarf. In Auslesemosten ist dies durch den Thiamin-Ersatz zu erklären, der nach dem *Botrytis*-Befall auszugleichen war. Doch auch in normalen Mosten ist ein SO_2-„sparender" Effekt gegeben. Der Hefestoffwechsel wird offensichtlich durch das Thiamin und die von ihm ausgehenden Reaktionen optimiert.
4. **Der bakterielle Äpfelsäureabbau** wirkt nach der Gärung SO_2-sparend, weil das Pyruvat durch Hydrierung zu Lactat verschwindet und das Ketoglutarat durch Hydrierung verringert wird.

Die **Versektung** eines Weines zu Schaumwein hat als neuerliche Gärung auch eine neuerliche Produktion der SO_2-bindenden Metaboliten zur Folge. In sechs Weinen stieg beispielsweise Acetaldehyd von durchschnittlich 30 auf 58 mg/L, Pyruvat von 9 auf 24 mg/L, Ketoglutarat blieb fast unverändert.

> Die Weinbehandlung mit SO_2, die „Schwefelung", ist für die Erzeugung von qualitätsbetonten Weinen aus folgenden Gründen unverzichtbar:
> 1. SO_2 bindet sensorisch nachteilige Gärungsprodukte, vor allem Azetaldehyd,
> 2. SO_2 schützt den Wein vor schädigenden Massenvermehrungen von Milchsäurebakterien und von Hefen,
> 3. SO_2 schützt den Wein vor Oxydation und der damit verbundenen sensorischen Qualitätsminderung.
> 4. Die zulässigen Höchstgehalte an gesamter SO_2 und Ratschläge für die Praxis der Schwefelung entnehme man SCHANDELMAIER (2009).

4.1.2 Glycerin

Dieser dreiwertige Alkohol ist eine farb- und geruchlose, süßlich schmeckende viskose Flüssigkeit. Glycerin (oder Glycerol) ist das **mengenmäßig wichtigste Gärungsnebenprodukt**. Es trägt zum „Körper" des Weines bei.

Die **Glycerinbildung** erfolgt durch anteilige **Hydrierung des Dihydroxyacetonphosphates**, das aus der Spaltung von Fructose-1,6-bisphosphat ständig nachgeliefert wird. Wie aus Abb. 13 ersichtlich, entsteht dadurch Glycerinphosphat. Durch Abspaltung der Phosphorsäure wird das Glycerin frei.

Während der Gärung fällt ein Überschuss von NADH an. Bei aeroben Bedingungen kann er durch Oxydation beseitigt werden, doch bei Gärungsbedingungen muss die Normalisierung des Redoxzustandes anders erfolgen: Durch Hydrierung von Metaboliten wird das überschüssige NADH verringert. Die Gärung ist ein redoxneutraler Prozess, daher ist dabei die Glycerinproduktion die bedeutendste – aber nicht die einzige (siehe Bildung von Butandiol und höheren Alkoholen) – Möglichkeit bei der Gärung, die Redox-Balance in der Zelle aufrechtzuerhalten. Außerdem erhöht die Glycerinbildung die Überlebenschancen der Hefe bei osmotischem Stress in zuckerreichen Auslesemosten (siehe 5.2.1). Maßgebend für die Rate der Glycerinbildung ist der Glycerinaustritt aus der Zelle und die Aktivität der hydrierenden Glycerinphosphat-Dehydrogenase (REMIZE et al. 2003).

Die **Glycerinbildung** ist auf diese Weise **mit** der **Alkoholbildung korrelliert**. Sie ist bei „normalen" Mostgewichten, d. h. in Mosten aus *Botrytis*-freien Beeren, **abhängig von** der **Zuckerkonzentration**. Bei sehr hohen Zuckerkonzentrationen, bei denen die Gärungsintensität schon wieder abnimmt, steigt die Glycerinbildung noch weiter an (Abb. 17). Normalerweise werden von *Sacch. cerevisiae* bis zu 4 % des Zuckers zu Glycerin umgesetzt.

Die bei hohen Zuckerkonzentrationen verstärkte Glycerinbildung weist auf ihre **osmoadaptive Bedeutung** hin. Bei tiefen Gärtemperaturen scheint ein Mindestgehalt an intrazellulärem Glycerin vor Gärstockungen zu schützen (GROSSMANN et al. 2001). Der **Glycerinaustritt** aus der Zelle erfolgt durch „Channel Proteins". Diese Kanäle sind bei Gärungsbeginn wegen noch hoher Osmolarität des Mostes geschlossen. Erst bei verringerter Zuckerkonzentration kann das Glycerin austreten (PRIOR & HOHMANN 1997, SCANES et al. 1998).

Höhere Glycerinproduktion wird ermöglicht durch verringerte Aktivität der Pyruvat-Decarboxylase- und höhere der Glycerin-3-Phosphat-Dehydrogenase (NEVOIGT & STAHL 1996). Die höhere Glycerinbildung geht zu Lasten der Ethanol-Bildung. So produzierte ein Hefestamm viermal mehr Glycerin, aber 20 % weniger Ethanol als ein „Normal"-Stamm. Auch die Hefevermehrung war geringer, die Bildung von Pyruvat, Acetaldehyd, Acetat und Succinat aber mehr als verdoppelt. Die Butandiolproduktion war ebenfalls erhöht (MICHNIK et al. 1997).

Das **Ethanol/Glycerinverhältnis** kann schwanken. Bei Spontangärungen wird Glycerin in Mengen von bis zu 8 % des durch Gärung entstandenen Alkohols gebildet. Der Einfachheit halber nimmt man eine Glycerinbildung von 10 % des vorhandenen Ethanols an. Bei der Gärung mit Starterkulturen ist die Glycerinbildung meist geringer. Höhere Glyceringehalte als 10 % machen einen Glycerinzusatz wahrscheinlich, sofern der Wein aus gesunden Trauben stammt. Auslesen enthalten besonders viel Glycerin (z. B. DITTRICH 1964). Schon Auslesemoste enthalten nämlich mehr oder minder viel **„Mostglycerin"** (SPONHOLZ 1989, DITTRICH 1998, siehe 14.2.1.3). Zu diesem von *Botrytis* gebildeten Anteil kommt dann das bei der Gärung entstehende **„Gärungs-Glycerin"** (~ 10 % und mehr). Bei der Vergärung von Auslesemosten mit steigendem Zuckergehalt steigt nämlich die Glycerinbildung noch, wenn die Alkoholbildung schon abnimmt (siehe Abb. 17).

Die Unterschiede der Glycerinbildung verschiedener *Saccharomyces*-Stämme (RADLER & SCHÜTZ 1982, GROSSMANN et al. 2001) können Schwankungen des Restextraktes von 2 bis 3 g/L zur Folge haben. Höhere Mosttemperaturen erhöhen die Glycerinbildung (OUGH et al. 1972).

Die Abhängigkeit von der Alkoholbildung ist auch die Erklärung dafür, dass bei Spontangärungen meist mehr Glycerin gebildet wird: Hierbei wirken anfangs die gärschwachen „wilden" Hefen der Gattungen *Hanseniaspora, Candida, Torulaspora* und *Metschnikowia* mit, die relativ mehr Glycerin bilden als Saccharomyceten (SPONHOLZ et al. 1986). Stämme von *Sacch. bayanus* (früher *Sacch. uvarum*) bilden 1,5 bis 2,0 g/L Glycerin mehr als *Sacch.-cerevisiae*-Stämme (GAFNER & HOFFMANN 1997). In sehr zuckerreichen Mosten mag bei deren Spontangärung dazu auch die höhere Glycerinbildung der osmophilen *Zygosaccharomyces rouxii* beitragen.

Durch **Zusatz von SO_2** zu Gärlösungen kann Acetaldehyd gebunden und dadurch **Glycerin mit hoher Ausbeute** gewonnen werden. Die zur Weinherstellung erlaubten geringen Zusätze reichen jedoch für die Erhöhung der Glycerinbildung in solchen Mosten nicht aus. Umgekehrt kann die **Glycerinbildung durch Formaldehydzusatz gesenkt** werden. Dies ist bedeutsam bei der Vergärung von **Brennmaischen**. Das entstehende Methanol kann abgetrennt werden. Der Zuckeranteil, der ohne den Aldehydzusatz zu Glycerin reagieren würde, wird für die Alkoholbildung erhalten.

Bei der Versektung werden aus der Hefe Triacylglyceride freigesetzt. Besonders in C-2-Position können die Fettsäuren der Glyceride oxidativ abgebaut werden. Diese Abbauprodukte sollen für Schaumwein sensorisch wichtig sein (TROTON et al. 1989).

Sacch. cerevisiae bildet bei der Gärung geringe Mengen Erythrit (40 bis 60 mg/L), wohl durch Hydrierung der Erythrose, die Zwischenprodukt des Pentose-phosphat-Abbaus des Zuckers ist. Unter den „wilden" -Hefen bildet *Hanseniaspora uvarum* bis zu 500 mg/L Erythrit. *Metschnikowia pulcherrima* und *Candida stellata* bilden Sorbit (300 mg/L), *Metschnikowia* außerdem Arabit (1600 mg/L) und Mannit (1400 mg/L). *Zygosacch. rouxii* und *Cand. krusei* bilden Arabit (2000 bis 3000 mg/L). Fast alle Hefen verbrauchen m-Inosit. Neben Glycerin tragen diese **Zuckeralkohole** zum Extraktgehalt und damit auch zur geschmacklichen Fülle der Weine bei (SPONHOLZ et al. 1986, SPONHOLZ & DITTRICH 1985, SPONHOLZ 1988). Sorbitgehalte von bis zu 75 mg/L gelten in deutschen Weinen als natürlich. In Italien dürfen Weine und Weinessige bis zu 70 mg/L enthalten, in Kroatien höchstens 100 mg/L. In ausländischen Weinen fanden MAHLMEISTER et al. (2004) Sorbitgehalte zwischen 50 und 200 mg/L.

4.1.3 Milchsäure

Wie Glycerin kann auch Milchsäure durch anteilige Hydrierung eines Zwischenproduktes gebildet werden. In diesem Falle wird Pyruvat hydriert.

Die Milchsäurebildung von *Sacch. cerevisiae* während der Gärung beträgt 100 bis 300 mg/L. Davon ist der größte Teil D-Lactat: 123 QbA- und Kabinettweine ohne bakteriellen Malatabbau aus acht deutschen Weinbaugebieten enthielten im Durchschnitt 191 mg/L D-Lactat und 80 mg/L L-Lactat (DITTRICH & BARTH 1984). Wenn Milchsäure in einem Wein in größerer Menge vorkommt, ist sie höchstwahrscheinlich das Produkt des Äpfelsäureabbaus durch Milchsäurebakterien. Dann überwiegt L-Lactat: sieben deutsche weiße QbA- und Kabinettweine mit annähernd vollständigem Malatabbau enthielten im Durchschnitt 1,2 g/L L-Lactat, aber nur 0,3 g/L D-Lactat.

83 % der geprüften *Sacch.-cerevisiae*-Stämme erhöhten in Most den ursprünglichen Gehalt des L-Lactats. 98 % der Stämme erhöhten das D-Isomer. 80 % der Nichtsaccharomyceten erhöhten beide Isomere (DELFINI et al. 2002). *Torulaspora pretoriensis* kann bei Zuckergehalten von mehr als 10 % bis zu 9 g/L L-Lactat produzieren (RADLER 1986). *Metschnikowia pulcherrima* bildete 2,4 g/L L-Lactat. – Malat kann nur in ganz geringen Mengen von wenigen *Sacch.-cerevisiae*-Stämmen erzeugt werden (GROSSMANN, pers. Mitt. 2009).

4.1.4 Essigsäure

Geeignete Hefen der „Großart" *Sacch. cerevisiae* bilden bei der Weinbereitung 0,2 bis 0,4 g/L Essigsäure. Manche Fremdhefen können mehr als 1 g/L bilden, z. B. *Hanseniaspora uvarum*, *Pichia anomala* und *Candida*-Arten (siehe Tab. 7).

Die Essigsäure hat den weitaus größten Anteil an der (wasserdampf-)„flüchtigen Säure". In deutschen Weinen normaler Qualität sind mehr als 0,5 g/L **flüchtige Säure** ein Zeichen für die Bildung der Essigsäure durch schädliche Mikroorganismen wie die genannten Hefen oder durch Bakterien (13.2.1).

Die Bildung der Essigsäure durch Hefen erfolgt im Wesentlichen durch Oxydation von Acetaldehyd durch Aldehyd-Dehydrogenasen. *Sacch. cerevisiae* enthält im Cytosol drei dieser Enzyme, von denen zwei NAD-abhängig sind. Durch Freisetzung aus Acetylphos-

Tab. 7. Säureveränderungen durch verschiedene Hefe-Arten in einem Most (70 °Oe, 1987er Rheingauer Riesling, je 100 mL, Beimpfung: 1 % Flüssigkultur, Gärtemp. 25 °C; Dipl.-Arbeit F. Orb). Abnahme: –, Zunahme: +, nicht nachweisbar: n. n.

	Malat g/L	Malat %	Succinat mg/L	Citrat mg/L	Citrat %	Essigsre. mg/L	Alkohol g/L
Sacch. cerev.	–1,9	–23	+178	–130	–50	–	72
Sacch. cerev.	–1,7	–20,4	+166	–123	–46	–	70
Sacch. bayanus	–1,7	–19,8	+178	–122	–46	–	70
Zygosacch. bailii	–1,1	–12,6	+1291	–151	–56,8	+438	30
Zygosach. bailii.	–3,1	–36,9	+903	–85	–32	+409	33
Zygosacch. rouxii	–2,7	–32,1	+103	–64	–24,3	+476	33
Saccharomycod. ludw.	–2,6	–30,9	+493	+108	+40,8	+559	66
Torulaspora delbrueckii	–3,9	–47,3	+103	–64	–24	+380	46
Dekkera bruxellensis	–2,3	–27,5	+245	+33	+14	+484	70
Candida stellata	–2,4	–28,4	n.n	–220	–82,8	+135	27
Cand. vini	–3,7	–44,6	n.n	–13	–4,9	+332	n. n.
Issatchenkia orientalis	–2,7	–32,8	+253	–192	–72,5	+64	64
Pichia anomala	–2,4	–28,3	+191	–64	–24	+111	13
Metschnikowia pulch.	–3,3	–39,4	+116	–59	–22	+630	64
Most	8,3		22	265		91	

phat, das aus dem Pentosephosphat-(= Hexose-monophosphat-)Abbau des Zuckers stammt, ist Essigsäurebildung ebenfalls möglich.

Während der Gärung des Mostes ist die **Zunahme der Essigsäure mit** dem **Zuckerverbrauch korreliert**. Mit steigendem Zuckergehalt des Mostes nimmt auch die Bildung von Essigsäure durch die Hefe zu. Erst bei extrem hohen Zuckerkonzentrationen nimmt sie wieder ab (siehe Abb. 17). In geklärten Mosten ist sie größer, Trub und Kontakt mit Beerenhäuten vermindert sie (Delfini & Cervetti 1991).

In Weinen überwiegt Essigsäure weitaus. Ihr folgt mit weitem Abstand die **Ameisensäure**. Beide Säuren nehmen mit steigender Qualität zu. Im Gegensatz zur Essigsäure nimmt die Ameisensäure bei der Gärung ab. Sie ist bereits im Most mit bis zu 60 mg/L vorhanden (Sponholz & Dittrich 1979, Millies 1980). Alle anderen Fettsäuren zei-

Tab. 8. Flüchtige Fettsäuren (Mittelwerte, mg/L) in deutschen Weißweinen verschiedener Qualitätsgruppen, unterschiedlicher Rebsorten, Jahrgänge und Herkünfte (Sponholz & Dittrich 1986).

	Qualitäts-Weine	Kabinett-Weine	Spätlesen	Auslesen	Beeren-Auslesen	Trocken-beeren-Auslesen
Anzahl der Weine	34	21	23	27	29	4
Ameisensäure	8	9	7	11	26	38
Essigsäure	279	271	251	308	644	666
Propionsäue	1,8	1,2	1,0	1,6	1,0	1,1
2-Methyl-Propionsäure	2,4	1,2	1,3	1,4	1,4	0,9
Buttersäure	1,3	1,2	1,0	1,0	0,9	0,7
2-Methyl-Buttersäure	0,5	0,3	0,4	0,3	0,3	0,2
3-Methyl-Buttersäure	0,6	0,4	0,4	0,3	0,3	0,2
Hexansäure	2,7	2,9	2,7	2,3	1,2	0,8
Octansäure	4,3	4,4	3,7	3,4	1,2	1,0
Decansäure	1,8	1,7	1,2	1,0	0,3	0,3

gen umgekehrte Tendenz (siehe Tab. 8). Die höheren Fettsäuren spielen – besonders bei Ausleseweinen – nur eine ganz untergeordnete Rolle (Sponholz & Dittrich 1986). Phenylessigsäure und Phenylpropionsäure kommen nur mit 0,05 bzw. 0,01 mg/L vor (Bernath 1997).

Die flüchtige Säure ist daher in Weinen aus Mosten gesunder Beeren, die mit Starterhefe vergoren wurden, überwiegend aus der während der Gärung produzierten Essigsäure und Hexansäure sowie aus Ameisensäure zusammengesetzt (Sponholz et al. 1981 a).

Hohe Essigsäuregehalte in Mosten können durch Beimpfung mit viel Trockenhefe etwas verringert werden, z. B. um bis zu 0,2 g/L.

Die hohe Essigsäurebildung bei Zuckerstress ist eine Folge der zur Stressabwehr erhöhten Glycerinbildung: Sie verbraucht Wasserstoff, der dann für die Hydrierung des Acetaldehyds fehlt. Sein Pegel in der Zelle steigt. Er wird darauf zur weniger toxischen Essigsäure oxydiert. Bei Zuckerstress werden Glycerinphosphat-Dehydrogenase und Aldehyd-Dehydrogenase 3 z. B. 2-mal bzw. 30-mal stärker synthetisiert als bei normalen Zuckergehalten mit der Folge der beispielsweise doppelten Glycerin- und der 8fachen Essigsäurebildung (Pigeau & Inglis 2003).

4.1.5 Bernsteinsäure

Wie Ketoglutarsäure ist auch Bernsteinsäure (Succinat) ein Zwischenprodukt des Tricarbonsäurekreislaufs. Obwohl dieser meist nur als Abschnitt des aeroben Stoffwechsels[13] gewertet wird, spielt er anscheinend auch bei Gärungsverhältnissen, also im anaeroben Zuckerabbau, eine Rolle. Bernsteinsäure entsteht hauptsächlich in der Angärphase.

13 Die Entdeckungsgeschichte der Zellatmung und des Citrat-Zyklus schildert Barnett, J. A. (2003): A history of research on yeasts 6: The main respiratory pathway. Yeast 20, 1015–1044.

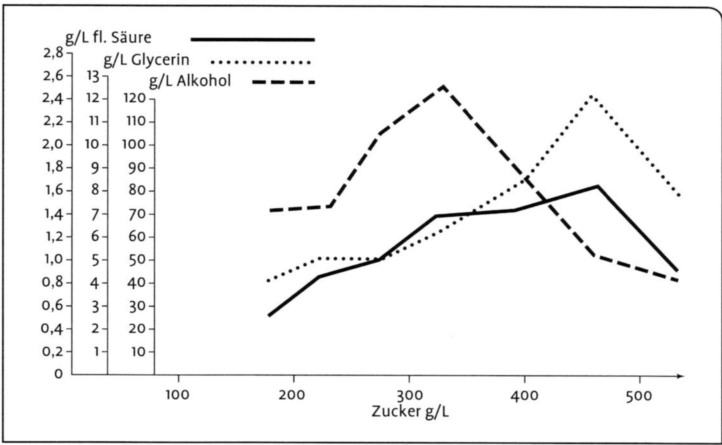

Abb. 17. Bildung von Alkohol, Essigsäure und Glycerin durch *Sacch. cerevisiae* bei steigendem Zuckergehalt des Mostes (22 °C, Minimalbeimpfung; DITTRICH 1989, 205).

In deutschen Weißweinen wurden zwischen 200 und 750 mg/L gefunden. Eine Abhängigkeit von der Qualität des Mostes war nicht erkennbar (SPONHOLZ & DITTRICH 1977). Allerdings kommen auch Succinatwerte bis zu 2 g/L vor. Neben wenigen Stämmen von *Sacch. cerevisiae* bildet *Zygosacch. bailii* viel (siehe Tab. 7). Die Succinat-Bildung steigt im Most mit steigender Temperatur zwischen 10 bis 30 °C, danach fällt sie ab. Mit steigendem pH nimmt sie zu.

4.1.6 Citronensäure

Citrat kommt in Weinen zwischen 0,1 und 0,5 g/L vor. Die meisten enthalten weniger als 300 mg/L. In Weinen aus *Botrytis*-befallenen Beeren können die Konzentrationen höher sein (siehe Tab. 7, DITTRICH 1989). Doch selbst in Weinen der Auslesegruppe sind mehr als 500 mg/L selten.

> *Zygosacch. bailii* baut in der Regel mehr als die Hälfte ab, *Zygosacch. rouxii* 12 bis 32 %, *Candida stellata* und *Pichia fermentans* bauen im Most ebenfalls mehr als die Hälfte ab, *Metschnikowia pulcherrima* und *Pichia anomala* etwa ein Viertel. *Saccharomycodes ludwigii* und *Brettanomyces bruxellensis* bildeten dagegen rund 40 % Citrat.

Sacch. cerevisiae verringert die Citrat-Gehalte der Moste bei der Gärung um fast die Hälfte (~ 41 bis 49 %).

Isocitrat, Oxalacetat und **Glyoxylat**, die mit nur wenigen mg/L im Most – vor allem *Botrytis*-infizierter Beeren – vorkommen, werden bei der Gärung verringert. **Fumarat** ist in Mosten aus gesunden Beeren nur in Spuren vorhanden, in Mosten aus sehr „faulen" Beeren fanden wir es in Mengen bis zu 130 mg/L. Von der Hefe wird es fast vollständig zum Verschwinden gebracht (RADLER 1986).

Im Gegensatz zum anteiligen Abbau im Most während der Gärung kann Äpfelsäure in manchen Substraten von der Hefe bis zu 2 g/L gebildet werden. Diese **Malatbildung** wird durch den pH-Wert, die N-Konzentration und CO_2 beeinflusst (RADLER & LANG 1982, SHINOHARA et al. 1998, CALDERÓN et al. 2001). Sie ist für die Weinbereitung bedeutungslos, da **bei niedrigen pH-Werten** der **Malatabbau** überwiegt. In den meist Narmen Substraten zur Herstellung von Obst- und Honigwein ist sie dagegen möglich.

Über diese und andere Säuren des Weines und ihre Bildung durch Hefen unterrichten DITTRICH (1995), RADLER (1993) und LAMBRECHTS & PRETORIUS (2000).

4.2 Sekundäre Gärungsnebenprodukte

Als primäre Gärungsnebenprodukte hatten wir die Zwischenprodukte der Gärung und des Citronensäurekreislaufs einschließlich ihrer Reduktions- und Oxydationsprodukte bezeichnet. Eine Definition der sekundären Gärungsnebenprodukte fällt schwerer. Diese Nebenprodukte fallen nämlich zwar während der Gärung an, sie sind jedoch **keine Gärungsprodukte** im eigentlichen Sinne. Es handelt sich vielmehr um Stoffe, die aus den Zuckerabbauprodukten der Gärung synthetisiert werden. Eine Gruppe, die höheren Alkohole, sind im weitesten Sinne Nebenprodukte der Hefevermehrung, ebenso die ihnen entsprechenden Ketosäuren und Aldehyde, die auch teilweise zu den entsprechenden Säuren oxydiert werden können. Für die Bukettbildung wichtig sind ihre Folgeprodukte, die Ester. Schließlich ordnen wir noch Stoffe hier ein, die keine direkte Beziehung zum Hefestoffwechsel haben, wie das Methanol.

4.2.1 2,3-Butandiol, Acetoin, Diacetyl

Diese 4-C-Stoffe werden während der Gärung aus den Zuckerabbauprodukten synthetisiert (siehe Abb. 18).

2,3-Butandiol ist in etwa 75 % der Weine in Mengen von 400 bis 800 mg/L enthalten. In Weinen ohne bakteriellen Malatabbau wurden durchschnittlich 570 mg/L gefunden, in Weinen mit Malatabbau bis zu 740 mg/L. Davon ist der überwiegende Teil R,R (D-)-Butandiol, S,S (L+)-Butandiol kommt nur in Spuren vor.

Auslese-, Beerenauslese- und Trockenbeerenausleseweine enthalten durchschnittlich 1000, 1150 und 1850 mg/L Butandiol (Sponholz et al. 1994). Eine Trockenbeerenauslese enthielt sogar mehr als 3 g/L (Wagner & Kreutzer 2000, siehe auch Tab. 9).

Der „Butandiol-Faktor" (BuF = 1000 × 2,3-Butandiol g/L:Alkohol g/L) kann zur analytischen Weinbeurteilung dienen (Hupf & Schmid 1994).

Die Butandiolbildung ist stärker, wenn das Gärgut Sauerstoff aufnehmen kann. Butandiol wird mittelbar aus Pyruvat synthetisiert. Die aus je einem Pyruvat entstehenden Abbauprodukte Hydroxyethyl-TPP („aktiver Acetaldehyd") und Acetaldehyd werden von Acetoin-Synthase zu **Acetoin** synthetisiert. Acetoin entsteht anteilig auch aus dem Zerfall von Acetolactat, das beim pH des Zellinnern instabil ist. Von Acetoin sind beispielsweise 25 mg/L nur während der Angärung nachweisbar, danach wird es von der Acetoin-Reduktase zu Butandiol reduziert.

Diacetyl ist in gärenden Mosten kaum

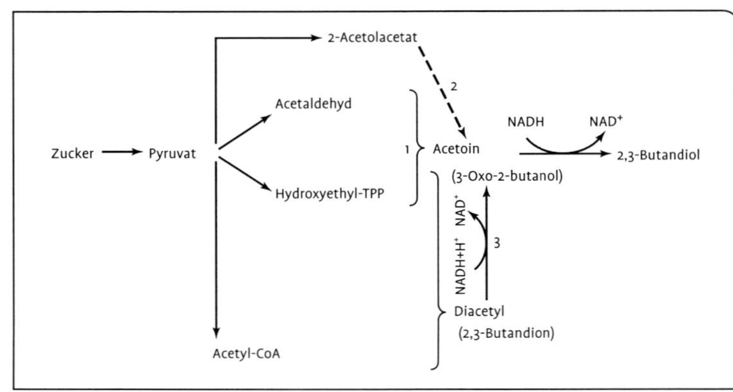

Abb. 18. Bildung von 2,3-Butandiol aus Zucker. 1 = Acetoin-Synthase, 2 = spontane Decarboxylierung, 3 = Butandiol-Dehydrogenase.

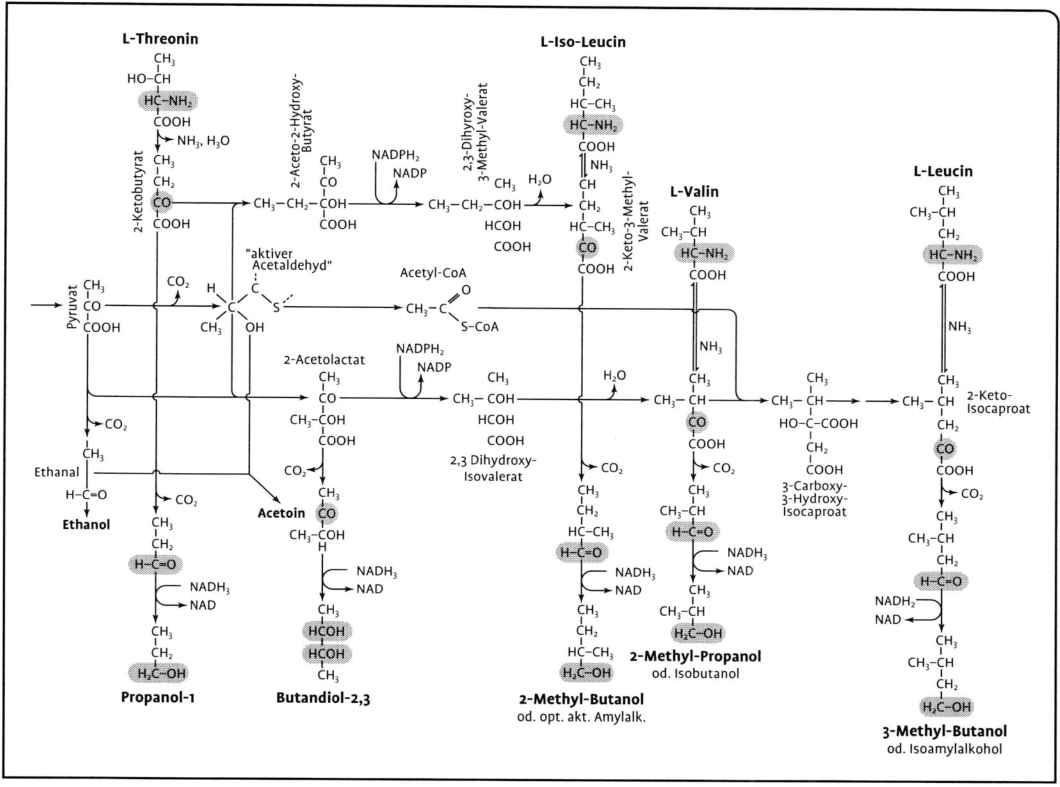

Abb. 19. Die Bildung von 2,3-Butandiol, 1-Propanol, 2-Methylpropanol (Isobutanol), 2- und 3-Methylbutanol (optisch aktiver Amylalk. und Isoamylalkohol) durch *Sacch. cerevisiae* (Dittrich 1987).

nachzuweisen. Die Hefe synthetisiert es aus „aktivem Acetaldehyd" und Acetyl-Coenzym A (Heidlas & Tressl 1990). Diese 4-C-Stoffe sind während der Gärung Glieder einer Hydrierungsreihe, die mit Butandiol endet. Es liegt deshalb in der größten Konzentration vor.

Weitere Diole:

4. 1,2-Ethandiol (Ethylenglycol oder Glycol) wurde in normalen Weinen bis zu 8 mg/L gefunden,
5. 1,2-Propandiol ist mit rund 45 mg/L, 1,3-Propandiol zwischen 5 und 15 mg/L enthalten,
6. 2,3-Pentandiol schwankt zwischen 10 und 15 mg/L (Sponholz et al. 1994, Wagner et al. 1994).

4.2.2 Höhere Alkohole

Auch die höheren Alkohole sind eigentlich keine Gärungsnebenprodukte, sondern **Nebenprodukte der Hefevermehrung**. Abb. 19 zeigt, wie ihre gewichtsmäßig wichtigsten Vertreter als Überlaufprodukte der Synthese der Aminosäuren Valin, Leucin und Isoleucin entstehen (siehe auch Abb. 23, S. 62).

Die **Synthese** erfolgt aus Zwischenprodukten der Gärung, nämlich aus **Pyruvat und Acetaldehyd** (siehe Abb. 19). Sie führt über Zwischenstufen zu Ketosäuren. Ihre zentrale Rolle im Stoffwechsel zeigt Abb. 3. Sie werden decarboxyliert zum jeweiligen Aldehyd. Die Aldehyde werden zu den entsprechenden Alkoholen hydriert.

Bereits 1907 fand F. EHRLICH*, dass die Hefe die **„Fuselöle“** (so die damalige Sammelbezeichnung) nur bildet, wenn Zucker vorliegt. Er erkannte den Zusammenhang „der Fuselölbildung mit dem Eiweißaufbau der Hefe.“ Durch Vergärung Leucinreicher Maischen gewann er 3-Methylbutanol. Daraus schloss er, dass die höheren Alkohole aus den entsprechenden Aminosäuren produziert würden. CASTOR & GUYMON zeigten 1952* jedoch, dass in Traubenmost die höheren Alkohole bei der Gärung laufend zunehmen, während die Aminosäuren, aus denen die Hauptkomponenten gebildet werden sollten, schon bei der Angärung verbraucht waren. 1956 fanden GENEVOIS & LAFON*, dass Isoamylalkohol während der Gärung aus C-markierter Essigsäure synthetisiert wird, obwohl der Hefe Leucin zur Verfügung stand. 1958 bewies dann THOUKIS*, dass die höheren Alkohole bei der Mostgärung nicht aus Aminosäuren entstehen, sondern aus dem Zucker.[14]

Die höheren Alkohole werden in sehr unterschiedlichen Mengen gebildet (siehe Tab. 9, 10, 11). **3-Methylbutanol** (Isoamylalkohol) ist die Hauptkomponente. In normalen Weinen sind 50 bis 400 mg/L zu erwarten. Gewichtsmäßig folgen **2-Methylpropanol** (Isobutanol) mit 20 bis 80 mg/L und **2-Methylbutanol** (optisch aktiver Amylalkohol) mit 10 bis 30 mg/L. Das Verhältnis von 3- zu 2-Methylbutanol beträgt etwa 5:1. Die Summe dieser drei Alkohole beträgt rund 70 % des Gesamtgehaltes der höheren Alkohole eines Weines. Ihre Mengen nehmen bis zu Spätlesen, allenfalls bis zu Auslesen zu. Beeren- und Trockenbeerenausleseweine enthalten weniger, weil die hohen Zuckergehalte der Moste den Hefestoffwechsel hemmen.

Ein extrem hoher Aminosäuregehalt liefert daher viel höhere Alkohole, ein Zusatz von hefeverwertbarem N zu aminosäurearmen Mosten verringert ihre Produktion etwas (DITTRICH 1983). In diesem Falle werden nämlich die angefallenen Ketosäuren aminiert zu Aminosäuren. Da das bei Gärungsbedingungen nicht möglich ist, fallen die aus dem Zucker ständig nachgeschobenen Ketosäuren der „Überlaufreaktion“ anheim, nämlich der Decarboxylierung.

14 Die in diesem Absatz zitierten Arbeiten sind nicht im Literaturverzeichnis enthalten

Bei Anreicherungen sind die Unterschiede unerheblich. Mit abnehmendem Aminosäure-, aber gleichem Zuckergehalt steigen diese Alkohole. Zwischen der Hefezellzahl und der Konzentration dieser Stoffe besteht eine lineare Beziehung. Bei Maischegärungen bildet die Hefe infolge des vermehrungsfördernden Sauerstoffeinflusses diese Alkohole vermehrt. Nach einer Maischeerhitzung ist die Hexanolbildung verringert. 2-Methylpropanol wird in Mosten aus *Botrytis*-befallenen Beeren vermehrt gebildet, durch Thiaminzusatz gesenkt (DITTRICH 1983).

1-Propanol ist in normalen Weinen mit 10 bis 40 mg/L vertreten. Einzelne Hefestämme können jedoch viel mehr bilden (GIUDICI et al. 1993). Kahmige Weine und die meisten Tresterweine haben erhöhte 1-Propanol-Gehalte.

2-Phenylethanol (Phenylalkohol) wurde in Rotweinen mit durchschnittlich 36 mg/L, in QbA- und Kabinettweißweinen mit 66 mg/L gefunden. Er wird bei der Spontangärung von Fremdhefen in wesentlich höheren Konzentrationen produziert als bei Gärungen mit selektierten Starterkulturen (SPONHOLZ & DITTRICH 1974, WAGNER & RAPP 1999). Auch die „Nachgärhefe“ *Sacch. bayanus* bildet viel mehr als die verwandte Art *Sacch. cerevisiae*, nämlich 180 mg/L im Vergleich zu 20 mg/L (GAFNER 1998, ZAMBONELLI 1998, S. 200). Bereits in den Beeren liegt Phenylethanol und sein Glucosid vor, z. B. 0,4 mg/kg und 2,2 mg/kg (WERWITZKE, pers. Mitt. 2003).

Tyrosol und **Tryptophol** haben ebenfalls Ringstruktur. Sie werden in geringen Quanti-

Tab. 9. Gärungsprodukte (Durchschnittswerte) in deutschen Weißweinen unterschiedlicher Qualitätsgruppen, Rebsorten, Herkünfte und Jahre (SPONHOLZ et al. 1992, unveröff.)

	QbA	Kabinett	Spätlese	Auslese	Beeren-auslese	Trocken-beeren-auslese
Anzahl der Weine	16	17	20	7	6	7
Alkohol g/L	85,3	83,9	88,9	98,2	83,6	92,9
Glycerin g/L	6,4	6,4	7,9	11,8	16,7	21,8
Essigsäureethylester mg/L	38	35	42	111	112	238
3-Methyl-butanol mg/L	164	148	151	114	72	70
2-Methyl-butanol mg/L	39	37	33	30	18	17
2-Methyl-propanol mg/L.	103	86	92	67	52	43
1-Propanol mg/L	45	38	48	36	40	38
Methanol mg/L	82	81	86	98	75	50
2,3-Butandiole mg/L	484	595	832	913	1288	1769
Propandiole mg/L	48	36	43	50	58	106
Pentandiole mg/L	13	14	16	7	9	9

täten produziert (~ 10 bis 40 µg/L bzw. bis zu 3 mg/L).

Methionol ist ein schwefelhaltiger Alkohol. In fehlerfreien Weinen wurden 200 bis 1600 µg/L gefunden (RAUHUT et al. 1999).

Im Gegensatz zu den bisher genannten sind die folgenden Alkohole keine Hefe-Metaboliten:

Methanol stammt überwiegend aus dem Pektin-Abbau durch traubeneigene Enzyme, deshalb enthalten maische-vergorene Rotweine mehr als Weißweine. Bei Weißweinen werden 250 mg/L, bei Rotweinen 400 mg/L toleriert.
1-Hexanol (1 bis 5 mg/L) stammt aus dem Abbau der ungesättigten langkettigen Fettsäuren Linol- und Linolensäure der Traubenkerne, zum geringeren Anteil entstammt es der Hefe.
1- und 2-Butanol kommen nur in bakteriell geschädigten Weinen vor.

Die in Abb. 20 dargestellte Bildung von 3-Methylbutanol durch zehn *Sacch.-cerevisiae*-Weinhefen belegt die starken Unterschiede der Produktion der höheren Alkohole. Auch die gärungsbeeinflussenden Faktoren wirken nicht immer gleichsinnig; nicht alle, wenn auch die meisten dieser Hefen bildeten bei geringer Temperatur weniger 3-Methylbutanol.

Eine zusammenfassende Darstellung dieser Nebenprodukte bietet SPONHOLZ (1988).

4.2.3 Ester

Ester sind **geruchsintensiv**. Sie haben deshalb für die **sensorischen Qualitäten** eines Weines erhebliche Bedeutung. Ihre in Weinen enthaltenen Konzentrationen und ihre Geruchsqualitäten entnehme man den Tab. 10 und 11. Die wichtigste alkoholische Komponente ist verständlicherweise **Ethanol**. Doch auch die höheren Alkohole werden verestert. Die Veresterung erfolgt hauptsächlich mit der von der Hefe in höchster Menge gebildeten Fettsäure, der **Essigsäure**. **Essigsäureethylester** (Ethylacetat) ist daher stets der weitaus überwiegende Ester. Während Weine normaler Qualität 30 bis 80 mg/L enthalten (Bandion & Valenta 1977 a), steigen seine Konzentrationen in den Weinen der Auslesegruppe stark an (Tab. 9 und 10).

Tab. 10. Höhere Alkohole und Ester (mg/L) in Weinen verschiedener Qualitätsgruppen (Mittelwerte; Postel et al. 1972).

	Weißweine, deutsche QbA u. Kabinett (25 Weine)	Spätlesen (8 Weine)	Auslesen (2 Weine)	Beerenauslesen (2 Weine)	Rotweine (10 Weine)
Ethanol g/L	81,4	89,4	81,7	90,3	93,3
Propanol-1	31,6	28,2	28,4	19,7	30,2
2-Methylpropanol-1	80,3	64,6	66,8	35,9	58,5
Butanol-1	0,8	0,8	0,9	0,5	1,6
2-Methylbutanol-1	31,6	30,6	35,5	18,7	40,9
3-Methylbutanol-1	103,7	105,4	122,4	53,9	125,6
Pentanol-1	< 0,1	< 0,1	0,1	0,1	–
Hexanol-1	1,5	1,9	1,3	1,4	1,5
Octanol-1	0,4	0,6	0,7	1,3	0,5
2-Phenylethanol-1	65,7	55,6	41,5	24,3	26,3
Ameisensäure-Ethylester	3,0	4,2	3,7	6,0	6,5
Essigsäure-Methylester	~ 0	~ 0	~ 0	~ 0	~ 0
Essigsäure-Ethylester	61,9	79,2	99,8	238,1	130,2
Propionsäure-Ethylester	< 0,1	–	–	0,2	0,5
3-Methylbuttersäure-Ethylester	0,7	1,2	1,5	–	0,3
Hexansäure-Ethylester	0,5	0,5	0,3	0,2	2,2
Essigsäure-Hexylester	0,4	0,8	1,4	0,6	0,3
Milchsäure-Ethylester	141,5	72,9	72,3	24,0	226,6
Octansäure-Ethylester	0,7	0,8	0,5	0,3	0,3
Decansäure-Ethylester	0,1	< 0,1	0,1	0,2	< 0,1
Bernsteinsäure-Diethylester	2,0	1,8	3,4	13,2	17,6
Essigsäure-2-Phenylethylester	< 0,1	0,3	0,1	0,1	~ 0
Dedecansäure-Ethylester	< 0,1	< 0,1	0,3	0,6	~ 0

Sein hohes Vorkommen geht auf „wilde" Hefen zurück, vor allem auf *Hanseniaspora uvarum* (früher *Kloeckera apiculata*; Sponholz et al. 1990 a), *Metschnikowia pulcherrima* sowie *Pichia*- und *Candida*-Arten: Die zunehmende *Botrytis*-Infektion der Beeren öffnet den Hefen den Zugang zum Saft und damit die Möglichkeit zu ihrer Stoffbildung.

Den gleichen Ursprung haben auch Ethylacetatgehalte von mehr als 60 mg/L in Weinen normaler Qualität. Wenn die Trauben bereits in den Rebanlagen eingemaischt werden, die Maischen lange in der -Wärme stehen oder über lange Strecken transportiert werden, wobei sie gequetscht werden, kann sich ein **Ester-** oder **Lösungsmittelton** entwickeln, der manchmal zum qualitätsmindernden „Jahrgangston" wird.

Ein anderer fruchtiger Ester ist **Essigsäure-3-Methylbutylester** (Isoamylacetat). Neben Essigsäureethylester kann dieser Ester einen **Geruchswert** – Konzentration im Wein: Geruchsschwellenwert – von > 1 erreichen, der Voraussetzung für seine Wahrnehmbarkeit ist (siehe Tab. 11).

Die **Synthese** der Essigsäureester erfolgt aus Acetyl-CoA. Das veresternde Enzym ist die Alkohol-Acetyltransferase (Mason & Dufour 2000). Sie ist maximal aktiv bei Beginn der Hefever-mehrung. Am Gärungsende ist sie nur noch minimal aktiv. Sauerstoff hemmt sie. Die Esterbildung dient vielleicht auch der Entgiftung der hefetoxischen Essigsäure und anderer Fettsäuren.

Die Bildung der Ethyl- wie auch der Essigsäureester steigt mit zunehmender Zuckerkonzentration des Mostes, die der Essigsäureester wird aber durch einen Stoff gehemmt, der bei zunehmender Reife gebildet wird. Die Esterzusammensetzung der Weine ist nicht sortenspezifisch. Mit Ausnahmen steigt die Esterbildung mit zunehmender Gärungsgeschwindigkeit und mit der Hefemenge. Auch die Durchmischung des Mostes durch das Gärungs-CO_2 steigert die Esterbildung. Dieser Effekt basiert auch auf extrahierbaren Stoffen der Traubenbestandteile. Schon wenn die Mosttemperatur von 11 auf 15 °C steigt, nehmen bei den meisten Hefestämmen auch die Ester zu; Essigsäureethylester kann auf die dreifache Konzentration steigen, andere Ester auf etwa das Doppelte (Houtman et al. 1980).

Maximale Bildung von Essigsäure-Ethyl-, -Propyl- und -3-Methylbutylester (Ethyl-, Propyl- und Isoamylacetat) fanden Daudt & Ough (1973) bei Gärtemperaturen zwischen 15 und 21 °C, von Essigsäure-2-Methylpropylester bei 18 °C.

Die fruchtigen Ester: Essigsäure-3-Methylbutylester, Essigsäure-2-Methylpropylester, Buttersäure-Ethylester und Essigsäure-Hexylester werden gebildet und bleiben im Jungwein erhalten bei niedrigen Temperaturen (10 °C).

Die höher siedenden, mehr aromatischen Ester Octansäure-Ethylester, Essigsäure-2-Phenylester und Decansäure-Ethylester werden vermehrt bei höheren Temperaturen gebildet (Killian & Ough 1979).

Die **Esterbildung** ist in geklärtem Most höher als in trübem, unter Gärverschluss ist sie höher als bei Luftzutritt (Shinohara & Watanabe 1981 a). Bei **niedrigen Gärtemperaturen** scheint die **geringere CO_2-Auswaschung das fruchtige Aroma zu erhal-**

Zumindest die höheren **Ester kommen in den Hefezellen in höherer Konzentration vor** als im Jungwein, z. B. Dodecansäureethylester in Hefezellen in bis zu 50facher Konzentration (Houtman et al. 1980). Für das Brennen eines Weines ist das Verbleiben der jungen Hefe während der Destillation wichtig. Es wirkt sich positiv auf den Gehalt an C_6–C_{16}-Ethyl-estern aus. Sie vermitteln „Weinigkeit".

Milchsäureethylester ist in erheblichen Konzentrationen (siehe Tab. 10) in Weinen mit bakteriellem Malatabbau enthalten. In essigstichigen Trauben kommt zum Essigsäureethylester, den Fremdhefen gebildet haben, von Essigsäurebakterien produzierter hinzu. Dagegen entstehen die Monoethylester von Wein- und Äpfelsäure spontan (SPONHOLZ 1979). Die Ethylester nehmen mit dem Alter der Weine zu, die Essigsäureester nehmen ab.

Aminosäureester sind ebenfalls Hefemetaboliten und daher Weininhaltsstoffe. Unter sieben Aminosäureethylestern überwog Ethylprolin mit 3650 µg/L. Ethylmethionin war durchschnittlich nur mit 150 µg/L vertreten (HERESZTYN 1984). Die Aminosäureester werden hauptsächlich in der zweiten Hälfte der Gärung synthetisiert (HERRAIZ & OUGH 1993).

Sacch. cerevisiae bildet 8 **Amine** mit einer Gesamtkonzentration von rund 12 mg/L. Histamin wird von *Candida stellata, Kloeckera apiculata, Metschnikowia pulcherrima* und *Brettanomyces bruxellensis* nicht oder nur in Spuren gebildet. Die zuletzt genannte Hefe bildet die höchste Gesamtmenge (15 mg/L) und das meiste Phenylethylamin (10,1 mg/L; CARUSO et al. 2002).

Ethylcarbamat (Urethan): Die in Wein vorkommenden Spuren (bis 6 ppb) sind unbedenklich (SPONHOLZ et al.1991).

Unter den **Lactonen** hat γ-Decalacton ein süßliches Pfirsicharoma (Wahrnehmungsschwellen der Enantiomere 1,5 bzw. 5,6 ppb). Wie γ-Dodecalacton kann es von Hefen und von Milchsäurebakterien aus den entsprechenden Hydroxyfettsäuren gebildet werden.

Tab. 11. Höhere Alkohole und Ester in Weinen (mg/L), ihre Geruchsschwellenwerte in Wein (mg/L), ihre Geruchswerte und Gerüche (SHINOHARA & WATANABE 1981 a, b).

	Konzentration in Wein	Geruchsschwellenwert in Wein	Geruchswert (= Konzentration : Geruchsschwellenwert)	Geruch
Methanol	13–269	500	0,03–0,54	
1-Propanol	11–72	500	0,02–0,14	Betäubend
2-Methylpropanol- (Isobutanol)	15–174	500	0,03–0,35	Alkoholisch
1-Butanol	0–5	150	0–0,03	Fuselgeruch
3-Methylbutanol	55–420	300	0,18–1,40	Marzipan
Essigsäureethyl-Ester	11–343	150	0,07–2,20	Firnis, Nagellack
Hexansäureethyl-Ester	0,1–1,0	0,5	0,2–2,0	Apfel. Banane
Octansäureethyl-Ester	0,1–1,6	1,0	0,1–1,6	Ananas, Birne
Decansäureethyl- Ester	0–0,6	2,0	0–0,3	Blumig
Essigsäure-3-Methylbutyl-Ester (Isoamylacetat)	0,1–3,8	1,0	0,1–3,8	Banane, Birne
Essigsäurephenylethyl-Ester	0–1,1	3,0	0–0,3	Rose, Honig. Blumig, Fruchtig
Bernsteinsäurediethyl-Ester	0–66	75	0–0,8	

ten. Während mit steigendem N-Gehalt des Mostes die Amylalkohole und Phenylethanol abnehmen, steigt Isoamylacetat. Moste mit wenig N liefern oft Weine, deren Aroma an unreife Früchte erinnert. Höhere N-Konzentrationen liefern Aromen, die mehr an reife Früchte erinnern (Bosso 1996).

Ein Teil der Ester verlässt mit dem CO_2 das Gärsubstrat. Im Verhältnis zu den im Jungwein verbleibenden werden 2 bis 24 % der Essigsäure-Ester, 0 bis 25 % der Ethyl-Ester der 4-C- bis 12-C-Fettsäuren ausgetragen (Miller et al. 1987).

4.2.4 Aldehyde

Obwohl Aldehyde sensorisch äußerst wirksam sind, ist von ihnen im Wein nur **Acetaldehyd** wichtig. Er ist eine **prägende Komponente** des **Gärungsbuketts** und des **Oxydationstons**. Er ist auch der wichtigste **SO_2-bindende** Metabolit **im Jungwein.** Mit steigenden SO_2-Zusätzen zum Most steigen bei der Gärung auch Isobutanal und Isovaleraldehyd. Andere Aldehyde (siehe Tab. 12) kommen nur in sehr geringen Mengen vor (Sponholz 1982, Lambrechts & Pretorius 2000). Glyoxal und Methylglyoxal (Pyruvaldehyd) bleiben ebenfalls unter 1 mg/L. Die Ketone Aceton, Acetoin und Diacetyl kommen nur mindergewichtig, meist jedoch gar nicht vor.

Bei der Schwefelung der Jungweine reagieren die Carbonylgruppen mit SO_2. Die Aldehyde werden dadurch geschmacks- und geruchsunwirksam(er), ihr Anteil am Gärbukett verschwindet.

4.2.5 Veränderungen von Aromastoffen

In Tab. 10 und 11 sind **flüchtige Weininhaltsstoffe** wiedergegeben, die mehr oder weniger ausgeprägte sensorische Fähigkeiten haben. Sie werden daher oft als **die Aromastoffe** des Weines bezeichnet. Nicht alle diese Stoffe treten jedoch in den im Wein vorkommenden Konzentrationen sensorisch so hervor, dass sie als Aromastoffe gelten können.

Tab. 12. Aldehyde (Mittelwerte, mg/L) in 17 hauptsächlich Rheingauer Riesling-Weinen (Sponholz 1982).

Ethanal	29,2
Propanal	0,8
Isobutanal	0,5
Propenal	1,0
Butenal	0,2
2- + 3-Methylbutanal	0,5
Pentanal	1,4
Butanal	0,2
Hexanal	0,0
Summe der Aldehyde	33,8

Nur die Stoffe, deren **Geruchswert** (= Konzentration im Wein: Geruchsschwellenwert im Wein) größer als 1,0 ist, werden den Weingeruch/Geschmack (mit)beeinflussen können. Nur bei sehr hohem Vorkommen trifft dies für 3-Methylbutanol und seinen Essigsäureester (Isoamylacetat) zu. Dies jedoch nur, wenn nicht traubeneigene Aromastoffe die von der Hefe gebildeten Aromastoffe überdecken. Die höheren Alkohole und ihre Ester haben trotz ihrer hohen Gewichtung kaum sensorische Bedeutung.

Acetaldehyd und die den höheren Alkoholen entsprechenden Aldehyde spielen nur im ungeschwefelten Jungwein eine Rolle. Bei der Schwefelung verschwindet durch ihre Bindung an SO_2 die Geschmacksempfindung „gärig“. Das **Gärbukett** wird zum **Jungweinbukett**, das schon fast identisch ist mit dem jeweiligen **„Sortenbukett“**.

Noch oft wird angenommen, dass die Ausprägung des typischen Sortenbuketts eines Weines hauptsächlich auf die Fähigkeiten der gärenden Hefe zurückzuführen seien. Diese Ansicht ist irrig, weil die Hefemetaboliten in allen vergleichbaren Weinen in annähernd gleichen Mengen vorkommen. Vielmehr kommen die sortentypischen Geschmacksstoffe aus den Traubenbeeren. Aus ihnen gehen die **sortenspezifischen Aromastoffe** – teilweise – in den Wein über.

Ich wiederhole, um keine Illusionen aufkommen zu lassen: „Gäraromen" sind unbeständig, sie sind nur kurzlebig. Darüber hinaus: was einem Most an Qualität fehlt, kann die Hefe nicht ersetzen.

Das Weinaroma bestimmen vor allem **Terpenoide**. Zwölf Monoterpene – von rund 50 vorkommenden – ermöglichen die **Zuordnung deutscher Weißweine**

- zum **Riesling-Typ** mit den Rebsorten Riesling, Müller-Thurgau, Kerner, Scheurebe,
- dem **Silvaner-Typ** mit Silvaner, Weißburgunder, Ruländer und dem Muskat-Typ.

Mit Hinzunahme weiterer Stoffe können die Rebsorten einer Gruppe unterschieden werden (Danzer et al. 1999). Die Terpenprofile verändern sich mit dem Alter der Weine.

Die Terpene und Norisoprenoide sind in der Beere größtenteils glycosidisch gebunden. Sensorisch wirksam werden sie erst nach **Freisetzung** durch traubeneigene β-Glucosidasen. Die Terpenfreisetzung durch Hefe ist umstritten (Sponholz & Hühn 1997).

Die **Terpene** können von *Sacch. cerevisiae* verändert werden: Geraniol wird zu Citronellol, Nerol und Geraniol zu Linalool, Nerol und Linalool über α-Terpineol zu cis-Terpin-Hydrat (King & Dickinson 2000).

Nach ihrer Freisetzung aus geruchlosen Konjugaten werden die Terpene substanziell verändert, die Thiole wohl teilweise mit dem CO_2 ausgetragen und dadurch etwas verringert. Möglicherweise synthetisiert die Hefe aber bis dahin nicht vorkommende schwefelhaltige Stoffe, die an der Geruchs- und Geschmackswahrnehmung mitwirken.

Diese Traubeninhaltsstoffe sind die eigentlichen Bukett- bzw. Aromastoffe der Weine. **Hefemetaboliten modifizieren** das **Sortenbukett** nur: Sie sind **Hefestamm-typisch**, aber nicht Rebsorten-typisch. Ungünstigenfalls verschleiern oder überdecken sie die Sortenaromen durch zu hohe Produktion von z. B. Essigsäureethylester oder H_2S. Auch die Meinung, dass die bodenständige Hefeflora den Weinen einer Gegend die typische „Art" gebe, ist durch nichts bewiesen. Vielmehr sind der Standort der Reben und die dort herrschenden Klima-Einflüsse dafür entscheidend.

Beispielsweise wird das Sortenaroma des **Sauvignon blanc** (mit)bestimmt von 4-Mercapto-4-methylpentan-2-on (Geschmacksschwelle 1 ng/L – das entspricht 1 g Zucker in einer deutschen Jahresernte) und vier verwandten Thiolen. Schon durch diese fünf Stoffe wird das jeweilige Sortenaroma stark variiert. Aus ihren **geruchlosen Konjugaten** an Cystein kann sie die Hefe freisetzen (Tominaga et al. 2000).
Cabernet-Sauvignon-Rotweine enthalten 3-Mercaptohexanol und 3-Mercapto-2-methylpropanol (Wahrnehmungskonzentration 60 und 300 ng/L). Auch Mercaptohexanol wird aus seiner geruchlosen Vorstufe freigesetzt.
Das pfefferige Aroma von **Merlot-Rotweinen** wird von 3-Isobutyl-2-methoxypyrazin (mit)geprägt. Es kommt auch in Cabernet Sauvignon und in Sauvignon blanc vor.

Abb. 20 demonstriert die unterschiedlich starke Bildung eines Esters, eines höheren Alkohols und einer Fettsäure durch zehn Weinhefestämme. Diese und andere, je nach Hefestamm differierende Stoffbildungen zeigen die Chromatogramme in Abb. 21.

Die Gesamtheit der sensorisch wirksamen Stoffe in einem Jungwein ergibt für jede Hefe ein typisches **Aromaprofil** (Abb. 22). Diese stammspezifischen Unterschiede sind jedoch schon ein Jahr nach der Gärung weitgehend eingeebnet. Deshalb bringt auch der Einsatz so genannter **„Aromahefen"** in aller Regel keine nennenswerten sensorischen Vorzüge (Miltenberger et al. 2003).

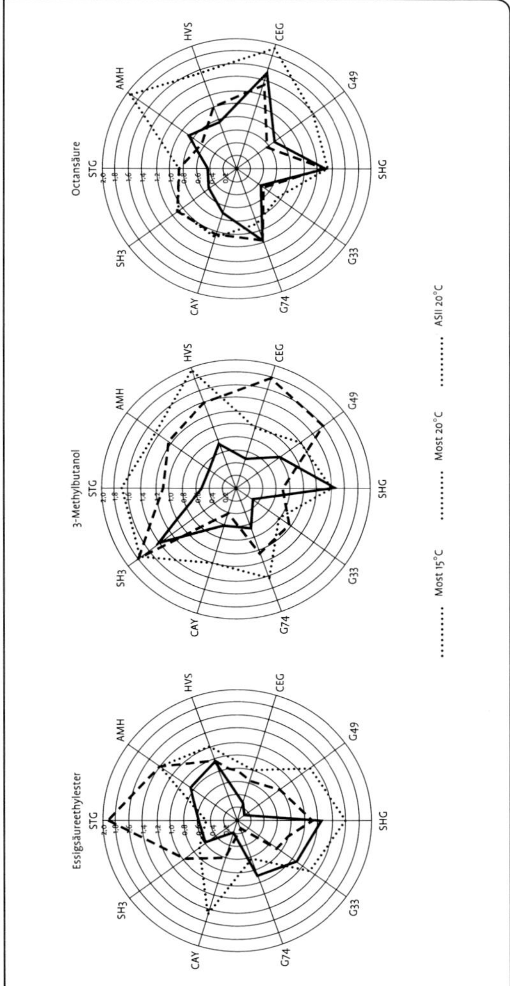

Abb. 20. Bildung von Essigsäureethylester, 3-Methylbutanol und Octansäure durch 10 Stämme von *Sacch. cerevisiae* (STG, AMH, HVS, CEG, G 49, SHG, G 33, G 74, CAY, SH 3) in Most bei 15 und 20 °C sowie in einem synthetischen Substrat (ASII; Hühn et al. 1998).
Champ. Ay Ghm. (oben), Champ. Epernay Ghm. (Mitte) und Champ. Hautvillers Ghm. (unten).

Die Bildung geruchs- und geschmacksaktiver Stoffe durch einen Hefestamm wird zudem von der Zusammensetzung des Mostes variiert. Für den N-Gehalt untersuchten dies Carran et al. (2008).

Die Bildung/Veränderung von sensorisch wirksamen Weininhaltsstoffen durch die Hefe referieren Bartowsky & Pretorius

Der Mensch kann bis zu 10 000 Gerüche unterscheiden. Er hat dazu in der Nase etwa 1000 verschiedene Geruchsrezeptoren. Dies sind Geruchsstoff-bindende Proteine. Sobald die Bindung an den Rezeptor erfolgt ist, schickt die dazugehörige Nervenzelle ein elektrisches Signal ins Gehirn. In einem so komplexen Gemisch wie Wein – in dem bisher etwa 1000 Stoffe identifiziert sind – bestimmte Geruchsstoffe anzusprechen ist u. a. deshalb schwierig, weil auch Stoffe mit unterschiedlichen Strukturen gleich riechen können. – Die Wahrnehmungen von Aroma und von Geschmack beschreibt Büttner (2004).

1. Ethanol erhöht den fruchtigen Charakter des Aromas,
2. Glucose-Zusatz von 1,5 g/L zu **Apfelwein** verringert die Säurewahrnehmung,
3. Zusatz von 0,3 g/L Essigsäure verkleinert die Wahrnehmbarkeit des wohlriechenden Buketts,
4. Zusatz von 6 mg/L Isobutanol die Süßeempfindung (Leguerinel et al. 1989).

2-Aminoacetophenon (2-AAP) verursacht ab 0,7–1,0 µg/L den **Stresston** (irreführend: „untypischer Alterungs-ton"). Er ist das Produkt **weinbaulicher Einflüsse**. Seine Vorstufe ist das Phytohormon Indol-Essigsäure. In Weinen aus Trauben gestresster Reben – Wasser- und N-Mangel, Hitze, Besonnung, zu hohe Erträge u. a. – entsteht durch das Schwefeln daraus 2-AAP. Gleichen Ursprungs sind in solchen Weinen Indol und Skatol.

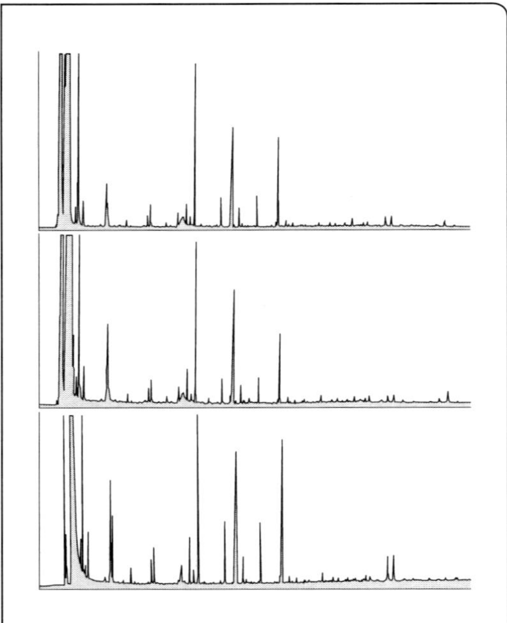

Abb. 21. Gaschromatischer Vergleich der Bildung flüchtiger Stoffe in einem Most bei 20 °C durch die *Sacch.-cerevisiae*-Weinhefen (HÜHN et al. 1998).

(2009), FLEET (2003) und SWIEGERS & PRETORIUS (2005).

Die **Aromaveränderungen durch die Versektung** eines Weines bestehen in der Zunahme der fruchtigen Komponenten und der Abnahme „grüner", unreifer Geruchsnoten. Die Geruchsaktivität der Apfel- und Pfirsichnoten wurde verzehnfacht, während die Geruchsaktivität eines nach Gras riechenden Aldehyds auf ein Zehntel verringert wurde (FISCHER et al. 2009).

4.2.6 Dimethylglycerinsäure, Methyläpfelsäure, Hydroxyglutarsäure

Dimethylglycerinsäure (2-Methyl-2,3-Dihydroxybuttersäure) entsteht wahrscheinlich durch Hydrierung der 2-Acetylmilchsäure, deren Synthese in Abb. 18 dargestellt ist. Sie ist also ein Nebenprodukt der Valinsynthese.

In elf Weinen waren 33 bis 144 mg/L enthalten (Durchschnitt 68 mg/L). Eine Beziehung zum Alkoholgehalt war nicht erkennbar. Im letzten Drittel der Gärung stieg sie an (WÜRDIG et al. 1969).

2-Methyläpfelsäure (Citramalsäure) wird mit 30 bis 150 mg/L proportional zur Menge

Abb. 22. Sensorisch festgestellte Aromaprofile von drei zur Weißwein-Herstellung geeigneten kommerziellen Starterhefen (Firmenschrift ERBSLÖH).

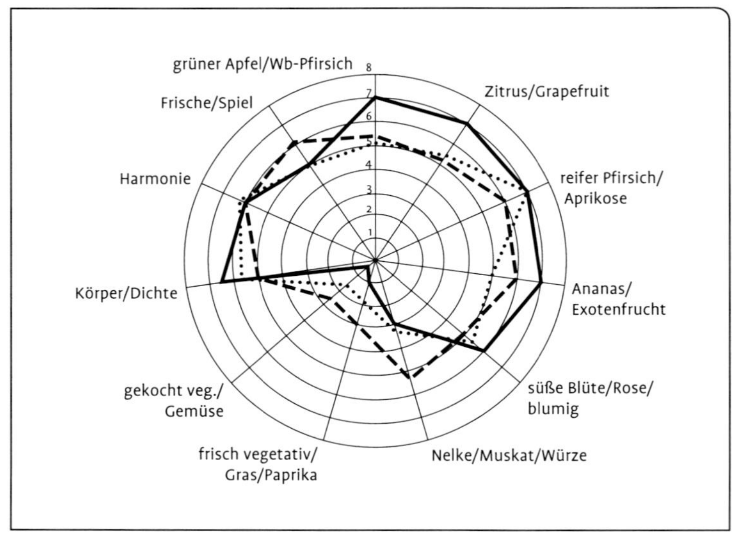

des vergorenen Zuckers gebildet. Vielleicht ist sie ein Abbauprodukt der Glutaminsäure.

2-Hydroxyglutarsäure: Weine aus infektionsfreien Beeren enthielten 32 bis 97 mg/L, Weine aus *Botrytis*-infizierten Beeren 48 bis 163 mg/L. Da bereits die Moste 10 bis 177 mg/L enthielten, ist für die Hefe sowohl die Bildung – wohl durch Hydrierung von 2-Ketoglutarat – als auch ihr Abbau anzunehmen (Sponholz et al. 1981 b). Welcher Anteil als Lacton vorliegt, ist vom pH und der Temperatur abhängig.

Ihre Bildung verläuft bei 50 und 75 °Oe parallel zur Gärung, bei 95 bis 150 °Oe ist der Endgehalt im Verhältnis zum vergorenen Zucker geringer.

4.2.7 Galacturonsäure; Pektinabbau durch Hefen

Galacturonsäure entsteht nicht als Produkt des Synthesestoffwechsels der Hefe, sondern durch den **Abbau des Pektins** in den gärenden Mosten und Maischen. In Weiß- und Rotweinen kommen 150 bis 500 bzw. 500 bis 1100 mg/L vor. In Ausleseweinen wurden meist 300 bis 1000, in Beerenauslesen 200 bis 600 und in Trockenbeerenauslesen 300 bis 500 mg/L gefunden. In einer Beerenauslese wurden 1537 mg/L nachgewiesen (Sponholz & Dittrich 1984).

In **Maische** und **Most** haben wohl **traubeneigene Enzyme** den größten Anteil am Pektinabbau. **Hefen** haben meist nur **geringe** pektolytische **Aktivität**: Von 147 Stämmen waren nur zwölf aktiv. Ein Stamm verstärkte bei der Rotweinbereitung die Farbe (Yanei et al. 1999). Bei verschiedenen Hefen wurden geringe Pektinesterase- und Polygalacturonaseaktivitäten gefunden (Rensburg & Pretorius 2000). Anscheinend produziert die Hefe während ihrer Vermehrung Polygalacturonase nur in Anwesenheit von Beerenschalen (Takayanagi et al. 2001).

Der Pektinabbau ist in **naturtrüben Säften** gefürchtet. Während diese Säfte normal homogen sind, sackt in hefeinfizierten Flaschen nach der Hefevermehrung durch den Abbau des stabilisierenden Pektins der Trub auf den Flaschenboden. Der Überstand ist klar. Man spricht daher vom **„Ausklaren"**.

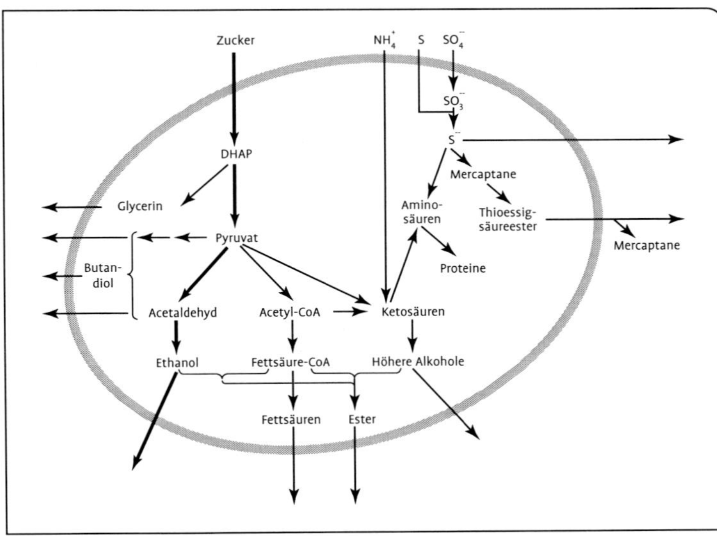

Abb. 23. Bildung wichtiger Wein-Inhaltsstoffe im Hefe-Stoffwechsel während der Gärung.

Methanol ist ebenfalls ein Pektinabbauprodukt. Von Pektinmethylesterase wird er von den Polygalacturonsäureketten abgespalten. Das Enzym kommt in Hefen nur in ganz geringen Aktivitäten vor. Der Großteil des Methanols entsteht **nach dem Mahlen** der Beeren durch **traubeneigene Enzyme**. Deshalb ist der Methanolgehalt maischevergorener **Rotweine** meist **höher** als der von Weißweinen. Durch das „Ziehenlassen" oder „Beizen" der Maischen weißer Gewürzsorten zur Aromaverstärkung erhöht er sich ebenfalls.

Auch Resveratrol ist kein Gärungsprodukt, sondern ein Pilzresistenz gewährendes Stilben. Es kommt vermehrt in Rotwein vor. Im Konsumenten wird es zu Piceatannol hydroxyliert, das anticancerogen und antileukämisch wirkt.

4.3 Wärme als Nebenprodukt

Der aerobe Abbau des Zuckers, seine Veratmung, ist letzten Endes eine Oxydation, also eine **„Verbrennung"**. Dieser Trivialausdruck macht klar, dass dabei Wärme entsteht. Im Gegensatz dazu ist die Vergärung des Zuckers anaerober Zuckerabbau. Doch auch hierbei werden **pro Hexose 2 ATP** (Adenosintriphosphat) gebildet. ATP hat einen **hohen Energiegehalt**. Es dient der Zelle als Energiespeicher. Seine Energie wird für die Synthesen von Zellinhaltsstoffen verwendet, die die Voraussetzung für die Vermehrung der Hefe sind. Diese Stoffwechselabläufe, die in den Hefezellen in einem Most stattfinden, enthalten auch Reaktionen, bei denen Energie frei wird, die nicht von der Hefe genutzt werden kann. Sie äußert sich in der **Erwärmung des Gärgutes**. Diese Wärmebildung kann u. U. sehr beträchtlich sein. Sie ist für die Weinherstellung wichtig.

Die entstehende Wärme beträgt bei der Vergärung von einem Mol Hexose (~ 180 g) etwa 23,5 kcal/L (= 99 kJ; Troost 1988). Das bedeutet, dass aus einem Liter eines Mostes von 77 °Oe diese Wärmemenge frei wird. In zuckerärmeren Mosten entsteht natürlich weniger Wärme. Ein Most von 59 °Oe, der 140 g/L Zucker enthält, bildet nur 140 × 23,5 : 180 = 18,28 kcal. Etwa 20 % der entstehenden Wärmemenge werden **mit** dem **Gärgas abgeführt**. Die Wärmebildung verteilt sich zwar über die ganze Gärzeit, doch kann die **Temperaturerhöhung** vor allem in **Großtanks beträchtlich** sein.

Die entstehende Wärme ist der Anstelltemperatur zuzuzählen. Wird der Most mit 18 °C zur Gärung angestellt, so könnte er sich theoretisch auf 41,5 °C (18 + 23,5) erwärmen. Günstigenfalls kann die Hälfte der Wärme abgestrahlt werden. Außer der Mostmenge ist die **Wärmeabgabe vom Wandmaterial abhängig**. Betonbehälter halten aufgenommene Wärme sehr lange. Sie sind deshalb als Gärbehälter nur bedingt geeignet.

Trotz der Abstrahlung und der über die ganze Gärzeit ausgedehnten Freisetzung der Wärme kommt es häufig zu einer Ausbildung von **Temperaturspitzen**. Besonders bei der Vergärung großer Mostvolumina ist es daher erforderlich, die entstehende Wärme rechtzeitig durch Kühlung zu beseitigen, um ein **„Versieden"** auszuschließen. Abb. 24 zeigt den Gär-Temperaturverlauf in einem Most unterschiedlicher Klärungsgrade, d. h. auch unterschiedlicher Gärungsgeschwindigkeiten. Die Temperaturspitzen werden meist erst in der zweiten Gärungshälfte gebildet.

Das Gärungsprodukt **Wärme verändert** die **Zusammensetzung des Weines**. In Großbehältern ergeben sich durch Austrag Alkoholverluste von 0,6 bis 2,3 g/L und mehr: Die Glycerinbildung der Hefe steigt mit der Zunahme des Mostvolumens um 1 bis 2 g/L, Butandiol nimmt um 0,15 bis 0,4 g/L zu, Bernsteinsäure um 0,1 bis 0,3 g/L und flüchtige Säure um bis zu 0,3 g/L. Hinzu kommt, dass die Wärme den Äpfelsäureab-

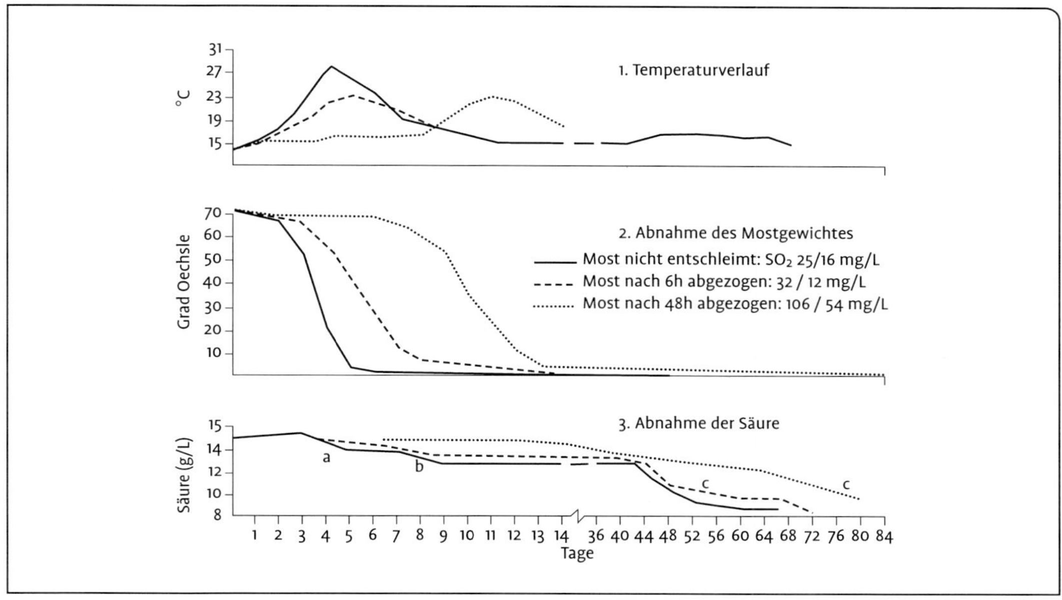

Abb. 24. Temperatur- und Gärungsverlauf von drei Proben eines Mostes mit verschieden hohem Trubstoffgehalt. (Troost 1988, 161).

bau und andere Aktivitäten der Milchsäurebakterien fördert. In Großtanks sollte daher immer zumindest die Gesamtsäure kontrolliert werden.

4.4 Hefe, Hefepresswein

Bereits Pasteur hatte gefolgert, dass ein Teil des Zuckers in die Hefe eines Gäransatzes eingeht. Diese Annahme trifft zu, weil das Kohlenstoffgerüst der Zellinhaltsstoffe vorrangig aus Pyruvat bzw. aktivierter Essigsäure, also letzten Endes aus dem Zucker des Mostes synthetisiert wird. Der für die Zellsubstanzsynthesen verbrauchte Zucker steht dann natürlich nicht mehr für die Alkoholproduktion zur Verfügung.

Das „Wachstum" der Hefe im Gärmedium beruht auf zwei aufeinander folgenden Vorgängen:

1. auf der **Zellsubstanzsynthese**, die die Zellinhaltsstoffe vermehrt und zum Wachstum, also zur Volumen- und Gewichtszunahme der einzelnen Zelle führt,
2. auf der **Zellvermehrung** durch Sprossung. Nach dem Heranwachsen der Tochterzelle auf die Größe der Mutterzelle erfolgt meist ihre Trennung, sodass sich nun die Zellzahl verdoppelt hat (siehe Abb. 3).

Die **gärende Hefe** ist also ebenfalls ein **Nebenprodukt** der Gärung. Im Gegensatz zu den anderen Nebenprodukten wird sie aber **aus dem Jungwein entfernt**. Der in ihre **Zellsubstanz eingegangene Zucker** wird mit ihr **verworfen**. Bei Mosten normaler Zuckergehalte sollen etwa 1 % davon in die Hefe eingehen.

In Holzfässern gebräuchlicher Größe (Fuder- bzw. Stückfass ~ 1000 bzw. 1200 L) rechnet man mit 3 bis 5 L dickflüssiger Hefe je 100 L. Auch in Großtanks von 60 000 bis 150 000 L fallen bei normaler Vorklärung etwa 3 % dickflüssige Hefe an, bei stärkerer

Klärung 1,5 bis 2 %. Bei maischevergorenen Rotweinen liegt der Hefeanfall an der unteren Grenze, da die Hefe großenteils mit der Maische abgepresst wird.

Bei nicht vorgeklärten Mosten kann die **„Hefe“** einen größeren Prozentsatz ausmachen. Die Zahl der Hefezellen muss in diesen Fällen aber nicht größer sein. Die „Hefe“ besteht nämlich meist nur zu etwa ⅓ **aus Hefe**, alles andere sind Beerenbestandteile, ausgefallene polymere Naturstoffe und Weinstein. Ausleseweine haben viel Trub, aber weniger Hefe. Die obigen Werte, die eigentlich das Volumen des Gelägers angeben, sind also nur das, was als „Hefe“ bezeichnet wird. Bei der Aufgärung eines Jungweines bzw. bei der Versektung fällt daher auch viel weniger Hefe an, nämlich nur etwa 1 bis höchstens 2 Promille. Hierbei handelt es sich aber ausschließlich um Hefe. Oft vermehrt sich die zugesetzte Hefe überhaupt nicht.

Bei der spontanen Vergärung von Trockenbeerenauslesemosten entwickelt sich nur eine geringe Hefezellzahl. Die geringe Hefevermehrung ist darauf zurückzuführen, dass die Zellzahl bei Erhöhung der Zuckerkonzentrationen abnimmt (siehe Abb. 28). Die Hemmung der Hefevermehrung durch die starke Osmose dieser hochgradigen Zuckerlösungen kann nur geringfügig durch N-, Thiamin- u. a. Zusätze gebessert werden.

Aus den Abb. 11 und 28 ist ersichtlich, dass die Vermehrung der Hefe schon begonnen hat, bevor die Gärung bemerkbar wird. Wenn die Gärung sichtbar wird, hat sich bereits mindestens die Hälfte der endgültigen Hefezellzahl entwickelt. Und wenn die Hälfte des Zuckers vergoren ist, ist die Vermehrung der Hefe schon beendet.

Beispiele zum **Hefegehalt verschiedener Moste**: Ein Müller-Thurgau-Most enthielt rund 390 500 Hefezellen/mL. In der Mitte der Gärung war die Hefevermehrung beendet. Die Hefe hatte sich auf etwa 157,5 Millionen/mL, also auf etwa das 400fache vermehrt; im Liter Pressmost befanden sich 390 Millionen Zellen, im Liter Jungwein aber 157,5 Milliarden. In einem Riesling-Most wurden vor der Gärung nur 38 500 Hefen/mL gezählt. Die Hefevermehrung war fast beendet, als die Gärung einsetzte. Die Hefe hatte sich auf etwa 175 Millionen/mL vermehrt. Der Liter Most hatte also rund 40 Millionen, die sich auf das 4500fache, nämlich auf etwa 175 Milliarden vermehrten.

Die Beispiele (siehe Kasten) zeigen, dass der Hefegehalt des Mostes sehr unterschiedlich sein kann, dass aber die Vermehrung stets bei der ungefähr gleichen Zellzahl endet. Die gebildete Zellzahl ist in weiten Grenzen von der eingeimpften Hefezahl unabhängig: z. B. wurde ein verdünnter Most mit 750 000 bzw. 1500 000 Hefezellen/mL, also mit der doppelten Zellzahl, beimpft. Schon nach einem Tag war in beiden Ansätzen die Hefezahl ungefähr gleich. Auch die endgültige Hefezahl war ungefähr gleich.

Bei mäßiger Mostklärung, ohne Mostschwefelung und ohne Starterhefezusatz können bei Vergärung im Holzfass 100 bis 200 Milliarden Zellen/Liter aufwachsen. Bei starker Vorklärung, starker Mostschwefelung und Tankgärung fallen geringere Zellzahlen an, vielleicht nur 50 bis 100 Milliarden Zellen/Liter.

Bei der **Aufgärung** eines Weines auf einen höheren Alkoholgehalt ist die Hefevermehrung gering, da das Nährstoffangebot im Vergleich zum Most nur noch gering ist. Weine aus gestressten und infolge ungenügender Düngung nährstoffarmer Rebanlagen sind ebenfalls nur ein mangelhaftes Substrat für die Hefevermehrung und ihre Gärung. Ebenso ist es bei der **Versektung** eines Weines. Hier kommt noch der hemmende Einfluss des entstehenden CO_2 hinzu: Bei Beimpfung mit 2 % flüssigem Hefeansatz (Gesamtzellzahl im Wein 1,8 und 2,8 Millionen/mL mit etwa 67 % lebenden Zellen) war nach 14 Tagen der zugesetzte Zucker vergoren. Die Gesamtzellzahlen stiegen in 6 Tagen auf 6,4 und 6,9 Millionen/mL mit rund 4,1 und 4,5 lebenden Zellen/mL. Nach einem Monat waren davon nur noch wenige Zellen vermehrungsfähig (siehe auch Abb. 25). In einem anderen Schaumwein hatte sich die zugesetzte Hefe nicht vermehrt, die lebenden Zellen hatten innerhalb weniger Monate von 3 Millionen/mL auf etwa 1000/mL abgenommen (RADLER 1977).

Die Hefevermehrung bei der Versektung eines italienischen Weines, der 1 bis 1,3 Millionen Zellen/mL enthielt, ergab 8 Milliarden/L. Bei einem Durchmesser einer Zelle von 5 μ errechnet sich ein Zellvolumen von etwa 65 μ^3. Das Gesamtvolumen aller Zellen beträgt rund 524 mm^3. Die Hefe hatte ein Frischgewicht von 500 mg/L. Ihr N-Gehalt lag bei etwa 11,5 mg. Durch ihre Vermehrung hatte die Hefe dem Wein rund 10 mg/L N entzogen. Bei ihrem Zelltod gab sie 4 bis 5 mg/L N wieder an den Sekt ab. Die Lagerdauer des versekteten Weines auf der Hefe ist für die sensorische Qualität bedeutungslos. Sekte mit Hefekontaktzeiten von drei bis 24 Monaten erwiesen sich als gleichwertig (KÖNIG & DIETRICH 1991, POSTEL &. ZIEGLER 1991).

Wegen der **großen praktischen Bedeutung** ist zu wiederholen: Die Bedingungen bei der Mostvergärung ermöglichen der Hefe nur eine anfängliche und relativ geringe Vermehrung. Die produzierte Zellmasse vergärt erst danach den weitaus größten Zuckeranteil. Die dafür entscheidende **Lebendzellzahl** hat dann bereits ihr Maximum überschritten. Gegen Ende der Gärung wird daher der Zucker von einer immer kleiner werdenden Zahl noch stoffwechselaktiver Hefezellen vergoren.

Die **Verteilung der gärenden Hefe** im Most ist von den Bedingungen abhängig. Wichtig ist der Klärungsgrad des Mostes und die u. a. davon abhängende Gärungsgeschwindigkeit. Bei langsamen Gärungen sedimentiert ein Großteil der Hefe schon frühzeitig, die Vergärung kann dann unvollständig bleiben. Der Schaum auf der Oberfläche enthält ebenfalls große Zellzahlen. Dagegen ist die Zahl der im Most verteilten Zellen relativ gering.

Die Sedimentation („Flockulation") der Hefe ist u. a. Calcium-abhängig, aber ein noch nicht vollständig geklärter Vorgang.

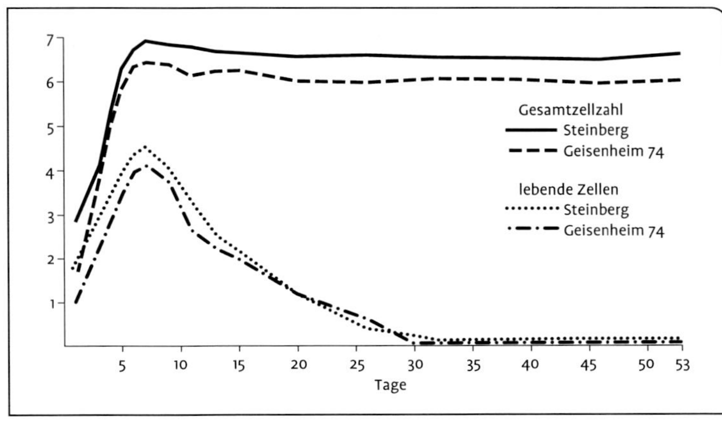

Abb. 25. Gesamt-Hefezellzahlen und Zahlen der vermehrungsfähigen (lebenden) Zellen von zwei *Sacch.-cerevisiae*-Stämmen während der Versektung (Flaschengärung; Dipl.-Arbeit SCHRIMPF 1987).

Die Hefe (hier richtiger: Weintrub) setzt sich umso leichter ab, je „gesünder" sie ist. Nach dem Auspressen verringert sich ihr Gewicht um die Hälfte. Die Qualität des abgetrennten **Hefepressweines** (etwa 50 %) hängt von der Beschaffenheit der Hefe ab. Aus den toten Zellen diffundieren Inhaltsstoffe in den Wein. Der zuckerfreie Extrakt wird durch die Zunahme des Phosphat- und des Stickstoffgehaltes erhöht (Stoisser et al. 1988).

Häufig ist der Hefepresswein verdorben. Dies liegt am starken **Bakterienvorkommen** im Geläger. Ihre Vermehrung wird von den freiwerdenden Hefeinhaltsstoffen, dem höheren pH und der auf null verringerten freien SO_2 gefördert. Als Indikatoren des **bakteriellen Verderbs** sind erhöhte Gehalte an 2-Butanol und 1-Propanol anzusehen. Die Äpfelsäure ist längst abgebaut. Die flüchtige Säure ist meist erhöht. Sie darf nicht über den für Wein geltenden Grenzwerten liegen.

Die durch Autolyse aus der Hefezellwand freigesetzten **Mannoproteine** sollen eine Verstärkung des „Körpers" bzw. der „Fülle" bewirken. Will man dagegen einen eher sprizig frischen Wein, sollte eine langsam autolysierende Hefe eingesetzt werden und/oder auf ein längeres Hefelager und auf Mannoprotein erhöhende Maßnahmen verzichtet werden (Bach 2008). Die Bewertung, „mehr Mundgefühl durch Mannoproteine" ist bei Zusätzen eines Mannoproteinpräparates zu Wein jedoch unterschiedlich. Der Hersteller eines zur Weinsteinstabilisierung empfohlenen Präparates verspricht „keine sensorischen Unterschiede". – Köhler et al. (2009) fanden nur geringe Unterschiede.

Als **wichtigste Gärungsnebenprodukte der Hefe** in QbA-, Kabinett- und Spätleseweinen sind zusammenfassend festzuhalten:
Glycerin ist mit etwa 5 bis 9 g/L das gewichtigste Nebenprodukt.
2,3-Butandiol liegt mit 0,4 bis 0,8 g/L um eine Zehnerpotenz tiefer.
Bernsteinsäure wird mit 0,2 bis 0,8 g/L gebildet.
Essigsäure (flüchtige Säure) kommt zwischen 0,2 und 0,5 g/L vor.
Milchsäure wird von Hefen mit nur 0,1 bis 0,2 g/L gebildet.
Brenztraubensäure und **Ketoglutarsäure** werden mit je 20 bis 60 mg/L produziert.
Höhere Alkohole sind mit 0,1 bis 0,3 g/L gewichtsmäßig unbedeutend.
Acetaldehyd (bis 60 mg/L) und **Essigsäure-ethyl-Ester** (10 bis 50 mg/L) sind die wichtigsten Vertreter ihrer Stoffgruppen.

Die im Most vermehrte **Hefe** und die von ihr während der Gärung erzeugte **Wärme** sind technisch wichtige Nebenprodukte.

5 Die Gärungsbeeinflussung

Die Bedingungen, bei denen der Most zur Gärung angestellt wird, wirken auf den Stoffwechsel ein, der die Vermehrung der Hefe und ihre Gärung bewirkt. Um Risiken zu vermeiden und Fehlentwicklungen auszuschließen, muss die Gärung vor hemmenden Einflüssen geschützt werden. Darüber hinaus sollte sie durch Beimpfung des Mostes mit einer geeigneten Hefestarterkultur sicher gemacht werden.

Die **Hefemenge** sollte ausreichen, um mindestens zwei Erfordernisse zu erfüllen: Sie sollte einen möglichst **baldigen Gärungsbeginn** bringen und die Hefe **nach** der **Vermehrung kräftig gären** lassen. Nur dann kann sie den in der Folge beschriebenen gärungshemmenden Einflüssen widerstehen.

Die Abb. 26 vergleicht dazu die Beimpfung eines Mostes mit 5 und mit 20 g Trockenhefe/100 L. Eine Hefezelle vermehrt sich im Most 5- bis 7-mal. In drei bis vier Stunden verdoppelt sich die Zellzahl. Bei einer Einsaat von 20 g/100 L Trockenhefe beginnt die Hefe in der 4., spätestens in der 5. Vermehrungsstufe zu gären. Die Beimpfung mit nur 5 g/100 L fordert der Hefe zwei zusätzliche Generationen ab, bis sie die gleiche Zellzahl erreicht. Dadurch verzögert sich nicht nur der Beginn der Gärung, die Hefe hat sich auch stärker verausgaben müssen, sie ist dadurch stressanfälliger geworden.

Hemmende Einflüsse sind vor allem zu beachten, um schleppende und/oder stecken bleibende Gärungen zu vermeiden (im englisch-amerikanischen Sprachgebrauch: sluggish oder stuck fermentations). Sie werden von **Stress** verschiedener Art verursacht, der den Hefestoffwechsel hemmt. **Unvollständig vergorene Weine** sind mindestens **zweifach problematisch**: Zuckerreste sind stets eine

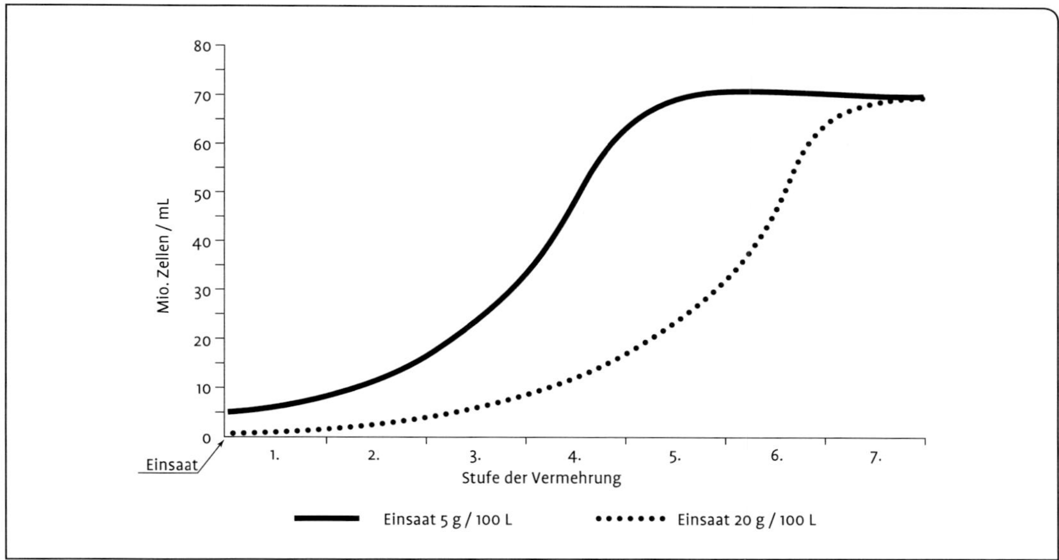

Abb. 26. Hefe-Vermehrung bei verschieden starker Hefe-Beimpfung eines Mostes (RUNCK, ERBSLÖH-Firmenschr.).

Gefahrenquelle für den bakteriellen Verderb des Jungweines durch Bildung von flüchtiger Säure und andere nicht reparable Schädigungen. Außerdem sind die Zuckerreste schwer durch eine zweite Gärung zu beseitigen.

Die gärungsbeeinflussenden Faktoren werden vordergründig von der **Zusammensetzung der Moste** bestimmt, d. h. von der Reife der Trauben, ihrem Zuckergehalt und *Botrytis*-Befall, aber auch von weinbaulichen Maßnahmen wie der Düngung der Reben. Weitere Einflüsse gehen vom Herbstwetter und den Erntetemperaturen aus. Zuletzt kommen **technologische Einflüsse** wie Klärungsgrad, Höhe der Hefebeimpfung und Zusätze von „Gärsalzen" und „Gärhilfen" ins Spiel. Die **Wirkungsvielfalt** soll mit einem **Beispiel** angedeutet werden:

Ein Most durchschnittlicher Reife wird in aller Regel selbst bei Spontangärung normal gären. Stammt der Most jedoch von Reben, die nicht oder nur unzureichend gedüngt wurden, wird er nur eine geringe Hefevermehrung zulassen. Eine schwache, schleppende Gärung wird die Folge sein. Häufig wird sie nur unvollständig sein. Diese Schwierigkeiten können durch Zusatz von genügend Starterhefe, von Stickstoff(N)-haltigen Salzen und von Thiamin gebessert werden. Der N- und der Thiamin-Zusatz ist auch bei reifebedingten Gärschwierigkeiten förderlich: Höhere und hohe Zuckerkonzentrationen sind die Folge eines anteiligen bis vollständigen *Botrytis*-Befalls der Beeren und deren Austrocknung. Damit ist u. a. eine Abnahme des N und des Thiamins verbunden. Diese Zusätze können bei hohen Zuckerbelastungen die Schwierigkeiten aber nur graduell beheben. Bei zunehmenden Zuckerkonzentrationen vergrößert sich der Stress der Hefe immer mehr: Die Hefevermehrung und die Gärintensität nehmen immer stärker ab, die Gärdauer und die nicht vergorenen Zuckerreste nehmen zu. Dass bei sehr zuckerreichen Mosten nicht der N allein der begrenzende Faktor ist, zeigen die sog. „Strohweine", die durch Trocknung nicht pilzbefallener Beeren gewonnen werden.
Bei später Ernte kommt in kühlen Klimaten als Hemmnis die tiefe Mosttemperatur hinzu. Dieser Faktor ist auch bei der Gewinnung von Eisweinen zu beachten; die Moste müssen temperiert werden. Anders als bei solchen nur in kleinen Mengen anfallenden Produkten wird die Vergärung großer Mostvolumina stets eine „Gärführung" erfordern, für die Klärung und Kühlung die größte Bedeutung haben.

Beschreibungen der gärungsbeeinflussenden Faktoren lieferten u. a. Alexandre & Charpentier (1998), Bauer & Pretorius (2000), Bisson (1999), Dittrich (1995, 2008), Dubois et al. (1996), Fischer (2000), Morris et al. (1996), Ribéreau-Gayon et al. (2000, 100–105), Sablayrolles & Blatey-

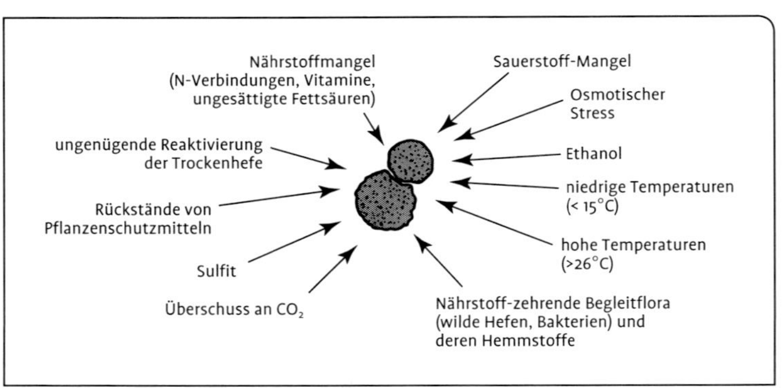

Abb. 27. Stress-Faktoren für die Hefe bei der Gärung von Traubenmost (Grossmann 2002).

RON (2001), SALMON (1996), SCHNEIDER (1995, 2001) und STEIDL & RENNER (2001).

Über Möglichkeiten der Steuerung der Gärung unterrichten SCHANDELMAIER (2008), KUTSCHIK & PETTER (2009). SCHÖDL & HOFBAUER-SCHMIDT (2009) und SCHMIDT (2010) vergleichen die Methoden.

Zur Begriffsklärung der Gärungsphasen empfiehlt sich die Unterteilung in:
Die **Angärung** ist die Zeit, in der das Ausgangsmostgewicht um 10 °Oe abnimmt.
Die **Hauptgärung** verringert das Mostgewicht bis auf 20 °Oe.
Die **Nachgärung** verringert schließlich die 20 °Oe zu 0 °Oe (DEGÜNTHER & GROSSMANN 1999).

5.1 Temperatur

Die Temperatur ist aus mehreren Gründen der für die Weinerzeugung **wichtigste Einflussfaktor**. Deshalb ist sie in den meisten Fällen die Ursache von schleppenden oder sogar abgebrochenen Gärungen.

Absichtliche und unbeabsichtigte Erwärmung oder Abkühlung gärender Moste ergeben oft Gärungsabbrüche. Entscheidend ist der bis zu diesem Zeitpunkt produzierte Alkohol: Temperaturschocks bei niedrigen Alkoholkonzentrationen hemmen schwächer als bei hohen Alkoholgehalten. Maßgebend ist dabei auch die Zeit, in der die Temperaturveränderung erfolgt.

Die Optimaltemperatur für die Vermehrung der Hefe und ihre Angärung liegt zwi-

Tab. 13. Dauer der Angärung, der Haupt- und Nachgärung sowie Oe-Abnahme während der Hauptgärung pro Tag (1998er Silvaner-QbA-Most, SLVA Oppenheim, 15 g/100 L Trockenhefe; DEGÜNTHER & GROSSMANN 1999).

Temp. vor Gärung	Angärung in Tagen	Hauptgärung in Tagen	Oe-Abnahme in Hauptgärung je Tag	Nachgärung in Tagen	Gärdauer
15 °C	1 bis 2	7	8 bis 10	8 bis 9	18
20 °C	<1	4	10 bis 13	3	9
25 °C	<1	2 bis 3	>20	1 bis 2	6

Tab. 14. Gärungs-Beginn und Alkohol-Bildung in Abhängigkeit von der Most-Temperatur (Sauternes-Most, ~ 300 g/L Zucker; RIBÉREAU-GAYON et al. 1975, 300).

°C	Gärbeginn nach	Gebildeter Alk. (%vol)
10	8 Tagen	16,2
15	6	15,8
20	4	15,2
25	3	14,5
30	36 Stunden	10,2
35	24 Stunden	6,0

schen 25 und 30 °C. Auch oberhalb der maximalen Vermehrungstemperatur eines Stammes läuft die Gärung anfänglich weiter. Die Erhöhung der Gärtemperatur verkürzt die Gärdauer: Wenn kühle Gärungen (zwischen 13 und 17 °C) 15 bis 20 Tage dauern, können „gezügelte" Gärungen bei 17 bis 22 °C in acht bis zehn Tagen ablaufen. Eine „stürmische" Gärung (über 25 °C) kann in nicht (ausreichend) geklärten Mosten oder in Maischen sogar bereits nach zwei bis drei Tagen beendet sein.

Wie Tab. 14 demonstriert, verringern hohe Gärtemperaturen und kurze Gärzeiten die Alkoholgehalte immer stärker. Die Konzentrationen anderer Gärungsprodukte verändern sich ebenfalls. Schließlich kann als weitergehende Folge hoher Gärtemperaturen die Struktur des Weines tief greifend verändert werden.

5.1.1 Einfluss höherer Temperaturen – Versieden, Warmfüllung

In warmen Weinbaugebieten kommen die Trauben oft mit Temperaturen von 30 bis 40 °C auf die Presse. Die hohen Temperaturen der Moste verursachen eine sehr rasche Vermehrung der Hefe, die wiederum eine rasche Angärung zur Folge hat.

Wie schon gesagt, werden bei der Gärung beträchtliche Wärmemengen frei. Sie verteilen sich zwar über die ganze Gärzeit, sie bauen sich aber immer auf der **Anstelltemperatur** des Mostes auf. Da die Anstelltemperatur in heißen Gebieten hoch ist, kann sich ein gärender Most stark erwärmen. Die kürzere Gärzeit drängt dann die Wärmebildung in einer kurzen Zeit zusammen. Die schnell entstehende Wärme kann auch noch schlechter nach außen abgestrahlt werden, weil die Außentemperaturen relativ hoch sind. Daraus ergibt sich in diesen und in allen ähnlichen Fällen die Notwendigkeit, die Moste gut zu klären und sie zu kühlen. Oft wird auch schon vor Sonnenaufgang geerntet, um die **Trauben möglichst kühl auf die Presse** zu bringen.

Bei der Anstellung zur Gärung sind Mosttemperaturen über 20 °C bereits zu hoch, um **maximale Alkoholausbeuten** zu erreichen. Dies gilt besonders für die Vergärung großer Mostmengen. In diesen Fällen ist die Kellertemperatur nebensächlich. Sie ist nur zu beachten, wenn bei sehr niedrigen Kellertemperaturen in kleinen Edelstahlbehältern gegoren wird. Die Wärmeabstrahlung reicht dann aus, um die Gärwärme abzuführen, Kühlungseinrichtungen sind bei diesen Bedingungen entbehrlich. In Holzfässern ist dagegen die Wärmeabstrahlung sehr viel geringer.

Der zweite wesentliche Faktor ist das **Volumen des Gärgutes**. Je größer die zu vergärende Mostmenge ist, umso stärker erwärmt sie sich. Müller-Thurgau (1887)* maß in Holzfässern zunehmender Größe zunehmende Gärtemperaturen:
in einem 600-Liter-Fass 19 bis 22 °C,
in einem 1200-Liter-Fass 21 bis 25 °C,
in einem 4800-Liter-Fass bis zu 30 °C,
in einem 7200-Liter-Fass bis zu 33 °C.

Da heute oft sehr viel größere Gärbehälter verwendet werden, können darin die Mosttemperaturen noch höher ansteigen. Starke Beimpfungen mit Trockenhefe verkürzen die Gärdauer zusätzlich. Insgesamt ergibt dies eine Verkürzung der Gärzeit und damit eine stärkere Erwärmung des Mostes. In allen Fällen, in denen mit einer starken Erwärmung des Mostes zu rechnen ist, muss während der Gärung frühzeitig und mit ausreichender Intensität gekühlt werden (vgl. Troost 1988, S. 167–168). Man kann der **Erwärmung entgegenwirken**, indem man die Gärungsintensität klein hält. Das kann auch durch Vergären unter CO_2-Druck erreicht werden, durch starkes Separieren des Mostes oder durch die Kombination dieser Möglichkeiten.

Diese Maßnahmen sind besonders bei Gärungen in Großbehältern zu empfehlen, da sonst hohe Alkoholverluste eintreten können. Die Rückrechnung auf das ursprüngliche Mostgewicht ergibt dann eine geringere Qualität, als sie der Most wirklich hatte (HAUSHOFER & MEIER 1979). Hohe Temperaturen fördern auch den bakteriellen Säureabbau. Da er in solchen Fällen schon während der Gärung abläuft, wird er meist nicht erkannt. In seiner Folge können sich durch die Bakterien verursachte Qualitätsminderungen ergeben (siehe Kap. 13).

Bei hohen Temperaturen wird in der Hefe das Disaccharid Trehalose gebildet. Die **Thermotoleranz** eines Stammes wird wahrscheinlich vom Trehalosegehalt seiner Zellen (mit)bestimmt (SINGER & LINDQUIST 1998). Hohe Magnesiumgehalte schützen die Hefe ebenfalls gegen Temperatur- und Alkoholstress (WALKER 1999). Die **Optimaltemperatur** für die Gärung ist höher als die für die Vermehrung. Auch oberhalb der maximalen Vermehrungstemperatur (~ 40 °C) läuft die Gärung weiter (BROWN & OLIVER 1982).

Bei Mosttemperaturen über 30 °C lässt die Gärung der meisten Hefestämme mehr und mehr nach. Sobald 5 bis 8 %vol Alkohol gebildet sind, verlangsamt sich die Gärung mehr und mehr, die nicht vergorenen Zuckerreste werden immer größer. Mit steigenden Mosttemperaturen nimmt die Hemmwirkung des Alkohols zu. Die wichtigsten Ursachen sind die Membran schädigende und die Eiweiß denaturierende **Hefe schädigende Wirkung des warmen** – bei der Gärung zunehmenden – **Alkohols**. Werden zu hohe Mosttemperaturen erreicht, bleibt die Gärung stecken, obwohl der Most noch große Mengen Zucker enthält. Dieser abrupte Gärstopp wird **Versieden** genannt; die gärende Hefe ist ihrem „überhitzten“ Stoffwechsel erlegen.

Moste, deren Gärung durch Versieden abgebrochen wurde, sind durch Milchsäurebakterien gefährdet. Diese Moste/Jungweine sind schnell von der Hefe zu trennen, zu filtrieren und nach Thiamin- und N-Zusatz mit viel Trockenhefe durchzugären.

Nochmals ist zu betonen, dass eine stärkere Mosterwärmung selbst ohne bakteriellen Einfluss die **Zusammensetzung des Weines verändert**: Das austretende CO_2 entfernt zwar einen Teil der schädigenden Wärme, es trägt aber auch Bukettstoffe und nicht wenig Alkohol aus. Diese Alkoholverluste werden nicht von der höheren Produktion von Glycerin und Butandiol aufgewogen (DITTRICH 1985).

Bei guter Weinbereitungspraxis werden bei der Gärung die **mittleren Mosttemperaturen 25 °C** nicht überschreiten. Bei Anwendung von Hefestarterkulturen ist ein schnelles Angären und ein zügiges Durchgären gewährleistet. Es bleiben dann keine nennenswerten Zuckerreste unvergoren, sodass keine bakteriellen Qualitätsminderungen zu befürchten sind. Der SO_2-Bedarf der Jungweine wird gering sein, da sie nur geringe Konzentrationen SO_2-bindender Hefemetaboliten enthalten werden. Bei der Versektung sollte die Angärung bei 17 bis 20 °C erfolgen, danach sollten 15 °C nicht unterschritten werden. Die Optimierung der Gärführung durch Temperatursteuerung beschreiben DEGÜNTHER & GROSSMANN (1999).

Bei der **Maischegärung** zur **Rotweinbereitung** sind wegen der nötigen Farbstoffextraktion höhere Gärtemperaturen erforderlich. Die Maische wird oft zwecks Pektinabbau und schneller Angärung erwärmt und zum größeren Teil zwischen 25 und 30 °C vergoren. Nach dem Abpressen der Maische erfolgt die Endvergärung vielfach zwischen 20 und 25 °C.

Der Hefe tötende Effekt des warmen Alkohols wird bei der **Warmfüllung** technologisch genutzt. Als Richtwert kann bei einem Alkoholgehalt von mindestens 10 %vol eine Warmhaltezeit von fünf Minuten bei 50 °C gelten. Bei höheren Alkoholgehalten kann diese Warmhaltezeit unterschritten werden. Da es gelegentlich zu Unterbrechungen während des Füllens kommt, müssen in der Betriebspraxis höhere Temperaturen angewandt werden. Der Wein wird daher meist mit 55 °C gefüllt. Wenn das Glas nicht vorgewärmt, sondern nur 20 °C warm ist, beträgt der Temperaturverlust bei Literflaschen 4 °C. Der Temperaturverlust ist bei kleineren Flaschen und niedrigerer Glastemperatur noch größer. Diese Bedingungen reichen aus, wenn der Keimgehalt des Weines gering ist. Stärkerer Hefegehalt des Weines erfordert höhere Fülltemperaturen. Die Abtötung der Mikroorganismen nimmt mit steigendem Alkoholgehalt zu. Der Einfluss von pH, Zucker- und SO_2-Gehalt variiert je nach Mikroorganismus.

Die sterilisationsfördernde Wirkung des Alkohols entfällt, wenn Traubenmost oder andere Säfte durch Wärme entkeimt werden müssen. Die **Sterilisationsbedingungen** müssen **für Most** also wesentlich verschärft werden. Zudem sind Säfte meist noch mit Fruchtfleischteilchen beladen, die den Sterilisationseffekt vermindern. Die zur Abtötung einer Mikroorganismenart nötige Temperatur und Zeit hängt daher nicht nur von der Zahl der Keime, sondern auch vom Medium ab. Große Fruchtfleischmengen setzen die Abtötungsrate stark herab. Wenn auch für die Entkeimung von Mosten und Säften die Bedingungen der Hochkurzzeiterhitzung (bis zu zwei Minuten auf 87 °C) normalerweise ausreichen, ist klarzustellen: Die zur Entkeimung angewandte Temperatur ist nur ein Faktor, der von der Art der abzutötenden Keime, ihrer Anzahl pro Volumen, der Zeit der Einwirkung und dem Trübungsgrad des Mediums abhängt. Die Pasteurisationstemperatur ist deshalb kein starrer Wert, sie muss vielmehr den Betriebsverhältnissen angepasst werden.

Hefen sind im Allgemeinen widerstandsfähiger als Milchsäurebakterien. Je niedriger der pH ist, umso hitzeempfindlicher sind die Mikroorganismen: bei pH 3,8 wurde zum Pasteurisieren eines Weines die dreifache Zeit benötigt wie bei pH 3,0. Erhitzte Moste gären schneller als nicht erhitzte. Sie schäumen jedoch viel stärker. Ein Zusatz von 5 % eines nicht erhitzten Mostes normalisierte die Schaumbildung wieder (Dittrich & Wenzel 1976).

5.1.2 Einfluss niedriger Temperaturen – Kühle Gärung

Viele Betriebe stellen ihre Moste mit 15 bis 18 °C zur Gärung an und kühlen so, dass die Temperatur während der Gärung 20 bis 22 °C beträgt, aber keinesfalls 25 °C übersteigt. Bei diesen Temperaturen und bei Trockenhefebeimpfung ist eine genügend schnelle Angärung und ein zügiges Durchgären der Moste gewährleistet. Die Gärbehälter werden für später hereinkommende Moste rechtzeitig frei. Der größte Teil der Weine wird bei diesen Temperaturen vergoren. Wichtig ist, dass bei zügiger Gärung keine nennenswerten Zuckerreste zurückbleiben, sodass während der Lagerung keine mikrobiologischen Probleme auftreten. Absenkungen der Mosttemperaturen von 25 auf 20 °C verlängerten die Gärungsdauer von 5 auf 8,5 Tage und erhöhten das Alkohol/Glycerinverhältnis. Sie erhöhten jedoch auch den SO_2-Bedarf der Weine; die gebundene SO_2 stieg von 29 auf 52 mg/L (Michel 1991).

Manche Betriebe halten jedoch an der **Kaltgärung** fest. Diese Bezeichnung wird meist für den Temperaturbereich von 13 bis 18 °C verwendet. Bei Einsatz der doppelten Menge einer geeigneten Starterhefe (20 bis 30 g/100 L) wird bei langer Gärung, z. B. von vier bis acht Wochen, eine mehr oder weniger vollständige Vergärung der möglichst stark geklärten Moste erreicht. Das Ziel ist ein Weintyp, der **„international dry"** ist, d. h. der noch **5 bis 15 g/L mosteigene Fructose** enthält[15]. Die Erhaltung dieses Zuckerrestes erfolgt, wenn nötig, durch weitere Kühlung.

Früher hat man dieses Ziel durch das „Stoppen" der auslaufenden Gärung erreicht; entweder durch Abkühlung oder durch hohe SO_2-Zusätze. Später hat man die Weine nach der Gärung mit zugesetztem Traubensaft („Süßreserve") gesüßt, der ein Glucose/Fructose-Verhältnis von 1:1 hat. Da Fructose doppelt so süß schmeckt wie Glucose, schmecken Weine mit Süßreserve bei gleichem Gesamtzuckergehalt weniger süß als die gestoppten und die als „international dry" bezeichneten. Diese Bezeichnung demonstriert, dass Süße in diesen Grenzen international beliebt ist. Die Süßeempfindung verdeckt auch kleine „Unebenheiten" eines Weines. Der „harmonisierende" Zuckerrest rundet zudem nicht nur den „Körper", er verstärkt auch das Aroma eines Weines. „Junge, frische, fruchtige Weine können so geschickt für den anspruchsvollen Konsumenten kreiert werden."[16]
Die langen Gärzeiten beschränken die kalten Gärungen auf Betriebe mit großer Kühlkapazität und ausreichendem Behälterraum und mit genügend Most/Wein, um die gewünschte Süße durch Verschnitt herzustellen, wenn die Gärführung dieses Ziel nicht erreicht.

Bei so tiefen Temperaturen stößt die Hefe an die Grenzen ihres Leistungsvermögens. Zu große Zuckerreste können unvergoren bleiben. Um die Gärung bis zum gewünschten Grad aufrechtzuerhalten, muss man – im Gegensatz zu mittleren Gärtemperaturen, bei denen man die Kühlung rechtzeitig einschalten muss – die Kühlung rechtzeitig abschalten oder den Jungwein rechtzeitig vor dem drohenden Gärungsstillstand sogar etwas erwärmen. Bei kleinen Behältern muss der Wein in der Nachgärungsphase nicht selten mäßig angewärmt werden, z. B. auf 18 bis 20 °C. Oft ist es leichter, die Hefe vorsichtig (!) aufzurühren, damit sie die sonst zurückbleibenden Zuckerreste noch weiter heruntergärt. Wenn gegen das Gärungsende die Mosttemperatur unter 15 °C sinkt, bleiben ohne diese Maßnahmen Zuckerreste unvergoren.

Diese Fakten demonstrieren: **Die Temperatur ist der wichtigste Faktor, mit dem die Gärung gesteuert werden kann.**

Allgemein gilt, dass Moste mit geringen bis mittleren Zuckergehalten mit geringen Temperaturen von 10 bis 12 °C zur Gärung angestellt werden können. Schwere Moste der Auslesegruppe mit 20 bis 25 % Zucker sollten dagegen mit 12 bis 15 °C angestellt werden, da die osmotische Belastung der Hefe nicht noch durch zu tiefe Gärtemperaturen verschärft werden sollte. Aus all dem ergibt sich die Problematik geringer oder zu geringer Gärungstemperaturen: Kalte Gärungen erfordern viel Erfahrung und ständige Kontrolle. Sie sind daher arbeitsintensiv und kostenträchtig.

Die **Vorteile kühler Gärungen** sind:

1. Die **Jungweine** sind **reintöniger**. Essigsäure- und Milchsäurebakterien, Apiculatus-Hefen und andere Fremdhefen haben ein höheres Wärmebedürfnis. Sie können sich bei tiefen Temperaturen nicht nennenswert vermehren. Infolgedessen können sie den Most/Wein auch kaum schädigen.
2. Der **Alkoholgehalt** ist **höher**. Bei höheren Gärtemperaturen würde mehr Alkohol entweichen. Die Hefezellzahl ist bei kühler Gärung auch kleiner, für die Alkoholproduktion steht der Hefe mehr Zucker zur Verfügung.

15 Angabe aus Firmenschrift.
16 Zitat aus einer Anwendungsschrift.

3. Die Jungweine sind wegen des **höheren CO_2-Gehaltes „frischer“**, die Weine verkosten sich bukett- und aromareicher, da die meisten Aromastoffe bei höherer Temperatur stärker flüchtig sind. Dieser Faktor wird aber meist überschätzt.
4. Der **bakterielle Säureabbau** kann **verhindert** werden, wenn man dies will.
5. Weitere Beweggründe sind die stärkere Weinsteinausscheidung und die bessere Klärung der Weine.

Das wichtigste Argument für kühle Gärungen war früher die Erhaltung eines größeren Zuckerrestes. Dieser Zuckerrest war und ist aber nicht kalkulierbar. Diese Unsicherheit bewirkte den Übergang zu**r heutigen Verfahrensweise:** Zügig durchgären, Einstellung des gewünschten Zuckergehaltes durch Zusatz von Traubensaft („Süßreserve“). Ein Nachteil kalter Gärungen – wie aller langsamen Gärungen – ist der in aller Regel höhere SO_2-Bedarf dieser Weine.

Weitere Nachteile sind die Kosten der Kühlung und die langen Gärzeiten. Dadurch wird teurer Tankraum für lange Zeit belegt. Manchmal entstehen bei diesen Bedingungen auch etwas dunklere Jungweine. Dort, wo der biologische Säureabbau gewünscht wird, ist sein Ausbleiben ebenfalls ein Nachteil.

Die kühle Gärung ist vor allem bei Mosten, die leichtere, bukettreiche Weine liefern sollten und denen ein höherer CO_2-Gehalt gut steht, mit Nutzen angewandt worden. Z. B. war für bestimmte Chasselat-Weine (Gutedel-) eine konstante Gärtemperatur von höchstens 20 °C oder darunter optimal (Barbic et al. 1994). Eine kühle Gärung ist auch bei säurearmen Mosten angezeigt, schließlich auch bei der Herstellung reintöniger **Apfel- und Fruchtweine**.

Der Versuch, kalte Moste ohne Starterhefe spontan vergären zu lassen, verzögert die Angärung zu lange. Die Moste oxidieren zu stark, die nachfolgende schwache Gärung kann die Bräunung nicht in jedem Fall rückgängig machen. Es kann sich sogar eine Schimmelpilzdecke (meist ist es *Botrytis*) auf der Mostoberfläche bilden. Ungünstigenfalls können die Moste durch muffig riechende oder bitter schmeckende Stoffwechselprodukte geschädigt werden.

Da Hefen und andere Mikroorganismen durch hohe Temperaturen abgetötet werden, wird der gleiche Abtötungseffekt häufig auch für die Einwirkung tiefer Temperaturen angenommen. Diese Annahme ist falsch. Hefe kann sogar monatelang bei −40 °C lagern, ohne ihre Stoffwechselaktivität zu verlieren.

5.2 Zuckerkonzentration

Zuckerarme Moste gären am leichtesten, Moste mit sehr hohen Zuckerkonzentrationen sind dagegen nur schwer zu vergären.

Diese Tatsache hat folgende Erklärung: Traubenmoste haben infolge ihres Zuckergehaltes das Bestreben, sich durch Wasseraufnahme zu verdünnen. Ihre Saugkraft wirkt daher auch auf die im Most vorkommenden Hefen. Das bedeutet: **Den Hefezellen wird Wasser entzogen.** Da die Gärung und die vorausgehende Hefevermehrung sowie alle anderen Stoffwechselprozesse in wässriger Lösung ablaufen, werden sie gehemmt, wenn der Wassergehalt der Zelle abnimmt. Die Abnahme der **Wasserverfügbarkeit**, für die die Bezeichnung Wasseraktivität (a_W) eingeführt worden war, obwohl das Wasser gar nicht aktiv ist, äußert sich primär in der **Abnahme der Hefevermehrung**, in ihrer Folge in der **Abnahme der Gärungsintensität**. Bei fortdauerndem Zuckerstress kommt der Zellstoffwechsel schließlich zum Erliegen, die Zelle stirbt.

Durch den Wasserentzug schrumpfen die Zellen: Zellen des gleichen *Sacch.-cerevisiae*-Stammes maßen in einem Most
von 50 °Oe 6,22 × 4,46 μ, in einem
von 120 °Oe 4,63 × 3,70 μ und
im auf 200 °Oe aufgezuckerten nur 4,04 × 3,13 μ.
Im Gegensatz zur Zelle einer höheren Pflanze, bei der sich nur der Zellinhalt zusammenziehen kann, während die starre Zellwand unverändert bleibt, wird bei einer Hefezelle auch die Zellwand verformt. Die Zelle wird schrumpelig. Während man bei Zellen höherer Pflanzen von Plasmolyse spricht, bezeichnet man bei Hefe die morphologischen Folgeerscheinungen des Wasserentzuges als **Zytorrhyse**.

Auf die Erhöhung des Zuckergehaltes im umgebenden Medium reagiert die Hefe nicht nur mit der Verringerung ihres Volumens. Der Wasserentzug aus der Zelle bewirkt auch die Hemmung der Vermehrung (Abb. 28). Schon „normale“ Mostgewichte wirken vermehrungshemmend; der Zellstoffwechsel muss bereits bei beginnendem Stress arbeiten:

Most 75 °Oe (unverdünnt) Hefezellzahl nach Gärung 78,8 Mio/mL

Most 50 °Oe (2/3 Most + 1/3 Wasser)	66,5
Most 37 °Oe (1/2 Most + ½ Wasser)	47,2
Most 25 °Oe (1/3 Most + 2/3 Wasser)	46,0
Most 19 °Oe (1/4 Most + ¾ Wasser)	40,8

Die Vermehrung der Hefe ist größer als der Verdünnung und ihrer Nährstoffabreicherung entspricht. Das erklärt, warum zuckerarme Moste so schnell gären: Ihr niedriger Zuckergehalt hemmt die Hefen weniger.

Die Abb. 28 und die Tab. 15 geben die Vergärung von verschieden hohen Zuckerkonzentrationen durch *Sacch. cerevisiae* wieder. Daraus ist zu ersehen, dass

1. die Gärung mit steigender Zuckerkonzentration gehemmt wird, dass
2. selbst 50 %ige Zuckerlösungen noch angegoren werden, dass aber
3. bei hohen Zuckerkonzentrationen – die über 100 °Oe (~ 23,1 % Zucker) bis 125 °Oe (~ 30 % Zucker) hinausgehen – die Alkoholbildung immer geringer wird.

Dies ist hauptsächlich durch die abnehmende Hefevermehrung bedingt. Außer der Gesamtzellzahl nehmen bei zunehmendem Zuckerstress auch die Maxima der lebenden Zellen ab, während sich das Absterben verlangsamt. Die Zuckerumsätze bleiben ungefähr gleich, auch wenn der Zuckergehalt des Mostes erhöht ist.

Am schnellsten vergären Moste mit 12 bis 18 % Zucker. Die Höhe des Zuckergehaltes beeinflusst also in den Grenzen, die für Moste normaler Zusammensetzung gegeben sind, die Gärung noch kaum.

Die **osmotische Saugkraft** ist abhängig von der Konzentration der im Most enthaltenen Zucker. In einer 25 %igen Glucoselösung ist die Hefe einer osmotischen Saugkraft von 58 bar ausgesetzt. In einer 25 %igen Saccharoselösung dagegen würde sie nur 23 bar betragen. Das bedeutet, dass die Zahl der gelösten Moleküle entscheidend ist. Der gleiche Effekt ist in anderen Fällen auch mit Ionen erreichbar. Die konservierende Wirkung des Einsalzens erklärt sich z. B. daraus.
Der osmotischen Saugkraft eines Auslesemostes und des damit verbundenen Wasserentzuges erwehrt sich die Zelle durch vermehrte Glycerin-Bildung (siehe Abb. 17). Die osmotisch bedingte Wasseraufnahme erfolgt durch Poren in der Zellmembran. Sie sind mit einem Protein (Aquaporin) ausgekleidet, dessen positive Ladungen nur die neutralen Wasser-Moleküle passieren lassen, nicht aber gleichartig geladene Ionen. Kleine wasserlösliche, ungeladene Moleküle wie Glycerin werden ebenso durch Membran-Kanal-Proteine aufgenommen.

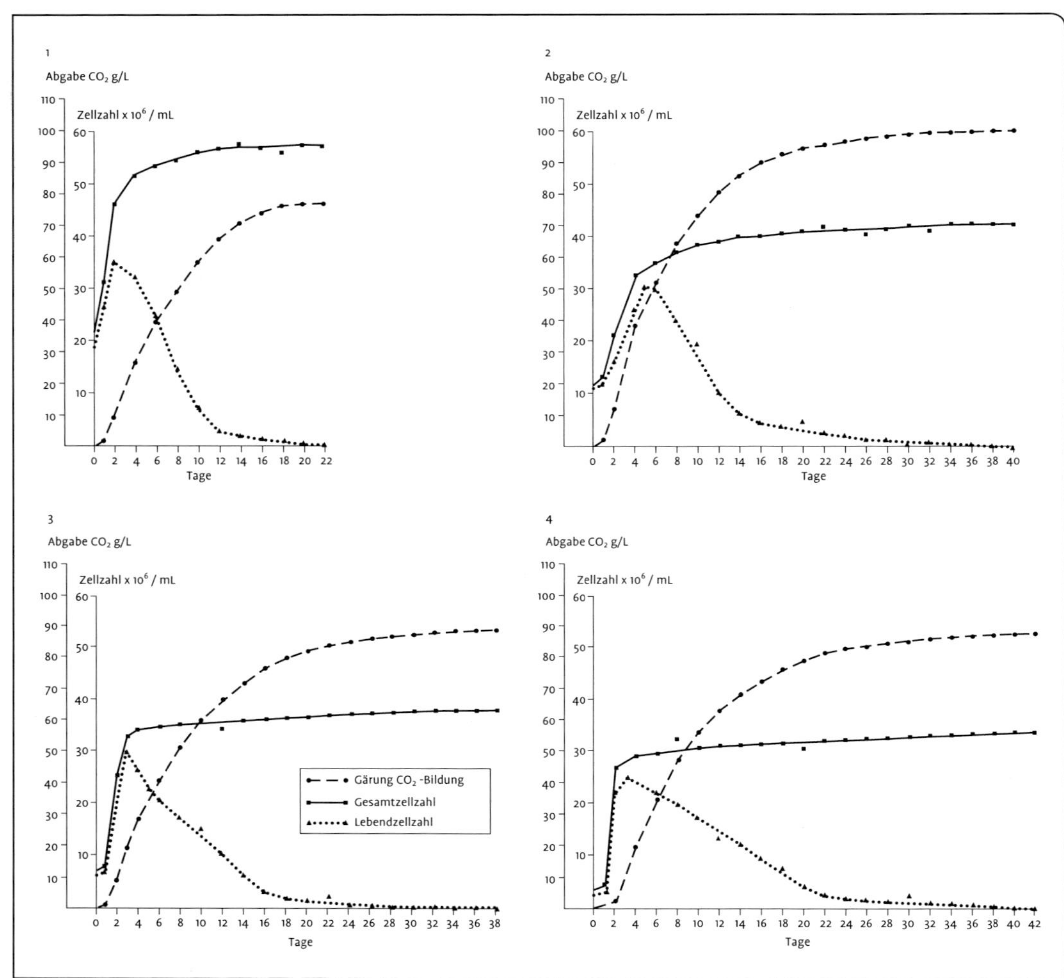

Abb. 28. Vermehrung, Überleben und Gärung von *Sacch. cerevisiae* (Stamm Ghm 74) bei steigenden Zucker-Konzentrationen des Mostes (SPONHOLZ et al. 1990 a).
1 = 75 °Oe ~ 185 g/L vergärbarer Zucker,
2 = 100 °Oe ~ 231 g/L Zucker,
3 = 150 °Oe ~ 327 g/L Zucker,
4 = 200 °Oe ~ 419 g/L Zucker.

Tab. 15. Stoffwechselbeeinflussung von *Sacch. cerevisiae, Candida stellata* und *Hanseniaspora uvarum* in Most steigender Zuckerkonzentrationen (Sponholz et al. 1990 b).
Beimpfung: 2 % Flüssighefe; 25 °C;
1 = nicht vergorener Zucker (Gluc. + Fruct.) g/L,
2 = Glucose/Fructose-Verhältnis, 3 = Alkohol g/L, 4 = Glycerin g/L,
5 = Glycerin-Bildung in % der Alkohol-Bildung, 6 = Essigsäure g/L.

Sacch. cerev.	1	2	3	4	5	6
75° Oe	0,1	0,2	73,5	5,5	7,0	0,3
100	0,8	0,3	102,4	7,2	7,5	0,7
125	60,1	0,3	109,3	8,7	8,0	0,9
200	226,2	0,6	90,2	11,2	12,5	1,7
Cand. stellata						
75° Oe	87,0	0,6	24,9	4,2	17,8	0,1
100	129,5	0,7	21,0	4,4	20,0	0,1
125	207,0	0,7	28,0	5,0	18,0	0,1
200	333,6	0,8	36,9	5,1	13,9	0,1
Hanseniasp. uv.						
75° Oe	102,5	0,9	29,0	6,4	21,6	0,9
100	149,7	1,0	25,5	4,8	18,9	0,7
125	208,6	1,0	25,3	4,6	18,2	0,7
200	331,6	1,0	3,0	2,5	83,7	0,5

Ein zweiter Grund für die Hemmung der Hefevermehrung und ihrer Gärung durch hohe Zuckerkonzentrationen ist die in der Zelle vorhandene Alkoholmenge. Der Hemmeffekt hoher Zuckerkonzentrationen hängt daher auch von der Fähigkeit der Hefe ab, den intrazellulären Alkohol aus der Zelle auszuscheiden. Die höhere Verträglichkeit von Zucker und Alkohol der **„Nachgärhefe"** *Sacch. bayanus* beruht nicht auf einer höheren Vermehrungs- oder Gärungsfähigkeit i. e. S. Die Zucker- und Alkoholempfindlichkeit ist stärker bei *Sacch. cerevisiae*-Stämmen. Sie ist die Folge einer höheren Alkoholakkumulation in den Zellen (Strehaiano & Goma 1983).

Die Stoffwechselbeeinflussungen von *Sacch. cerevisiae* durch steigende Zuckerkonzentrationen zeigt Tab. 15. Während Moste von 75 °Oe bis 90 °Oe annähernd zuckerfrei vergoren werden, nehmen mit steigenden Zuckergehalten die nicht mehr vergorenen Zuckerreste zu. Die Glucose/Fructoseverhältnisse werden größer; höhere Zuckerbelastung fördert die Fructosevergärung. Bei der extrem hohen Zuckerkonzentration von 60°Brix (~ 767 g/L Invertzucker) kehrt sich das Glucose/Fructoseverhältnis sogar um; es bleibt viel Glucose, aber fast keine Fructose unvergoren (Dittrich 1990, unveröff.). Die Alkoholbildung steigt hier – aber nicht immer – bis zu 125 °Oe, um danach abzunehmen. Die Glycerinbildung steigt dagegen weiter bis zu etwa 40°Brix (~ 470 g/L Invertzucker) an. Die auf den Alkohol bezogene Glycerinbildung steigt ebenfalls. Die Essigsäurebildung erhöht sich von 0,2 bis 0,5 bei normalen Zuckergehalten auf 1,6 bis 2,2 g/L bei 40°Brix.

Die besonders bei Spontangärungen wichtigen Hefen *Hanseniaspora uvarum* und *Candida stellata* – *Hanseniaspora* gärt infolge ihrer hohen Anfangszellzahl die Moste an, *Candida stellata* überlebt während der Gärung lange – variieren in ihrem Verhalten bei Zuckerstress (siehe Tab. 15): *Candida stellata* gärt viel schlechter als *Sacch. cerevisiae*, vergärt aber normale Zuckergehalte etwas besser als *Hanseniaspora*. Anders als bei *Hanseniaspora* steigen Alkohol- und Glycerinbildung. *Hanseniaspora* lässt schon bei 75 °Oe etwa 100 g/L Zucker unvergoren. Die Alkoholbildung ist schon bei 75 °Oe gering. Sie sinkt weiter, um bei 200 °Oe auf nur 3 g/L zu fallen. Die Glycerinbildung fällt mit steigendem Zuckergehalt. Bei 200 °Oe ist bei minimaler Alkoholproduktion die Glycerinbildung aber relativ hoch.
Die Stresswirkung des Zuckers auf diese u. a. Hefen vergleiche man im einzelnen bei Sponholz et al. (1990 b). Über osmotischen Stress referierte zusammenfassend Hohmann (2002).

5.2.1 Vergärung von Auslesemosten

Bei Mosten der Auslesegruppe gewinnt der Einfluss der Zuckerkonzentration große praktische Bedeutung. Die spontane Gärung von Trockenbeerenauslesemosten erstreckte sich früher über zu lange Zeit. Manchmal ist dabei der gesetzlich vorgeschriebene Mindest-Alkoholgehalt nicht einmal erreicht worden, während die Essigsäurebildung zu hoch ausfiel. Diese Weine waren auch stark oxydiert, außerdem hatten sie einen zu hohen SO_2-Bedarf. Die Moste der Auslesegruppe können daher nicht der spontanen Gärung überlassen werden, die wesentlich riskanter ist als die von Mosten mit normalen Zuckergehalten.

Diese Moste, die „Spitzenweine“ liefern sollen, sind schwer zu vergären, weil die Hefe dabei mindestens einem dreifachen **Stress** ausgesetzt ist:

1. Der *Botrytis*-Befall der Beeren, ohne den solche Moste nicht gewonnen werden können, hat die Beereninhalte ausgezehrt. Die Hefe, die sich in diesen Mosten vermehren und gären soll, ist daher einem **Nährstoff-Mangel** ausgeliefert.
2. Der *Botrytis*-Befall führt bei nachfolgend trockenem Herbstwetter zur Austrocknung dieser Beeren. Die **Konzentration ihres Zuckergehaltes** liefert Moste, deren hohe osmotische Saugkräfte die Hefezellen graduell entwässern und dadurch ihren Stoffwechsel hemmen.
3. Die Mengen, in denen solche Moste gewonnen werden können, sind viel geringer als die von Mosten mit normalen Zuckergehalten. Sie werden auch oft später geerntet. Daraus folgt, dass Auslesemoste wegen der schon kühlen Herbsttemperaturen **kühl oder kalt zur Gärung** angestellt werden und sich wegen ihrer geringen Mengen während der Gärung nicht oder nicht wesentlich erwärmen.

Zur Vermeidung negativer Folgen müssen deshalb die **Gärungsbedingungen verbessert** werden:

1. Der Nährstoffmangel kann – wenn auch nur teilweise – durch **Zusatz von Thiamin und von N-Salzen** in zulässiger Höhe gebessert werden. Auch **Hefezellwand-Präparate** sollten dem Most zugesetzt werden, da sie N-Substanzen und „Überlebensfaktoren“ wie Sterine liefern.
2. Um den Nährstoffmangel und auch den osmotischen Hemmeffekt auszugleichen, sollten diese Moste mit der **doppelten**

Menge einer geeigneten **Trockenhefe** (20 bis 40 g/100 L) beimpft werden. Ihre Rehydratisierung sollte nach den Vorschriften der Hersteller erfolgen. Die angebotenen Hefestämme sind auch zumeist osmotolerant, sodass mit der hohen Anwendungsmenge eine ausreichende Gärung sichergestellt ist.

Sowohl der **Nährstoffzusatz** wie auch die **Beimpfung** mit der Starter-Trockenhefe müssen **sofort bei der Anstellung der Moste erfolgen**! Noch immer wird vereinzelt auf eine spontane Gärung gewartet und erst bei ihrem Ausbleiben mit Starterhefe beimpft. In aller Regel werden durch das beschriebene Vorgehen – und erforderlichenfalls durch Aufrühren der Hefe – die Gärungsbedingungen so verbessert, dass ein Erwärmen der Moste entbehrlich ist.

5.2.2 Osmotolerante Hefen

Von zunehmender Bedeutung ist das Vorkommen osmotoleranter Hefen auf **Konzentraten**. Diese Hefen, die größtenteils zur Gattung *Zygosaccharomyces* gehören, wachsen bevorzugt **auf** dem Konzentrat bzw. in dessen obersten Schichten. Da das Konzentrat Wasser aus der Luft aufnimmt, verdünnt sich die oberste Schicht. Dies erleichtert die Vermehrung. In Traubenmostkonzentraten wurde z. B. *Zygosaccharomyces bailii* gefunden. Diese Hefe **vergärt bevorzugt Fructose**, sodass dadurch das Glucose/Fructoseverhältnis verändert wird (Bambolow 1970).

Die Bevorzugung von Fructose vor Glucose (= **Fructophilie**) ist bei osmotoleranten Hefen häufig. Bei der spontanen Gärung von Auslesemosten können sie die Gärung einleiten. Dann entsteht ein anderes Glucose/Fructose-Restzuckerverhältnis als in normalen Weinen. Die Vergärung von Saccharose ist schwach oder fehlt. Sie sind stark vitaminabhängig.

Auch Stämme von *Zygosacch. rouxii*, *Sacch. cerevisiae*, *Kluyveromyces marxianus*, *Pichia anomala* u. a. Hefen können osmotolerant sein.

Die Bedeutung dieser Infektionen durch osmotolerante Hefen liegt in der langsamen, über lange Bevorratungszeiten aber beträchtlichen **CO_2-Bildung**. In geschlossenen Behältern kommt es zur **„Bombagen“**-Bildung oder sogar zum Platzen der Tanks.

Osmotolerante Hefen vertragen meist höhere Temperaturen und sind in der Regel auch gegenüber Alkohol, SO_2, Essigsäure und Konservierungsmitteln widerstandsfähiger.

5.2.3 Herstellung von Dessert-Weinen; „Gestaffelte Zuckerung“

Schwere Obstdessertweine haben 16 bis 18 %vol Alkohol. Um diese hohen Alkoholgehalte zu erreichen, muss eine große Zuckermenge vergoren werden. Da aber im Gegensatz zu Auslesemosten in diesen Fällen die Zuckerkonzentrationen der Ausgangsprodukte gering sind, kann man hier den Hemmeffekt hoher Zuckerkonzentrationen umgehen durch „gestaffelte“ Zuckerung. Dabei wird die erforderliche Zuckermenge in mehreren kleineren Teilen zugegeben, wenn der Zucker im Substrat zum überwiegenden Teil abgenommen hat. Auf diese Weise wird die Hefe zu keinem Zeitpunkt extremen osmotischen Verhältnissen ausgesetzt. Ihre Gärung kann daher relativ ungehemmt ablaufen. Der vorgesehene Alkoholgehalt kann deshalb vergleichsweise früh und problemlos erreicht werden.

5.3 CO_2 – Kohlendioxyd/Kohlensäure

Das bei der Gärung entstehende CO_2 löst sich im Most nur in begrenzter Menge. Es reagiert mit Wasser zu **Kohlensäure**. Infolge ihrer geringen Dissotiation ist die Kohlensäure nur eine schwache Säure. Trotzdem beeinflusst sie den Stoffwechsel merklich.

Schon wenn das entstandene CO_2 nicht schnell genug freigesetzt werden kann, verzögert es die Gärung. Bedeutsam kann diese geringe Gärverzögerung bei der Herstellung von Obstdessertweinen sein, bei denen die Ernährung der Hefe und die Gärungsbedingungen oft nicht optimal sind, die Hefe aber viel Alkohol bilden muss.

Im Extremfall kann die **Gärung durch CO_2** vollständig **gehemmt** werden. Schon davor wurde die Vermehrung der Hefe unterbunden. Die Wirkung hoher CO_2-Konzentrationen auf die Hefevermehrung und ihre Gärung kann man wie folgt in drei Schritten zusammenfassen:

1. Die **Vermehrung der Hefe** wird bei 15 g/L CO_2 und mehr vollständig gehemmt. Das entspricht einem CO_2-Druck von etwa 7,2 bar bei 15 °C. Dieser Wert scheint für nahezu alle Hefen zu gelten. Ein Absterben der Hefen erfolgt allerdings erst bei einem CO_2-Druck von etwa 30 bar.
2. Die **Alkoholbildung** hört erst bei rund 30 g/L auf. Wenn also ein Süßmost Hefen enthält, wird bei 15 g/L CO_2 die Hefezahl zwar nicht weiter zunehmen. Die Alkoholbildung wird bei niedrigem Hefegehalt gering, bei hohen Zellzahlen und langer Lagerzeit jedoch beachtlich sein. Auf diesem, die Hefevermehrung hemmenden CO_2-Effekt beruht das zur Einlagerung von Säften und Süßreserven angewandte Böhi-Verfahren (siehe Troost 1988). In Großbetrieben wurde es von der Pasteurisation abgelöst.
3. Im Gegensatz zu Hefe wird die **Vermehrung** von **Milchsäurebakterien** in Säften mit 15 g/L CO_2 **nicht gehemmt**. In Trauben- und Apfelsäften kann es daher bei diesen Bedingungen zum Äpfelsäureabbau und eventuell auch zu Schädigungen kommen. Zur Verhinderung der Bakterienvermehrung und ihren Folgen müssen Moste, wenn sie nicht durch Hochkurzzeiterhitzung entkeimt in sterile Tanks eingelagert werden können, zumindest möglichst **keimarm eingelagert** werden. Auch Apiculatus-Hefen werden bis zu 5 bar CO_2 nicht gehemmt.

Die technologische Anwendung der Hemmwirkung von CO_2 auf Vermehrung und Gärung der Hefe hat zur „Führung“ der Gärung durch folgende **CO_2-Druckgärverfahren** geführt (Troost 1988, 171–175):

1. **Gezügelte Gärung** durch ansteigenden CO_2-Druck: Nach der Angärung wird das Entlüftungsventil des Drucktanks geschlossen. Die Gärung wird dann durch das entstehende CO_2 „gezügelt“. Durch Entspannen wird ein Aufrühren der Hefe und damit eine Fortsetzung der Gärung möglich.
2. Gärung unter einem **CO_2-Druckpolster**: Das Sicherheitsventil wird auf einen konstanten Druck eingestellt. Je größer der Tank, umso höher muss der Druck sein. Der ständige CO_2-Druck hemmt die Gärung stärker, da die Hefe nicht durch Druckentlastung aufgewirbelt wird. Die verbleibenden Zuckerreste sind meist hoch, deshalb wurde das Verfahren zur Herstellung von Süßreserve angewandt. In warmen Weinbauländern ist nach langen Gärzeiten ein erhöhter Gehalt an Essigsäure festgestellt worden. Deshalb sollten Druckgärungen **nur bei niedrigen Temperaturen** durchgeführt werden.

Die analytischen Unterschiede sind bei fehlerfreier Anwendung der Druckgärverfahren positiv: Die gehemmte Hefevermehrung lässt mehr Zucker für die Gärung übrig. Außerdem sind die Alkoholverluste geringer.

Die hemmende Wirkung des CO_2 ist besonders bei **Schaumwein** gegeben. Schaumwein enthält fast ebenso viel CO_2 wie beim Böhi-Verfahren angewendet wird. Infolge seines zusätzlich hemmenden Alkoholgehaltes braucht er nicht steril abgefüllt zu werden. **Perlwein** muss dagegen keimarm oder steril abgefüllt werden, da er nur 4 bis 5 g/L CO_2 enthält. Immerhin gibt ihm dieser CO_2-Gehalt schon eine bessere Hemmwirkung auf die Vermehrung der Hefe im Vergleich zu Stillwein. Diese Wirkung selbst relativ kleiner CO_2-Mengen auf Hefe zeigt Tab. 16.

CO_2-Drucke von 0,5 bis 1 atü (~ 1,5–2 bar) beeinflussen die Gärung noch kaum, die Aufnahme von Aminosäuren und Vitaminen dagegen merklich. Höhere Alkohole und Ester werden vermindert, Acetaldehyd vermehrt gebildet. Bei hoher Dichte des Substrates ist für die Hemmung des Stoffwechsels ebenfalls das in höheren Konzentrationen um die Zelle gelöste CO_2 verantwortlich. Der CO_2-Stau wirkt von außen auf die Stoffaufnahme. Während *Saccharomyces*-Stämme bei 2,2 %vol CO_2 noch wuchsen, bei 3,3 %vol aber nicht mehr, vermehrten sich *Dekkera(Brettanomyces)*-Stämme noch bei 4,5 %vol (ISON & GUTTERIDGE 1987).

5.4 Trubgehalt des Mostes

Maischen gären stürmisch, nicht geklärte Moste gären spontan ebenfalls schnell, stark geklärte Moste gären dagegen spät an und dann auch nur mit mäßiger Intensität. Selbst

Tab. 16. Einfluss des CO_2-Gehaltes in Wein (77 g/L Alk., 10 g/L Zucker, 5,6 g/L Gesamtsäure) auf die Vermehrung von *Sacch. cerevisiae* (HAUBS et al. 1974).

CO_2-Gehalt	Hefe-Einsaat	Anzahl der Hefen nach		
g/L	pro Liter	3 Tagen	8 Tagen	4 Wochen (Membranfilter)
0	0	–	–	
0,6	0	–	–	
1,2	0	–	–	
1,8	0	–	–	
0	100	120	ü	
0,6	100	38	ü	ü
1,2	100	4	42	ü
1,8	100	5	–	–
0	1000	500	ü	
0,6	1000	150	ca. 1000	ü
1,2	1000	60	150	ü
1,8	1000	–	–	ü
0	10 000	ca. 1000	ü	
0,6	10 000	500	ü	ü
1,2	10 000	200	ca. 1000	ü
1,8	10 000	200	19	ü

– = kein Hefewachstum, ü = Hefekolonien nicht mehr zählbar

wenn „blank“ gemachte Säfte mit Hefe beimpft werden, gären sie meist nur langsam im Vergleich zum gleichen, ungeklärten Most. Setzt man jedoch einem blanken Most außer Hefe noch feinste Kieselgur zu, so wird seine Gärung beschleunigt. Zum gleichen Ergebnis führen Zusätze von Watte, Weizenmehl, Filtermasse, Holzkohle u. a.

Die Erklärung der **Gärungsbeschleunigung durch Trubstoffe** – die von den Traubenbeeren stammen, aber auch durch völlig unspezifische Festkörper demonstriert werden kann – besteht in Folgendem:

1. Die **Hefezelle** kann nur aus ihrer **unmittelbaren Umgebung** Zucker aufnehmen. Die Endprodukte ihrer Gärung – Alkohol und CO_2 – kann sie ebenfalls nur in die gleiche, sie umgebende Flüssigkeitszone abgeben. In dieser Zone nimmt daher der Zucker schnell ab, das vermehrungshemmende CO_2 ebenso schnell zu. Darüber hinaus wirkt seine Freisetzung aber auch auf die Intensität der Gärung.

Werden in gärende Moste gemahlener Quarzsand, Kieselgur oder andere Feststoffe in feinster Verteilung eingebracht, erfolgt eine plötzliche **CO_2-Entbindung**. Danach läuft die Gärung wieder an, weil der hemmende CO_2-Gehalt verringert wurde. Eine bessere Gärförderung ergeben spezifisch leichtere Materialien wie etwa fein verteilte Filtermasse. An ihnen entbindet sich CO_2, dadurch wird das Trubteilchen in der Gärflüssigkeit herumgewirbelt, sodass es auch an anderen Stellen CO_2 freimachen kann, wodurch es wieder an eine andere Stelle geschleudert wird usw. Man kann die Turbulenz, der solche Festkörper durch die CO_2-Entbindung unterliegen, indem sie sie selbst erzeugen, in gläsernen Gefäßen oder in Schaufässern beobachten. Die CO_2-Entbindung bzw. die von ihr verursachte Durchmischung der Gärlösung wirbelt natürlich auch die gärenden Hefen auf. Die Hefezellen werden dadurch ständig an eine andere Stelle

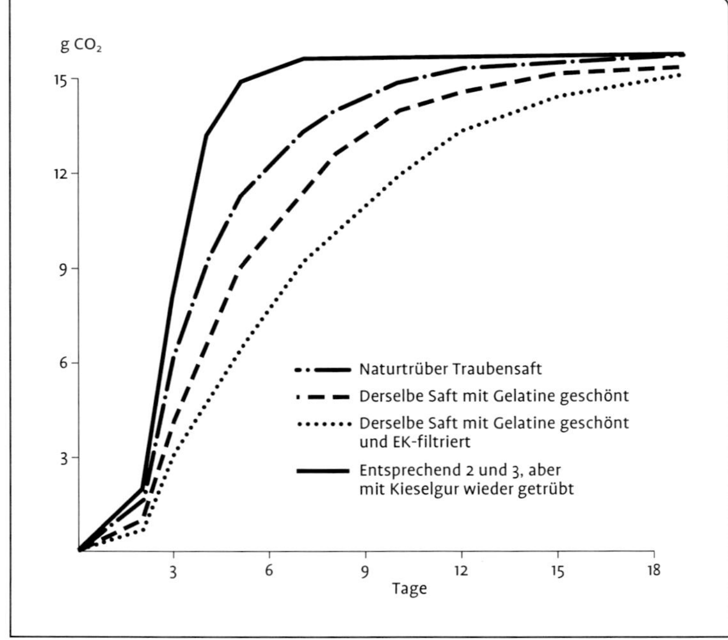

Abb. 29. Unterschiedliche Gärungsintensitäten eines Mostes mit unterschiedlich starkem Trubstoffgehalt (SCHMITTHENNER 1949*).

getrieben. Es kann sich um sie nie eine Zone bilden, in der der Zucker schon überdurchschnittlich abgenommen hat. Auf diese Weise sind der Zuckerumsatz und die schnelle Entfernung des CO_2 optimiert. Dieses **„Schneeballsystem“** treibt durch seine CO_2-Entfernung die Gärung weiter voran.
Bei nicht geklärten Mosten hängen die Hefen großenteils an den Trubteilchen. Wenn die Hefen gären, entbindet sich das CO_2 direkt an den Trägern der Hefezellen. Die Trubteilchen werden so zu Vehikeln, die vom Stoffwechsel der an ihnen sitzenden Hefen im Most vorwärts getrieben werden und dadurch die Hefen in neue Flüssigkeitszonen transportieren, die ihnen durch den darin enthaltenen Zucker neues Substrat für die Gärung liefern.

2. In stark geklärten Mosten und rückverdünnten Konzentraten **sinkt** die zugesetzte **Hefe** rasch **zu Boden**. Durch ihre Angärung erfolgt in der Bodenzone schnell eine Zuckerabnahme und die damit verbundene CO_2-Anreicherung. Eine CO_2-Freisetzung aus dieser Zone kann nicht oder fast nicht erfolgen. Infolgedessen kommt es zu keiner Turbulenz, folglich verteilt sich die Hefe auch oft nicht schnell genug im ganzen Mostvolumen.
In blanken Mosten – und auch in aufzugärenden oder zu versektenden Weinen – setzt sich die Hefe meist vorzeitig ab. Der Zucker kann dann von der sedimentierten Hefe nicht ganz vergoren werden. Ein- oder mehrmaliges **Aufrühren der Hefe** beseitigt diese Hemmung und führt zu weitergehender Vergärung. Bei der Versektung in Tanks ist häufiges Rühren ein fester Bestandteil der Technologie. Bei der Flaschengärung dient das „Aufschlagen“ der Hefe dem gleichen Ziel.

Tab. 17. Analyse eines Rieslingweines nach Vergärung des trüben bzw. des separierten Mostes (600 L, Separieren: 1800 L/h; TROOST 1988, S. 134).

	5991/92 Riesling, 99° Oe 7,6 ‰ Säure			
Most egalisiert	I trüb	II	Differenz	
Analyse: 10. 10. 60	vergoren	separiert	max.	v. H.
Alkohol g/L	99,5	101,6	2,1	+ 2,1
Glycerin g/L	7,1	6,2	0,9	−12,6
zfr. Extrakt g/L	21,9	21,9	0,0	0,0
Zucker g/L	2,8	7,5	–	–
titr. Säure g/L	6,2	6,4	–	–
Weinsäure g/L	2,0	1,8	–	–
SO_2 (frei gesamt) mg/L	33/143	23/184	–	–
Asche g/L	2,55	2,74	–	–
Alk. d. Asche ml/L	17,3	16,6	–	–

Die **Moste** werden vom größten Teil ihres Trubes befreit. Sie werden **„geklärt" zur Gärung** angestellt. Durch die Abtrennung der größeren Trubmenge gären die Moste langsamer und gleichmäßiger, sie erwärmen sich nicht so stark und liefern **reintönigere Weine**.

Bei der „Klärung" oder „Vorklärung" wird mit dem Trub auch ein großer Teil der darauf sitzenden Hefen und anderen Mikroorganismen, die von den Beeren in den Most kommen können, entfernt. Unterbleibt ein **Hefezusatz**, wird die spontane Gärung verzögert eintreten und meist langsamer verlaufen und vielleicht nicht ganz zu Ende gehen. Bei diesen Bedingungen können sich Milchsäurebakterien vermehren. Stark geklärten Mosten ist daher Starterhefe zuzusetzen, um andere Mikroorganismen zu unterdrücken.

Ein **praktisch wichtiges Beispiel** ist die **Vergärung „fauler" Moste** aus *Botrytis*-befallenen Beeren. Da dieses Traubenmaterial stark mit Apiculatushefen und Essigsäurebakterien infiziert ist, kommen auch viele in den Most. Um ihre Stoffbildungen – Erhöhung der flüchtigen Säure, des Ethylacetats und des SO_2-Bedarfs – zu normalisieren, ist eine gute Klärung des Pressmostes geboten. Die Zunahme des Klärungsgrades verringert aber die Gärungsbereitschaft des Mostes stärker als ein eventueller Essigstich vermieden wird. Deshalb sind „faule" Moste stark vorzuklären, dann aber mit Starterhefe zu vergären.

Wenn zur ***Botrytis*-Bekämpfung** hefetoxische **Fungizide** eingesetzt werden, ist die Vorklärung wichtig, um das In-Lösung-Gehen dieser Fungizide möglichst zu verhindern.

Die Gärbeeinflussung durch Trubstoffe ist auch bei der **Apfelweinherstellung** wichtig. Rückverdünnte Apfelsaftkonzentrate wurden wegen ihrer leichten Trübung filtriert und dann mit Hefezusatz zur Gärung angestellt. Diese Gärungen blieben ab und zu stecken. Wurde das gleiche Material unfiltriert vergoren, traten diese Schwierigkeiten kaum auf. Typisch für Weine aus trubarmen separierten Mosten ist ihr höherer Alkohol-, Zucker- und Acetaldehydgehalt. Ihr SO_2-Bedarf ist deshalb meist höher. Da auch ihr CO_2-Gehalt meist höher ist, verkosten sich die Jungweine frischer. Diese Merkmale gleichen denen von langsam (kühl) vergorenen. Weil trübe Moste schneller gären, erwärmen sie sich stärker. Dies fördert die Glycerinbildung und oft auch den Äpfelsäureabbau.

Auch bei der Aufgärung von Apfelweinen auf Dessertweinstärke gibt es Schwierigkeiten, wenn sich die Weine bereits geklärt haben oder durch Filtration geklärt wurden. Eine Zugabe der angegebenen Feststoffe kann diese Schwierigkeiten beseitigen.

Auch die **Wandeigenschaften der Gärgefäße** wirken gärungsbeeinflussend. Glasgefäße oder emaillierte Tanks setzen an ihren Wänden viel weniger CO_2 frei als die Wandfläche eines alten Holzfasses. Von ihr hängen Holzfasern in den Fassraum. An ihnen entbindet sich CO_2.
Auch das Verhältnis Wandfläche:Inhalt spielt eine Rolle. Je größer die Behälter sind, umso geringer ist jedoch die Bedeutung der Wandeigenschaften. Weil früher die Eigenschaften der inneren Oberfläche des Gärbehälters im besprochenen Sinn wichtig für die Gärungsgeschwindigkeit waren, hat man diese Eigenschaften auf den Most projiziert. Da die raue Wand -eines Holzfasses eine große innere Oberfläche hat, an der sich CO_2 entbinden kann, bezeichnete man die Trubbestandteile eines Pressmostes ebenfalls als seine „innere Oberfläche". Da diese Bezeichnung missverständlich ist, sollte man sie aufgeben.

Schließlich ist auch die gärende **Hefe** selbst Trub. Zum Zeitpunkt der beginnenden Hauptgärung hat sie den Most durch ihre Vermehrung stark eingetrübt. In einem Liter können 100 bis 200 Milliarden Zellen vorkommen. Bei der Länge einer Zelle von 10 µ und einer Breite von 5 µ ist die Oberfläche von 100 Milliarden Zellen 17,6 m^2. Die Oberfläche aller Zellen eines Hektoliters eines gärenden Mostes beträgt dann 1760 m² oder 17,6 Ar. Diese **überraschend große Oberfläche** erklärt den gewaltigen Zuckerumsatz während der Gärung.

5.5 Hefeverwertbarer Stickstoff (N)

Stickstoff (N) ist für die Vermehrung und den Stoffwechsel der Hefe **unerlässlich**. Er ist Bestandteil der Aminosäuren, die Monomere der Enzyme und anderer Proteine sind. N ist auch in organischen Basen enthalten, die Bausteine von Enzymwirkgruppen, Energie speichernden Substanzen und Teile der Elementareinheiten der genetischen Substanz der Zelle sind.

Die Verfügbarkeit von N ermöglicht die Proteinsynthesen der Hefe. Auch die **Zuckeraufnahme** in die Zelle ist **N-abhängig** (SALMON 1996). N-Mangel während der Vermehrung ergibt N-verarmte Zellen. Ihre Zuckeraufnahmeaktivität fällt ab, daher fällt auch ihre Gärintensität ab. Eine N-Zugabe während der stationäre Phase ermöglicht neuerliche Proteinsynthesen und reaktiviert die Zuckeraufnahme in die Zelle und damit auch ihre Gärung.

Eine Hefezelle wiegt etwa 10^{-10} g. Ihre Trockensubstanz von etwa 25 % enthält rund 8 % N. Eine Zelle enthält also $8 \times 25 \times 10^{-4} \times 10^{-10} = 2 \times 10^{-12}$ g = 2×10^{-9} mg N. Die in einem Liter gärendem Most anzunehmenden 100 Milliarden Zellen enthalten insgesamt also $10^{11} \times 2 \times 10^{-9}$ = 200 mg N.

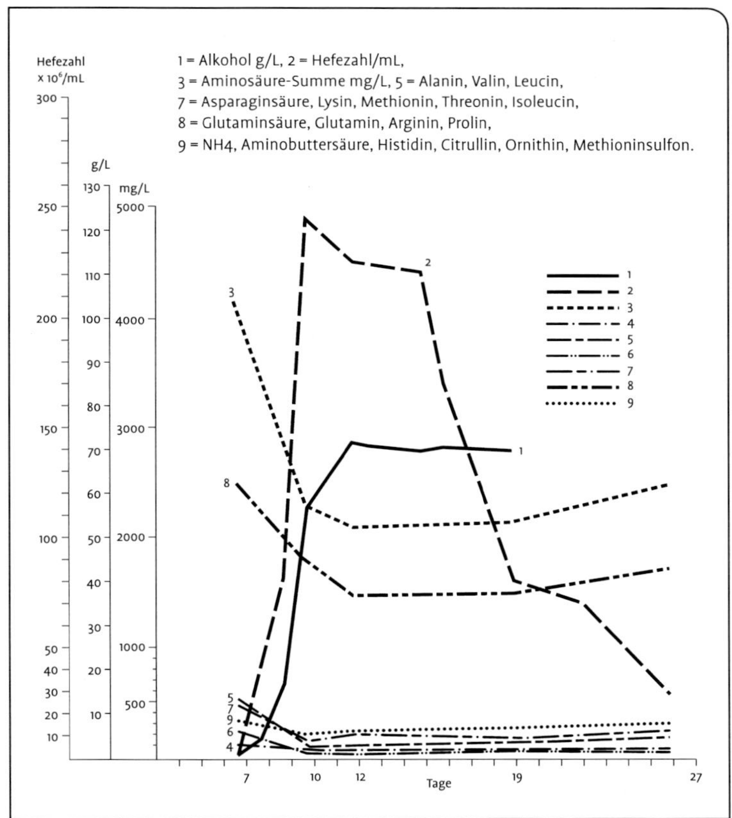

Abb. 30. Abnahme der Aminosäuren während der Gärung eines Rieslingmostes in einem 600-Liter-Fass in 22 cm Bodenabstand.

Tab. 18. Die Aminosäurezusammensetzung von 1972er Mosten aus „gesunden“ (ges.) im Vergleich zu gleichen, aber *Botrytis*-infizierten (faul) Beeren.

	Müller-Thurgau		Edelmuskat		Trollinger		Ruländer		Müller-Thurgau		Riesling	
	Heilbronn		Geisenheim		Willsbach		Heilbronn		Heilbronn		Geisenheim	
Probenart	ges.	faul	ges.	faul	ges.	faul	ges.	faul	ges.	faul	ges.	faul
Oechsle	59°	85°	66°	86°	74°	101°	90°	107°	65°	88°	81°	76°
Lys	24	42	40	–	52	51	87	66	58	41	48	25
His	63	51	73	70	64	45	104	52	47	66	73	32
NH_3	62	55	62	44	47	37	62	54	47	28	64	39
Arg	701	614	1049	646	943	654	1220	872	1043	475	808	320
Asp	68	25	47	23	51	25	84	40	45	41	69	30
Thr	145	59	168	98	101	51	347	129	187	123	129	59
Ser + Amide	411	187	271	161	323	184	692	352	433	336	408	237
Glu	127	63	147	53	113	56	271	92	170	203	110	65
Pro	194	134	117	34	354	273	1875	454	460	305	647	375
Cit	36	17	54	39	81	97	279	89	43	56	64	80
Gly	16	6	7	9	12	19	21	24	11	22	12	15
Ala	223	123	133	133	302	114	389	309	165	168	126	100
Cys-s-s	–	–	–	–	–	–	–	–	–	–	–	–
Val	89	39	77	35	33	51	224	91	143	97	137	76
Met	22	5	30	5	22	18	76	20	33	20	41	22
Ileu	70	26	77	18	74	40	199	62	133	68	137	67
Leu	103	40	102	24	92	50	284	66	195	87	178	69
Tyr	35	32	56	32	33	26	39	30	35	28	22	12
Phe	155	78	175	74	75	44	229	83	161	89	140	69
Tryp	–	2	–	–	–	2	–	–	2	–	–	–
Summe	2544	1598	2685	1498	2772	1837	6482	2885	3411	2253	3213	1692

Tab. 19. Die Aminosäurezusammensetzung von 1972er Weinen, die aus den in Tab. 18 angegebenen Mosten aus „gesunden" (ges.) und *Botrytis*-infizierten (faul) Beeren stammten.

	Müller-Thurgau		Edelmuskat		Trollinger		Ruländer		Müller-Thurgau		Riesling	
	Heilbronn		Geisenheim		Willsbach		Heilbronn		Heilbronn		Geisenheim	
Probenart	ges.	faul	ges.	faul	ges.	faul	ges.	faul	ges.	faul	ges.	faul
Lys	18	13	11	23	38	33	77	50	31	32	18	28
His	20	–	15	–	7	14	59	24	48	–	44	–
NH_3	7	3	10	4	6	7	27	14	9	4	39	5
Arg	530	268	917	662	986	696	1458	353	813	94	707	306
Asp	17	3	17	4	9	5	50	33	22	4	39	11
Thr	23	10	45	4	2	1	166	74	33	Sp	53	7
Ser + Amide	117	12	92	27	33	29	446	366	190	21	189	63
Glu	70	12	104	26	31	21	255	146	111	15	129	46
Pro	317	222	240	82	530	371	1372	633	608	403	788	239
Cit	29	16	47	29	101	175	195	98	61	26	93	41
Gly	15	9	16	20	19	23	20	27	24	13	20	17
Ala	142	31	127	101	39	54	359	282	177	38	140	87
Cys-s-s	–	–	–	–	–	–	–	–	–	–	–	–
Val	34	–	19	–	–	Sp	118	23	66	–	85	–
Met	5	–	–	–	Sp	–	15	–	Sp	–	13	–
Ileu	13	–	–	–	2	Sp	68	7	20	Sp	57	Sp
Leu	14	–	–	Sp	7	3	81	10	21	Sp	50	Sp
Tyr	18	–	10	10	4	Sp	29	25	23	–	20	Sp
Phe	32	–	–	3	4	Sp	87	14	51	–	72	Sp
Tryp	–	–	–	–	–	–	–	–	–	–	–	–
Summe	1421	599	1670	995	1818	1332	4882	2179	2308	650	2556	850

Hefen können alle erforderlichen N-haltigen Stoffe aus Ammonium-Ionen (NH_4^+) synthetisieren. Im Gegensatz zur Rebe kann Nitrat (NO_3^-) von den meisten Hefen nicht verwertet werden. Auch *Sacch. cerevisiae* kann es nicht nutzen. In den Pflanzensäften, aus denen Weine hergestellt werden, reichen die N-haltigen Inhaltsstoffe zur Vermehrung der Hefe meist aus. Manche **Beerensäfte** sind jedoch sehr **N-arm**.

Auch wenn mit der Gärung unmittelbar kein N-Umsatz verbunden ist, **benötigt** die **Hefe** zu ihrer **Vermehrung**, die Voraussetzung der Gärung ist, relativ **viel N**. Beispielsweise betrug der N-Gehalt eines Mostes 780 mg/L. Er erreichte sein Minimum nach beendeter Vermehrung der Hefe mit 510 mg/L. Danach stieg er wieder etwas an (vgl. dazu auch Abb. 30).

Die Angaben zur optimalen Versorgung der Hefe mit verwertbarem N schwanken stark (Bell & Henschke 2005, Schneider 1995, Rauhut et al. 2001, Rauhut 2004 sowie Amann & Zimmermann 2009). Der verwertbare N (ohne Ammonium) wird oft als **FAN**, als **freier α-N**, angegeben. Zur Vergärung von 200 g/L Zucker (etwa 86 °Oe) waren etwa 400 mg/L FAN erforderlich. Höhere N-Gehalte beschleunigen die Gärung durch stärkere Hefevermehrung. Höhere Mostgewichte erfordern höhere N-Gehalte.

Der N wird aus Traubenmost und anderen Säften hauptsächlich in Form der **Aminosäuren** und NH_4 aufgenommen. Die Tab. 18 und 19 zeigen die Aminosäuregehalte von Mosten und Jungweinen aus gesunden und aus *Botrytis*-befallenen, also an N verarmten Beeren. Sie zeigen, dass in Mosten aus stark gedüngten Rebanlagen die Summe der Aminosäuren um 3000 mg/L betragen kann. Nach der Gärung hat sie um etwa 1000 mg/L abgenommen. Zur Verringerung der Umweltbelastung wurde seitdem die N-Düngung der Reben verringert. Die Gesamtaminosäuregehalte bestimmter Moste betrugen daher nur noch beispielsweise 1215 bis 1722 mg/L (Hühn 2003*).

Manche **Aminosäuren** kommen in großer Quantität vor wie Arginin. Für Birnensäfte ist Prolin typisch. Viele Aminosäuren verschwinden bei der Gärung aus dem Most, Prolin dagegen bleibt unverändert. Möglicherweise kann es einen gewissen Stressschutz bewirken (Takagi 2008). Alanin und Glycin können geringfügig zunehmen, wenn der Most genügend N enthält.

Die Abb. 30 zeigte die Abnahme der Aminosäuren in einem Most während der Gärung (die Bildung SO_2-bindender Metaboliten zeigte Abb. 16). In den tieferen Schichten (22 cm Bodenabstand) bleibt die Hefezahl lange hoch, weil aus den höheren Schichten die Hefe langsam sedimentiert. Während dieser Zeit sterben zunehmend Hefen und entlassen Aminosäuren u. a. N-haltige Stoffe in den Jungwein. Deshalb fällt der Aminosäuregehalt der bodennäheren Zone nicht so stark ab wie der höherer Schichten. Bald nach der Gärung steigt die Konzentration der freien Aminosäuren, vor allem von Arginin, über dem Geläger wieder an, während sie weiter oben gleich bleibt.

In **Schaumwein**, der längere Zeit in Kontakt mit der Hefe bleibt, nehmen die Aminosäuren mit der Zeit, mit steigender Temperatur und durch Bewegen der Hefe zu. Der Aminosäuregehalt ist dann etwa gleich hoch wie der des Weines vor der Versektung (vgl. Tab. 20). Nach vier Monaten bei 15 °C hatten Hefen nach der Versektung eines anderen Weines 70 % ihres N-Gehaltes in Form von Aminosäuren und Peptiden freigesetzt.

Auch ein Teil der Proteine wird während der Gärung zur Vermehrung der Hefe abgebaut. Über Hefeproteinasen vgl. Canal-Llauberes (1993).

Selbst in zuckerarmen Traubenmosten reicht das N-Vorkommen meist aus, um der

Tab. 20. Veränderungen eines ital. Weines durch Versektung (20-Liter-Drucktanks, Beimpfung mit Trockenhefe: 1 bis 2 Mio/mL Wein, Rohsekt 13 bis 15 Millionen Zellen/mL (KÖNIG & DIETRICH 1991).

	Grundwein	Gärungsende	6 Monate	15 Monate
Gesamt-N	240	215	228	256
Gesamt-P	116	99	104	–
Alkohol g/L	79,6	88,7	87,5	86,7
Zuckerfr. Extrakt g/L	21,0	20,6	19,8	24,6
Zucker g/L	1,10	1,15	1,00	0,76
Gesamt-Phenole mg/L	270	–	230	244
Acetaldehyd mg/L	–	58	56	52
Gesamt-SO_2 mg/L	63	–	78	78
Druck bar	0	6,5	5,9	5,8
PH	3,4	–	3,3	3,2
Ges. Säure g/L	6,2	–	6,0	5,9
Flücht. Säure. g/L	0,4	–	0,5	0,6
Malat g/L	0,0	–	0,3	0,35
Lactat g/L	1,7	–	1,6	1,57
Citrat g/L	0,6	–	0,6	0,54
Asche g/L	2,15	–	1,7	1,9

Hefe die für die Gärung erforderliche Vermehrung zu ermöglichen. Während also normale Moste nur gelegentlich ein **N-Defizit** haben, ist dies **in Mosten aus *Botrytis*-befallenen Trauben** die Regel. Der infizierende Pilz entnimmt aus den Beeren einen Großteil aller von ihm verwertbaren Stoffe für sein Wachstum. Die Hefe hat ähnliche Nährstoffansprüche. In den Mosten aus *Botrytis*-befallenen Beeren bleibt ihr aber nur der Nährstoffrest, den *Botrytis* übriggelassen hat. In den Mosten der Auslesegruppe kommt der osmotische Stress hinzu, den ihre hohen Zuckerkonzentrationen auf die Hefe ausüben. Schließlich ist nochmals zu betonen, dass die kleinen Mengen solcher Moste nur geringe Temperaturen haben und sich auch kaum erwärmen. Der N-Mangel, dem die Hefe in solchen Mosten unterliegt, wird durch diese Hemmeinflüsse also noch verschärft. Es ist daher geboten, diese Stresssituation durch Zusatz von N, Thiamin und Hefezellwänden (siehe unten) wenigstens teilweise abzubauen.

Bei der **Versektung** eines Weines ist die Hefe ebenfalls einem **N-Defizit** ausgesetzt. Es ist durch die Hefe entstanden, die den Most zum Sektgrundwein vergoren hat. Deshalb reicht der verbliebene N-Rest kaum aus, um seine Versektung durch eine zweite Hefe-

„Generation" problemlos zu ermöglichen. Der Zusatz von Ammonium-„Gärsalzen" und von Thiamin ist zum Ausgleich dieses Mangels erlaubt.

Die N-Verarmung des Mostes durch die Hefe wird bei der Herstellung des **Moscato spumante** zum technologischen Prinzip erhoben. Die Hefe wird, wenn sie sich vermehrt hat, durch Separieren aus dem Most entfernt. Im entheften Most vermehrt sich die Hefe erneut, um baldmöglich wieder abgetrennt zu werden. Dies wird noch einige Male wiederholt. Bei einer N-Konzentration von 120 mg/L soll die Gärung erkennbar nachlassen. Wenn N auf 50 bis 30 mg/L abgesenkt ist, bleibt der nur z. T. vergorene Schaumwein stabil.
Bentonitzusatz zu Most oder zu bereits gärendem Most mit nachfolgendem Abstich des Trubes führt zu einer Verlangsamung der Gärung und eventuell auch zur unvollständigen Vergärung, da Bentonit Aminosäuren und andere N-Substanzen teilweise aus dem Most entfernt. Sie stehen dann der Hefe für die Vermehrung nicht mehr zur Verfügung. Sektgrundweine sollten mit 1 bis 1,5 g/L Bentonit weniger als normal geschönt werden. Auf eine Bentonit-Schönung der Moste sollte verzichtet werden.

Während bei Traubenmosten der N-Gehalt meist ausreicht, ist das bei verschiedenen **Obst- und Beerenmosten** nicht so. Für die Vergärung zu niedrige N-Gehalte haben z. B. Heidelbeeren, Preiselbeeren und Brombeeren. Aber auch Äpfel- und vor allem Birnenmoste können zu wenig hefeverwertbaren N enthalten. Das ist in heißen, trockenen Jahren oft der Fall. Bei Birnenmosten kommt hinzu, dass der geringe N-Gehalt großenteils aus Prolin besteht, das von der Hefe nicht genutzt werden kann. Der hefeverwertbare N-Gehalt dieser Säfte reicht nicht selten nur knapp für die Vergärung ihrer geringen Zuckergehalte. Sollen solche Weine auf Dessertweinstärke von über 13 %vol Alkoholgehalt aufgegoren werden, ist zur Vermehrung der Hefe ein **Zusatz von N** erforderlich.

Zur Verbesserung der Gärfähigkeit der Hefe ist ein **Zusatz** von 1 g/L Diammoniumhydrogen-Phosphat $(NH_4)_2HPO_4$) oder von Ammonium-Sulfat $(NH_4)_2SO_4$) zu Maische, Most oder gärendem Most erlaubt. Beide Salze können auch zusammen bis zu einer Gesamtgrenze von 1 g/L zugesetzt werden. Die N-Zugabe sollte in zwei bis drei Gaben erfolgen, im letzten Fall 1/3 mit dem Hefeansatz, 1/3 bei Gärungsbeginn, 1/3 zur Hauptgärung, nicht später. Den Einfluss unterschiedlich hoher Gärsalzzusätze auf

Diese Unterschiede scheinen andere physiologische Merkmale zu verändern: Ein Hefestamm, der viel N aus dem Substrat aufnahm, bildete zwar mehr Biomasse, er vergor aber nicht vollständig und bildete bei den gleichen Bedingungen mehr H_2S als ein wenig N benötigender Stamm (GARDNER et al. 2002).
Der N-Gehalt der Moste ist auch von der **N-Düngung der Reben** abhängig. Im mitteleuropäischen Weinbau sind 40 bis 50 kg N/ha/Jahr erforderlich. Bei zu geringer Düngung reichen die N-Gehalte der Moste nicht aus, sie vergären langsam und unvollständig. Da zur Vermeidung der Umweltbelastung die N-Düngung verringert wurde, sind die N-Gehalte der Moste oft gering. Moste eines deutschen Weinbaugebietes hatten FAN-Gehalte von meist weniger als 200 mg/L. Durch die Gärung nahm der FAN um durchschnittlich 81 % ab. Zur Beurteilung der N-Gehalte der Moste und ihrer Vergärbarkeit hat sich der **Ferm-N-Wert** eingeführt (SPONHOLZ 1999). Er gibt an, wie hoch der hefeverwertbare N (ohne Prolin) ist. Bei Werten unter 25 ist die Zugabe von Hefenährstoffen erforderlich, ebenso zu Mosten aus *Botrytis*-befallenen Trauben. Andernfalls ist vorzeitiger Gärungsstillstand zu befürchten. Ein Modell der Gärungskinetik N-limitierter Moste beschreiben CRAMER et al. (2002).

Gärleistung, Zellzahl, HVS-Gehalt, Sensorik und Aromastoffe untersuchten UNTERFRAUNER et al. (2008, 2009).

Zur Herstellung von Schaumwein und Perlwein dürfen Mosten oder Weinen bis zu 0,3 g/L dieser „Gärsalze“ zugesetzt werden. Zur Obstweinherstellung ist der Zusatz von bis zu 0,4 g/L Ammoniumphosphat, -sulfat oder -chlorid zulässig. In der EU ist außerdem der Zusatz von **Hefezellwänden** bis zu 0,4 g/L zur Förderung der Gärung zulässig. Sie verbessern die Aktivität der Hefe vermutlich durch ihren Gehalt an N und an Steroiden (SPONHOLZ et al. 1990 c, GROSSMANN et al. 1999). Zudem wirken sie durch ihre CO_2-freisetzende Trub-Wirkung (vgl. 5.4).

Hohe N-Gehalte der Moste schützen nicht immer vor schleppenden Gärungen und vorzeitigem Gärungsstillstand (SABLAYROLLES 1996), da N nur einer der gärungsbeeinflussenden Faktoren ist; besonders Moste gestresster Reben haben noch zusätzliche Mängel. Ammoniumsalze verbessern die Gäraktivität nicht immer. Wirksamer sind Hefezellwandpräparate und inaktivierte Hefe. Während manche Hefestämme trotz niedrigem N-Gehalt vollständig vergären, gären andere nur schleppend. Dazwischen gibt es Stämme mit unterschiedlich hohen N-Anforderungen (GLOWACZ et al. 1999, JULIEN et al. 2000).

Wenn die Hefe N braucht, nimmt sie NH_4^+ stärker auf als die Säurereste PO_4^{3-} oder SO_4^{2-}. Bei missbräuchlich hohen Zusätzen dieser „Gärsalze“ ist daher eine geringe Aufsäuerung des Jungweines möglich.
Adenin, eine für die Synthese von Nucleinsäuren erforderliche Purinbase, wird mit dem Einsetzen der Hefevermehrung und der Aminosäureaufnahme aus dem Most aufgenommen. Mangel kann gärverzögernd wirken (MONTEIRO & BISSON 1991).

In **heißen Weinbaugebieten** enthalten die Moste oft nur wenig hefeverwertbaren N. Ein Zusatz ist dort erforderlich. Wichtig ist außerdem, dass ein **N-Zusatz** die Bildung höherer Alkohole und vor allem die Bildung von **Schwefelwasserstoff (H_2S)** senkt (VOS 1981).

5.6 SO_2 (Schweflige Säure)

5.6.1 Wirkung von SO_2 auf *Saccharomyces cerevisiae*

Wird ein Most stark „geschwefelt“, d. h. ihm SO_2 zugesetzt, kommt er längere Zeit nicht in Gärung. Diese **Angärverzögerung** ist umso größer, je stärker die Schwefelung ist (Abb. 31). Z. B. gärte eine Hefe mit 50 mg/L SO_2 fast einen Tag später, mit 100 mg/L mehr als zwei Tage später, mit 200 mg/L neun Tage später, mit 400 mg/L erfolgte in der Beobachtungszeit keine Gärung mehr. Zwischen verschiedenen Stämmen gibt es große Unterschiede in der SO_2-Verträglichkeit. Manche Stämme sind auf hohe SO_2-Toleranz hin selektiert.

Der Gärverlauf selbst wird von SO_2 nicht beeinflusst, d. h., die **Gärungsintensität bleibt** auch bei SO_2-Zusätzen **gleich**. Wenn die geschwefelten Moste in Gärung gekommen sind, gären sie gleich schnell wie die ungeschwefelten. Sie erreichen auch den **gleichen Endvergärungsgrad** wie diese. Das zeigt, dass während der Gärung keine Beeinträchtigung des Hefestoffwechsels erfolgt. Da jedoch die Zeit bis zur Angärung verschieden lang ist, kann die SO_2 nur bis zu diesem Zeitpunkt wirksam sein.

Die Folge der SO_2-Wirkungen ist zunächst die **Hemmung der Vermehrung** der Hefe. Dies setzt voraus, dass die SO_2 in die Zelle eindringt. Ihr Eindringen ist stark von ihrer Dissoziation abhängig. Nicht dissoziierte Säuremoleküle permeieren leichter in die Zelle als Ionen. Das gilt auch für andere schwache Säuren, z. B. für den Konservie-

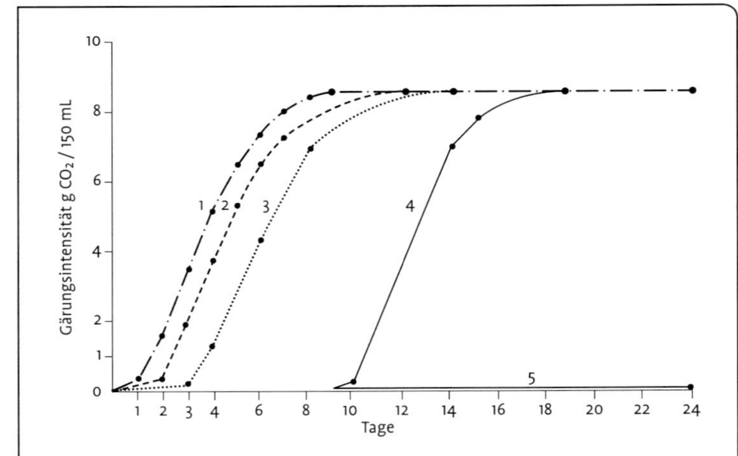

Abb. 31. Angärverzögerung durch verschieden hohe SO_2-Zusätze. (1 = 0 mg/L, 2 = 50 mg/L, 3 = 100 mg/L, 4 = 200 mg/L, 5 = 400 mg/L) zu Most, 20 °C, 1 % Flüssigkultur *Sacch. cerevisiae* Epernay.

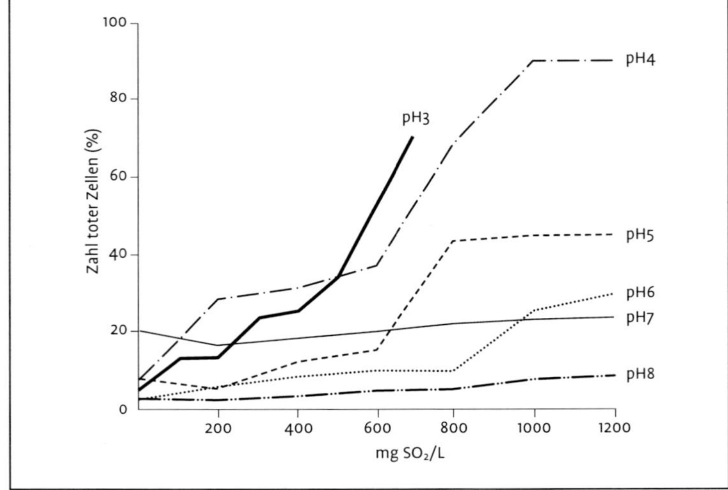

Abb. 32. Der Einfluss der H-Ionenkonzentration auf die SO_2-Wirkung auf Hefen. Mit fallender H-Ionenkonzentration nimmt die SO_2-Wirksamkeit schnell ab (SCHANDERL 1959, 245).

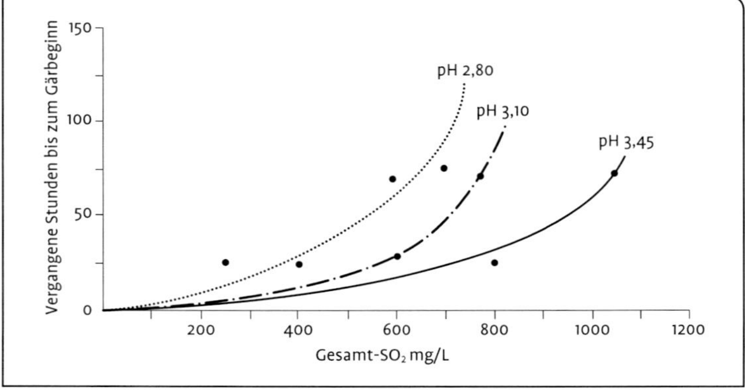

Abb. 33. Veränderungen der Angärzeiten durch den pH-Wert des Mostes bei gleichen SO_2-Konzentrationen (ASVANY*).

rungsstoff Sorbinsäure. Die Dissoziation der schwefligen Säure ist aber wiederum **abhängig vom pH** des Substrates. Mit fallenden pH-Werten, also mit der Zunahme der titrierbaren Säure, nimmt die Dissoziation ab. Das bedeutet, dass die gleiche Menge SO_2 in einem sauren Wein die Hefen stärker hemmen wird als in einem Wein mit geringerem Säuregehalt. Um die gleiche Hemmwirkung gegenüber Hefe zu erzielen, benötigt ein wenig saurer Wein viel SO_2, ein sehr saurer dagegen weniger SO_2 (siehe Abb. 32). Daher wird verständlich, dass sich die Angärzeit bei gleich hoher freier SO_2 mit steigendem pH verkürzt.

Mit 750 mg/L freier SO_2 kam eine Hefe in Most von pH 2,8 nicht mehr zur Gärung, wohl aber bei pH 3,45. Es gibt **SO_2-resistente Stämme**, die im pH-Bereich von 3,0 bis 3,6 bis zu 1000 mg/L freie SO_2 überleben. Das verdeutlicht, dass die üblichen SO_2-Mengen keineswegs ausreichen, um alle Hefezellen abzutöten. Meist erfolgt nur eine Hemmung ihres Stoffwechsels.

Die SO_2-Toleranz einer Hefe ist in Most größer, in Wein bedeutend kleiner (Abb. 34). Alkohol senkt nämlich die letale SO_2-Dosis. Außerdem sind die Ernährungsverhältnisse in Most viel besser. Laut WHO sollte der Mensch nicht mehr als 0,7 mg SO_2 je kg Gewicht und Tag aufnehmen. Das aufgenommene Sulfit wird zu Sulfat oxydiert und so ausgeschieden. SO_2 soll auch mutagen wirken können.

Die SO_2 wirkt also nur bis zum Eintreten der Gärung, danach nicht mehr: Die Hefe bildet bekanntlich Stoffwechselprodukte, die mit SO_2 reagieren, sie „binden". Die zugesetzte „freie" SO_2 wird dadurch in **„gebundene" SO_2** überführt.

Daraus folgt, dass die Hemmung nur so lange dauern kann, wie „freie" SO_2 im Most oder Wein vorliegt. Wenn die Angärung bemerkbar wird, ist die zugesetzte SO_2 gebunden, freie SO_2 ist dann nicht mehr vorhanden. Da die gebundene SO_2 aber keine nennenswerte Hemmwirkung mehr hat, verläuft die Gärung ab diesem Zeitpunkt normal.

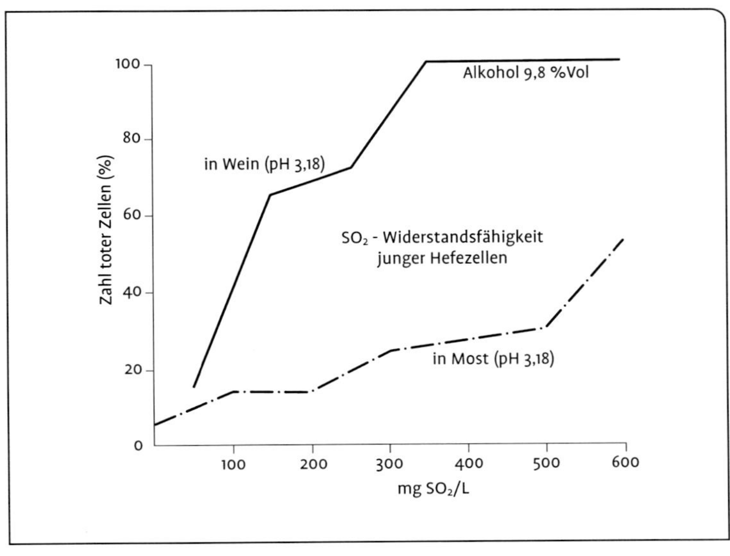

Abb. 34. SO_2-Verträglichkeit von *Sacch. cerevisiae* in Most im Vergleich zu Wein gleichen pH-Wertes (SCHANDERL 1959, 246).

Für die **Versektung** sind mehr als 20 mg/L freie SO_2 ein Risiko: Sie können die Angärung merklich verzögern. Bei Grundweinen mit über 80 g/L Alkohol und pH 3,2 töten sie die zugesetzten Starterhefen (NISSEN 1997).

Die bei saurerem pH vermehrten undissoziierten Säuremoleküle können in die Zelle diffundieren. Im pH-neutralen Plasma dissoziieren sie. Das Plasma-pH wird gesenkt. Dadurch wird der Stoffwechsel der Zelle gestört (PILKINGTON & ROSE 1988). Weitere SO_2-Wirkungen sind: Hemmung von NAD-Enzymen, Abbau von ATP, Verringerung der Pyruvatdecarboxylase- und der Glycerinaldehydphosphat-Dehydrogenase-Aktivität (HINZE & HOLZER 1986). Die Behandlung des Weines mit SO_2 und seine Bedeutung für den Wein beschrieb WÜRDIG (1989).

5.6.2 Wirkung von SO_2 auf andere Mikroorganismen

Während *Sacch.-cerevisiae*-Stämme relativ viel SO_2 vertragen, sind die im Pressmost viel häufigeren **Apiculatus-Hefen** sehr SO_2-empfindlich. Eine Most- oder Maischeschwefelung hält sie auch bei längerem Traubentransport oder längerem Stehen der Maische nieder. Die selteneren Saccharomyceten erhalten dadurch einen **Selektionsvorteil**.

Essigsäurebakterien werden durch SO_2 ebenfalls stark gehemmt. Deshalb werden Maischen und Moste, die bei warmem Wetter über größere Strecken angeliefert werden oder aus anderen Gründen essigstich-gefährdet sind, kräftig geschwefelt. Auch *Botrytis*-infiziertes Lesegut ist meist stark mit Essigsäurebakterien infiziert. „Faule" Moste sind deshalb ausreichend zu schwefeln.

Milchsäurebakterien werden auch im Most stark von freier SO_2 gehemmt. Das ist für säurearme Moste wichtig. Damit die geringe Äpfelsäure nicht schon während der Gärung abgebaut wird, sollten diese Moste stärker geschwefelt und mit Starterhefe kühl vergoren werden. Milchsäurebakterien und ihr Malatabbau werden auch durch höhere Konzentrationen gebundener SO_2 gehemmt (MAYER et al. 1975).

Wie in 5.6.1 beschrieben, sind die im Most recht SO_2-verträglichen Weinhefen im Wein weniger SO_2-tolerant. Dagegen hat man in Weinen auch Hefen gefunden, die bei diesen Bedingungen trotz eines anfänglich hohen Gehaltes an freier SO_2 gute Vermehrung zeigten. Hauptsächlich **zwei Hefearten** sind hier zu nennen:

Zygosaccharomyces bailii wächst in den von ihr infizierten Weinen meist in Form von sehr großen, aber kompakten Sprossverbänden. Sie können stecknadelkopfgroß werden und liegen dann an der tiefsten Stelle der Flaschen. Man hat diese Hefe deshalb als „Krümel-" oder „Klümpchen-Hefe" bezeichnet. Ihre großen Zellverbände bilden sich, weil manche Zellen auf breiter Basis – nicht nur an den Enden, sondern auch an den Längswänden – der Zelle sprossen. Mutter- und Tochterzellen bleiben meist fest miteinander verbunden.

Selbst wenn die freie SO_2 höher ist als normal, können sich diese Hefen im **Wein** vermehren. Sogar in „stumm" geschwefelten Traubenmosten kann diese Art wachsen. Z. B. wurde ein Most mit 2000 mg/L freier SO_2 von ihr noch angegoren. Ihre SO_2-Resistenz scheint mit der Resistenz gegenüber Sorbinsäure gekoppelt zu sein. Auf eine gute Betriebshygiene und sterile Füllung kann daher auch bei Sorbinsäureanwendung nicht verzichtet werden.

Saccharomycodes ludwigii ist die zweite sehr SO_2-resistente Art. Sie hat große Einzelzellen, die zitronen- oder wurstförmig, aber auch elliptisch oder zylindrisch sein können (Abb. 49). Wie *Zygosaccharomyces bailii* ist *Saccharomycodes* ein träger Gärer. In gefüllten Weinen bildet sie einen Bodensatz. Wird er aufgerüttelt, ergibt sich eine homogene, meist schwache Trübung. Diese Hefe wächst

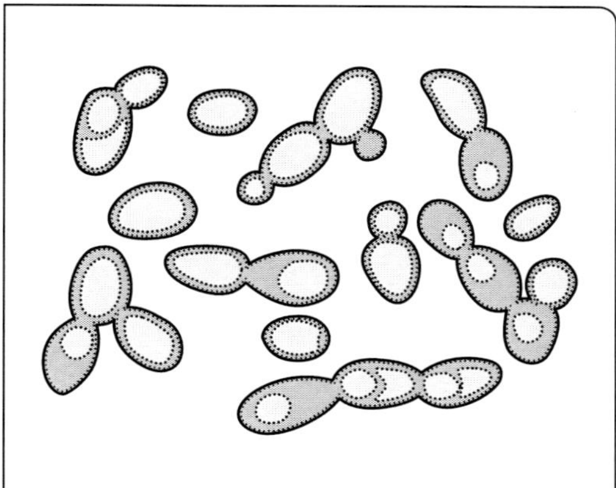

Abb. 35. *Zygosaccharomyces bailii*, drei Tage alte Zellen.

nicht klumpenförmig. Auch in stark überschwefelten Traubenmosten ist sie gefunden worden. 500 mg/L freie SO_2 hinderten sie nicht an der Angärung der Moste.

5.6.3 Wirkung von Sulfat und von elementarem Schwefel

Sulfat kommt in allen Pflanzensäften vor, also auch im Most. Durch die Gärung wird ein Teil zu Sulfit reduziert. Die entstehenden Mengen sind klein: In 100 Tanks waren durchschnittlich 8 mg/L gebildet worden, in 100 Holzfässern des gleichen Betriebes wurden 22 mg/L gefunden. Aus Holz wird also eine ziemliche Menge in den Wein abgegeben. Es wurden Hefen isoliert, die wesentlich mehr SO_2 produzieren. Auf sie wird in 6.1 eingegangen.

Das Sulfit wird im Moment seiner Entstehung wie das zugesetzte SO_2 an die SO_2-bindenden Gärungsmetaboliten gebunden.

Elementarer Schwefel kann auf zwei Wegen in den Most oder Wein kommen: Beim erwähnten Abbrennen von Schwefelschnitten in einem Fass verdampft ein kleiner Teil des Schwefels. An den Innenwänden sublimiert er in Form kleiner Kügelchen. Beim Bewegen des Fassinhaltes werden sie von den Wänden gerissen. Schwefel kann auch von Trauben – die zur Mehltaubekämpfung zu spät und zu reichlich behandelt worden waren – direkt in den Most hineinkommen.

Setzt man einem gärenden Most feinstteiligen Schwefel zu, so unterliegt er zu einem kleinen Teil der Reduktionswirkung der Gärung, er wird zu H_2S hydriert, ebenso der zur *Oidium*-Bekämpfung angewandte „Netzschwefel“ (siehe 6.2).

Schwefel lieferte früher durch Verbrennen im Fassinneren das zum „Schwefeln“ benötigte SO_2. Wenn dabei der Sauerstoff verbraucht ist, schmilzt der Schwefel nur, er tropft ab. SO_2 löst sich im Wasser des Weines zu schwefliger Säure. Heute schwefelt man kleine Mengen mit K-Pyrosulfit, große Volumina werden mit Lösungen von SO_2 oder mit SO_2-Gas geschwefelt.

5.7 Alkohol (Ethanol)

Hefe muss, um zu überleben, widerstandsfähig gegenüber ihrem wichtigsten Stoffwechselprodukt sein. *Saccharomyces-cerevisiae*-Stämme können sich noch bei 12 bis 13 %vol Alkohol – langsam – vermehren. In Aerobiose ist das sogar bei noch höheren Ethanolgehalten möglich, z. B. bei der Sherry-Bereitung.

In gärenden Mosten ist die Hemmwirkung des Alkohols stärker merkbar als in Traubensäften, die durch Alkoholzusatz haltbar gemacht wurden. Das erklärt sich dadurch, dass gerade in der Angärphase auch andere vermehrungshemmende Stoffe wie Acetaldehyd in hohen Konzentrationen vorliegen und anfangs noch vorhandener Sauerstoff und andere Wasserstoffakzeptoren von der bis dahin gewachsenen Hefe schon verbraucht sind (Dittrich 1969).

Die Gärung von zuckerreichen Mosten kommt äußerstenfalls bei 17 bis 18 %vol zum Stehen. Normalerweise entstehen nicht mehr als 15 bis 16 %vol Ethanol. In solchen Mosten wird die Endphase der Gärung meist von

Sacch. bayanus bestritten. Diese Art ist **alkoholresistenter** als die meisten Stämme von *Sacch. cerevisiae*.

Ethanol hemmt die **Vermehrung und** die **Gärung** und er beschleunigt das Absterben der Hefe bei Temperaturerhöhung: *Sacch. cerevisiae* überlebt 15 %vol Alkohol bei 15 °C, bei 30 °C verliert sie ihre Lebensfähigkeit langsam. Niedrige pH-Werte verstärken diesen Effekt (Gao & Fleet 1988).

Die Gärung wird bei bestimmten Bedingungen bereits von 46 g/L (~ 5,8 %vol) Ethanol gehemmt, von 138 g/L (~ 17,5 %vol) verhindert. Weder der Zuckertransport in die Zelle, noch eine Hemmung der Gärungsenzyme sind dafür entscheidend. Beispielsweise werden die Hexokinase und die Pyruvatkinase in der intakten Zelle erst durch 230 g/L Ethanol gehemmt (Passcual et al. 1988). Die **wichtigste Ursache** ist vielmehr der **intrazelluläre pH-Abfall**: Alkohol erhöht den Protoneneinstrom aus dem sauren Substrat Most in die Zelle. Um zu überleben muss sie den pH-Wert stabilisieren. Eine membrangebundene ATPase muss zunehmend mehr Protonen nach außen „pumpen". Da sie energieabhängig ist, fällt ihre Aktivität während der Gärung, bei der kaum Energie erzeugt wird, ab (Salmon 1996). Schon wenn ein Drittel des Zuckers vergoren ist, sterben die Hefezellen infolge **Übersäuerung** zunehmend ab, sodass die Vergärung des restlichen Zuckers verlangsamt oder gar beendet wird. Während der Gärung wirkt das Ethanolvorprodukt Acetaldehyd zusätzlich hemmend (Jones 1989).

Die Moste werden **spontan** von *Hanseniaspora uvarum* und anderen wilden Hefen **angegoren**. Wenn der Alkohol auf 3 bis 4 %vol gestiegen ist, werden diese Hefen von *Saccharomyces* überflügelt. Allerdings vertragen die typischen Apiculatus-Hefen mehr Alkohol, als sie bilden können. Sie wachsen langsam noch in Weinen normaler Alkoholgehalte. Dadurch können sie lästige Trübungen erzeugen.

Die **Alkohol-Toleranz** der Hefe wird durch Erhöhung der ungesättigten Fettsäuren, besonders durch Ölsäure, in der Plasmamembran erhöht (You et al. 2003). Die Nährstoffversorgung, der osmotische Druck und die Höhe der verträglichen Alkoholakkumulation in der Zelle determinieren sie zusätzlich. (Mit)entscheidend soll die mitochondriale Superoxyd-Dismutase sein (Costa 1993). Zur Alkohol-Toleranz von Hefe und ihrer Stress-Antwort siehe Dingetal (2009).

Die Hemmwirkung des Alkohols ist die Verfahrensgrundlage zur **Herstellung von Süßweinen** und **Mistellen**: Die Gärung wird durch den Zusatz von Weinalkohol unterbrochen bzw. verhindert. Der (gärende) Most wird dabei auf 17 bis 20 %vol „fortifiziert" (oder „aviniert"; Goswell 1986, Amerine et al. 1982).

Die Moste für **Portwein** haben 82 bis 108 °Oe. Die Unterbrechung der Gärung erfolgt für die Herstellung süßer Typen bei 45 bis 50 °Oe, für trockene bei 7 bis 14 °Oe. Fortifiziert wird mit 76 %igem Alkohol auf 18 %vol (Eggenberger 1974, Bakker et al. 1996). Auch dem **Madeira** setzt man vor dem Gärungsende Alkohol zu. Ein Teil des Mostes wird nach Schwefelung auf 100 mg/L mit 96 %igem Alkohol auf 17 bis 20 %vol aviniert, um keine Gärung aufkommen zu lassen. Diese „Mistela" wird zum Süßen verwendet.

Der diesen Verfahren zu Grunde liegende Schutz des Zuckers vor der Vergärung ist bei normalen Bedingungen gegeben, wenn DU (Delle Units) 80 ist, wobei

$$DU = a + 4{,}5 \times c$$

(a = Gew.% Zucker, c = %vol Ethanol) ist.

Die Gleichung basiert darauf, dass weder bei 18 %vol Ethanolgehalt noch bei 80 % Zuckergehalt Gärung eintritt und dass Ethanol etwa die 4,5fache Hemmwirkung von Zucker hat (Amerine & Kunkee 1965).

5.8 Sauerstoff (O_2)

O_2 fördert die **Vermehrung** der Hefe (Tab. 21). Die vermehrte Hefezellzahl **verkürzt** die **Angärzeit** und **erhöht** die **Gärungsintensität**. Eine Belüftung der Moste beugt durch diese O_2-Wirkung Gärhemmungen und vorzeitigen Gärungsabbrüchen vor (SCHNEIDER 2004).

Sacch. cerevisiae gilt als fakultativer Anaerobier, weil sie sich ohne O_2 noch mehrmals vermehren kann. Sie kann jedoch O_2 nicht auf Dauer entbehren. Andererseits ist ihr in Substraten mit Zuckergehalten – wie im Most – selbst bei guter O_2-Versorgung keine volle Atmung möglich, nur noch „aerobe Gärung“ mit einem Verhältnis von Gärung zu Atmung von etwa 2:1. Zuckerkonzentrationen über 0,1 % (= 5 mM/L) hemmen nämlich Enzyme des Citratzyklus und der Atmungskette.

Die Gärung liefert zu wenig Energie (nur 2 ATP/Glucose oder Fructose), um Zellsubstanzsynthesen zu ermöglichen, die Voraussetzung für die **Zellvermehrung** sind. Bei Vorhandensein von O_2 produziert die Zelle dagegen ausreichend Energie. Deshalb ist die Vermehrung der Hefe zum überwiegenden Teil schon beendet, wenn die Gärung einsetzt. Wenn etwa ein Drittel des Zuckers vergoren ist, erfolgt keine Vermehrung mehr. Die bis dahin vermehrte Zellmasse vergärt erst danach den größten Zuckeranteil des Mostes.

Tab. 21. Hefevermehrung in sterilisiertem Most nach 10 Tagen bei Gärung (Gärspund), bei tägl. 10minütiger N_2-Durchgasung sowie bei tägl. 30- und 2mal 30minütiger O_2-Durchgasung. Beimpfung: 1,5 Mio Hefezellen/mL Stamm Geisenheim 1949.

Behandlung	Hefezahl Mio./mL
Gärspund	51,5
Gärspund	50,5
N_2, 10 Minuten täglich	57,6
N_2, 10 Minuten täglich	63,4
O_2, 30 Minuten täglich	125,5
O_2, 30 Minuten täglich	79,4
O_2, 2 × 30 Minuten täglich	275,0
O_2, 2 × 30 Minuten täglich	111,0

Vermehrungsfördernd wirken bis zu bestimmten Graden auch hydrierbare organische Stoffe (DITTRICH 1987). Das zeigt, dass die O_2-Wirkung auf der Energieproduktion beruht: O_2 ist bekanntlich der finale Elektronenakzeptor des Atmungsstoffwechsels. Der beim Pressen aufgenommene O_2 ist nach etwa 20 Minuten verbraucht. Da die Hefen im Most dann erst anfangen sich zu vermehren, ist anzunehmen, dass sie ersatzweise im Most enthaltene Elektronenakzeptoren hydrieren.

In der Praxis kann die O_2-Versorgung der Hefe schon durch die **Füllhöhe** verbessert werden: Bei geringerer Füllhöhe wird die O_2-Aufnahme über die größere Oberfläche des Gärgutes größer. Dadurch wird die O_2-Versorgung der Hefe verbessert. Sie wird besser gären können, die Zuckerreste werden kleiner sein, als wenn der Gärbehälter voll befüllt wird. Die Gärförderung durch O_2 kann verstärkt werden durch das Gären ohne Gärverschluss: Engmaschige Gaze (Verbandstoff) hält Essigfliegen ab, lässt aber den Zutritt von Luft zu. Ein solcher Verschluss kann nach der Hauptgärung durch einen wassergefüllten Gäraufsatz ersetzt werden, um die Oxydation des Jungweins auszuschließen.

Die O_2-Wirkung beruht zu einem wesentlichen Teil auf der **besseren N-Nutzung**. Bei besserer O_2-Versorgung kann die Hefe den im Most vorhandenen N vollständiger nutzen: Randvoll gefüllter und mit Gäraufsatz vergorener Most enthielt nach der Gärung noch 35 % des ursprünglichen hefeverwertbaren

N. In halbvollen und mit Gäraufsatz vergorenen Proben war der N auf 18 % zurückgegangen, in den randvollen, ohne Gäraufsatz und in den halb vollen ohne Gäraufsatz vergorenen Proben waren nur noch 10 und 9 % des N-Ausgangsgehaltes vorhanden (SCHNEIDER 1995).

Damit wird deutlich, dass die O_2-Versorgung der Hefe die **Gärungsgeschwindigkeit** bestimmt; bei geringer wird sie niedrig sein, bei höherer wird die Gärung schneller ablaufen. Davon hängt der **Vergärungsgrad** ab: Stärkerer O_2-Zutritt zum Gärgut durch Belüftung mit Fritte, durch Umpumpen des Mostes nach der Hefevermehrung (dem „Milchigwerden" des Mostes) und beginnender Gärung oder einfach durch Vergrößerung der Mostoberfläche durch geringere Füllhöhe und (anfängliche) Vergärung unter luftgängigem Behälterverschluss wird ein Steckenbleiben der Gärung verhindern. Wer Zuckerreste erhalten möchte, kann die gegenteiligen Maßnahmen ergreifen.

Zur Vermeidung von Gärschwierigkeiten ist eine O_2-Behandlung mit 5 mg/L auch noch am Ende der Hefevermehrung, d. h. unmittelbar nach der Angärung, ausreichend (JULIEN et al. 2000) – **Vorsicht, Schäumen!** Die besten Ergebnisse wurden mit 5 mg/L O_2 am Ende der Vermehrung und einer N-Gabe von 60 mg/L Ammonium-N in der Mitte der Gärung erzielt (SABLAYROLLES 1996, SALMON 1996, SCHNEIDER 2001).

Auch die **„Qualität"** der Hefezellen wird durch O_2 **verbessert**: Die erste Nachkommenschaft einer belüftet vermehrten Hefe ist der gleichen Zellzahl unbelüftet vermehrter Hefe an Vitalität und **Leistungsfähigkeit** überlegen. Die belüftet herangezogene Hefe vermehrt sich in einem Most schneller, sie gärt schneller (Abb. 36) und unterliegt negativen Beeinflussungen nicht so leicht wie unbelüftet vermehrte Zellen. Auch bei der Herstellung von Fruchtdessertwein wird der erforderliche hohe Alkoholgehalt mit belüftet herangezogener Hefe schneller erreicht.

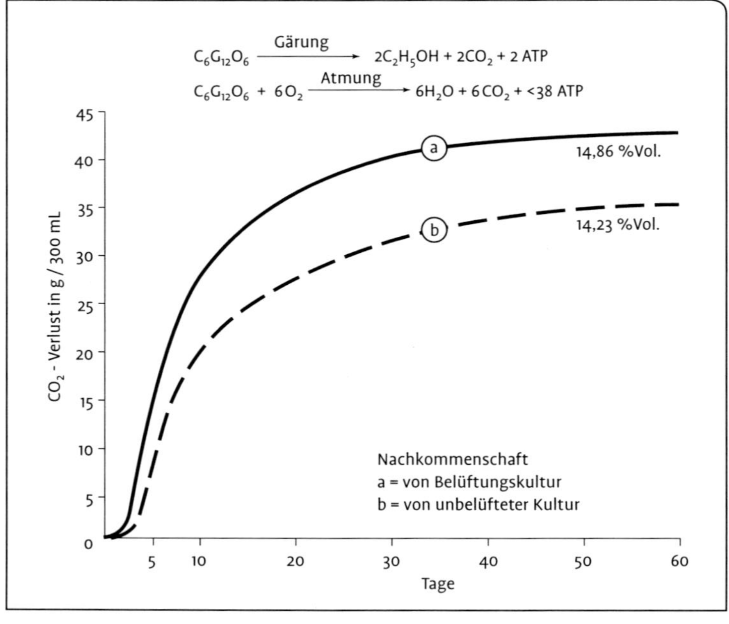

Abb. 36. Gärverlauf eines Mostes nach Beimpfung mit der gleichen Zellzahl einer belüftet (a) und einer unbelüftet (b) vermehrten Hefe (Jerez 1933; SCHANDERL 1959, 241).

Die O_2-Wirkung erhöht die Produktion von „Überlebensfaktoren“ (Sterine, Oleanolsäure u. ä. Ein hoher Ergosteringehalt fördert die Gärung. Sterine sind in der Hefeplasmamembran bis zu 6 % des Trockengewichtes enthalten. Sie gewährleisten die Funktionsfähigkeit der Membran und einen geregelten Stoffaustausch durch sie (DELFINI 1995).
Die käuflichen Trockenhefen werden in maximal belüfteten Substraten mit minimalen Zuckergehalten erzeugt. Diese Vermehrungsbedingungen sind das Gegenteil der Bedingungen bei der Vergärung der Moste. Deshalb verläuft dabei auch der Stoffwechsel der Hefe anders: Die Gärung wird zu Gunsten der Vermehrung unterdrückt. Diese **Stoffwechsel**umsteuerung (**-regulation**) heißt PASTEUR-Effekt. Entgegen häufiger Annahmen spielt er bei der Mostgärung keine Rolle: Bei den hohen oder relativ hohen Zuckergehalten von Mosten gärt *Sacch. cerevisiae* selbst bei starkem Luftzutritt stark: Rote Maischen bilden auch bei häufigem Unterstoßen des Tresterhutes und der damit verbundenen Sauerstoffaufnahme (bei Addition des verdunstenden) etwa gleich viel Alkohol wie bei der Vergärung der gleichen Zuckerkonzentration ohne Luftzutritt.

5.9 Essigsäure (Flüchtige Säure)

Botrytis-infizierte Beeren sind meist auch mit vielen **Essigsäurebakterien** und **„wilden“ Hefen** infiziert. Ihre Essigsäurebildung kann schon am Stock „ruchbar“ werden. Die Moste solcher Beeren enthalten nicht selten schon mehr als 0,8 g/L und mehr flüchtige Säure. Vereinzelte Beerenauslese- und Trockenbeerenauslesemoste enthielten sogar mehr als 1,5 g/L. Wenn die Moste oder Maischen warm stehen bleiben, haben diese Organismen Gelegenheit, Essigsäure zu bilden. Beim Pressen gelangen sie in den Most, in dem sie sich, wenn sie nicht durch eine Schwefelung niedergehalten werden, weiter vermehren und weiterhin Essigsäure bilden. Um dies zu verhindern, sind solche **Moste stark zu klären, zu kühlen, mit Gärhilfen zu versetzen und mit Starterhefe zu vergären.**

Ist bereits **viel Essigsäure** gebildet worden, kann durch sie die Hefevermehrung und damit auch die **Gärung gehemmt** werden. Manchmal sollen Weine mit erhöhtem Essigsäuregehalt umgegoren werden, weil sie sensorisch fehlerhaft sind. Das wird gelegentlich auch mit Weinen versucht, die infolge ihrer hohen Essigsäurekonzentration nicht mehr handelsfähig sind. Während in Most die flüchtige Säure schon sehr hoch sein muss, bevor die Gärung gehemmt wird, wird die Aufgärung eines essigstichigen Weines schon bei niedrigeren Gehalten gehemmt. Der vorhandene Alkohol, das geringe Nährstoffangebot und das freie SO_2 wirken hier negativ. Bereits 1 g/L flüchtige Säure kann ungünstigenfalls einen Gärverzug bewirken. An so hohen Essigsäurekonzentrationen können nach einem stürmischen Malatabbau auch Milchsäurebakterien beteiligt sein (siehe 13.2.3).

Dank der heute üblichen Vergärung der Moste mit viel Trockenhefe und den zulässigen Gärhilfen hat die Essigsäure als gärhemmender Faktor kaum noch Bedeutung. Es kommt hinzu, dass ihre gesetzliche Begrenzung Versuche zur Vergärung solch fehlerhafter oder sogar schon verdorbener Moste von vornherein aussichtslos macht.

Die verschiedenen Hefegattungen sind gegenüber Essigsäure unterschiedlich tolerant. *Saccharomyces cerevisiae* haben wir bereits als sehr empfindlich kennen gelernt. *Saccharomycodes ludwigii*, die viel SO_2 verträgt, verträgt auch viel Essigsäure. Auch *Schizosaccharomyces pombe* toleriert viel, ebenso osmotolerante Stämme der Gattung *Zygosaccharomyces*. Kahmhefen können noch bei 12 g/L auf dem Wein wachsen; *Pichia membranifaciens* und *P. farinosa* vertragen bis 8 g/L.

Die **Wirkung** der Essigsäure beruht nicht wie die der Milchsäure u. a. Säuren auf der Säuerung des Cytoplasmas als Folge des Eindringens des undissoziierten Säureanteils. Bei der Essigsäure bestimmt vielmehr die totale Konzentration der Säure die Wirkung, nicht allein die Konzentration des undissoziierten Anteils. Der Zelltod durch Essigsäure ist ein aktiver Prozess (LUDOVICO et al. 2001, THOMAS et al. 2002).

5.10 Polyphenole und Gerbstoffe

Gerbstoffe fällen Proteine, phenolische Substanzen können den Mikroorganismenstoffwechsel hemmen. Manche können ihn auch qualitativ verändern, z. B. „entkoppeln". Beide Substanzgruppen sind besonders in den **Beerenschalen**, in den **Samen** und im **Stielgerüst der Trauben** enthalten. Je nach der Art der Kelterung und der Behandlung kommen kleinere oder größere Mengen in den Most oder die Maische. Die Polyphenole haben in den dort vorkommenden Quantitäten keinen wesentlichen Einfluss auf die Vergärbarkeit. Falls eine Gärbehinderung durch diese Substanzen möglich wäre, gäbe es die schweren Rotweine warmer Weinbauländer nicht, die meist auch sehr gerbstoffreich sind. Sehr gerbstoffreich sind auch die Moste aus „Mostbirnen". Sie können aber vergoren werden, wenn ihr N-Gehalt ausreicht.

Früher hat man zur **Flaschengärung** den Grundweinen vor der Versektung sogar **Tannin** zugesetzt, um die Hefe besser abrütteln zu können. Daraus folgt, dass *Saccharomyces*-Hefen bei den Bedingungen der Weinbereitung hinreichend gerbstofftolerant sind. In Laborversuchen wirkten Tanninzusätze erst ab 4000 mg/L gärverzögernd, erst 10 000 mg/L bewirkten eine starke Hemmung und baldiges Absterben. Apiculatus-Hefen werden schon von geringeren Gerbstoffkonzentrationen, z. B. von 2000 mg/L, gehemmt.

Die Polyphenole werden z. T. in die Zelle aufgenommen. Die Rotweinfarbstoffe (Anthocyane) werden von den Hefen mit unterschiedlicher Intensität gespalten, sodass die Phenole freigesetzt, in die Hefe aufgenommen oder weiteren Reaktionen im Most unterliegen. Da Gerbstoffe mit dem Hefeeiweiß reagieren, nimmt auch die Gerbstoffkonzentration während der Gärung ab. Die Abnahme des Leucoanthocyangehaltes, der als Maß für den Gerbstoffgehalt gelten kann, beträgt 50 % und mehr.

Die Phenolcarbonsäuren p-Cumar- und Ferulasäure können zu 4-Vinylphenol und zu 4-Vinylguajacol decarboxyliert werden. Diese flüchtigen Phenole verstärken das Sortenbukett von Traminerweinen (GRANDO et al. 1993). Aus Zimtsäure kann durch Decarboxylierung Styrol (Phenylethylen) entstehen. In deutschen Weinen wurden 1 bis 8 µg/L als natürlicher Inhaltsstoff nachgewiesen (SPONHOLZ 1990). Vinylphenole können von *Dekkera- (Brettanomyces-)* Arten zu Ethylphenolen reduziert werden. Die „phenolischen", „tierischen" oder „Stall"-Gerüche entstehen nach der Gärung (CHATONNET et al. 1999).

5.11 Metalle, Pflanzenschutzmittel

Traubenmost und andere Pflanzensäfte haben einen oft hohen **Säuregehalt**. Metalle können daher von ihnen **korrodiert** werden. Moste und Weine können z. B. Eisen aufnehmen, wenn Schrauben in den Fassraum hineinragen. Kupfer und Zink kann in Moste und Weine kommen, weil in alten Betrieben noch Geräteteile aus Messing verwendet werden. Auf die Mostgärung haben diese **Metalle** normalerweise keinen Einfluss. Ihre Hemmwirkung kommt, wenn überhaupt, erst bei der Aufgärung von Weinen oder ihrer **Versektung** zum Tragen.

Versektungsschwierigkeiten durch **Eisen** waren früher gefürchtet. Bei Grundweinen mit sehr hohen Eisenkonzentrationen erfolgte keine Angärung oder sie kam erst nach langer Verzögerung. In anderen Fällen erfolgte zwar eine Angärung, die Versektung blieb aber schon bald stecken. In eisenhaltigen Weinen nimmt die Hefe nämlich während ihrer Vermehrung ständig Eisen auf. Da Schwermetalle **Enzymgifte** sind, werden die Hefezellen langsam vergiftet. Das Hefedepot ist dann grauviolett bis schwarz. Wenn der Eisengehalt auf ein erträgliches Maß abgenommen hat, springt die Gärung nach langer Verzögerung doch noch an. Die Hefezellen vermehren sich nämlich unter dauernder Eisenaufnahme langsam und verringern dadurch die Eisenkonzentration so weit, dass die nächste Sprossgeneration nicht mehr gehemmt wird. Sie können sich dann normal vermehren und gären.

Bei der Lagerung von Mosten in **Aluminium**tanks ohne Innenauskleidung traten erst bei Aluminiumgehalten über 500 mg/L Gärverzögerungen ein. Bei Aufgärungen von Weinen hemmten dagegen schon 26 mg/L erheblich. **Mangan** hemmt nur schwach. Bis zu 100 mg/L wurde die Aufgärung von Weinen nicht beeinflusst. Bei Mosten aus straßennahen Rebanlagen kann der **Blei**gehalt erhöht sein. Im Wein ist Blei nicht mehr nachweisbar. Noch bis in die beginnende Neuzeit wurden Weinen und Mostkonzentraten gelegentlich Bleisalze zur Konservierung zugesetzt.

Auch **Kupfer** wirkt bei der Gärung von Mosten kaum hemmend. Ein erhöhter Kupfergehalt des Mostes wird eher positiv beurteilt: Bei der Gärung entstehender Schwefelwasserstoff (H_2S), der im Jungwein einen Böckser verursachen kann, reagiert mit Kupfer zu schwer löslichem Kupfersulfid (CuS). Obwohl die Entfernung von H_2S aus dem Jungwein durch Zusatz von Kupfersulfat ($CuSO_4$) oder Kupferzitrat möglich ist, werden häufig ein oder zwei „Kupferabschlussspritzungen" der Reben empfohlen. Der Kupfergehalt des Mostes beträgt dann etwa 1 bis 5 mg/L. Gärstörungen treten bei diesen Mengen noch nicht auf. Die Abnahme der Kupfergehalte durch die Gärung vergleiche man bei KERN & WUCHERPFENNIG (1991) und bei REDL (1992). Die Aufgärung von Wein und seine **Versektung** hemmt Kupfer stärker als Eisen. Auch Kupfer wird anteilig in die Hefezelle aufgenommen. Aus Weinen lassen sich höhere Kupfergehalte, die gefürchtete Trübungen hervorrufen können, durch **Hefeschönung** entfernen (LANGHANS & SCHLOTTER 1987). **Zink** fördert die Gärung. Zinkmangel schränkt die Hefevermehrung ein und kann zu Gärstörungen führen.

Für die **Schwermetalle** gilt daher, dass sie aus dem Most/Jungwein nahezu vollständig **verschwinden**, weil sie während der Gärung als Sulfid gefällt oder in die Hefe inkorporiert und mit ihr aus dem Jungwein abgetrennt werden.

Die Konzentrationen seltener Metalle, die im Most Gärverzögerungen bewirken, teilt MOHR (1979) mit. Doch auch zu geringe Vorkommen von Metallen, z. B. von K, können Vermehrungs- und Gärungsschwierigkeiten verursachen. Die Aufnahme von Alkali- und Erdalkalimetallen aus dem Most durch die Hefe veranschaulicht Tab. 23.

Pflanzenschutzmittel können im Prinzip schon die Mikroflora der Trauben beeinflussen. In Mosten und Weinen aus Rebanlagen, die sehr spät und/oder mit zu hohen Konzentrationen hefetoxischer Rebschutzmittel behandelt worden waren, sind Beeinträchtigungen der Hefe und ihrer Gärung nicht sicher auszuschließen. Die entscheidende Wirkung geht aber von den Wirkstoffmengen aus, die zum Erntezeitpunkt noch auf den Beeren sind. Von ihnen löst sich ein Teil von der Maische oder vom Trub im Most. Geklärte, z. B. separierte Moste sind daher kaum gefährdet.

Eine negative Wirkung auf die Hefe durch manche **Fungizide** wäre denkbar: Weil sie die pflanzenschädigenden Pilze abtöten, könnten sie auch die für die Weinbereitung unabdingbaren Pilze, die Hefen, hemmen.

Tab. 22. Konzentrationen seltener Schwermetalle, die im Most (78 °Oe, pH 3,8, 19 °C, 50 mg/L K-Pyrosulfit, 10 mg/L Trockenhefe) beginnende Gärverzögerungen bewirken (MOHR 1979).

Metall	Gehalt im Most mg/L (ppm)
Cd	2–5
Hg	5–10
As	10–25
Cu	25–50
Se	50–100
Ni, Cr(III)	250
Pb	200–400
Co, Cr(VI), Tl, V, Zn	≥ 500

Um die späte Massenvermehrung von *Botrytis cinerea* zu bekämpfen, werden Botrytizide in „Spätbehandlungen" ausgebracht. In manchen Wirkstoffkombinationen ist **Folpet** enthalten. Bei beabsichtigten Spontangärungen ist die Karenzzeit einzuhalten. Zu späte Anwendung kann Gärstörungen bewirken (RÜTTGER et. al. 2006). Die anderen Fungizide sind nicht hefetoxisch.

5.12 Apiculatus-Hefen, Milchsäurebakterien

Hohe Zellzahlen von Apiculatushefen, wie sie für Spontangärungen typisch sind, können die Gärung von *Saccharomyces*-Hefen hemmen (MÜLLER-THURGAU 1897*). Mischgärungen von *Sacch. cerevisiae* und *Hanseniaspora uvarum* gehen nie so weit voran wie eine reine *Saccharomyces*-Gärung. Je höher der *Hanseniaspora*-Anteil ist, umso geringer ist der Vergärungsgrad. Dieses Verhalten ist jedoch nicht auf die Wirkung eines Killertoxins zurückzuführen, das manche *Hanseniaspora*-Stämme bilden können (SPONHOLZ et al. 1990 a).

Tab. 23. Aufnahme von Alkali- und Erdalkalimetallen sowie von N und P durch Hefe während der Gärung (1989er Bugginger Gutedel, QbA).

	Most	Wein
Kalium	1410	740
Magnesium	82	66
Calcium	155	110
Natrium	17	10
Stickstoff	465	121
Phosphor	150	92

Manche Milchsäurebakterien der Gattung *Lactobacillus* bilden im Most Stoffe, die andere Milchsäurebakterien, *Sacch. cerevisiae* und *Zygosacch. bailii* hemmen (RADLER 1992, HUANG et al. 1996).

Bei Trockenhefebeimpfungen sind Hemmungen der Mostgärung weder durch Metalle und Pflanzenschutzmittel, noch durch wilde Hefen und Milchsäurebakterien zu befürchten.
Ein aus Hefe gewonnener Peptid-Komplex steigert die Zuckeraufnahme, erhöht den interzellulären Fructose-2,6-bisphosphat-Pegel, er erhöht die Pyruvatdecarboxylase-Aktivität sowie die Synthese von Proteinen, Glycogen und Lipiden. Er stärkt auch die Resistenz gegen Stress bei Gärungsbedingungen (DILLEMANS et al. 2001).

6 Die Bildung schwefelhaltiger Stoffe durch die Hefe

Da die Gärung reduzierend wirkt, unterliegt auch der Schwefelstoffwechsel der Hefe diesen Bedingungen. Substrat dieser Reduktion ist zunächst das im Most vorkommende Sulfat.

Das Sulfat des Traubensaftes – in deutschen Mosten etwa 150 bis 250 mg/L – ist für die Hefe ein **Nährstoff**; der reduzierte Schwefel wird in die schwefelhaltigen Aminosäuren eingebaut. Die S-haltigen Aminosäuren sind Bausteine für die Proteinsynthese. Die **Sulfatreduktion** ist daher für das Zellwachstum unentbehrlich.

Nach dem Ende der Hefevermehrung geht die SO_4-Aufnahme weiter, obwohl die SO_4-Reduktionsprodukte SO_2 und H_2S gar nicht mehr zur Synthese der S-Aminosäuren/Proteine gebraucht werden. Sie stauen sich daher an und werden ins Gärsubstrat ausgeschieden. Die Produktion von SO_2 und H_2S wird daher abhängen von der SO_4-Konzentration im Most, der Zahl der Zellen und der Zeit, in der sie noch aktiv sind (DOYLE & SLAUGHTER 1998).

Für die Weinbereitung sind zunächst zwei Produkte der Reduktion des Sulfats wichtig: das **Sulfit** und das **Sulfid.**

Gärende Hefe kann aus dem Sulfat des Mostes Sulfit, also SO_2, bilden. Der Gesamt-SO_2-Gehalt der Jungweine kann auf diese Weise erhöht werden.

Aus Sulfat wie aus Sulfit kann Sulfid – H_2S (Schwefelwasserstoff) – entstehen. Entsteht dieses Endprodukt der Reduktion in wahrnehmbaren Mengen, kommt es zum sensorisch negativ wirkenden **„Böckser"**. H_2S kann danach mit anderen Metaboliten und/oder Weininhaltsstoffen reagieren. Die daraus entstehenden organischen S-haltigen Stoffe ergeben dann Geschmacksfehler, die – nicht immer zutreffend – als „Mercaptan-", „Hefe-" oder „Lagerböckser" bezeichnet werden.

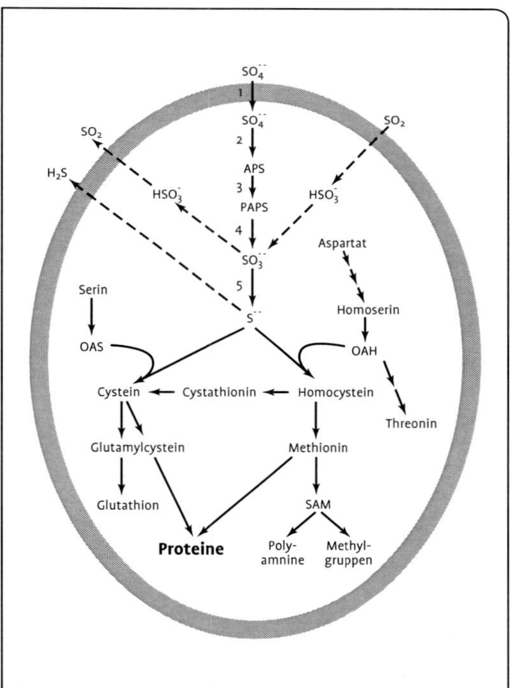

Abb. 37. Bildung von SO_2 und H_2S aus dem Sulfat des Mostes als Zwischenprodukte der Synthese S-haltiger Aminosäuren.
APS = Adenosyl-5-phosphosulfat, PAPS = 3-Phosphoadenosyl-5-Phosphosulfat, OAS = O-Acetylserin, OAH = O-Acetylhomoserin, SAM = S-Adenosylmethionin, 1 = Sulfat-Permease, 2 = ATP-Sulfurylase, 3 = APS-Kinase, 4 = PAPS-Reduktase, 5 = Sulfit-Reduktase.

6.1 Bildung von SO_2 (Sulfit)

Nur ausnahmsweise kann Hefe während der Gärung mehr als 20 mg/L SO_2 bilden. In Einzelfällen fiel jedoch eine viel höhere SO_2-Produktion auf. Das entstehende SO_2 wird während der Gärung sofort an die gleichfalls entstehenden SO_2-bindenden Stoffwechselprodukte gebunden.

Diese „**SO_2-bildenden Hefen**" können im Most mehr als 100 mg/L SO_2 bilden, einzelne bilden mehr als 200 mg/L. Die Prüfung von 162 Stämmen aus verschiedenen Weinbaugebieten ergab, dass etwa 2 % von ihnen SO_2 in Konzentrationen produzierten, die für die Weinherstellung zu hoch sind. Die Gärfähigkeit dieser Stämme ist meist schwächer (Dittrich & Staudenmayer 1968).

Die genetisch fixierte Abstufung der SO_2- und der H_2S-Bildung der Hefen wird graduell durch die Mostzusammensetzung variiert. Die Einflussfaktoren auf die SO_2-Produktion entnehme man Beech et al. (1979).

Die Gesamt-SO_2 der Weine ist gesetzlich begrenzt. Nicht abschätzbare Erhöhungen durch Hefen mit abnormer SO_2-Produktion müssen daher vermieden werden. Da bei Spontangärungen diese Gefahr besteht, sollte mit Starterkulturen vergoren werden. Wie in allen ähnlichen Fällen werden die als schädlich anzusehenden SO_2-bildenden Hefen von den Starterhefen schon zahlenmäßig verdrängt, sodass ihre SO_2-Produktion dann nicht mehr auffällt.

Diese Stämme, die meist zu *Sacch. bayanus* gehören, unterscheiden sich von Stämmen mit normaler SO_2-Bildung durch enzymatische Defekte: Sie haben höhere Aktivitäten der Sulfatpermease und der ATP-Sulfurylase, aber eine minimale Aktivität der Sulfitreduktase. Die erhöhte Sulfitbildung ist daher auf zu hohe Aktivitäten des SO_4-aufnehmenden Enzyms und der SO_2-bildenden Enzyme und auf zu geringe Aktivität des SO_2-umsetzenden Enzyms zurückzuführen (Heinzel et al. 1979).

6.2 Bildung von H_2S (Schwefelwasserstoff)

Wie Sulfit ist Schwefelwasserstoff (H_2S) in kleinen Konzentrationen ein Nebenprodukt der Gärung. Das Gärbukett des ungeschwefelten Jungweines wird von ihm mitbestimmt. Seine Entstehung geht normalerweise ebenfalls auf die Reduktion des im Most enthaltenen Sulfats zurück. Wie Abb. 37 zeigt, hängt seine Bildung mit der SO_2-Bildung zusammen. In den fertigen Weinen ist H_2S jedoch kaum mehr nachweisbar (Tab. 25).

Fehlt der Hefe Pantothensäure, kann das aus dem Sulfat gebildete Sulfid (H_2S) nicht zu Homocystein weiterreagieren; das nicht gebrauchte H_2S wird ausgeschieden.

Merkbare Mengen H_2S verursachen den „**Böckser**", einen Weinfehler, der an den Geruch fauler Eier erinnert. Bei schwächerer Ausprägung kommt es – je nach dem rebsortentypischen Aroma des Weines – zu Qualitätsminderungen, die als „fleischig", „speckig", „gummiartig" oder „verbrannt" bezeichnet werden können. Mit fortschreitendem Ausbau des Weines und mit zunehmendem Alter verändert sich der sensorische Eindruck.

Wenn H_2S in größeren Mengen gebildet wurde, entstehen Folgeprodukte durch seine Reaktion mit anderen Metaboliten. Tab. 25 enthält S-haltige Weininhaltsstoffe, ihre Konzentrationen und ihre Geschmacksschwellenwerte. Bei erhöhtem Vorkommen wirken sie qualitätsmindernd. Der „Böckser" ist deshalb ein **Weinfehler**, dem eine von Fall zu Fall wechselnde stoffliche Zusammensetzung zu Grunde liegt (Zusammenfassungen: Rauhut 1993, 1996, 2009).

Wie die SO_2-Bildung ist auch die H_2S-Bildung je nach Hefestamm unterschiedlich.

Tab. 24 veranschaulicht dies für Trockenhefen des Handels. Die H_2S-Bildung ist eine der wichtigsten Eigenschaften eines Hefestammes.

Die H_2S-Produktion wird von verschiedenen Faktoren beeinflusst. Hohe pH-Werte des Mostes und hohe Gärungstemperaturen, d. h. hohe Gärungsgeschwindigkeiten, erhöhen sie normalerweise. Die H_2S-Bildung steigt auch mit zunehmendem **Trubgehalt** des Mostes. Doch selbst bei trubreichen Mosten ist die im Jungwein verbleibende H_2S-Konzentration nur gering; das beim Proteinabbau aus den S-haltigen Aminosäuren freigesetzte H_2S wird mit dem stürmisch entweichenden CO_2 ausgetragen. Verbleibende Reste werden beim Ausbau entfernt.

Der Trub ist auch in einer anderen Beziehung wichtig: Wo dies zulässig ist, wird der zur Mehltaubekämpfung auf die Beeren gebrachte molekulare **Schwefel** („Netzschwefel"), so weit er noch auf den Beeren haftet, zwar während der Gärung teilweise zu H_2S hydriert und vom CO_2 ausgetrieben. Aber gegen das Gärungsende sedimentiert der S-haltige Trub zusammen mit der Hefe. Der immer enger werdende Kontakt steigert die H_2S-Bildung. Die CO_2-Produktion hat schließlich aufgehört, sodass das entstehende H_2S nicht mehr ausgetrieben wird. Dadurch entsteht ein H_2S-Böckser. Die Ursache dieses Weinfehlers ist der **geringe Geruchsschwellenwert des H_2S**: Je nach Wein werden bereits 10 bis 80 µg/L als abstoßend wahrgenommen.

Tab. 24. Unterschiedliche Produktion von H_2S und S-haltigen organischen Stoffen[1] durch Starter-Hefen[2] in Most[3] (RAUHUT 1996).

Sacch. cerev. Stamm	Intensität d. H_2S-Bildung bei Gärung[4]	H_2S µg/L bei Gärungsende	Methionol µ/L	Summe d. S-haltigen flücht. Stoffe
1	1	n. n.	110	5,3
2	3	17	430	18,0
3	3	14	550	16,6
4	2	5	590	22,2
5	1	4	260	10,3
6	1	14	330	12,6
7	1	4	390	13,9
8	3	12	580	18,8
9	4	8	960	31,3

1 Methionol (Methional war nie nachweisbar), MeSAc, EtSAc, 4,5-Dihydro-2-methylthiophen-3(2H)-on, cis- u. trans-Tetrahydro-2-methylthiophen-3-ol u. 2 nicht identifizierte Stoffe (relat. Peakflächen)
2 Kommerzielle Trockenhefen, je 10 g/100 L
3 1994er Müller-Thurgau, Rheinpfalz, 74° Oe, 20 °C, 0,5 L
4 1 = schwach, 2 = mittel, 3 = stark, 4 = sehr stark

Schon bei normaler *Oidium*-Bekämpfung können in trüben Mosten mehr als 1 mg/L S enthalten sein. Diese S-Menge kann H_2S-Konzentrationen erzeugen, die das 20fache des Geruchsschwellenwertes ausmachen. Die H_2S-Bildung wird durch Zentrifugieren der Moste oder durch andere **Klärungsmaßnahmen** gesenkt. Zur Böckser-Vorbeugung hat man eine Kupferabschlussspritzung empfohlen. Zur **H_2S-Beseitigung** ist **$CuSO_4$** aus dem Wein und **Cu-Citrat** erlaubt. Die benötigte Menge ist durch Versuche festzustellen. Zu hohe Cu-Konzentrationen können Cu-Trübungen zur Folge haben.

Die H_2S-Bildung ist auch vom N-Gehalt des Mostes abhängig: Geringe N-Konzentrationen fördern die H_2S-Produktion. Da in heiß-trockenen Gebieten die N-Gehalte der Moste tiefer liegen als in feucht-kühleren Klimaten, sind dort H_2S-Böckser häufiger. Zu ihrer Verhinderung hat sich ein **N-Zusatz** zu Most oder Maische bewährt (Wenzel et al. 1980). Zulässig sind bis zu 1 g/L Diammoniumhydrogenphosphat $(NH_4)_2HPO_4$ – DAHP) oder Diammoniumsulfat $(NH_4)_2SO_4$ oder eine Mischung beider Salze.

Die SO_2, die zur Most- und Maische-Schwefelung zugesetzt wird, ist in den üblichen Konzentrationen kaum eine Quelle der H_2S-Bildung.

Die H_2S-Bildung erfolgt nicht während der Vermehrung der Hefe, sondern erst danach während des Einzellstadiums. Von Gössinger & Steidl (1999 a, b) werden Bakterien als Verursacher der Böckserbildung vermutet.

6.3 Bildung organischer schwefelhaltiger Stoffe

Unter den organischen S-haltigen Inhaltsstoffen des Weines, die Produkte des Hefestoffwechsels sind, fällt das **Methionol** mengenmäßig auf. Formal kann man seine Herkunft aus dem Abbau der Aminosäure Methionin erklären: Desaminierung, Decarboxylierung der angefallenen Ketosäure, Hydrierung des entstandenen Aldehyds Methional, das stärker wahrnehmbar ist. Das Ethionol tritt gegenüber dem Methionol zurück. Beide sind sensorisch unauffällig. Obwohl sie in böcksernden Weinen vermehrt vorkommen (siehe Tab. 25), sind sie nur **Indikatoren**, aber nicht eigentlich Verursacher von Böcksern.

Wichtig sind dagegen der **Methyl-** und der **Ethyl-Ester der Thioessigsäure** (MeSAc und EtSAc). Ein böcksernder Wein enthielt beispielsweise mehr als 130 µg/L MeSAc, ein anderer enthielt über 180 µg/L EtSAc. In kleinen Quantitäten sind sie Gärungsprodukte, in größeren sind sie Muttersubstanzen Böckser-verursachender Stoffe.

Die Bildung der Thioessigsäure-Ester erfolgt vermutlich durch Veresterung von Acetyl-CoA mit Methyl- bzw. mit Ethyl-Mercaptan (MeSH bzw. EtSH). Anscheinend ist dies ein Entgiftungsmechanismus der Hefe, durch den Mercaptane in weniger reaktionsfähige Stoffe umgewandelt werden. Ihre Konzentrationen steigen mit steigendem S-Gehalt des Mostes an.

Die Thioessigsäure-Ester hydrolysieren im Wein. Während der Lagerung werden daher die **Mercaptane Methanthiol** (Methyl-Mercaptan, MeSH) und **Ethanthiol** (Ethyl-Mercaptan, EtSH) **freigesetzt**. Die Mercaptanfreisetzung kann auch nach der Kupferbehandlung zu einem nochmaligen Auftreten des Böcksers während der Flaschenlagerung führen:

$$CH_3-\underset{\displaystyle S-CH_2-CH_3}{\underset{|}{C}}=O \longrightarrow CH_3-\underset{\displaystyle OH}{\underset{|}{C}}=O + HS-CH_2-CH_3$$

Thioessigsäure-S-ethylester — Essigsäure — Ethanthiol (Ethyl-Mercaptan)

Die 50 %ige Hydrolyse von 10 µg/L EtSAc würde 3,0 µg/L EtSH ergeben. Das ist das Dreifache seines Geschmacksschwellenwertes in vielen Weinen. Für MeSAc gilt Ähnliches. Die Geschwindigkeit der Hydrolyse ist abhängig vom pH, der Temperatur, dem Alkoholgehalt und anderen Weininhaltsstoffen. Durch die Abnahme der Thioessigsäureester nehmen die Mercaptane und ihre Disulfide zu.

Tab. 25. Schwefelhaltige Stoffe (µg/L) in 22 flaschengefüllten Weinen ohne Böckser und in 38 Weinen mit Böckser (RAUHUT et al. 1998, 1999).

	Ohne Böckser	Mit Böckser	Sensorischer Eindruck	Geruchsschwellen wert µg/L Wein
H_2S	n. n.–6,5	n. n.–8,2	Faule Eier	10–80
Thioessigsre.-S-methylester (MeSAc)	1,2–2,8	3,9–85,1	Käsig	10–300 (Bier)
Thioessigsre.-S-ethylester (EtSAc)	–	1,4–135,2	Käsig, verbrannt	10–40 (Bier)
Methyl-mercaptan (MeSH)	0,5–1,2	2,0–7,1	Faule Eier, Fäkalien	2–10
Ethyl-mercaptan (EtSH)	n. n.–Spuren	n. n.–5,5	Zwiebel, Gummi	1,1
Dimethylsulfid (DMS)	9–29	1–53	Spargel, Melasse	25–60
Dimethyl-disulfid (DMDS)	n. n.–Spuren	n. n.–2,3	Quitte, Spargel	
Methylethyl-disulfid (MeSSEt)	n. n.	n. n.–3,0		
Diethyl-disulfid (DEDS)	n. n.	n. n.–2,4	Knoblauch, verbrannter Gummi	4,3
4,5-Dihydro-2-methylthiophen-3-on	19–62	15	237	
3-Methylthio-propionsre.-ethylester	0,9–35	0,9–14		
Essigsre.-3-methylthio-propylester	0,02–0,8	0,04–0,6		
3-Methylthio-propanol (Methionol)	193–1588	224–5655	Gekochter Kohl	
3-Ethylthio-propanol (Ethionol)	0,03–0,6	0,1–7,2		
Cis-Tetrahydro-2-methyl-thiophen-3-ol	0,9–29,4	3,9–94,8		
Trans-Tetrahydro-2-methyl-thiophen-3-ol	0,4–23	4–72		
Benzothiazol	0,3–12	0,7–14	Gummi	

SO_2 steigert selbst bei einer extrem hohen Mostschwefelung die Bildung dieser Ester nicht (Tab. 26), weil nur ein kleiner Teil zu H_2S reduziert wird, während ein größerer Teil zu Sulfat oxydiert wird. Ein weiterer Teil wird an verschiedene Stoffe gebunden. Die Vermehrung des hefeverwertbaren **N** mit der zulässigen Menge Diammonium-Hydrogen-Phosphat (DAHP) **senkt** dagegen die **Esterkonzentration** erkennbar, wenn auch nicht immer ausreichend.

In stark böcksernden Weinen kommen kleine Konzentrationen von Methyl- und Ethyl-Mercaptan sowie ihre **Disulfide** Dimethyl-Disulfid (DMDS), Methylethyl-Disulfid (MeSSEt) und Diethyl-Disulfid (DEDS) vor (Tab. 25).

Die Thioessigsäureester haben hohe Geruchsschwellenwerte, daher sind nur große Mengen wahrnehmbar. Die **Böckser-Wahrnehmung** wird im Wesentlichen von **Mercaptanen** bestimmt.

Während des **Ausbaus** eines böcksernden Weines **ändert** sich **die Zusammensetzung** seiner **S-haltigen Stoffe**. Nach Methionol sind nach der Gärung die zwei Thioessigsäureester am höchsten. Infolge der Hydrolyse nehmen sie ab, deshalb nehmen nach drei bis vier Monaten die Mercaptane zu, es entsteht ein Mercaptangeruch. Bei versäumter Schwefelung, bei Lufteinfluss, aber auch bei längerer Lagerung oxidieren die Mercaptane zu den schwächer riechenden Disulfiden.

Tab. 26. Konzentrationen (µg/L) von Ethylmercaptan (EtSH), 2-Methyl-3-Hydroxythiophen (MHT) und 2-Methyl-3-Furanthiol (FSH) in 45 Schweizer Weinen ohne und in 49 Schweizer Weinen mit Böckser (BERNATH 1997).

	Ohne Böckser	Mit Böckser
EtSH	n.n–0,5	n.n–9,1
MHT	0,4–13,6	2,4–59,2
FSH	n.n–0,3	n.n–1,2

Dimethylsulfid (DMS) ist kein Indikator für die Qualität. LE FUR et al. (1991) fanden sieben Monate nach der Gärung 0,1 bis 0,24 µg/L. Maximale Konzentrationen waren erst nach fünf bis zehn Jahren entstanden. In Cabernet-Sauvignon-Weinen wurden bis zu 910 µg/L gefunden. Wenn Wein spät von der Hefe abgezogen wurde, fand man mehr DMS, weil Hefe DMS aus Cystin, Cystein oder Glutathion bilden kann (NIEFIND 1969). Der in Weinen von gestressten Reben häufige **Stresston** (irreführend „untypischer Alterston" (UTA) genannt) ist kein mikrobielles Produkt. Aus dem Phytohormon Indolessigsäure bildet sich durch das Schwefeln 2-Aminoacetophenon und Skatol. In ein- bis zweijährigen Weinen kommt daneben **Methional** (Geschmacksschwelle 50 µg/L) bis zu 150 µg/L vor. In manchen böcksernden Weinen wurde **Dimethyltrisulfid** gefunden. Bei extremer Ausprägung ähnelt der Geruch solcher Weine dem von Hefeextrakt. Die Ascorbinsäurebehandlung von Weinen mit „Stresston"-Potenzial führt zu einer verminderten Methionalbildung, aber zur Erhöhung von **4,5-Dihydro-2-methylthiophen-3(2H)-on** (RAUHUT 2003, pers. Mitt.).

Die primäre Ursache auch dieser Böckser ist H_2S. Bei starker H_2S-Bildung werden von der Hefe während der Gärung vermehrt Thioessigsäureester gebildet. Aus ihnen werden die Mercaptane freigesetzt, die Böckser verursachen. Die daraus entstehenden Disulfide sind zwar weniger geruchswirksam, aber doch qualitätsmindernd.

In Weinen mit Böcksern sind die meisten S-haltigen Stoffe, einschließlich Methionol, höher als in fehlerfreien Weinen (Tab. 25). Dies gilt auch für Ethanthiol (2-Mercaptoethanol, EtSH) und/oder **2-Methyl-3-Furanthiol** (FSH) und **2-Methyl-3-Hydroxythiophen** (MHT; BERNATH 1997). Die Geruchsschwellenwerte von EtSH und von FSH liegen in Weißweinen bei 1,0 (zwiebel- oder gummiartig) und 0,4 µg/L.

Die Hefe kann flüchtige Thiole aus ihrer Bindung an Cystein freisetzen. Für das Aroma, etwa von Sauvignon, ist dies bedeutsam. Stickstoff reguliert die Thiolfreisetzung (THIBON et al. 2008). Diese Thiole und ihre Ester entstehen in der Vorgärphase vermehrt bei 4–6 °C (SCHMITT 2009).

6.4 Verhütung und Beseitigung von Böcksern

Die Verhütung von Böcksern besteht zunächst im **Ausschluss von** molekularem **Schwefel** („Netzschwefel"), der von der Mehltaubekämpfung auf den Beeren verblieben ist. Das **Abtrennen des Trubes** durch die Klärung des Mostes verringert die Gefahr der Böckserentstehung. Damit **verlangsamt** man außerdem die **Gärungsgeschwindigkeit** und vermindert dadurch die Bildung von H_2S und seiner Böckser-verursachenden Folgeprodukte. Eine ähnliche Wirkung hat eine **Bentonitbehandlung** des Mostes mit sofortiger Abtrennung des Sedimentes.

Ein wichtiger Faktor ist die **Hefe**. Das ist entweder der Hefestamm, der bei der Spontangärung dominiert, oder es ist die Starterhefe, die dem Most zugesetzt wurde. Da die Bildung S-haltiger Stoffe unterschiedlich ist (siehe Tab. 24), sollten nur solche Stämme eingesetzt werden, die eine geringe Potenz zur Bildung Böckser-verursachender Metaboliten haben. Weil sich bei Spontangärungen möglicherweise Stämme mit hoher Böckserbildungspotenz durchsetzen, sollte die Spontangärung zu Gunsten der **Gärung mit geeigneten Trockenhefen** aufgegeben werden.

Die **Verbesserung der Hefeernährung**, besonders ihrer N-Versorgung, beugt der Böckserbildung ebenfalls vor. Die als Hefenährstoffe bis zu 1 g/L zulässigen **Ammoniumsalze** („Gärsalze") Diammoniumhydrogenphosphat (DAHP) oder Diammoniumsulfat verringern die H_2S-Bildung und die Bildung Böckser-verursachender Folgeprodukte (RAUHUT 1996, UGLIANO et al. 2009). Der N-Zusatz ist besonders in trockenheißen Gebieten wirksam, da dort die Moste meist zu N-arm sind. Doch auch in den Gebieten der gemäßigten Klimazonen empfiehlt sich der N-Zusatz zu Most oder Maische, weil die N-Düngung der Reben wegen der Verringerung der Umweltbelastung oft zu gering ist.

Bei Hefestämmen mit geringer Potenz zur Produktion von S-haltigen Stoffen reicht der Most-N meist aus, um Böckser verursachende Fehltöne zu vermeiden, nicht jedoch zur vollständigen Vergärung. Stämme mit hoher Potenz zur Bildung S-haltiger Metaboliten vergären hingegen fast vollständig (RAUHUT et al. 1998).

Da EtSH, FSH und MHT teilweise oder ganz aus dem **Proteinabbau der Hefe** kommen, beugt ihre frühzeitige Abtrennung dem Aufkommen oder der Verstärkung von Fehltönen vor.

In den fertigen Weinen sind die H_2S-Mengen u. a. schon wegen der Schwefelung viel geringer als in den abgegorenen Mosten. SO_2 beseitigt nämlich H_2S.

Deshalb sind geringe Böckser bei Gärungsende meist harmlos. Geringe H_2S-Gehalte mögen sogar der Beurteilung mancher Weine nicht schaden. Während nämlich für manche Prüfer ihr „reicher Duft" attraktiv sein kann, werden solche Weine von anderen als fehlerhaft abgelehnt. Dies zeigt, dass das Wahrnehmungsvermögen für Böckser unterschiedlich ist. Zudem ist bei gleicher Zusammensetzung der verursachenden Substanzen der sensorische Eindruck je nach Wein verschieden. Schließlich verändert sich der Geruchseindruck mit dem Herstellungsprozess des Weines und im Laufe seiner Lagerung.

Zur Beseitigung von Böcksern und ähnlichen Fehlaromen ist der einmalige Zusatz von maximal 10 mg/L **Kupfersulfat oder 500 mg/L Kupferzitrat zulässig** (ESCHNAUER & SCHOLL 1995).

Die Reben, von denen der Wein stammt, dürfen zuvor nicht mit kupferhaltigen Pestiziden behandelt worden sein.

Auch **Thiole (Mercaptane) reagieren mit Kupfer.**

Daher muss wiederholt werden, dass bei starker H_2S-Bildung während der Gärung u. a. zwei Ester der Thioessigsäure verstärkt gebildet werden. Beide Ester sind kaum geruchswirksam. Sie setzen langsam Methyl- und Ethyl-Mercaptan frei. Infolge ihrer starken Wahrnehmbarkeit verursachen diese Mercaptane Böckser. Bei der Kupferbehandlung reagiert nur ein Teil der Mercaptane zu geruchsunwirksamen Cu-Mercaptiden, der andere Teil wird zu den Disulfiden oxidiert. Zwar sind die Disulfide geruchlich weniger wirksam als die Mercaptane, aber trotz des Verschwindens der Mercaptane bleibt durch die **Disulfide** ein merkbarer „Böckserrest" im Wein zurück.

Mit den Thioessigsäureestern bleibt ein Böckserreservoir im Wein, das weiterhin langsam Mercaptane freisetzt und dadurch den Böckser wieder verstärkt. Eine nochmalige Kupferbehandlung ist aber nicht erlaubt. Auch das Belassen eines hohen Cu-Gehaltes (mehr als 0,5 mg/L Cu^{++}) im Wein ist nicht ratsam, da dann Kupfertrübungen entstehen können. Die Freisetzung der Mercaptane kann noch nach der Füllung in der Flasche erfolgen. Wenn der Wein noch nicht mit Kupfer behandelt worden war, kann man sie durch Zusatz von Cu-Sulfat oder -Zitrat zum Wein bei der Füllung abfangen.

Manche Betriebe behandeln ihre Weine nicht mit Kupfer. Stattdessen behandeln sie die Trauben mit kupferhaltigen Fungiziden. Dieses Kupfer gelangt teilweise in den Most. Bei der Gärung reagiert es mit dem entstehenden H_2S. Das entstandene Kupfersulfid kann aus dem Wein abgetrennt werden. Damit ist sowohl der H_2S- wie auch der Kupfergehalt des Jungweines verringert worden. Die **Kupferabschlussspritzungen** können eine vermehrte Entstehung Böckser verursachender Metabolite nur dann verhindern, wenn die Schwefelkonzentrationen im Most sehr gering sind und das Kupfer ausreicht, um das bei der Gärung entstehende H_2S auszufällen.

Tatsächlich sind die Konzentrationen beider Mercaptane höher; bei der Probenaufbereitung werden sie nämlich großenteils zu Disulfiden oxidiert. Kupfer kann allerdings auch das sortentypische **Aroma** verringern, wenn es von Substanzen mit reaktiven SH-Gruppen geprägt wird.

Vorkommen, Entstehung und Beseitigung qualitätsmindernder S-haltiger Stoffe im Wein beschreiben ausführlich Rauhut (1993, 1996, 2009) sowie Bernath (1997). Kurze Beschreibungen lieferten Bernath (2001), Flak & Krizan (2004), Funk (2001) und Gössinger (1997).

7 Spontangärung und Reinzuchthefegärung

7.1 Spontangärung: Normalität über Jahrtausende

Mangels Wissen wurde über die Jahrhunderte hinweg Wein in der Form hergestellt, dass gekelterter Traubenmost sich selbst überlassen wurde, dieser trübte sich nach Tagen oder Wochen ein und die Bildung von Gasbläschen zeigte eine Gärung an. Nachdem die Gasentwicklung beendet war und sich die Trübungsstoffe abgesetzt hatten, wurde der Wein abgezogen. Mit stetiger Verbesserung der zur Filtration eingesetzten Mittel und der empirisch gewonnenen Erfahrung einer verbesserten Haltbarkeit bei Ausschluss von Luft verbesserte sich offensichtlich die Qualität der Weine.

Erst ab der zweiten Hälfte des 19. Jahrhunderts begann die systematische Erforschung der mikrobiologischen Hintergründe einer alkoholischen Gärung (s. Kap. 1 und 2). Hefen, Schimmelpilze, Essigsäurebakterien und Milchsäurebakterien werden beim Keltervorgang von den Traubenbeeren abgewaschen. Sie sind daher die mengenmäßig vorherrschenden Mikroorganismen, die in einem frischen Traubenmost vorzufinden sind.

Die heterogen zusammengesetzte Mikroflora wird stark selektiert durch die Rahmenbedingungen wie hohe Zuckergehalte, weinbauliche und kellertechnische Maßnahmen, sehr variable Gehalte an organischen Stickstoffverbindungen, Vitaminen, Mineralstoffen, Spurenelementen, Säuren sowie tiefe pH-Werte (in der Regel unter pH 3,5), geringe Verfügbarkeit von Sauerstoff und hohe bzw. tiefe Temperaturen.

Im Laufe der allmählich einsetzenden Gärung beeinflussen sich wechselseitig die **mikrobielle Population** – jeweilige Quantitäten der jeweiligen Mikroorganismenspezies und -stämme – und die auf diese einwirkenden **Umweltbedingungen** – jeweilige Zusammensetzung des sich stets verändernden gärenden Mostes.

Sobald die Gärung startet, lässt der hohe **Sauerstoffbedarf** von Schimmelpilzen und Essigsäurebakterien die Konzentration dieser Mikroorganismen rasch abnehmen bzw. im Falle der Essigsäurebakterien nicht weiter zunehmen. Es sollte aber bedacht werden, dass Essigsäurebakterien trotz der anaeroben Verhältnisse nur in geringem Maße absterben und damit als permanente Infektionsgefahr durch Bildung flüchtiger Säure präsent bleiben. Im Falle einer Gärstörung können sie sich erneut vermehren.

Innerhalb der sehr unterschiedlich zusammengesetzten Hefegruppe beginnen häufig Hefen der Gattung *Hanseniaspora/ Kloeckera* – auch als „wilde Hefen" bezeichnet – als Erste sich zu vermehren, da sie in der Regel zahlenmäßig sehr stark vorhanden sind und den noch vorhanden gelösten Sauerstoff zur Aufrechterhaltung ihres Metabolismus benötigen. Obwohl sie Ethanol bilden, ist ihr **Ethanolresistenzvermögen** gering (3 bis 4 %vol), sodass sie ihre weitere Vermehrung allmählich selbst hemmen. Es können allerdings unter diesen Bedingungen noch andere Hefen anwesend sein; hierzu gehören *Metschnikowia pulcherrima, Saccharomycodes ludwigii, Torulaspora delbrueckii, Zygosaccharomyces bailii* sowie einige *Schizosaccharomyces und Candida spp.* (Henschke 1997). Alle zusammen bilden die Gruppe der Nichtsaccharomyceten.

Eine Spontangärung ist **bei etwa 4 %vol vorhandenem Alkohol** an einem kritischen Punkt angekommen:

- die wilden Hefen sterben allmählich ab, können aber für den späteren Wein noch geruchlich sehr nachteilige Stoffe bilden,

- ein Großteil des Mostzuckers ist noch vorhanden, jedoch haben die wilden Hefen die sonstigen Nährstoffe je nach Vermehrungsintensität unter Umständen drastisch reduziert,
- Essigsäurebakterien können sich durch das Nachlassen der Kohlendioxidentwicklung erneut vermehren und die Weinqualität massiv schädigen.

Im angegorenen Most kommt es normalerweise unter diesen Umweltbedingungen zur massiven Entwicklung von Hefen der Spezies *Saccharomyces cerevisiae* (auch als „echte" Weinhefen bezeichnet). Denn nur Vertreter dieser Hefeart sind in der Lage, den noch vorhandenen Mostzucker zu vergären.

Allerdings stellen diese Hefen innerhalb der Mikroflora auf Trauben eine absolute Minderheit dar; nur wenige Prozentanteile, häufig sogar unter einem Prozent, sind in der Population eines frisch gekelterten Mostes zu finden. Trotz der erschwerten Umweltbedingungen können sich *Saccharomyces-cerevisiae*-Hefen vermehren und somit die Gärung weiter fortsetzen.

Die Dominanz der *Saccharomyces-cerevisiae*-Hefen stellt noch keine Garantie für einen sauberen Wein dar. Es kommt auf die **genetische Disposition** der echten Weinhefen an, ob sie

- tatsächlich den verbliebenen Mostzucker komplett oder nahezu komplett vergären können,
- ein ansprechendes Gärbukett liefern,
- übel riechende Verbindungen wie Schwefelwasserstoff, Merkaptane oder auch flüchtige Säure bilden,
- Sulfit und/oder oder ein Übermaß an schwefliger Säure bindenden Metaboliten **ausscheiden** oder ob sie beispielsweise durch
- übermäßige Glucanproduktion während des späteren Weinausbaus Filtrationsstörungen verursachen.

Alle diese genannten Risiken stecken in jedem Most, der spontan vergoren wird, und lassen ihn zu einem nur schwer kalkulierbaren – auch in finanzieller Hinsicht – kellerwirtschaftlichen Vorgang werden.

7.2 Weinbergsflora und Betriebsflora bei Spontangärungen

Der wichtigste Gärorganismus ist die Hefespezies *Saccharomyces cerevisiae*. Die Anforderungen an Weinhefen zum Überleben in einem Weinberg unterscheiden sich maßgeblich von denjenigen in einem Traubenmost.

Nachfolgende Tabelle 27 listet einige Gründe auf, wieso gut auf den Weinberg adaptierte Hefen unter Gärbedingungen versagen können.

Grundsätzlich gelten für Weinhefen dieselben Evolutionsparameter wie für jeden anderen Organismus auch, der leben und überleben will. Unter dieser Prämisse muss die Existenz von Weinhefen im Weinberg und in einem gärenden Most gesehen werden. Um zu überleben, müssen Weinhefen im Weinberg auf Trauben, Blättern oder Rebholz mit nahezu komplett anderen Umweltbedingungen zurechtkommen als im Most.

Nahezu keine der von Weinherstellern gewünschten und für die Weinqualität positiv beurteilten Eigenschaften kann von Weinhefen auf den Reben im Verlauf der Vegetationsperioden „erlernt" werden, noch hilft sie ihnen beim Überleben im Weinberg. Auf der anderen Seite helfen nur wenige Eigenschaften, die im Weinberg den Hefen das Überleben ermöglichen, diesen wiederum beim Überlebenskampf im Most.

Im Zusammenhang mit Spontangärungen ist häufig die Frage zu hören: „Sind es die Weinbergshefen – die **Weinbergsflora** – welche die Gärung bestreiten oder sind es die im Weinkeller an Tankflächen, Leitungssystemen oder sonstigen Gerätschaften angesiedelten Hefen – die **Betriebsflora**?" Dazu liegt eine größere Anzahl von Publikationen vor:

Verschiedene Autoren führten **populationsdynamische Untersuchungen** an Trauben im daraus in der Kellerei hergestellten Most und im späteren Jungwein durch. Es konnte eindeutig nicht nur der Einfluss der Betriebsflora, sondern auch weiterführend der Einfluss des Weinbaugebietes und vor allem der Bewirtschaftungsform der Weinberge gezeigt werden (Fleet & Heard 1993; Schuetz & Gafner 1994; Martini & Martini 1990; Constanti et al. 1997; Pretorius et al. 1999; Beltran et al. 2002).

Zur Beantwortung der eingangs gestellten Frage gibt es Ergebnisse, die in neu errichteten Kellereien – und damit frei von jeglicher Weinbergsflora über mehrere Jahre hinweg – die **Entwicklung und Etablierung einer Betriebsflora** beobachtet haben. Es zeigte sich in den meisten Fällen, dass sich im Lauf der Jahre ausgehend von der Weinbergsflora eine Betriebsflora entwickelte, die im jeweiligen Erntejahr mit den neu eingebrachten Mikroorganismen in einen Verdrängungswettbewerb trat. Auch bei Nutzung von Reinzuchthefen sind diese im Folgejahr im Betrieb noch nachweisbar, wenn nicht durch Dämpfen von Rohrleitungen, Tanks und Kellereigeräten für sterile Verhältnisse gesorgt wurde. Wird in einem Betrieb nach Jahren der Spontangärungen auf Vergärungen mit Reinzuchthefen umgestellt, so wird die ursprüngliche Betriebsflora allmählich zurückgedrängt (Beltran et al. 2002).

Wein als Ergebnis einer Spontangärung ist das Ergebnis eines **Zufallsprozesses**, der von außen nur minimal – beispielsweise bewirkt die Zugabe von schwefliger Säure ein Zurückdrängen der wilden Hefen – beeinfluss-

Tab. 27. Vergleich der Umweltbedingungen für Weinhefen im Weinberg und im Most.

Umweltbedingungen im Weinberg
– UV-Licht – partielle Trockenheit – geringes Nährstoffangebot – permanente Gegenwart von Sauerstoff – teilweise extreme Temperaturen – kein oder fast kein Kontakt mit Ethanol oder Säuren
Umweltbedingungen im Most
– hohe Konzentration von Zucker – hohe osmotische Aktivität (Wasser entziehend) – permanent von Flüssigkeit umgeben – nur kurzzeitig Sauerstoff vorhanden – hoher Säuregehalt, tiefer pH-Wert – stetig steigender Ethanolgehalt
zusätzliche Anforderungen durch den Weinhersteller
– hohe Gärfähigkeit mit komplettem Zuckerumsatz und hohe Alkoholbildung – Alkoholtoleranz – keine Bildung geruchlich und geschmacklich unerwünschter Produkte – keine Bildung gesundheitlich bedenklicher Stoffe (biogene Amine) – möglichst geringe Bildung von Sulfit und von schweflige Säure bindenden Stoffen (Acetaldehyd etc.)

bar ist. Es entstehen sicherlich durch Spontangärung auch hervorragende Weine, jedoch stehen diese in keinem wirklichen Verhältnis zu den großen Weinvolumina, bei denen durch Spontangärungen die Weinqualität massiv gemindert wurde.

Einige Autoren weisen darauf hin, dass der Nachweis der stabilen Zusammensetzung der Betriebsflora sich ausschließlich auf die Zusammensetzung der Hefepopulation bezieht. Wie sehr sich in den einzelnen Hefestämmen durch Mutation und durch das betriebliche Umfeld bedingte Selektionen **genetische Veränderungen** und damit auch Veränderungen in den phänotypischen Eigenschaften ergeben, wurde bislang nur unzureichend untersucht. Solche Veränderungen wären eine Erklärung dafür, wieso Betriebe, die bislang mit Spontangärungen qualitativ hochwertige Weine herstellten, von Jahrgang zu Jahrgang mehr Gärprobleme und sensorische Probleme mit ihren Weinen haben.

Befürworter der Spontangärung weisen häufig auf die angeblich höhere geruchliche und geschmackliche Komplexität und Bandbreite der gebildeten Aromen hin. Es ist zweifelsohne richtig, dass durch die Anwesenheit und zeitweise Dominanz von Nichtsaccharomyceten, vor allem zu Beginn der alkoholischen Gärung, verschiedenste Gärbukettstoffe in sehr unterschiedlichen Mengen gebildet werden (Tab. 28).

Es muss jedoch berücksichtigt werden, dass ein Teil dieser Substanzen bei Konzentrationen, die signifikant über dem jeweiligen Geruchsschwellenwert liegen, sich deutlich qualitätsmindernd auf das Weinbukett auswirken können.

Als Beispiel sei auf Ethylacetat (= Essigsäureethylester) verwiesen, das bei Konzentrationen, die nur geringfügig über dem Geruchsschwellenwert (12 mg/L) liegen, fruchtige Bukettnoten verstärkt, jedoch bei höheren Konzentrationen, welche bei Anwesenheit von Nichtsaccharomyceten sehr rasch erreicht werden, den unerwünschten Lösungsmittelton hervorruft.

Einen Ausweg aus dieser mit vielen Risiken behafteten Situation bietet die Anwendung von Reinzuchthefen.

Tab. 28. Die Bildung von Ethylacetat und von höheren Alkoholen (mg/L) in Most durch einige „wilde“ Hefen und ihre Mischungen im Vergleich zu *Saccharomyces cerevisiae.*

	S. cerevisiae	*Cand. krusei*	*Metschnikowia pulcherrima*	*Kloeckera*	*Hansenula*	2 % *S. cerevisiae* 8 % *Metschnikowia* 90 % *Hansenula*	2 % *S. cerevisiae* 30 % *Metschnikowia* 30 % *Kloeckera* 8 % *Hansenula*	2 % *S. cerevisiae* 40 % *Metschnikowia* 50 % *Kloeckera* 8 % *Hansenula*	2 % *S. cerevisiae* 8 % *Kloeckera* 90 % *Hansenula*	2 % *S. cerevisiae* 90 % *Kloeckera* 8 % *Metschnikowia*	2 % *S. cerevisiae* 8 % *Kloeckera* 90 % *Hansenula*	10 % *S. cerevisiae* 30 % *Kloeckera* 30 % *Hansenula* 30 % *Metschnikowia*
Ethylacetat	14	971	6540	6123	440	2606	4421	6852	69	2038	301	1405
Methanol	40	43	43	38	42	46	39	47	51	46	53	46
Propanol	2	10	31	16	24	15	16	23	13	19	16	16
i-Butanol	13	59	174	32	15	17	27	41	18	27	13	16
2-MeBuOH	12	29	34	16	17	70	20	20	20	18	15	16
3-MeBuOH	42	87	124	34	58	43	44	60	46	38	62	51

7.3 Reinzuchthefen

Es wurde bereits mehrfach erwähnt, dass *Saccharomyces cerevisiae* die wichtigste Gärhefespezies innerhalb der Hefeflora repräsentiert. Bereits 1890 erkannte Müller Thurgau in Geisenheim, dass es innerhalb dieser Spezies von Hefestamm zu Hefestamm deutliche Unterschiede in den Eigenschaften gab, die entscheidend die spätere Weinqualität beeinflussen.

Für Deutschland bedeutete die Selektion von Hefestämmen und die Anwendung dieser Reinzuchthefen den Einstieg in die gezielte mikrobiologische Lenkung alkoholischer Gärungen.

7.3.1 Erwünschte Eigenschaften von Reinzuchthefen und deren Selektion

Die Fülle wünschenswerter önologischer Eigenschaften von *Saccharomyces*-Hefen kann zur besseren Übersicht in zwei Gruppen eingeteilt werden: in die Gruppe der **technologischen Merkmale** und in die Gruppe der **qualitativen Merkmale** (Zambonelli 1998).

Technologische Merkmale betreffen in erster Linie die Effektivität des Gärprozesses und sind in erweiterter Form in Tabelle 29 a aufgelistet.

Waren in den 70er- und 80er-Jahren des letzten Jahrhunderts vor allem technologische Merkmale von Bedeutung, spielen seit Mitte der 90er-Jahre sensorische, weinqualitätsbeeinflussende Faktoren eine zunehmend bedeutendere Rolle bei der Selektion von Reinzuchthefen.

Tabelle 29 b gibt einige dieser Anforderungen wieder.

Die qualitativ bedeutsamen geruchlichen wie auch die geschmacklich relevanten Merkmale werden sinnvollerweise sowohl **sensorisch** als auch **analytisch** untersucht.

Insbesondere die Ergebnisse der Arbeitsgruppe Romano lassen es durchaus ratsam erscheinen, auch die bei Hefen gelegentlich vorkommende, allerdings unerwünschte Bildung von biogenen Aminen als Selektionskriterium zu berücksichtigen (Caruso et al. 2002).

Es sollte klar sein, dass innerhalb einer Hefespezies die Ausprägung jeder Eigenschaft von Stamm zu Stamm variiert und dass es bislang noch nicht gelungen ist, einen Hefestamm zu selektieren, der sämtliche erwünschte Eigenschaften in optimaler Form in sich vereinigt. Mit der großen Bandbreite für jede Eigenschaft wird deutlich, dass ein

Tab. 29a. Technologische Merkmale von Reinzuchthefen.
– Schnelligkeit des Gärbeginns
– Aktivität während der Gärung
– Endvergärungsgrad und Alkoholbildungsvermögen
– Alkoholtoleranz
– Gäraktivität in Abhängigkeit von der Temperatur, insbesondere Kaltgärfähigkeit
– Resistenz gegenüber schwefliger Säure
– Resistenz gegenüber Rückständen aus Pflanzenschutz-Maßnahmen
– Tendenz zum Schäumen
– Bildung von Killer-Toxin und Resistenz gegenüber Killer-Toxinen
– Tendenz zur Filmbildung
– Tendenz zur Agglomerisierung
– Absetzverhalten nach der Gärung

Tab. 29b. Qualitative Merkmale von Reinzuchthefen.
– Bildung ansprechender Fruchtnoten und Ester (Gärbukettstoffe, freigesetzte Thiole)
– Bildung von Glycerin
– geringe Bildung von Essigsäure und Ethylacetat
– geringe Bildung von SO_2-bindenden Keto-Substanzen
– geringe Bildung unerwünschter schwefelhaltiger Substanzen
– möglichst keine Bildung von biogenen Aminen
für spezielle Fälle:
– Bildung der „Eisbonbon-Note" (Isoamylacetat)
– schnelle Autolyse
– verstärkter Abbau von Äpfelsäure
– Bildung von Milchsäure in säurearmen Weinen

durchdachtes **Selektionsmanagement** zur Anwendung kommen muss, um in absehbarer Zeit taugliche Hefestämme isolieren zu können.

Die äußerst geringe Konzentration von *Saccharomyces cerevisiae* auf Trauben und in frischem Most würde einen enormen labortechnischen Aufwand erforderlich machen. Deswegen nutzt man die **Selbstselektion** hinsichtlich gäraktiver Stämme während einer Spontangärung und isoliert Mikroorganismen nachdem die Hälfte oder zwei Drittel des Mostzuckers umgesetzt wurde. Probenahmen nach Gärende können eine größere Zahl lebender, jedoch geschädigter Hefezellen aufweisen.

Die Proben werden durch mikrobielle Standardtechniken – fraktionierter Ausstrich, Verdünnungsreihe mit Ausplattieren – in Einzelkulturen unterteilt. Mehrmaliges fraktioniertes Ausstreichen muss bestätigen, dass es sich jeweils um Reinkulturen, also Nachkommen einer einzelnen Zelle – Klon – Stamm – handelt. Sämtliche Hefestämme werden dann einem Lysinverwertungstest unterzogen, um Saccharomyceten von Nichtsaccharomyceten zu unterscheiden.

Mit den so verbliebenen *Saccharomyces*-Stämmen erfolgen **labortechnische Untersuchungen**, die bestimmte Gärsituationen simulieren, um damit schneller untaugliche Stämme auszusondern.

Diese Untersuchungen können als Plattentest mit speziellen Nährmedien durchgeführt werden. Nachfolgend ein **Beispiel für Hefeselektionen** aus dem Fachgebiet Mikrobiologie und Biochemie der Forschungsanstalt Geisenheim:

1. Prüfung auf Nährstoffansprüche:
Auf einem synthetischen Minimalmedium (Difco-Medium) mit Diammoniumhydrogenphosphat als alleiniger Stickstoffquelle kann die Fähigkeit zur Synthese sämtlicher Aminosäuren, Fettsäuren und höher molekularer Verbindungen durch gutes, mäßiges oder nicht erfolgendes Wachstum der Stämme erkannt werden.

2. Prüfung auf Temperaturtoleranz:
Ebenfalls mit Minimalmedium erfolgt die Prüfung auf Gäraktivität bei 12, 20, 30 und 35 °C.

3. Prüfung auf Alkoholbildungsfähigkeit und Toleranz:
Synthetischem Minimalmedium mit 50 g/L Glucose/Fructose wird nach dem Autoklavieren 10 %vol Ethanol zugesetzt und nach dem Festwerden des Mediums mit den Hefestämmen beimpft.

4. Resistenz gegenüber Pflanzenschutzmitteln:
Synthetischem Minimalmedium werden

durchschnittlich 10 ppm des zu testenden Mittels nach dem Autoklavieren zugesetzt und die Wachstumsfähigkeit der Hefestämme geprüft.

5. Resistenz gegenüber Killertoxinen: Auf Komplexmedium mit Zusatz von Methylenblau und 500 000 Killerzellen/mL werden die zu testenden Stämme ausgebracht. Resistente Hefestämme zeigen sich durch Wachstum. Sensitive können nicht wachsen bzw. sterben ab und zeigen sich durch Aufnahme von Methylenblau in die Zellen als blaue Bereiche.

6. Allgemeine Stressresistenz: Bei diesem Test werden verschiedene Stressfaktoren miteinander kombiniert und auf diese Weise die Stressantwort der Hefestämme sehr effektiv geprüft.

Auf verfestigtem Mostmedium (200 g/L Zuckergehalt) wird unter anaeroben Bedingungen die Entwicklung der Koloniegröße verfolgt. Über zehn Tage hinweg wird zweimal täglich die Gärungstemperatur innerhalb einer Stunde um 5 °C erhöht und nach einer Stunde wieder erniedrigt.

Ein Großteil der Tests lässt sich auch miteinander **kombinieren**, um Zeit einzusparen.

Die Stämme, welche die Plattentests bestanden haben, werden dann in **Mikrovinifikationen** erstmalig in Traubenmost auf ihre technologischen und sensorisch qualitativen Eigenschaften geprüft. In der nächsten Stufe erfolgen Mostvergärungen im 5 bis 20 L Maßstab, danach Pilotvergärungen in Praxisbetrieben.

Es ist von großer Bedeutung, die selektierten Hefestämme in Mosten verschiedener Rebsorten und Jahrgänge zu prüfen, bevor sie kommerziell im großen Umfang eingesetzt werden. Insbesondere die Unterschiede in den Zusammensetzungen der Moste von Jahrgang zu Jahrgang bewirken Unterschiede in den Metabolitenbildungen der Hefestämme und können so zu unerwünschten Effekten führen (z. B. Bildung von Schwefelwasserstoff oder flüchtiger Säure), die man bei Tests in nur einem Jahrgang häufig nicht erfasst.

7.3.2 Anwendung von Reinzuchthefen

Der Begriff Reinzuchthefe besagt, dass es sich um eine selektierte und in Reinform – also ohne Kontamination durch einen anderen Hefestamm oder anderen Mikroorganismus – unter sterilen Bedingungen vermehrte Hefekultur handelt.

Dem gegenüber muss man klar abgesetzt die Anwendungsform sehen, die durchaus auch eine Mischkultur aus verschiedenen in jeweiliger Reinkultur gezüchteten Hefestämmen sein kann.

Zurzeit werden in Deutschland mehr als 200 verschiedene Hefestämme kommerziell angeboten. Diese Vielfalt kann für den Anwender verwirrend sein, da die Anbieter ihre Präparate nach unterschiedlichen Kriterien klassifizieren.

Ein weiteres Problem besteht darin, dass bislang wenig Informationen über die Anforderungen der einzelnen Hefestämme an das zu vergärende Medium und die technischen Gärbedingungen vorlagen.

Inzwischen hat die Forschungsanstalt Geisenheim ein **einheitliches Datenblatt** zur Erfassung wichtiger Eigenschaften kommerziell verfügbarer Hefestämme der verschiedenen Hefehersteller bzw. Vertreiber entwickelt. Diese Informationen können elektronisch über die Internetseite des Fachgebietes Mikrobiologie und Biochemie der Forschungsanstalt Geisenheim abgerufen werden: **www.geisenheimer-hefefinder.de** oder **www.hefefinder.de**. Aus diesen Datenblättern erhält der Interessent Informationen über die speziellen Eigenschaften der Hefestämme und vor allem unter welchen äußeren Bedingungen – Trubgehalt, Nährstoffgehalt des Mostes, Gärtemperatur etc. – diese verwirklicht werden.

7.3.2.1 Ein-Stamm-Kulturen von *Saccharomyces cerevisiae*

Die Ein-Stamm-Kultur von Hefen der Spezies *Saccharomyces cerevisiae* stellt nach wie vor die gängige Form des Einsatzes von selektierten Hefen dar. Die Kulturen werden als Flüssig- oder Trockenhefen angeboten, wobei Flüssighefen nur noch für spezielle Fälle der Weinherstellung (Prädikatsweine wie Trockenbeerenauslese oder Eiswein) oder für die Versektung Anwendung finden (vgl. 7.5.). Zur Vereinfachung der Auswahl siehe oben angeführte Internetadresse.

Neben den technologischen Eigenschaften gewinnen die **qualitativen Eigenschaften** von Reinzuchthefen, insbesondere was das Gärbukett anbelangt, immer mehr an Bedeutung. Dem Wunsch der Weinkonsumenten nach jungen, frischen, fruchtigen Weißweinen kann ein Weinhersteller durch Einsatz entsprechend selektierter Hefestämme weitestgehend entgegenkommen. Dies gelingt in Verknüpfung der genetischen Disposition des Hefestammes (vermehrte Esterbildung) mit der kellertechnischen Erkenntnis, dass bei gezügelter Gärung im Temperaturbereich zwischen 15 und 18 °C, die Fruchtaromen noch weiter verstärkt werden können.

Von steigender Bedeutung sind inzwischen Hefestämme mit β-Lyase-Aktivität, welche ein kovalent gebundenes Tetra- oder Pentapeptid aus einem schwefelhaltigen Aromastoff (Thiol) abspalten, und erst dadurch diesen Aromastoff sensorisch erkennbar werden lassen. Geruchseindrücke wie Passionsfrucht, Litschi, Guava oder Buchsbaum hängen wesentlich von dieser hydrolytischen Hefeaktivität ab (Swiegers & Pretorius 2007).

Temperaturstress wirkt sich bei verschiedenen Stämmen unterschiedlich aus (vgl. Abb. 38). Weiterhin macht die Abbildung deutlich, dass Ergebnisse, die mit einem Stamm X gefunden wurden nicht unbedingt auf einen Stamm Y übertragbar sind.

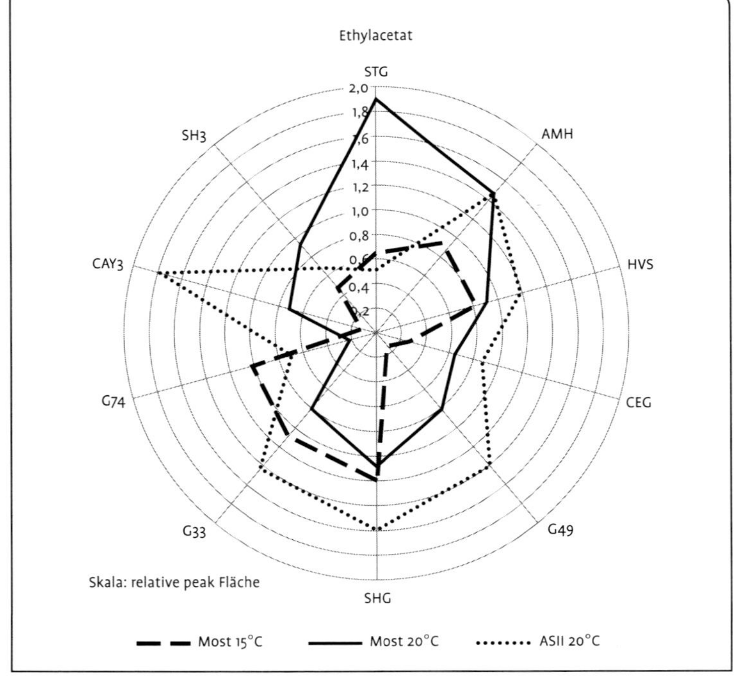

Abb. 38. Einfluss der Temperatur und der Nährstoffzusammensetzung auf die Höhe der Aromastoffbildung. Abkürzungen für Hefestämme: STG = Stamm Steinberg (FA Geisenheim), AMH = Stamm Assmannshausen = Lalvin AMH, HVS = Stamm Hautvilliers (FA Geisenheim), CEG = Uvaferm CEG, G49 = Stamm G49 (FA Geisenheim), SHG = Stamm Scharzhofberg (FA Geisenheim), G33 = Stamm 33 (FA Geisenheim), G74 = Stamm G74 (FA Geisenheim), CAY = Stamm Champagne AY (FA Geisenheim), SH3 = Siha 3.

Der Abb. 38 lässt sich ebenfalls entnehmen, dass bei der Änderung der Nährstoffzusammensetzung – in diesem Falle wurde ein synthetisches Mostmedium ASII eingesetzt – nahezu alle Stämme auf diesen Sachverhalt mit einer Veränderung der Produktion von Ethylacetat reagieren. Bei ASII handelt es sich um ein Mangelmedium, daher liegt die Produktion des in höheren Konzentrationen unerwünschten Ethylacetats bei den meisten Stämmen über den Werten, die bei Nutzung eines natürlichen Traubenmostes gefunden werden.

Durch die unterschiedlichen Reaktionen von Hefestämmen auf denselben Most bzw. dieselbe Gärtemperatur entstehen Weine mit unterschiedlich stark ausgeprägten sensorischen Attributen. Abb. 39 vergleicht die sensorischen Eigenschaften im fertigen Wein nach Nutzung zweier kommerzieller Weinhefestämme im gleichen Traubenmost. Sie visualisiert die zum Teil deutlich unterschiedlichen Intensitäten, welche zusätzlich noch durch die Gärtemperatur beeinflusst werden.

Gemäß dem Massenwirkungsgesetz verringert sich der Gehalt an Essigsäureestern

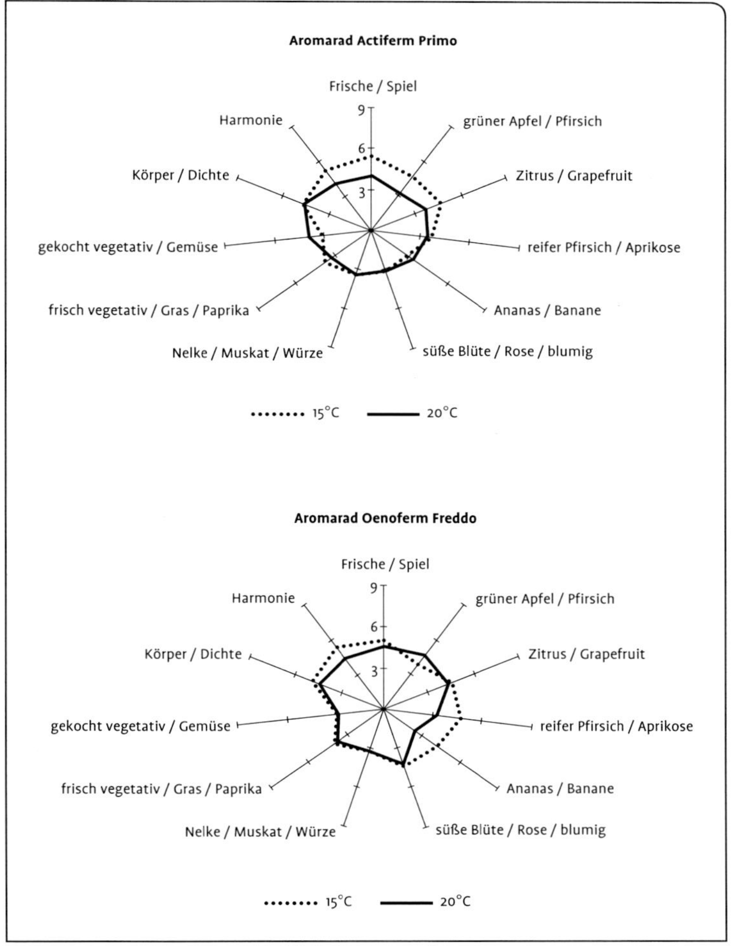

Abb. 39. Einfluss des Hefestammes und der Gärtemperatur auf sensorische Attribute.

im Laufe der Lagerung kontinuierlich. Dieser rein chemisch physikalisch durch den niedrigen pH-Wert und die Lagertemperatur katalysierte Prozess führt zu dem häufig angeführten Argument, dass nach einem Jahr von den besonderen hefestammspezifischen Aromen sowieso nichts mehr vorhanden sei. Daher sei eine besondere Sorgfalt bei der Hefestammauswahl auch nicht notwendig.

Dieser Argumentation lässt sich entgegensetzen, dass viele Weinkunden gezielt nur die Weißweine des letzten Jahrgangs suchen, weiterhin dass der Hydrolyseprozess bei kühler Lagerung des Weines verzögert werden kann und dass bei vergleichenden Verkostungen immer noch signifikante Unterschiede zu ermitteln waren, insbesondere wenn zuvor eine gezügelte Vergärungen vorgenommen wurde.

Tab. 30 verdeutlicht die Konsumentenpräferenzen zwischen Weinen, deren Vergärung bei 15 °C bzw. 20 °C vorgenommen wurde. Die Verkostung erfolgte ein Jahr nach Herstellung der Jungweine und es wurden immer noch signifikant die kälter vergorenen Weine bevorzugt (Grossmann & Degünther 1999).

Laut Literatur wird dem Gärungsprodukt **Glycerin** eine tragende Rolle für Fülle und Körper eines Weines zugestanden. Inzwischen mehren sich allerdings die Bedenken, da der gezielte Zusatz von Glycerin zu Weinen mit einem ursprünglichen Gehalt zwischen 6 und 8 g/L erst ab einem Gehalt von deutlich über 10 g/L bei Blindverkostungen durch Konsumenten zu einer signifikanten Verbesserung der Mundfülle (mouthfeel) führten (pers. Mitteilungen A. Noble und J. Gafner).

Seitens der Hefehersteller werden inzwischen Stämme angeboten, die ein bis zwei g/L mehr Glycerin bilden. Ein gewisser Nachteil einer höheren Glycerinsynthese liegt in der etwas vermehrten Bildung von SO_2-bindenden Metaboliten wie Tab. 31 verdeutlicht (Grossmann & Degünther 1999).

7.3.2.2 Mehrstammkulturen von *Saccharomyces cerevisiae*

Molekularbiologische Untersuchungen Ende des 20. Jahrhunderts belegten deutlich die

Tab. 30. Vorzugsprobe für 15 °C und 20 °C vergorene Weine.

Hefestamm	Eigenschaften lt. Hersteller	% Bevorzugung bei 15 °C	% Bevorzugung bei 20 °C
Lalvin R2	Kaltgärhefe, Fruchtnoten	78	22
Oenoferm Freddo	Kaltgärhefe, Fruchtnoten	89	11
Lalvin W27	Kaltgärhefe, Fruchtnoten	67	33
Lalvin S6U	Verstärkte Glycerinbildung	100	0
Actiferm primo	Gärstarke Rebsortenhefe	100	0
Siha 3	Gärstarke Hefe, div. Rebsorten	78	22
Lalvin EC-1118	Gärstarke Champagnerhefe	67	33
Uvaferm 71B	Aromahefe, Primeurtyp	65	35
Uvaferm CEG	Langsamgärer, Rebsortenhefe, insb. Riesling	67	33
Siha Varioferm	Langsamgärer, Komplexität/Dichte	67	33

Diversität der Saccharomyceten, welche bei einer Spontangärung die Hauptlast des Zuckerumsatzes tragen. In den meisten Fällen waren mindestens zwei, oftmals bis zu sechs Hefestämme auf Grund ihres Chromosomenmusters – karyotyping – voneinander zu unterscheiden (SCHUETZ & GAFNER 1994).

Je nach Gärstadium variierten die Anteile der jeweils vorhandenen Stämme ganz beträchtlich.

Setzt man als Reinzuchthefe nur einen Hefestamm ein, kann die geschilderte Variabilität der Spontangärung nicht erzielt werden. Um näher an die positiven Aspekte von Spontangärungen zu kommen, werden seit geraumer Zeit Mischkulturen von *Saccharomyces cerevisiae*-Stämmen entwickelt. Dabei werden die Hefestämme getrennt als Reinkulturen vermehrt und erst anschließend zu einer Mischung zusammengefügt.

Dieser Prozess einer optimierten Mischkultur gestaltet sich schwierig, da die alleinige Kenntnis der Eigenschaften der jeweils eingesetzten Hefestämme sich nicht auf die Interaktionen zwischen den Hefestämmen in der Mischkultur übertragen lässt. Als Beispiel dient in Abb. 40 die Bildungshöhe von 3-Methylbutylacetat (3-MEBUAC). Die Konzentra-

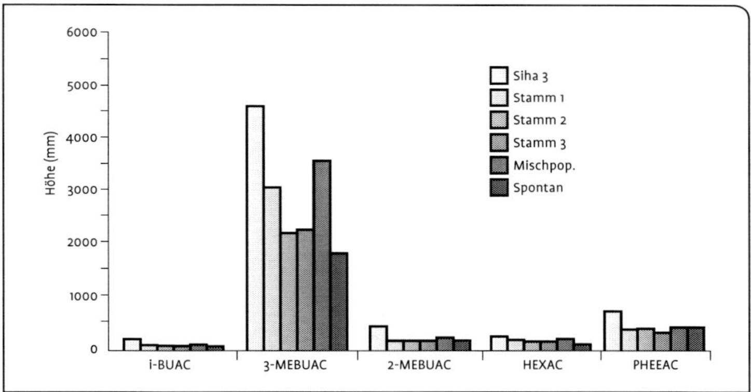

Abb. 40. Bildungshöhe von Aromastoffen in Abhängigkeit von der Zusammensetzung der Hefepopulation. i-BUAC = iso-Butylacetat; 3-MEBUAC = 3-Methylbutylacetat; HEXAC = Hexylacetat; PHEEAC = Phenylethylacetat.

Tab. 31. Auswirkungen einer vermehrten Glycerinbildung auf die SO_2-Bilanz (1997er Riesling Most (15 % Fäulnis)).

Hefestamm	Glycerin (g/L)		Acetaldehyd (mg/L)		Gesamt SO_2 (mg/L)	
	15 °C	20 °C	15 °C	20 °C	15 °C	20 °C
Uvaferm S6U (*Saccharomyces uvarum*)	9,4	10,2	41	28	146	152
Maurivin R2 (*Saccharomyces cerevisiae* = S. cer.)	7,1	8,0	21	14	122	128
Uvaferm CEG (S. cer.)	6,8	7,9	18	13	100	122
Siha Varioferm (S. cer.)	6,8	7,6	14	13	123	118
Lalvin EC 1118 (S. cer.)	7,1	7,7	16	13	123	122
Siha 3 (S. cer.)	6,9	7,7	24	15	132	121
Oenoferm Freddo (S. cer.)	7,2	8,0	18	14	130	120

tion in einem Wein, der mit einer kommerziellen Mischkultur hergestellt wurde, liegt zwar deutlich über dem Gehalt der jeweils mit einzelnen Hefestämmen hergestellten Menge, jedoch sind keine mathematischen Gesetzmäßigkeiten zu erkennen.

Es kann auch vorkommen, dass Hefestämme, die als Reinkulturen keinen Böckser verursachen, als Mischkultur genau dies tun. Auf der anderen Seite lassen sich in eine Mischkultur Hefestämme einbringen, die als Einzelstammkultur keine Anwendung finden würden, weil sie beispielsweise zum Schäumen neigen, dafür aber ein besonders fruchtiges Gärbukett erzeugen. Sucht man nun Hefestämme, welche die Schaumbildung verhindern, so können nach entsprechend sorgsamen Untersuchungen durch gemeinsame Nutzung dieser beiden Stämme Weinaromen und Weinstile erzeugt werden, die mit Einzelstammreinkulturen nicht möglich wären (Grossmann et al. 1996).

Aufeinander abgestimmte Mischungen von Reinzuchthefeeinzelstämmen nähern sich somit den erwünschten Eigenschaften von Spontangärungen unter Vermeidung derer potenziellen Risiken und bringen so eine neue Dimension in die kommerzielle Nutzung von Reinzuchthefen.

7.3.2.3 Mehrstammkulturen von Saccharomyceten und Nichtsaccharomyceten

Das höchste Ziel der Nutzung selektierter Hefen wäre eine Mischung von Saccharomyceten und Nichtsaccharomyceten in einer Weise, dass die Nichtsaccharomyceten zu Beginn der alkoholischen Gärung dem werdenden Wein ihre positiven Attribute verleihen würden und danach absterben. Anschließend vergären die Saccharomyceten den verbliebenen Großteil des Mostzuckers unter Produktion der ebenfalls erwünschten Fruchtaromen und geschmacklich wahrnehmbarer Metaboliten wie Glycerin oder auch aromastabilisierender Polysaccharide und Mannoproteine.

Verschiedene Arbeitsgruppen beschäftigen sich seit längerem mit dieser Thematik (Henschke et al. 2002) und erste Hefemischungen aus Saccharomyceten und Nichtsaccharomyceten sind kommerziell erhältlich. Die Anbieter verfolgen dabei verschiedene Strategien. So befinden sich beispielsweise bei den Hefepräparaten der Firma Christian Hansen sämtliche Hefestämme bereits in derselben Packung und werden somit gleichzeitig eingesetzt. Die Firma Begerow verfolgt die Vorgehensweise, dass zuerst der Nichtsaccharomycetenstamm in den Most gelangt und wenige Tage später der Saccharomycetenstamm. Welche Strategie der „Blaupause“ einer optimalen Spontangärung am nächsten kommt, wird die Zukunft entscheiden (Fleet 2008, Ciani et al. 2009).

7.4 Verbesserung der Leistungen von Reinzuchthefen

Zu viele unbekannte Parameter bestimmen bislang das Geschehen während einer Gärung und lassen nach wie vor entsprechende Risiken für den Gärverlauf und die Qualität des späteren Weines aufkommen. Diese Unwägbarkeiten führten zu einer Vielzahl von Forschungen, um existierende oder neu zu selektierende Weinhefen zu optimierten Leistungen zu bringen. Nachfolgend werden in knapper Übersicht gängige klassische Züchtungsmethoden und moderne gentechnische Methoden auf ihre Tauglichkeit geprüft.

7.4.1 Anwendung klassischer Techniken

Die zur Verbesserung von biologischen Eigenschaften gängigen Methoden wie Mutationsauslösung, Kreuzung heterothallischer Hefen, direkte Ascospore-Hefezellkreuzung, „rare mating“ oder Protoplastenfusionen wurden auch im Hefebereich eingesetzt. Klassische Techniken verändern mehr oder weniger ungezielt den genetischen Haushalt von Mikroorganismen. Bei der Weinbereitung führt aber gerade nur die Nutzung einer Vielzahl von Eigenschaften der Weinhefen tatsächlich zu besseren Weinen. Daher gibt es zurzeit – Stand 2009 – nur wenige durch Hybridisierung gewonnene Hefestämme, die tatsächlich über bessere Eigenschaften verfügen als die Elternstämme. Ein Beispiel hierfür ist der in Südafrika verbreitet eingesetzte Hefestamm VIN 13. Die Nutzung klassischer Methoden fällt nicht unter das Gentechnik-Gesetz (GROSSMANN & PRETORIUS 1999).

7.4.2 Anwendung gentechnischer Methoden

In allen Forschungs- und Industriebereichen, in denen mit biologischem Material gearbeitet wird, kann die Anwendung gentechnischer Methoden inzwischen als Stand der Technik angesehen werden. Folgerichtig blieb auch der Bereich der Weinhefen nicht ausgenommen.

Gentechnische Modifikationen an *Saccharomyces cerevisiae* können beispielsweise nach dem in Abb. 41 vorgestellten Schema durchgeführt werden (GROSSMANN & PRETORIUS 1999).

Ein **Gentransfer** in Hefen lässt sich in fünf Schritte unterteilen:

1. Identifizierung des Zielgens und DNA-Isolierung
2. Auswahl eines geeigneten Vektors
3. Einbau von Fragment-DNA in vorbereiteten Vektor
4. Einschleusen rekombinanter Plasmide in Empfängerzellen (= Transformation)
5. Selektion der das Zielgen tragenden Hefezellen

Mit Hilfe gentechnischer Methoden können somit gezielt einzelne oder auch mehrere Gene in eine Empfängerzelle übertragen werden. Einen Überblick über die Eigenschaften modifizierter Weinhefen gibt Tab. 32.

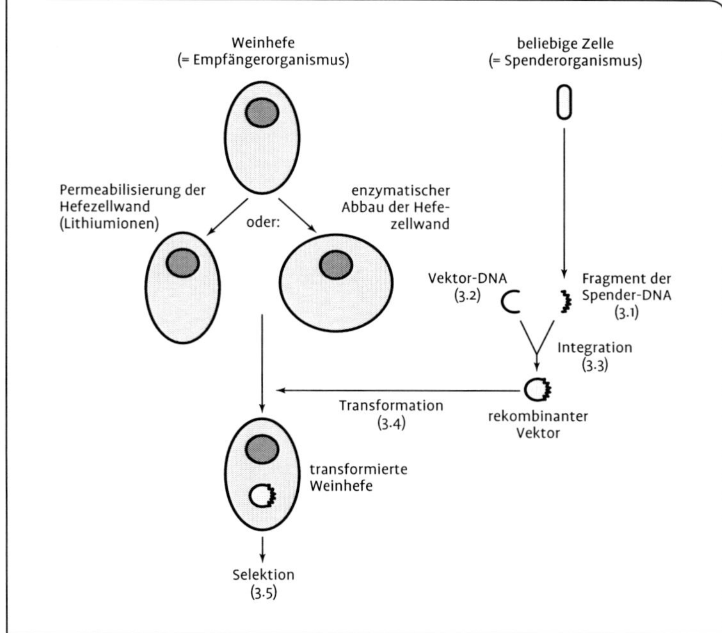

Abb. 41. Prinzip gentechnischer Veränderungen an Weinhefen.

Tab. 32. Übersicht zu Transformationsexperimenten mit Weinhefen.

Gen(e)	Ergebnis der gentechnischen Veränderung	Literatur
Resistenz-Gene, Markergene	Analyse von Hefepopulationen, Kennzeichnung patentierter Hefestämme	Tubb and HAMMOND, 1987; PETERING et al., 1991; HILL et al., 1993;
*FRO*1- und *FRO*2-Gene	Reduzierung der Schaumbildung	PRETORIUS & WESTHUIZEN, 1991;
*FLO*1-Gen	verbesserte Flockulation und Sedimentation (durchgeführt an Brauhefen)	WATARI et al., 1994;
*mae*1- und *mae*2-Gene	effektiver Malatabbau zu Ethanol und CO_2, keine Bildung von BSA-Aromen	VOLSCHENK et al., 1997;
*mae*1- und *mle*S-Gene	effektiver Malatabbau zu Milchsäure und CO_2, keine Bildung von BSA-Aromen	ANSANAY et al., 1996; VOLSCHENK et al., 1997;
ldh-Gen	Bildung von Milchsäure, Erhöhung der Gesamtsäure	DEQUIN & BARRE, 1994;
*FIM*1-Gen	Bildung von Fumarsäure, Veränderung des Säurespektrums	MAGARIFUCHI et al., 1995;
*ATF*1-Gen	Verstärkung/Abschwächung der Esterbildung (durchgeführt an Brauhefe)	MEADEN, 1995;
*car*1-Gen	keine Arginaseaktivität: Vermeidung Harnstoff- und Ethylcarbamatbildung	KITOMOTO et al., 1993;
div. Exo- und Endo-β-Glucanase-Gene	Glucanabbau, verbesserte Filtrierbarkeit, teilweise mit Aromaverstärkung	PEREZ-GONZALEZ et al., 1993; GONZALEZ, 1995; Rensburg, van et al., 1997;
div. Glycosidase-Gene	Freisetzung gebundener Terpene; Verstärkung des Sortenaromas	SANCHEZ-TORRES et al., 1996;
div. Pektatlyase- und Polygalacturonase-Gene	Pektinabbau, verbesserte Filtrierbarkeit	RENSBURG, van et al., 1994 GONZALEZ-CANDELAZ et al., 1995;
K1- und K2-ds RNA	Bildung von Toxinen versch. Killertoxinklassen, Hemmung sensitiver Hefen	BOONE et al., 1990;
*GPD*1-Gen	vermehrte Glycerinbildung, verbesserte Vollmundigkeit und Fülle	MICHNIK et al., 1997
tnaA-Gen	vermehrte Freisetzung aromapositiver schwefelhaltiger Verbindungen	SWIEGERS et al., 2007

Die Auflistung lässt erkennen, dass durch die Expression der transformierten Gene bereits vorhandene Enzymaktivitäten verstärkt oder auch komplett neue Enzyme synthetisiert werden. Mittels einer ebenfalls übertragenden Sekretionssequenz kann gezielt dafür gesorgt werden, dass neu gebildete Enzyme nicht in der Hefezelle verbleiben, sondern ausgeschleust werden und im Most oder im entstehenden Wein aktiv werden. Somit wird es möglich, in weite Bereiche der Weinherstellung, angefangen von Mostbehandlungen – Pektinabbau – über Aspekte der alkoholischen Gärung – Aromaverstärkung, Äpfelsäureabbau, Säurebildung – und Stationen der Weinbehandlung – Proteinstabilisierung oder Abbau von Filtrationshemmstoffen – einzuwirken.

Bei Drucklegung dieses Buches (2010) ist noch keine gentechnisch veränderte Weinhefe auf dem deutschen Markt erhältlich. Ein wesentlicher Grund hierfür liegt in der nach wie vor vorhandenen Ablehnung von gentechnisch hergestellten Nahrungsmitteln durch weite Konsumentenkreise; dies gilt insbesondere für das „Kulturgut“ Wein. In den USA und Kanada wurden in den 90er-Jahren zwei modifizierte Stämme zugelassen (ML01 u. ECMo01)

7.5 Einsatzformen von Reinzuchthefen

Reinzuchthefen werden als Flüssig- und Trockenkulturen angeboten. Die gängige Praxis besteht in der Anwendung von Trockenreinzuchthefen, da hier aufwändige Vermehrungsschritte entfallen. In manchen Betrieben, die über das entsprechende Know-how verfügen, werden ausgehend von Flüssig- oder Trockenkulturen Startertanks mit Impfhefe über die gesamte Ernteperiode genutzt. Voraussetzung dafür ist, dass eine entsprechende Steriltechnik vorhanden ist, da ansonsten in den Startertanks keine Reinkulturen einer definierten Impfhefe gezüchtet werden, sondern Mischkulturen mit Nichtsaccharomyceten. Neben der Steriltechnik benötigen solche Betriebe eine konsequente mikrobiologische und mikroskopische Kontrolle der Starterkulturen.

7.5.1 Flüssighefen

Flüssigkulturen werden in der Regel in Volumina zwischen 100 und 1000 mL kommerziell vertrieben. Eine **Vermehrung** der Reinzuchthefen im eigenen Betrieb vor der eigentlichen Nutzung ist damit unumgänglich. Von größter Bedeutung ist dabei die **Sterilität** aller am Kultivierungsprozess beteiligten **Gegenstände** und des zur Vermehrung eingesetzten **Traubenmostes.**

Für die **Mostvergärung** wird im einfachsten Fall frisch gekelterter Traubenmost durch Abkochen sterilisiert. Dies ist nur für kleine Volumina möglich. Ansonsten müssen durch Pasteurisierungsanlagen (Hochkurzzeiterhitzung, Kurzzeiterhitzung) sämtliche im Most befindlichen Hefen und Bakterien abgetötet werden. Schimmelpilzsporen überstehen diese Maßnahme, sie stellen jedoch kein besonderes Risiko dar, da durch die Gärung dem Most der für die Schimmelpilzvermehrung benötigte Sauerstoff entzogen wird. Weiterhin entfaltet der allmählich gebildete Alkohol eine zusätzliche konservierende Wirkung.

Die Herstellung eines **Hefeansatzes** erfolgt mit der Zugabe der Originalhefekultur in das 10- bis 20fache Volumen eines sterilen Mostes. Dabei muss auch das benutzte Gefäß oder Gebinde nicht nur gereinigt, sondern desinfiziert worden sein. Dies erfolgt durch Dämpfen, Befüllen mit Wasserstoffperoxid oder 100 %igem Kontakt – auch aller anderen späteren Kontaktstellen wie Tankwände, Schläuche, Ventile, Pumpenköpfe – mit 70 %igem Ethanol. Die Temperatur während der Hefevermehrung sollte um 20 °C liegen. Höhere Temperaturen begünstigen zwar die Vermehrungsgeschwindigkeit, erschweren aber die Adaption der Kulturhefen an die spätere Gärtemperatur.

Nach zwei bis vier Tagen hat sich die **Stellhefe** so weit vermehrt, dass der nächste Vermehrungsschritt in gleicher Weise wie der zuvor beschriebene gestartet werden kann. Eine mikroskopische Kontrolle ist dabei von Vorteil. Spätestens wenn der Sprossungsanteil der Gärhefe unter 30 % sinkt, sollte der nächste Vermehrungsschritt eingeleitet werden.

Sobald das benötigte Volumen an Impfhefe, etwa 3 bis 5 % des zu vergärenden Mostvolumens, vorhanden ist, kann die Beimpfung der zu vergärenden Moste erfolgen. Bei faulem Lesegut und/oder kühlen

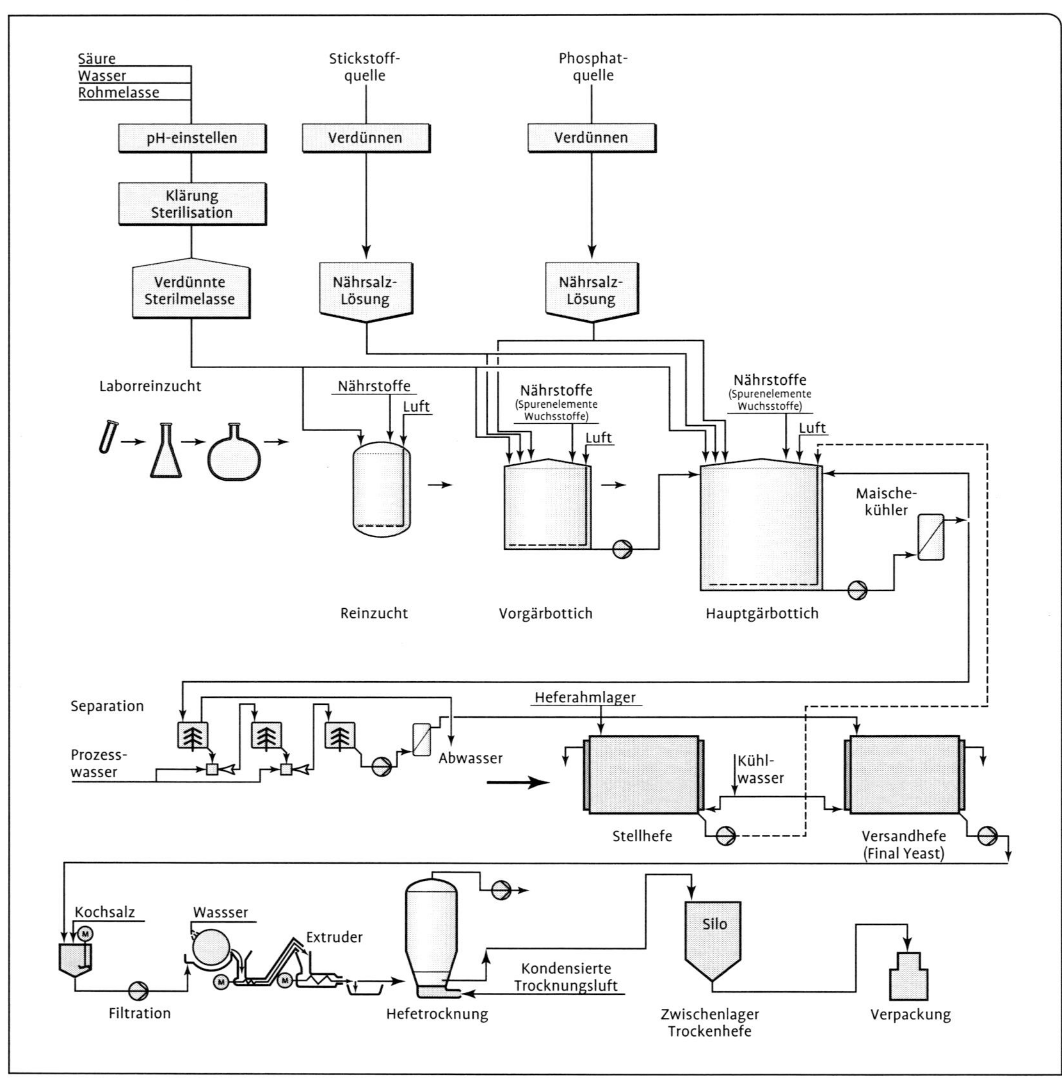

Abb. 42. Großtechnische Herstellung von Trockenhefen (mit freundlicher Genehmigung durch Dipl.-Ing. R. KREUZ).

Temperaturen sollten mindestens 5 %, besser 10 % zum Einsatz kommen. Gerade bei niedrigen Mosttemperaturen darf die Temperaturdifferenz zwischen Most und Hefeanzucht nicht mehr als 5 °C betragen.

Im normalen Tagesgeschäft entnimmt man aus einem Hefevermehrungstank maximal 80 %. Das entsprechende Volumen wird mit pasteurisiertem Most wieder aufgefüllt. Nach 24 Stunden ist die Hefevermehrung so weit fortgeschritten, dass eine erneute Entnahme erfolgen kann.

Bei der **Sektherstellung** wird in ähnlicher Weise verfahren. Auch hier ist steriles Arbeiten unabdingbar. Zur besseren Adaption der Hefen an die Bedingungen im Sektgrundwein kommt häufig kein Traubenmost zum Einsatz. Je nach Betrieb wird

- Sektgrundwein mit Traubenmost bis zu einem Zuckergehalt von 50 g/L versetzt, oder
- es wird direkt Zucker in den Sektgrundwein gegeben und/oder
- es werden noch kommerziell erhältliche Gärhilfsstoffe mit zugegeben.

In diesem nährstoffarmen und mit Stress auslösenden Komponenten – Alkohol, schweflige Säure – behafteten Milieu, benötigen Sekthefen für ihre Vermehrung eine längere Zeit. Auch hier ist eine mikroskopische Kontrolle von großem Vorteil. Je nach Betriebsmethode werden die Ansätze nach drei bis fünf Tagen weitervermehrt und dann als Impfhefen genutzt.

Eine **Bevorratung von Flüssighefe** ist sehr **problematisch**, da es schnell zum Absterben der Hefen kommt und mit einsetzender Autolyse zusätzlich die Gefahr einer Vermehrung eventuell vorhandener Infektionskeime wie Milchsäurebakterien, Essigsäurebakterien, Kahmhefen wächst. Diese würden dann in die zu vergärenden Substrate – Most bzw. Sektgrundwein – gelangen. Sollte eine Lagerung über vier bis sechs Wochen erforderlich sein, muss für entsprechende Kapazitäten in Kühlschränken oder Kühlzellen gesorgt werden. Nach der Lagerung unter diesen Bedingungen sind die Hefen wieder langsam an höhere Temperaturen zu adaptieren, bevor sie eingesetzt werden.

7.5.2 Trockenhefen

Die im vorherigen Unterkapitel 7.5.1 beschriebenen Vermehrungsmethoden mit ihrem relativ großen Aufwand an Steriltechnik, haben die Nutzung von Trockenreinzuchthefen stark gefördert.

Im Folgenden wird die **industrielle Herstellung von Trockenhefe** beschrieben, die in Abb. 42 schematisch dargestellt ist. Beginnend mit einer Laborkultur müssen über verschiedene Zwischenstufen die benötigten Hefevolumina herangezüchtet werden, um damit schließlich den finalen Produktionsfermenter – Hauptgärbottich – zu beimpfen. Melasse dient bei den Vermehrungsschritten als Nährstoffbasis. Ammoniak und Phosphorsäure liefern in der entsprechenden Dosage weitere Makronährstoffe und dienen auch der Regulierung des pH-Wertes. In der letzten Stufe der Hefevermehrung lässt sich keine komplette Sterilisation aller beteiligten Aggregate erzielen, sodass hier mit Rekontaminationen zu rechnen ist und die Produktionschargen erst nach intensiven Kontrollen auf infizierende Keime – Schimmelpilze, Fremdhefen und Bakterien – in den Markt gelangen.

Ein zentraler Punkt der Hefezüchtung besteht in einer umfassenden Fermentersteuerung. Nur im kontrollierten Zusammenspiel von Luftzuführung und Zugabe frischer Melasse gelingt es, den **Crabtree-Effekt** zu vermeiden: In der Regel schalten *Saccharomyces cerevisiae*-Hefen auch bei Anwesenheit von Sauerstoff bei einem Zuckergehalt über 5 g/L im Nährmedium vom Atmungsstoffwechsel auf Gärungsstoffwechsel um. Damit verbunden ist eine drastische Reduzierung der Biomassebildung auf Grund der geringen Energieausbeute während des Gärungsprozesses sowie die Bildung von Ethanol. Der Alkohol ist in diesem Falle unerwünscht, da er auf Kosten der Hefevermehrung gehen würde. Er könnte erst nachfolgend von den Hefen ebenfalls zu Biomasse umgesetzt werden (**Pasteureffekt**). Dieses würde jedoch zusätzlichen Stress für die Hefen und einen weiteren Zeitaufwand für den Hersteller mit sich bringen, der zusätzliche Kosten verursacht.

Gegen Ende des Vermehrungsprozesses kann durch gezieltes Einwirken von Stressfaktoren (z. B. Drosselung der Versorgung mit Stickstoffverbindungen) die Bildung von Trehalose in den Hefezellen induziert werden. Trehalose oder auch Glycogen wirken in Hefen als Stressprotektoren und verbessern so entscheidend die Überlebensrate bei Trocknungsprozessen.

Die Zellernte erfolgt über Separatoren. Nach Waschprozessen liegt eine aufkonzentrierte Hefebiomasse vor, der so genannte Heferahm oder auch die Hefemilch. Anschließend wird die Hefesuspension durch Einsatz eines Vakuumdrehfilters weiter eingedickt. In den letzten Stufen der Herstellung wird die stichfeste Hefemasse durch eine Siebporenplatte gepresst und die so erhaltenen millimeterdünnen Stränge – „Spagettis“ – mit hefestammspezifischen Temperaturprogrammen getrocknet. Nach Abpackung unter Schutzgas bzw. Vakuum sind die Trockenhefen unter kühlen Lagerbedingungen mindestens zwei Jahre lagerfähig.

Bevor die abgepackten Hefen zum Verkauf freigegeben werden, erfolgen umfangreiche Untersuchungen auf Lebendkeimgehalt, Gärfähigkeit und Kontaminationskeime. Ein Haltbarkeitsdatum ist auf jeder Packung angegeben.

Beim **Einsatz der Trockenhefen** sollte die empfohlene Menge (in der Regel 15 bis 25 g/100 L) nach den Vorgaben des Herstellers **reaktiviert** werden. Häufig geschieht dies in einem Most-Wassergemisch (10faches Volumen der zu reaktivierenden Hefemenge) bei 35 °C (handwarm) mit gelegentlichem Rühren über einen Zeitraum von 30 bis 60 min.

Die Reaktivierung stellt eine sehr kritische Phase für die Hefen dar, da die Wasseraufnahme auf Grund der getrockneten und teilweise geschädigten Cytoplasmamembranen unkontrolliert erfolgt und damit unerwünschte Schadstoffe in die Hefezellen gelangen können. Zur Unterstützung der Reaktivierung werden auch kommerzielle Produkte angeboten, die den Hefen in erster Linie Mikronährstoffe zuführen.

Eine direkte Zugabe von Trockenhefen zum Most kann zu einer Gärstörung führen. Durch Rehydratisierung, wie auf der Packung angegeben, vermeidet man diese Gefahr.

7.6 Einsatz von Reinzuchthefen bei Gärstörungen

Von einer **Gärstörung** spricht man, wenn sich der Gärverlauf zum gegebenen Gärzeitpunkt deutlich verlangsamt oder auch nahezu komplett zum Erliegen kommt, obwohl der Restzuckergehalt deutlich über 4 g/L liegt. Gärverzögerungen oder Gärstockungen sind nicht nur unerwünschte Ereignisse während der Erntekampagne, sondern führen häufig zu signifikanten **Qualitätsverlusten**. Eine Vermeidung von Gärstörungen bzw. deren schnelle Erkennung und Behebung zählen zu den wichtigsten Arbeiten der Kellerwirtschaft.

So zahlreich die Gründe sind, die zu Gärstörungen führen können, so umfangreich ist die Literatur hierzu. Übersichtsartikel lieferten beispielsweise Bisson (1999), Bisson & Butzke (2000), Fischer (2000) und Santos et al. (2008).

Hauptgründe für Gärstörungen liegen offensichtlich im Mangel an bestimmten Nährstoffen im Traubenmost, verursacht durch bereits zu geringe Bildungs- und Einlagerungsraten in der Rebe – weinbauliche Faktoren – und/oder sehr rigiden Mostklärmaßnahmen – kellertechnische Faktoren.

Noch nicht zweifelsfrei geklärt ist, die Bedeutung eines Missverhältnisses der Glucose/Fructoserelation (Schuetz & Gafner 1993), welche ebenfalls zu Gärstörungen führt.

Häufige Erwähnung finden weiterhin

- technische Fehler wie zu hohe bzw. zu tiefe Gärtemperaturen oder zu schnelle Temperaturänderungen,
- mikrobiologische Problempunkte wie Anwesenheit von Killerhefen (Yap et al. 2000) oder Hemmstoff-bildenden Essigsäurebakterien (Narendranath et al. 2001) oder durch Menschen gemachte Fehler wie zu geringe Impfrate bei belastetem Lesegut, falsche Reaktivierung der Trockenhefen, Verzicht auf Gärhilfsstoffe, obwohl der Weinjahrgang es erfordert hätte.

Wenn im Vorfeld der alkoholischen Gärung die **Vergärbarkeit des Mostes** besser überprüft werden könnte, wären viele Gärstörungen vermeidbar. Es besteht somit ein großer Bedarf an Testmöglichkeiten, die diese Forderung erfüllen. Mehr und mehr wird daher zumindest auf den sehr wichtigen Gehalt an Stickstoffverbindungen im Most geprüft – Formolzahl, Ferm N-Wert, NOPA – wobei klar sein muss, dass damit nur ein Teil des von Hefen benötigten Nährstoffspektrums erfasst wird.

Insa et al. (1995) publizierten eine auf Nutzung neuronaler Netzwerktechnik basierende Methode, die zur Gärungsmitte verlässliche Aussagen macht, ob im weiteren Gärverlauf mit Gärstörungen zu rechnen ist oder nicht.

Strategien zur Vermeidung von Gärstörungen

1. Vor der Gärung

- Mostschönung zur Bindung etwaiger Rückstände von Pflanzenschutzmitteln,
- Dosage von schwefliger Säure auf Maische/Most bei hoher Keimbelastung durch faules Lesegut,
- keine langsam gärenden Hefestämme einsetzen und/oder besonders nährstoffbedürftige Hefestämme, wenn der Jahrgang eine hohe Keimbelastung bereits aus dem Weinberg mitbringt oder es sich um eine gestresste Rebanlage handelt,
- korrekte Reaktivierung der Trockenhefen,
- Einstellen der gewünschten Gärtemperatur vor Gärbeginn.

2. Während der Gärung:

- Dosage von Gärhilfsstoffen, besonders Diammoniumhydrogenphosphat gegen Ende des ersten Gärdrittels bis maximal Mitte der Gärung,
- Dosage von maximal 8 mg/L Sauerstoff gegen Ende des ersten Gärdrittels,
- konsequente Gärüberwachung: Mostgewicht, Temperatur, Sensorik, aber auch mikroskopische Kontrolle auf Gesamtzellzahl, Anteil von toten Zellen und Sprossungsgrad.

Eine umfassende Gärüberwachung ist eine Notwendigkeit zur Erzeugung sauberer Weine (vgl. Kap. 8, Betriebskontrolle).

Strategien zur Behebung von Gärstörungen

1. Bei frühzeitigem Erkennen einer Reduzierung der Gärleistung:

- Kontrolle der Lebendkeimzahl der Hefen:
- wenn **größer oder gleich 50 Mio. lebende Zellen/ml** reicht häufig schon ein Anheben der Temperatur auf 18 °C, wenn kellertechnisch möglich auf 20 °C;

- die Zugabe von Gärhilfsstoffen ist umstritten: Diammoniumhydrogenphosphat hat in der Regel keine Wirkung mehr, da die Hefen es nicht mehr aufnehmen können. Gärhilfsstoffe wie Hefezellwand-Präparate oder auch inaktive Hefen können Verbesserung der Göraktivität bewirken. Sobald der **Lebendkeimgehalt unter 50 Mio. Hefen/mL** sinkt, hilft nur noch ein frischer Hefeansatz (siehe unten).

2. Bei bereits eingetretener Gärstörung:
Die in der Literatur beschriebenen Verfahren zum Neustart einer hängen gebliebenen alkoholischen Gärung haben gemeinsam, dass sämtliche Autoren den **Abzug von der alten Hefe** empfehlen. Die Endvergärung ist mit gärstarken alkoholtoleranten **Reinzuchthefen** zu starten.

Die Hefereaktivierung und Adaption eines Problemmostes kann nach verschiedenen Verfahren erfolgen. Die nachfolgende Auflistung setzt keine Prioritäten.

Verfahren A (BISSON & BUTZKE 2000):
Pro 1000 Liter Problemmost:

- Ansatz mit 15 L Wasser und 3 kg Saftkonzentrat (65 °Brix) und 30 g Diammoniumhydrogenphosphat, temperiert auf 20 bis 22 °C. Oder man nimmt im Verhältnis 2:1 frischen Traubensaft und Wasser.
- Reaktivierung von 1 kg Trockenhefe (*Saccharomyces bayanus*) in 5 L Wasser bei einer Temperatur von 38 bis 41 °C für 15 bis 20 Minuten.
- Der eingangs beschriebene Nährstoffansatz wird dann langsam im Verlauf von 30 Minuten zu den rehydratisierten Hefen gegeben.
- Zugabe des gleichen Volumens an Problemmost; Belüften durch Umpumpen; Gären lassen bis die Hälfte des Restzuckers umgesetzt wurde.
- 2-maliges Wiederholen dieses Schrittes, sodass schließlich 160 L des neuen Gäransatzes vorliegen.
- Zugabe dieses Ansatzes sowie von 20 g/L Diammoniumhydrogenphosphat (gelöst) zu den restlichen 840 Litern; Temperatur bei 20 bis 22 °C halten und einmal pro Tag Hefe aufrühren, ohne dabei eine Belüftung vorzunehmen.

Verfahren B (FISCHER 2000):
Pro 1000 Liter Problemmost:

- 500 g Reinzuchthefe in 3 Liter Wasser bei 35 °C 20 bis 30 Minuten rehydratisieren.
- Zu diesem Ansatz werden gegeben: 4 Liter Wasser, 1,5 Liter Flaschenwein gleicher Qualitätsstufe, 1 kg Zucker, 300 g Hefezellwandpräparat.
- Auf Grund der einsetzenden Gäraktivität auf ausreichenden Steigraum achten! Nach etwa 12 Stunden sollte eine Dichte von 0,995 bzw. ein Alkoholgehalt von 8 %vol erreicht sein.
- Einrühren dieses Ansatzes in 100 Liter des stecken gebliebenen Weines.
- Sobald deutliche Gäraktivität erkennbar ist, wird der Ansatz dem Gesamtgebinde zugegeben.

Verfahren C (Empfehlung des Laimburger Instituts, Südtirol):

- eventuell Abziehen von der alten Hefe
- Zugabe von 30 % eines gut gärenden Mostes derselben Rebsorte und Qualitätsstufe zu dem Problemgebinde.

Verfahren D (MILTENBERGER et al. 2002):

- Filtration des stecken gebliebenen Jungweines falls die Werte für flüchtige Säure oder Milchsäure über 0,5 g/L liegen.
- Gärstarken Hefestamm auswählen und reaktivieren; Einsaatmenge auf mindestens 50 g/100 L berechnen.
- Zugabe eines Kombipräparates mit 40 g/100 L zum Jungwein.
- 5 bis 10 % des steckengebliebenen Jungweines zum reaktivierten Gäransatzes geben.
- Sobald dieser Ansatz deutliche Gärung zeigt, wird er dem Gesamtgebinde zugesetzt.

Unabhängig vom Verfahren sind solchermaßen neu initiierte Gärungen genauestens zu verfolgen.

Sollten alle Reaktivierungsmaßnahmen nicht den gewünschten Endvergärungsgrad liefern, bleibt als letzte Möglichkeit das Hellmachen und die Sterilfiltration des Weines, bevor es durch das Wachstum von Bakterien und/oder Kahmhefen zu irreparablen Schäden des Weines kommt.

Alle Schemata belegen die **Notwendigkeit der Nutzung von gärstarken, alkoholtoleranten Reinzuchthefen.** Zur Erleichterung der Wahl der richtigen Hefe sei nochmals auf die **web-Adresse** der Forschungsanstalt Geisenheim verwiesen (vgl. 7.3.2). Auf der Homepage des Fachgebietes Mikrobiologie und Biochemie können für nahezu sämtliche Gärhefen die Eigenschaften und Eignungen abgerufen werden.

8 Hygiene, Betriebskontrolle und Weinkonservierung

8.1 Rechtliche Grundlagen und deren Auswirkungen

Die EU-Richtlinie 93/43/EWG befasst sich mit dem Schutz der menschlichen Gesundheit und definiert die Mindestanforderungen an die Hygienepraxis bei der Herstellung von Lebensmitteln. In Deutschland wurde sie mit der „Verordnung über Lebensmittelhygiene und zur Änderung der Lebensmitteltransportbehälter-Verordnung" vom 5. August 1997 in nationales Recht umgesetzt. Eine Einbindung in das Weingesetz und in die Weinverordnung erfolgte am 31. Januar 1998 und seit dem 1. August 1998 gilt sie für die Betriebe der Weinwirtschaft.

Seit dem 1. Februar 1999 müssen Unternehmen der Weinwirtschaft im Rahmen betriebseigener Maßnahmen und Kontrollen sicherstellen, dass im Herstellungsprozess gesundheitliche Risiken biologischer, chemischer oder physikalischer Natur erkannt und angemessene Sicherungsmaßnahmen festgelegt, durchgeführt und kontrolliert werden (Forum der Deutschen Weinwirtschaft 2001). Das bis dato gültige LMBG wurde am 7. September 2005 durch das Lebensmittel-, Bedarfsgegenstände- und Futtermittelgesetzbuch (LFGB) ersetzt.

Im Zusammenhang mit den gesetzlichen Auflagen ist auch das aus den USA stam-

Tab. 33. Potenzielle Infektionsquellen während der Weinbereitung.

Traubenproduktion
Schadorganismen auf – Trauben – mitgeernteten Blättern – Lesegerät z. B. Kübeln, Bütten, Händen des Lesepersonals, Vollerntern – Behältern für Traubentransport
Weinproduktion
Schadorganismen – auf Innenflächen von Tanks, Fässern, Rohrleitungen, Schläuchen – in flüssigkeitsführenden Bereichen von Kellereigeräten wie Pressen, Separatoren, Filtern usw. – in Kellereibedarfsstoffen wie Schönungsmitteln (Bentonit, Gelatine, Kieselsol usw.) – als Fremdkeime in Starterkulturen für alkohol. Gärung und Biologischen Säureabbau
Weinabfüllung
Schadorganismen – in Bedarfsstoffen wie Flaschen, Korkstopfen, synthetischen Flaschenverschlüssen – in sämtlichen Teilen der Abfüllanlage, die mit dem abzufüllenden Produkt in Kontakt kommen wie Vorlegetanks, Rohrleitungen, Filtern, Füller, Verkorker, Verschließer – in der Raumluft – auf den Händen des Abfüllpersonals

mende und in den deutschen Sprachgebrauch übernommene HACCP-Concept zu sehen. HACCP steht für „Hazard Analysis of Critical Control Points". Es beinhaltet ein vorbeugendes System zur Lebensmittelsicherheit mit dessen Hilfe potenzielle Gefahrenquellen und kritische zu kontrollierende Punkte während des Herstellungsverfahren aufgespürt und damit beherrscht werden (zur Übersicht siehe beispielsweise Sinell & Meyer 1996). Eine weitere Stärkung des Verbraucherschutzes bringen die EU-Verordnung 178/2002 und die verstärkte Umsetzung der aktuellen Version des International Food Standards (IFS).

8.2 Infektionsquellen und Qualitätsminderung durch Mikroorganismen

Als Faustregel gilt, dass überall wo biologisches Material einen Feuchtigkeitsgehalt von mehr als 8 % aufweist, es zu einem mikrobiellen Befall und zu einer Vermehrung der Infektanten kommen kann. Das Wissen um die keimhemmende Wirkungen von Ethanol, schwefliger Säure oder hohen Phenolgehalten darf nicht zu Nachlässigkeiten während der Weinbereitung führen. Bereits im Weinberg können durch Schadorganismen deutliche Qualitätseinbußen bei den wertgebenden Traubeninhaltsstoffen wie auch die Bildung von gesundheitlich bedenklichen Stoffen – biogene Amine und Mycotoxine – hervorgerufen werden. Für das Mycotoxin Ochratoxin A (OTA) gilt ein Grenzwert von 2 µg/L in Wein (VO(EG) 123/2005). Diese Gefährdung setzt sich über alle Stationen der Weinbereitung fort. Sie bedarf deswegen einer möglichst lückenlosen Überwachung. Dies fordern auch Gesetzgeber und **GMP-Systeme – Good Manufactoring Practise**. Tabelle 33 nennt die potenziellen Infektionsquellen.

Die Auflistung lässt erkennen, dass auch so genannte Kleinigkeiten wie Bentonitsäcke, die unbedacht offen in einem Raum mit genügend hoher Luftfeuchtigkeit gelagert werden, die dort von Schimmelpilzen freigesetzten Mufftöne adsorbieren und später an den mit Bentonit behandelten Wein wieder abgeben.

Mikroorganismen sind überall präsent. Treffen sie auf verwertbare Nährstoffquellen, kommt es je nach Umweltbedingung zu einer teilweise selektiven Vermehrung und damit zur Schädigung des Weines oder seiner Vorstufen.

Mit der Tabelle 34 wird eine Übersicht über die wichtigsten Infektionskeime während der Weinbereitung gegeben.

Konkretere Beschreibungen des Auftretens der jeweiligen Mikroorganismen, ihre Besonderheiten bezüglich schädigender Metaboliten und deren Synthesewege sind anderen Kapiteln dieses Buches zu entnehmen.

Die Auflistung macht auch deutlich, dass selbst der fertige Wein immer dann, wenn Restzucker und Sauerstoff vorhanden sind, eine **signifikante Erhöhung der Infektionsgefahr** erfährt. So bleibt nach wie vor die Eintrübung oder Sedimentbildung abgefüllter Weinen durch Hefewachstum auf Grund mangelhafter Filtration ein wichtiger Reklamationsgrund. Auch Weine mit einem Restzuckergehalt unter 8 g/L stellen einen Nährboden für alkoholtolerante Hefen dar. Im Allgemeinen geht man davon aus, dass Gehalte von weniger als 4 g/L verwertbarem Restzucker für eine deutlich sichtbare Hefevermehrung zu gering sind.

Im Einzelfall ist zu prüfen, ob eine keimarme Filtration tatsächlich ausreichend ist oder erst eine Sterilfiltration für einen wirklichen Schutz sorgt. Gerade bei Weinen, die unter dem Werbeslogan „nicht filtrierter Wein" auf den Markt gebracht werden sollen, ist genau zu prüfen, ob die Parameter Restkeimgehalt des Weines, Alkoholgehalt, Restzuckergehalt, Konzentration an freier schwefliger Säure eine ausreichende Sicherheit bieten.

Tab. 34. Potenzielle mikrobielle Schädlinge während der Weinbereitung.

A. Hefen	Folgen einer unerwünschten Präsenz
Saccharomyces cerevisiae	Erneute Gärung (Angärung) von Weinen mit Restsüße, Eintrübung
Saccharomycodes ludwigii	Sediment- und Schleimbildung, starke Acetaldehydsynthese
Schizosaccharomyces pombe	Erneute Gärung (Angärung) von Weinen mit Restsüße, Eintrübung, Säureabbau, häufig Fehltöne (Medizinton)
Zygosacccharomyces bailii	Erneute Gärung (Angärung) von Weinen mit Restsüße, Eintrübung, Bildung von Essigsäure und Estern
Candida spp. *C. vini/C. stellata/ C. pulcherrima/C. krusei*	Bei Luftkontakt Filmbildung (Kahmschicht), Oxidation von Ethanol führt zu hohen Gehalten an Acetaldehyd, flüchtiger Säure und Estern
Hanseniaspora uvarum (asporogene Form: *Kloeckera apiculata*)	Bildung von Essigsäure und deren Estern, häufig Produktion von Killer-Toxinen
Metschnikowia pulcherrima	Filmbildung bei Weinen im Anbruch, starke Bildung von Acetaldehyd und Ethylacetat
Pichia spp. *P. farinosa/P. membranaefaciens/P. vini*	Filmbildung bei Weinen im Anbruch, hohe Gehalte an Acetaldehyd
Hansenula anomala (alte Taxonomie) *Pichia anomala* (neue Taxonomie)	Filmbildung bei Luftkontakt, hohe Gehalte an Essigsäure, Ethylacetat, Methylbutylacetat und Isoamylacetat
Brettanomyces intermedius (asporogene Form: *Dekkera intermedia*)	Bildung phenolischer Verbindung führt zu Fehltönen (medizinisch, Pferdeschweiß, Mäuselton), öfters auch zur Essigsäurebildung
B. Bakterien	**Folgen einer unerwünschten Präsenz**
Essigsäurebakterien, vornehmlich *Gluconobacter oxydans, Acetobacter aceti, A. pasteurianus*	Bei Luftkontakt Bildung von Essigsäure, Acetaldehyd und Ethylacetat, Abbau von Glycerin, Auftreten von Zähflüssigkeit
Milchsäurebakterien, vornehmlich *Lactobacillus* spp. *Lactobacillus plantarum* *Lactobacillus brevis* *Lactobacillus kunkeei* *Lactobacillus hildegardii* *Pediococcus* spp. *Pediococcus damnosus* *Pediococcus parvulus* *Pediococcus pentosaceus* *Oenococcus oeni*	Unerwünschter Biologischer Säureabbau, bei homofermentativen Bakterien Bildung von D-Milchsäure aus Zucker (Erhöhung der Gesamtsäure), bei heterofermentativen Bakterien Bildung von D-Milchsäure, Essigsäure und Mannitol aus Zucker; je nach Spezies weiterhin möglich: Bildung eines Mäuseltons, Geranientons (bei Vorliegen von Sorbat), Acroleintons, Milchsäurestichs; Abbau von Weinsäure, Bildung von biogenen Aminen, Verursachung von Gärstörungen

A. modifiziert nach du Toit & Pretorius 2000. B. modifiziert nach Sponholz 1992.

Tab. 34. Potenzielle mikrobielle Schädlinge während der Weinbereitung.

C. Schimmelpilze	Folgen einer unerwünschten Präsenz
Schadpilze im Weinberg, vornehmlich *Botrytis cinerea*, *Plasmopara viticola* *Aspergillus* spp. *Penicillium* spp. *Trichothecium roseum*	deutliche Qualitätseinbußen des Traubenmaterials, zusätzlich Bildung von Grau- und Mufftönen im späteren Wein sowie Bildung von Mycotoxinen
Schadpilze im Keller, vornehmlich *Penicillium* spp., *Aspergillus* spp.	Vermehrung auf Most- oder Weinrückständen: Bildung von Grau- und Mufftönen sowie Bildung von Mycotoxinen

Im Extremfall genügen zehn gäraktive Hefen der Saccharomycetengruppe pro Flasche, um eine Angärung in einem restsüßen Wein zu initiieren.

Nachfolgende Angaben verdeutlichen den Einfluss der Hefekonzentration auf die optische Erscheinung eines Weines:

bis 1000 Hefen/mL	glanzhell
bis 10 000 Hefen/mL	fast noch glanzhell
bis 100 000 Hefen/mL	gerade feststellbare Trübung (dies lässt sich einfacher entscheiden, wenn Wein in einer Weißglasflasche seitlich mit gebündeltem Licht bestrahlt wird)
bis 1 000 000 Hefen/mL	leichte Trübung
über 1 000 000 Hefen/mL	steigende Eintrübung

Die mikrobielle Stabilität wird von vielen Faktoren beeinflusst. Sie darf nicht auf die Gruppe der Hefen beschränkt gesehen werden, da auch die Anwesenheit von **Milchsäure- und Essigsäurebakterien** zu berücksichtigen ist.

Milchsäurebakterien können durch ausreichende Gehalte an schwefliger Säure gehemmt werden. Hierbei ist jedoch die pH-Abhängigkeit des wirksamen = ungeladenen Anteils der schwefligen Säure zu berücksichtigen. Die Zugabe von Lysozym bietet einen zeitlich begrenzten Schutz und wirkt nicht auf Essigsäurebakterien.

Aus warmen Klimaten wird immer wieder berichtet, dass selbst bei 13 bis 14 %vol Alkohol sich bei stehender Lagerung von Rotweinen ein dünnes Häutchen aus Essigsäurebakterien an der Grenzschicht zwischen Wein und Luft unterhalb des Korkens bilden kann. Ein weiteres Problem bilden *Lactobacillus*-Species, die durch Glycerinabbau bittere, adstringierende Fehltöne (Acroleinstich) verursachen können.

Ein konsequentes Hygienemanagement ist somit erforderlich, um Konflikte mit dem Weingesetz und den Konsumenten zu vermeiden. Nachfolgend werden für die verschiedenen Stationen der Weinbereitung Kontrollmaßnahmen aufgeführt. Man muss dabei unterscheiden, was in einem Weingut oder in einer großen Kellerei geleistet werden kann bzw. was einem externen Labor übertragen werden sollte.

8.3 Überwachung der Weinproduktion

Einen generellen Überblick über wesentliche der Lebensmittelindustrie zur Verfügung stehenden Testmethoden gibt Loureiro 2000.

8.3.1 Einsetzbare Untersuchungsmethoden

Die Nachweisverfahren, die im Brauwesen eingesetzt werden, finden sich – zeitverzögert und entsprechend adaptiert – in der Überwachung der Weinproduktion wieder.

Nachfolgend eine Übersicht über die der Weinwirtschaft zur Verfügung stehenden Kontrollverfahren:

Lichtmikroskopie: Auch in einem Weingut sollte ein gutes Lichtmikroskop zur Grundausstattung gehören, denn es liefert in kurzer Zeit wesentliche Ergebnisse und erleichtert so die Entscheidungsfindung. Apparative Anforderungen sind: ein 40er Phasenkontrastobjektiv, eine Phasenkontrasteinrichtung und ein 10er Okularenpaar. Eine zusätzliche Dunkelfeldeinrichtung ist von großem Vorteil bei der Untersuchung auf Bakterien.

Mithilfe eines Lichtmikroskops sind Mikroorganismen ab einer Konzentration von 100 000 Zellen/mL gut zu erkennen. Damit lassen sich hohe Keimbelastungen bereits im frischen Most rasch feststellen. In erster Linie dient ein Lichtmikroskop der Gärungsüberwachung (Einzelheiten hierzu unter 8.3.3).

Weiterhin lässt sich das Auftreten von Bakterien erkennen, noch lange bevor beispielsweise ein analytisch nachweisbarer Abbau von Äpfelsäure erfolgen kann. Insgesamt kann auch nach den Gärungen während der Weinlagerung immer wieder mikroskopisch überprüft werden, ob unerwünschte Keime auftreten.

Fluoreszenzmikroskopie: Auf Grund des Preises und der notwendigen Sachkenntnis nur für Kellereien mit eigenen Labors oder für Privatlabors ratsam. Die Fluoreszenztechnik macht es möglich, eindeutige Unterscheidungen zwischen lebenden und toten Zellen zu treffen (z. B. DAPI-Verfahren) sowie Mikroorganismen von ähnlich aussehenden Trubbestandteilen zu differenzieren. Mithilfe des DEFT-Verfahrens (Direkte Epifluoreszenz Filtertechnik) ist es möglich, auf Membranfiltern, durch die Weinproben filtriert wurden, eine gezielte Anfärbung etwaiger Keime durchzuführen und somit eine schnelle Überprüfung der Sterilität zu erreichen. Bei nicht automatisierten Systemen bedarf es großer Erfahrung des Laborpersonals, um akkurate Ergebnisse zu erzielen. Weiterhin ist die Nachweisgrenze offensichtlich immer noch zu hoch, um von einem verlässlichen Schnelltest zur Überprüfung der Sterilität abgefüllter Weine zu sprechen. Bisher (Stand 2004) hat das Verfahren noch keine flächendeckende Verbreitung als Routinekontrolle in der Weinwirtschaft gefunden.

Flusscytometrie: Die Flusscytometrie (FCM) stellt ebenfalls ein optisches System dar, das automatisiert eine quantitative Messung fluoreszenzmarkierter Mikroorganismen ermöglicht. Mit Zunahme der Anzahl an Fluorochromen gelingt eine immer differenziertere Unterscheidung von weinrelevanten Mikroorganismen. Der Vorteil des teuren Verfahrens liegt in seiner Schnelligkeit, sodass zeitnah während des Produktionsprozesses gewünschte Keime wie auch Kontaminanten erfasst werden können (Malacrino 2001). Die Nachweisgrenze liegt für Hefen bei größer 100 Keimen/mL und ist damit für Sterilkontrollen abgefüllter Weine noch nicht geeignet.

8.3.1.1 Molekularbiologische Methoden

Gensonden: Eine Neuentwicklung, die Eingang in die kellertechnische Praxis finden dürfte, stellt die FISH-Technik (Fluoreszenz-in-situ-Hybridierung) dar. Mithilfe fluoreszenzmarkierter, beispielsweise gegen rRNA (= ribosomale RNA) gerichteter Sonden können diese auf Grund spezifischer Oligonukleotidsequenzen (15 bis max. 100 Nukleobasen) so gezielt aufgebaut werden, dass nicht nur eine eindeutige Zuordnung von Mikroorganismen zu Spezies erfolgt, sondern sogar häufig innerhalb der Spezies eine Zuordnung zu Stämmen möglich ist.

Die Tauglichkeit dieser Methode wurde für das Milchsäurebakterium *Oenococcus oeni* gezeigt, welches das bevorzugte bzw. gewünschte Bakterium darstellt, um einen Biologischen Säureabbau durchzuführen (Fröhlich 2002).

PCR-Technik: Die Technik der Polymerase-Kettenreaktion hat seit geraumer Zeit Einzug in die Lebensmittelüberwachung gefunden. Die selektive Vermehrung von DNA-Sequenzen der aufzuspürenden Mikroorganismen (in der Regel Infektionskeime) und anschließende fluoreszenztechnische Detektion ermöglicht den Nachweis auch in geringen Konzentrationen vorkommender Keime. Im Gegensatz zur Bierbranche befindet sich diese Methode, die häufig wichtiger Bestandteil eines betrieblichen HACCP-Konzeptes ist, in der Weinbranche noch in der Erprobungsphase.

Biolumineszenz: Dieser Schnelltest auf die Anwesenheit von Mikroorganismen basiert auf der Messung des in Mikroorganismen enthaltenen Adenosintriphosphats (ATP). Nach Freisetzung dieses zellulären Energieträgers erfolgt eine Oxidation von Luciferin durch das Enzym Luciferase unter ATP-Verbrauch und damit einhergehend der Bildung von Licht. Das entstehende Licht ist der ATP-Konzentration proportional. Ein Vorteil des Verfahrens liegt in seiner Schnelligkeit und relativen Einfachheit in der Anwendung. Die Umrechnung der gemessenen Lichtmenge auf eine Keimkonzentration kann schwierig werden. In der Praxis wird der Test eingesetzt, um beispielsweise den Erfolg von Reinigungs- und Desinfektionsmaßnahmen zu messen.

Nachweis durch Kultivierung auf Nährböden: Nach wie vor stellt der Nachweis von Mikroorganismen mittels der Kultivierung eventuell vorhandener Mikroorganismen auf selektiven oder nicht selektiven Nährmedien das traditionelle Verfahren dar, um kontaminierende Keime festzustellen und gegebenenfalls zu identifizieren. Ein bisher unschlagbarer Vorteil dieser Methode liegt in der Möglichkeit, auch geringste Keimkonzentrationen feststellen zu können. Nachgärungen auf der Flaschen sind in einem restsüßen Wein ab fünf gärfähigen Hefen und 50 Milchsäurebakterien pro Flasche möglich (MENKE et al. 2007). Nachteilig wirkt sich hingegen aus, dass der Nachweis von Hefen zwei bis drei Tage und der Nachweis von Milchsäure- oder Essigsäurebakterien bis zu sieben Tagen, im Extremfall (auch bei Hefen) bis zu 14 Tagen dauern kann, was bei der Überprüfung abgefüllter Weine hohe Kosten verursacht, da die Flaschen für diesen Zeitraum gelagert werden müssen.

Dem Nachweis auf Nährböden können unterschiedliche Verfahren vorgeschaltet sein. Die Verfahrensbeschreibungen sind einschlägigen Praktikumsbüchern der Mikrobiologie zu entnehmen. Anwendungsbeispiele finden sich unter Punkt 8.3.5.

8.3.2 Überwachung von Traubenannahme und Mostherstellung

Sehr vereinzelt und nur in Großbetrieben ist eine Untersuchung auf den Keimgehalt von Trauben und Mosten anzutreffen. Man verlässt sich auf die optische Qualität des Materials und berücksichtigt dabei nicht, dass nicht nur die optisch erkennbaren Schimmelpilze, sondern auch die rein visuell nicht detektierbaren Hefen und Bakterien ein enormes Qualitätsrisiko darstellen. Auch optisch scheinbar gesunde Trauben können eine hohe Keimzahl an unerwünschten Mikroorganismen tragen.

Zusätzlich führen spätsommerliche Temperaturen während der Weinlese und Traubenverarbeitung zu einer sehr raschen Ausbreitung von vor allem Essigsäurebakterien wie auch von Nichtsaccharomyceten. Entsprechende Beobachtungen konnten im Jahrgang 2003 gemacht werden, wobei sich hier zusätzlich die hohen pH-Werte begünstigend auf die Vermehrung von Bakterien auswirkten. Die Folgen waren überhöhte Gehalte an flüchtiger Säure, Gärstörungen und ölige, zähflüssige Weine.

Ratsam ist es, sich in Form von **Stichproben** einen Überblick über die aktuelle Keimbelastung zu verschaffen. Dies muss sicherlich nicht für jedes Weingut, jede Genossenschaft oder Kellerei durchgeführt werden, sondern regional und in organisierter Form, um einen repräsentativen Querschnitt zu finden, ähnlich den Untersuchungen auf den Reifeverlauf – Mostgewicht, Mostsäure.

Als **Untersuchungsmethoden** bieten sich an:
- Untersuchung von Waschwässern nach dem Ablösen der Mikroorganismen von den Trauben durch Kochschen Plattenguss, Ausplattieren auf festen Nährmedien oder Membranfiltration mit anschließender Bebrütung;
- einfacher und weniger aufwändig gestaltet sich die Untersuchung eines aus den Proben gewonnenen Traubenmostes durch Ausplattieren aliquoter Anteile auf unspezifischen Medien (→ Gesamtkeimzahl) und selektiven Medien (→ Essigsäurebakterien, → Milchsäurebakterien).

Die Schwefelung von Maische oder Most ist insbesondere bei warmen Temperaturen und/oder dem Fehlen von entsprechenden Kühleinrichtungen anzuraten, auch wenn dadurch die Gefahr einer späteren Böckserbildung steigt. In der Folgenabschätzung sollte die Priorität auf der Vermeidung von Gärstörungen und irreparablen sensorischen Fehlern liegen.

Weiterhin sollte man beachten, dass eine Mostklärung durch Sedimentation kontaminierenden Mikroorganismen einen zeitlichen Vermehrungsvorteil verschafft. Kühlung und Schwefelung können zumindest verzögernd auf deren Vermehrung einwirken. Die Nutzung von **Lysozym** ist gegebenenfalls auch möglich. Hierbei ist jedoch zu berücksichtigen, dass Lysozym nicht auf Hefen und auch nicht auf Gram-negative Bakterien wie Essigsäurebakterien wirkt.

Weiterhin bietet der Gesetzgeber (Antrag auf nationaler Ebene) die Möglichkeit, eine **Mostsäuerung** durchzuführen. Diese kellertechnisch einfache Maßnahme führt zu einer Absenkung des pH-Wertes und erschwert so die Vermehrung unerwünschter Keime bei gleichzeitig erhöhter Wirksamkeit der schwefligen Säure.

8.3.3 Überwachung der Mostgärung und des Biologischen Säureabbaus

Der Übergang vom Moststadium zum Weinstadium stellt eine sehr kritische Phase während der Weinherstellung dar, gilt es doch, die potenziellen Qualitäten des Mostes möglichst verlustfrei in riech- und schmeckbare Weinqualitäten zu überführen. Somit kommt einer Überwachung der alkoholischen Gärung und des Biologischen Säureabbaus – = Malolaktische Fermentation = MLF = Malolaktische Gärung – eine hohe Bedeutung zu, da Gärfehler in der Regel zu irreparablen Verlusten bei der Weinqualität führen.

Als maßgebliche Einflussfaktoren des Gärverlaufs gelten:
1. Gehalt an hefeverfügbaren Nährstoffen im Most
2. Keimbelastung des Mostes durch Weinberg- und Kellerflora
3. Gärtemperatur
4. Nutzung oder Verzicht auf geprüfte Hefereinkulturen

Zu 1: In der Regel ist von der Zusammensetzung eines Mostes außer Mostgewicht, pH und Gesamtsäure wenig bekannt. Eine Bestimmung des hefeverwertbaren Stickstoffs dient zumindest als Indikator für den Nährstoffgehalt eines Mostes. Liegen stickstoffhaltige Verbindungen in ausreichendem Maße vor, hat man zumindest die Sicherheit, dass dieser Teil des Nährstoffbedarfs der Weinhefen abgedeckt ist. Allerdings darf nicht im Umkehrschluss gefolgert werden, dass auch alle anderen essentiellen Hefenährstoffe

ebenfalls in genügenden Konzentrationen vorhanden sind. Der Einsatz von komplexen Gärhilfsstoffen, vor allem durch so genannte inaktive Hefen, versorgt nährstoffarme Moste mit Aminosäuren, Vitaminen und Mikroelementen und ist somit in Erwägung zu ziehen.
Zu 2: Wie zuvor beschrieben, sollte stichprobenartig eine Feststellung des Keimgehaltes erfolgen, auch um die Entscheidung zum Einsatz von Reinzuchthefen zu erleichtern.
Zu 3: Temperaturen unter 16 °C bewirken bei Saccharomyceten eine deutliche Verlangsamung des Stoffwechsels einschließlich der Gärung. Parallel dazu steigt jedoch die Alkoholtoleranz der Nichtsaccharomyceten und damit die Gefahr der Fehltonbildung.
Zu 4: Unabhängig von der Diskussion, ob die Spontangärung oder die Reinzuchthefegärung bessere Weine ergibt, muss gewährleistet sein, dass *Sacccharomyces cerevisiae*-Hefen während des Gärverlaufs, insbesondere in der zweiten Gärungshälfte, in ausreichender Zahl vorhanden sind, um den Mostzucker zu vergären.

Eine konsequente Überwachung des Gärverlaufs bringt die entsprechende Sicherheit während der Weinherstellung und zeigt zeitnah alle eventuellen Störungen auf.

Einfach zu messende Parameter bestimmen die Güte einer Gärungsüberwachung. Für die **alkoholische Gärung** sind dies:
1. tägliche Messung des Mostgewichtes
2. tägliche Messung der Gärtemperatur
3. mikroskopische Untersuchungen – zu Gärbeginn täglich, nach Gärmitte alle zwei Tage.

Die Parameter 1 und 2 werden in qualitätsorientiert arbeitenden Betrieben routinemäßig durchgeführt. Jedoch stellen mikroskopische Untersuchungen immer noch die Ausnahme dar. Einige Großbetriebe, vor allem in den so genannten „Jungen Weinbauländern“ Südafrika, Australien oder USA, die diese strikte Form der Überwachung anwenden, können belegen, dass sich dies nicht nur in qualitativer Hinsicht lohnt, sondern sich auch rechnet.

Als **mikroskopische Untersuchungen** sollten vorgenommen werden:
1. Bestimmung der Hefekonzentration mithilfe einer **Zählkammer:** Mit einer Thoma-Zählkammer oder einer Bürker-Zählkammer lässt sich – ohne irgendein Nährmedium nutzen zu müssen – in wenigen Minuten die Konzentration an Hefezellen hinreichend genau bestimmen. In der Hauptgärung sollten zwischen 60 und 120 Millionen Hefezellen/mL vorliegen, um entsprechend Biomasse zu haben, die den Zuckerumsatz sicherstellt.
2. Bestimmung des Anteils an **sprossenden Hefen:** Diese Untersuchung ist während des ersten Gärdrittels notwendig, da spätestens ab Gärmitte keine Hefevermehrung mehr stattfindet und fehlende Biomasse automatisch zu Gärstörungen führt. Vor allem zu Beginn der Gärung müssen bei einem ausreichend mit Nährstoffen versorgten Most über 80 % der Hefezellen eine Sprossung aufweisen. Die prozentuale Bestimmung kann mit derselben Probe in derselben Zählkammer, also im gleichen Arbeitsgang durchgeführt werden wie die Keimzahlbestimmung. Sie dauert nur ein bis zwei Minuten.
3. Bestimmung des Anteils an **toten Hefen:** Ohne zusätzliche Behandlung lassen sich tote Hefezellen mikroskopisch nicht zweifelsfrei erkennen. Durch Zusatz von bestimmten **Farbstoffen** wird eine Lebend/Tot-Unterscheidung einfacher. Im Routinebetrieb finden Lichtmikroskope durch Einsatz von Methylenblau (tote Zellen färben sich blau) oder Fluoreszenzmikroskope durch Einsatz der Färbemittel DAPI oder Oxonol Anwendung. Auch diese Untersuchungen sind in wenigen Minuten

durchführbar und ergeben prozentuale Anteile an lebenden bzw. toten Hefen, die anhand der bekannten Gesamtkeimzahl in absolute Zahlen umgerechnet werden können.
4. Anwesenheit von **Bakterien:** Auch ohne Anfärbung sind in guten Lichtmikroskopen – mit Phasenkontrast-Einrichtung! – Bakterien zu erkennen. Verfügt das Mikroskop über eine Dunkelfeldeinrichtung, kann eine eindeutige Unterscheidung zwischen Bakterien und Trubpartikeln getroffen werden. Werden Bakterien in einem Gebinde nachgewiesen, bedeutet dieses ein Alarmsignal für den potenziellen Beginn eines biologischen Säureabbaus während der Gärung. Bei bereits eingesetzter Gärstörung und bei Zutritt von Sauerstoff kann die Vermehrung von Essigsäurebakterien erfolgt sein. Beide **Bakteriengruppen** können anhand ihrer Morphologie in der Regel voneinander **unterschieden** werden und entsprechende Maßnahmen eingeleitet werden:
Essigsäurebakterien → Kurzstäbchen,
Milchsäurebakterien: Pediococcen → Coccen mit Tendenz zur Klumpenbildung,
Oenococcen → Diplococcen und Kettenbildung,
Lactobacillen → Langstäbchen mit Kettenbildung.

Eine **Bestimmung des pH-Wertes** kann hilfreich sein, um eine Zuordnung zu erzielen.

Für die **Überwachung des biologischen Säureabbaus** (BSA, Malolaktische Fermentation, MLF) haben sich bewährt:
1. tägliche Bestimmung der Gesamtsäure
2. Bestimmung der Äpfelsäure und Milchsäure in zwei- bis dreitägigem Abstand
3. tägliche mikroskopische Untersuchung auf Bakterien
4. Verkosten (Kohlensäureentwicklung)

Zu 1: Bestimmung der **Gesamtsäure:** Die titrierbare Gesamtsäure erlaubt nur eine grobe Überwachung, da vor allem zu Beginn des BSA keine Unterscheidung zu einem beginnenden Weinsteinausfall möglich ist.
Zu 2: Bestimmung der **Äpfelsäure und Milchsäure:** Beide Säuren können sowohl enzymatisch/photometrisch als auch mittels HPLC bestimmt werden. Im Falle eines BSA während der Gärung kann eine analytische Unterscheidung in L- und D-Milchsäure sinnvoll sein. D-Milchsäure wird von Milchsäurebakterien aus Mostzucker gebildet und indiziert dadurch die Gefahr einer Bildung von flüchtiger Säure. Dies erfordert rasche Gegenmaßnahmen, z. B. Schwefelung und scharfe Filtration des Weines.
Zu 3: Mikroskopische Untersuchung: Eine mikroskopische Überwachung von Jungweinen, welche die Säure abbauen sollen, ist einfach, schnell und nützlich. Dazu wird eine Probe des zu untersuchenden Weines mit einem Mikroskop mit einem 40er Phasenkontrastobjektiv untersucht. Eine Dunkelfeldbeleuchtung ermöglicht die eindeutige Unterscheidung der Bakterien von Trubstoffen.

Mikroskopische Untersuchungen (siehe oben) bieten den großen Vorteil, dass anhand der Morphologie normalerweise eine Identifizierung der Milchsäurebakterien möglich ist; so können unerwünschte *Pediococcus*-Spezies einwandfrei erkannt werden (rundlich, Klumpen bildend, keine Ketten). Ihre Vermehrung kann durch die Zugabe von *Oenococcus-oeni*-Starterkulturen unterdrückt werden.

8.3.4 Überwachung des Jungweines

Die Lagerung auf der Feinhefe dient der Komplexierung des Weinaromas. Sie findet gerade bei Weißweinen immer häufiger Anwendung. Eine SO_2-Gabe garantiert keine 100 %ige Hemmung sämtlicher mikrobiologischer Aktivitäten. Deswegen ist eine gelegentliche Kontrolle ratsam. Die üblicherweise durchgeführten Bestimmungen der freien schwefligen Säure bieten keine absolute Sicherheit, da mit steigenden pH-Werten der Anteil der effektiv wirksamen schwefligen Säure immer geringer wird.

Eine gelegentlich durchgeführte – alle vier Wochen – mikroskopische Untersuchung (Anforderungen an das Mikroskop und Durchführung siehe 8.3.2 und 8.3.3) gibt einen Überblick über die eventuelle Vermehrungen unerwünschter Hefen und Bakterien.

8.3.5 Tankweine und abgefüllte Weine

Bei Anlieferung von Tankweinen ist unbedingt eine **Wareneingangskontrolle** durchzuführen. Für den Nachweis von Hefen und Bakterien in Mosten und Weinen, die in unsterilen Transportbehältern angeliefert werden, empfiehlt sich in Großbetrieben entweder das **Koch'sche Plattengussverfahren** oder das **Ausplattieren auf fertigen Nährböden** oder die **Filtration über eine bakteriendichte Membran** unter sterilen Bedingungen.

Da der Keimgehalt der Proben unbekannt ist, sich aber über mehrere Zehnerpotenzen erstrecken kann, muss bei Plattierungsverfahren vor der eigentlichen Ausplattierung eine Verdünnungsreihe angelegt werden. Die Proben werden dann unverdünnt sowie in 1/10er Stufen bis zur Verdünnungsstufe 10^{-6} ausplattiert.

Die Entwicklung schneller Nachweisverfahren, beispielsweise mithilfe von Gensonden, ist aus Gründen der Zeitersparnis dringend erforderlich.

Überprüfung abgefüllter Weine (Warenausgangskontrolle): Abgefüllte Weine sollten keine oder nur sehr wenige Keime – unter fünf Keimen pro Flasche – aufweisen. Aus diesem Grund muss eine Aufkonzentrierung bzw. eine Untersuchung eines ausreichend großen Probenvolumens erfolgen.

Im Routinebetrieb stellt die **Sterilfiltration** über bakteriendichte Membranen immer noch den Regelfall dar. Dies geschieht durch Filtration von 300 bis 500 mL des zu untersuchenden Weines über eine Sterilmembran mit einer Porengröße von 0,45 µm unter sterilen Bedingungen im Vakuum. Membranen mit einer Porengröße von 0,2 µm können ebenfalls zum Einsatz kommen. Auf Grund der geringeren durchschnittlichen Porengröße bieten sie den Vorteil, dass auch kleinere Bakterien zurückgehalten werden. Allerdings kann es bei kolloidreichen Weinen – insbesondere bei Rotweinen – zu einer schnellen Belegung der Membran und damit zu einem Stopp der Filtration kommen.

Die Zulieferindustrie bietet inzwischen auf den Nutzer zugeschnittene Filtrationsmodule an. Neben den üblicherweise genutzten Filtrationssystemen aus Edelstahl (Abb. 43) gibt es auch Einmalsysteme aus Kunststoff. Diese bieten den Vorteil, dass sie als sterile Einheiten sofort zur Verfügung stehen, während Edelstahleinheiten erst durch Hitze („Trockene Hitze" über zwei Stunden oder „Feuchte Hitze" im Autoklaven bei 1 bar Überdruck, entsprechend 121 °C während 20 Minuten) oder Desinfektion mit 75 %igem Alkohol sterilisiert werden müssen.

Unabhängig vom Filtrationsverfahren müssen anschließend die Membranfilter auf

Abb. 43. Sterilkontrolle abgefüllter Weine mittels Edelstahl-Filtrationsgerät.

zuvor ausgesuchten Nährmedien inkubiert werden. Auch hier gibt es verschiedene Systeme: „Klassisch" sind die mit Wuchsstoffen versetzten sterilen Nährkartonscheiben in Petrischalen. Das Nährmedium wird durch Zugabe von zuvor abgekochtem Wasser rehydratisiert und so für eventuell auf den Membranfiltern aufgefangene Mikroorganismen verfügbar gemacht. Bei anderen Systemen liegt das Nährmedium bereits in flüssiger Form vor und der Membranfilter ist auf einem Gitter in einer modifizierten Petrischale zu platzieren.

Im Verkaufsprogramm aller Systeme und Anbieter sind sowohl Nährmedien zur Bestimmung des Gesamtkeimgehaltes als auch Spezialmedien zur selektiven Erfassung bestimmter Infektionskeime.

Einen Überblick zur Keimbelastung in kommerziell erhältlichen Weinen geben Menke et al. (2007). Circa 20 % der Weine waren als gefährdet anzusprechen.

8.3.6 Überwachung der Flaschenfüllung

In abgefüllten Weinen sollten keine Mikroorganismen nachweisbar sein, wenn zuvor eine entkeimende Filtration stattgefunden hat. Trotzdem kommt es immer wieder zu Eintrübungen und Nachgärungen auf der Flasche.

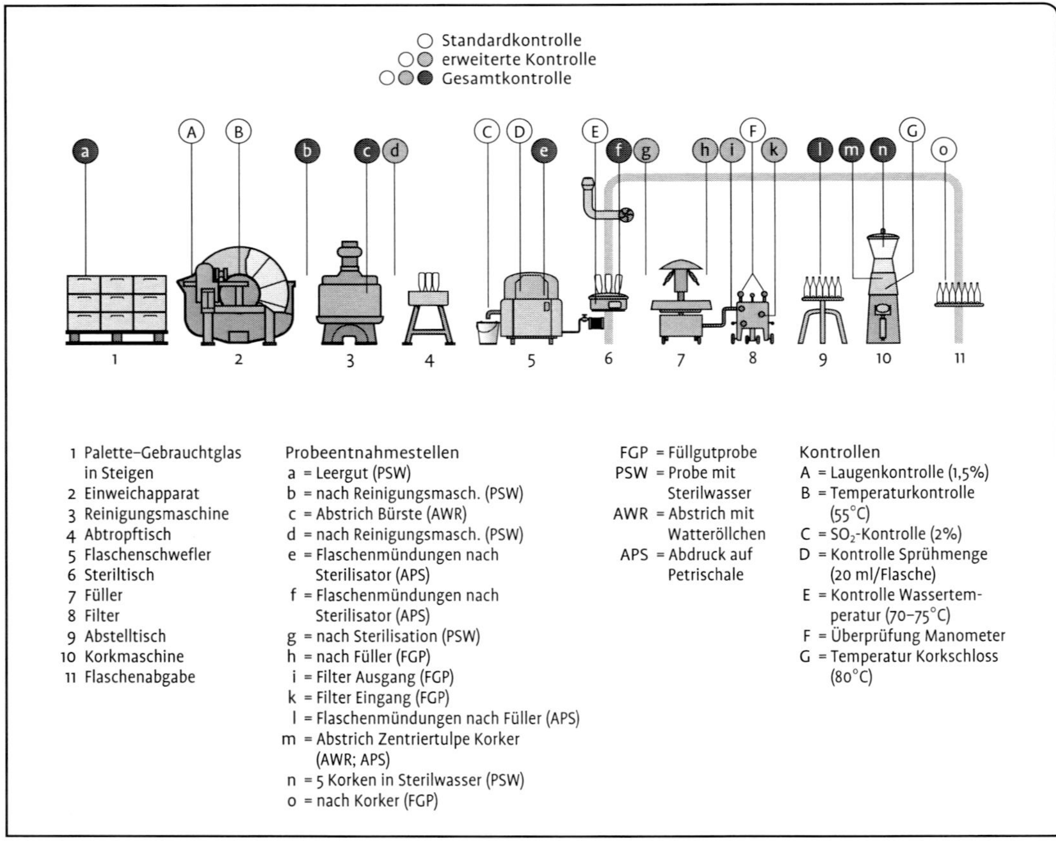

Abb. 44. Mikrobiologische Überprüfung einer halbautomatischen Anlage zur kaltsterilen Abfüllung (vormals Fa. Seitz-Enzinger-Noll).

Neuerdings auch bei Weinen, die als „nicht filtriert“ oder „unfiltered“ vermarktet werden. Hierbei handelt es sich normalerweise um Weine ohne Restzucker und ohne Äpfelsäure, sodass von einer relativen Stabilität ausgegangen wird. Relativ deswegen, da bei hohen pH-Werten – insbesondere bei Rotweinen – durch Lactobacillen ein Glycerinabbau einsetzen kann, wodurch der Wein eingetrübt und auch sensorisch verändert wird.

Weiterhin kann es bei stehender Flaschenlagerung durch Sauerstoffeintrag über den Korken zu einer Vermehrung von Essigsäurebakterien kommen. Dies kann bis zur Bildung einer Bakterienschicht an der Grenzfläche Flüssigkeit-Kopfraum der Flasche führen, mit der Folge einer deutlichen Erhöhung der flüchtigen Säure (Bartowsky & Henschke 2008).

Bei mikrobiell belasteten Weinen muss sofort eine Suche nach der Infektionsquelle einsetzen. Hierzu stehen bewährte Schemata zur Probenahme an den verschiedensten Stellen während der Abfüllung zur Verfügung. Als Beispiele hierzu dienen die Abbildungen 44 und 45.

Überprüfungspläne, die kritische Kontrollpunkte benennen, sind somit automatisch Bestandteil jedes HACCP-Konzeptes, da sie nicht nur die Kontrollstellen als solche, sondern auch die Art und Weise der Probenentnahme und den Umgang bzw. die Verarbeitung der Proben exakt festlegen.

Auf diese Weise wird nicht nur eine Kontrolle durchgeführt, sondern auch im Laufe der Zeit eine Datenbank geschaffen, die im Betrieb hilft, Fehlerminimierungen zu erzielen.

Zusätzlich zu den Probeentnahmestellen wird in HACCP-Konzepten auch der Hygiene der Mitarbeiter Bedeutung beigemessen und zielgerichtet Maßnahmen ihrer Beachtung/Verbesserung vorgeschrieben. Besonders bei Streuinfektionen ist mangelnde Hygiene des Füllpersonals auf Grund fehlender oder unzureichender Instruktionen häufig die Ursache. Beispiel: das Hantieren an Zentriertulpen des Füllers nach Funktionsstörung ohne nachfolgende Sterilisation der Füllstationen mittels einer alkoholischen Lösung.

In jüngster Zeit wird auch der Keimgehalt der Raumluft wieder vermehrt als Infektionsquelle in der Literatur erwähnt: so wurden beispielsweise auch im Abfüllbereich kontaminierende *Brettanomyces*-Hefen gefunden (Connell et al. 2002). Auf Grund der GMP-Anforderungen – Good Manufactoring Practise – in verschiedensten Produktionsbereichen stehen inzwischen verlässliche Geräte zur Sammlung von Luftkeimen in definierten Luftvolumina zur Verfügung.

8.3.7 Allgemeine Betriebshygiene

Unter den Punkten 8.3.2 bis 8.3.6 wurden für bestimmte Bereiche der Weinherstellung mögliche mikrobiell bedingte Problemfelder und Möglichkeiten zur Lösung bzw. zur Vermeidung vorgestellt. Das Problem der Weinkontamination mit unerwünschten Mikroorganismen sollte nicht erst bei der Sterilfüllung für die Verantwortlichen und Ausführenden offenkundig werden, vielmehr sind Kontaminationen Gefährdungen des Weines im gesamten Produktionsprozess. Ihre Vermeidung erfordert

- die Schaffung eines Problembewusstseins durch **Schulung** der Mitarbeiterinnen und Mitarbeiter,
- die Durchführung von **Kontrollen**, beispielsweise auch die Kontrolle des Reinigungserfolges von Gerätschaften und Leitungssystemen durch Lumineszenz-Wischtests,
- und die **Dokumentation** der Ergebnisse.

Diese Maßnahmen sollten nicht als zusätzliche Belastung für den Weinhersteller gesehen werden, denn eine konsequente Überwachung und Ergebnisdokumentation hilft nicht nur Fehler zu vermeiden, sondern auch

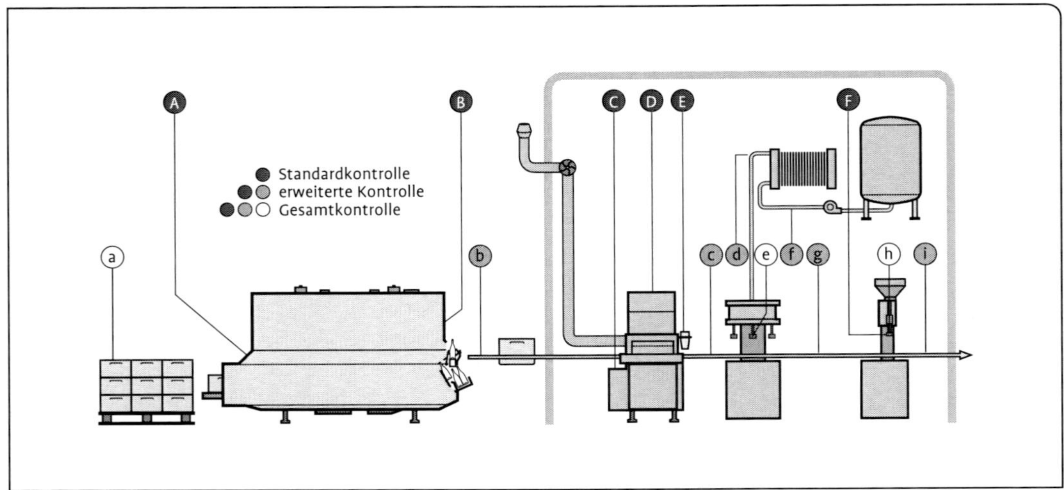

Abb. 45. Mikrobiologische Überprüfung einer vollautomatischen Anlage zur kaltsterilen Abfüllung (vormals Fa. SEITZ-ENZINGER-NOLL).

die **Weinqualität zu verbessern**, ohne dass hierzu aufwändige – weinbauliche – Maßnahmen nötig wären. Weiterhin können diese Maßnahmen auch den immer kritischer werdenden Kon-sumenten als qualitätsbildende und qualitätserhaltende Maßnahme aufgezeigt werden.

8.4 Konservierungsstoffe für Wein

8.4.1 Allgemeine Bemerkungen

Gemäß der Faustregel „was biologisch aufgebaut wird, kann auch biologisch abgebaut werden", stellt auch Wein ein gefährdetes Produkt dar. Dies ist in den vorangegangenen Punkten dieses Kapitels wie auch in anderen Kapiteln dieses Buches hinreichend dokumentiert worden. Eine entkeimende Filtration und das Verbringen des Weines in ein steriles Behältnis wären konsequenterweise die einzigen Möglichkeiten, Infektionen zu vermeiden. Aus ökonomischer und qualitativer Sicht muss dieser Absolutheitsanspruch jedoch nicht für alle Stadien der Weinbereitung gelten.

Wie im Weinbau – wo ein permanenter mikrobieller Befallsdruck für die Reben existiert – können auch im kellerwirtschaftlichen Bereich **Toleranzgrenzen** und **Schadschwellen** eingerichtet werden. Ein komplett keimfreier Weinausbau ist demnach nicht anzustreben. Allerdings müssen eventuell vorhandene Keime unter diejenige Konzentration gedrückt werden, die zu Weinfehlern führen würde.

Nachfolgend werden einige Substanzen aufgeführt, die für diesen Zweck eingesetzt werden können. Es wird jedoch ausdrücklich daraufhin gewiesen, dass es je nach Weinbauland zum Teil sehr **unterschiedliche gesetzliche Regelungen** gibt, welche Stoffe für die Weinbereitung erlaubt sind. Weiterhin muss beachtet werden, dass keimhemmende Stoffe, die bei der Lebensmittelherstellung eingesetzt werden dürfen, einer gesonderten gesetzlichen Zulassung in Weinbereich bedürfen.

Grundsätzlich soll ein Zusatz von Konservierungsstoffen das Produkt vor mikrobiellem Befall und in der Folge vor negativen Veränderungen – sensorisch wie auch bezüglich einer Bildung humanpathogener Substanzen – schützen. Zusätzlich wird der Ausbreitung von krankheitserregenden Keimen Einhalt geboten.

Bis auf wenige Ausnahmen kommt es mit der Zulassung eines Konservierungsmittels auch zu einer Festlegung der **maximalen Dosierung**, die sich an Ergebnissen von Toxizitätsprüfungen orientiert. Als Hilfsmittel zur Festlegung der Höchstmenge dienen auch die so genannten **ADI-Werte** nach JECFA = joint committees of the WHO/FAO. Darunter versteht man die maximale tolerierbare aufzunehmende Menge der betreffenden Substanz pro Tag, bezogen auf kg Körpergewicht – ADI = acceptable daily intake.

8.4.2 Weininhaltsstoffe mit teilkonservierender Wirkung

Verschiedene Weininhaltsstoffe haben – abhängig von ihrer Konzentration – eine gewisse keimhemmende Wirkung. Häufig werden dabei diejenigen Inhaltsstoffe aufgeführt, die entweder von der Weinrebe oder von Weinhefen – *Saccharomyces cerevisiae* – gebildet werden. Jedoch gibt es noch weitere, im englischen Sprachgebrauch als **„Biopreservatives“** bezeichnete mikrobielle Produkte mit biostatischer Wirkung.

Bedeutende Inhaltsstoffe der Weinreben sind vor allem die **Säuren** und damit einhergehend der niedrige pH-Wert von Mosten und Weinen. Weiterhin kommt **phenolischen Verbindungen** eine vermehrungshemmende, manchmal keimabtötende Wirkung zu.

Für Weinhefen muss in erster Linie **Ethanol** als statisch bis teilweise biozid wirkende Komponente erwähnt werden. Hemmende Wirkung kommt auch der **Kohlensäure** bzw. dem CO_2-Druck zu. Dies wird beim Seitz-Böhi-Verfahren zur Haltbarmachung von Süßreserve angewandt.

„Biopreservatives“ umfassen eine große Gruppe von **natürlichen antimikrobiellen Substanzen**, die von Pflanzen, Tieren und Mikroorganismen synthetisiert werden.

Für den Wein sind von steigendem Interesse:

1. Bacteriocine,
2. bacteriolytische Enzyme, insbesondere Lysozym,
3. und Zymocine = Killertoxine von Hefen.

Zu 1: Bacteriocine sind charakteristische Produkte vieler Milchsäurebakterien. Es sind Peptide mit antimikrobieller Wirkung, die sich allerdings auf ein enges Spektrum von sensitiven nahe verwandten Bakterien beschränkt. Bacteriocine wirken spezifisch auf die bakterielle Cytoplasmamembran und verursachen durch deren Destabilisierung ein Absterben der Zielzellen (De Vuyst & Vandamme 1994).

Nisin ist das bislang einzige Bactericin, dem der GRAS-Status (Generally Recognized As Safe) verliehen wurde und das in vielen Ländern in der Lebenmittelbranche zum Schutz vor infizierenden Milchsäurebakterien eingesetzt werden darf.

Zu 2: Ein Beispiel für bakteriolytische Enzyme ist **Lysozym**. Die industriell verfügbare Form (Stand 2004) stammt aus Aufreinigungsprozessen von Hühnereiweiß. Lysozym ist laut EU-Weinrecht für die Weinbereitung zugelassen (0,5 mg/L)und wirkt vornehmlich auf Gram-positive Bakterien wie Milchsäurebakterien. Einzelheiten zu Lysozym sind 8.4.6 zu entnehmen.

Zu 3: Killertoxine, von zahlreichen Hefespezies gebildet, sind seit den 60er-Jahren des 20. Jahrhunderts bekannt. Je nach Herkunft handelt es sich um Proteine oder um Glycoproteine, die bei sensitiven Hefezellen mit der Cytoplasmamembran reagieren und zu einem Zusammenbruch des Protonengradienten führen. Die **Wirkung der Toxine** richtet sich in der Regel gegen ein relativ enges Spektrum an Zielzellen: Killerstämme von *Saccharomyces cerevisiae* richten ihre Aktivität gegen sensitive Zellen der eigenen Art, während Toxine von Killerstämme von Nichtsaccharomyceten ein breiteres Wirkungsspektrum haben (Heard & Fleet 1987, König et al. 2009).

Alkoholgehalt, pH-Wert, Tannin- und SO_2-Gehalt beeinflussen deutlich die **Aktivität** der Toxine (Radler & Schmitt 1987). Die Effektivität der Toxine wird auch vom Mengenverhältnis Killerzellen zu sensitiven Zellen beeinflusst (Petering et al. 1991).

Killertoxine von *Saccharomyces cerevisiae* werden von doppelsträngigen RNA-Plasmiden codiert und für Gärstörungen, insbesondere bei Spontangärungen, verantwortlich gemacht. Auch die Bildung von Fehltönen wurde beschrieben (Benda 1985).

Versuche einen „Superkiller" von *Sacharomyces cerevisiae* zu konstruieren, der verschiedene Toxine ausscheidet und somit über ein breiteres Wirkungsspektrum verfügen müsste, brachten nicht den gewünschten Erfolg (Shimizu 1993).

Neuere Untersuchungen beschäftigen sich mit der Aufklärung des **genetischen Hintergrundes** der Toxinbildung durch Nichtsaccharomyceten und deren gentechnischer Übertragung in Hefen der Spezies *Saccharomyces cerevisiae*. Insgesamt geht man davon aus, dass sich zukünftig durch den Einsatz gentechnischer Verfahren eine massive Produktionssteigerung der biologischen Komponenten erzielen lässt, die einen wirtschaftlichen Einsatz dieser Produkte in Aussicht stellt.

Unabhängig ob Gentechnik eingesetzt wird oder nicht, ist grundsätzlich für die konservierende Wirkung aller Bio-Komponenten auch das gemeinsame Vorliegen verschiedenartig wirkender Substanzen wichtig. Auf Grund unterschiedlicher Angriffspunkte entwickeln sich deutliche Synergien und damit liegen verbesserte Hemmwirkungen auf nicht erwünschte Mikroorganismen vor.

Trotzdem darf nicht übersehen werden, dass in der Regel der **Hemmstoffproduzent** als solcher gegen seinen **eigenen Hemmstoff resistent** ist. So tolerieren beispielsweise *Saccharomyces cerevisiae*-Hefen bis zu 17 %vol Alkohol, auch wenn bei bereits wesentlich niedrigeren Gehalten pathogene Bakterien wie Clostridien, Enterobakterien (coliforme Keime) oder Pseudomonaden gehemmt und abgetötet werden. Auch bei Schimmelpilzen wie *Aspergillus* oder *Penicillium* (Mycel und Sporen) wird eine weitere Vermehrung – verstärkt durch Anaerobiose – unterbunden.

Allerdings muss an den eingangs erwähnten Spruch von der biologischen Abbaubarkeit von Naturprodukten erinnert werden, denn es gibt so gut wie immer spezialisierte Mikroorganismen, die sich auch bei scheinbar ungünstigsten Bedingungen immer noch vermehren können. Beispiele hierzu:

- Essigsäurebakterien, verschiedenste Hefen: oxidieren Ethanol unter aeroben Bedingungen.
- *Brettanomyces*-Hefen: Vermehrung auch bei nicht vorhandenen C_6-Zuckern.
- Bestimmte Milchsäurebakterien: Vermehrung bei Vorliegen von Äpfelsäure oder Glycerin.

Zusammenfassend ist festzustellen, dass vor allem Alkohol, Säuren und pH-Wert synergistisch einen weitreichenden biologischen Schutz gegenüber einer Vielzahl von Mikroorganismen, auch pathogenen Keimen, darstellen, jedoch **keine absolute Sicherheit** bieten. Daraus leitet man den häufig notwendigen Einsatz von Konservierungsstoffen ab.

8.4.3 Schweflige Säure

Schweflige Säure zählt zu den ältesten und auch heute noch weltweit meistgenutzten Konservierungsmittel der Weinbereitung (vgl. 5.6). SO_2 wirkt in erster Linie auf Bakterien, während die Vermehrung von Hefen nur durch hohe Konzentration unterbunden wird. *Saccharomyces cerevisiae*-Hefen werden durch die zulässigen Dosierungsmengen nur wenig gehemmt. Zusätzlich wirkt sich der Anteil an freier schwefliger Säure bei Konzentrationen über 50 mg/L nachteilig auf die Sensorik des Weines aus. Empfindliche Personen bemerken bereits wesentlich geringere Konzentrationen.

Eine Abtötung oder eine effektive Hemmung von Weinhefen benötigt deutlich mehr als 1000 mg/L und kann in diesen Konzentrationen nur im Bereich der Konservierung von Süßreserve – Stummschwefelung – eingesetzt werden. Wünschenswerte Konzentrationen liegen hier bei oder über 1500 mg/L.

SO_2 liegt in wässriger Lösung in drei verschiedenen Formen vor, deren Gleichgewichtslage stark pH-abhängig sind (zur Übersicht siehe Zoecklein et al. 1995). Je tiefer der pH-Wert, umso höher wird der Anteil an molekularem SO_2, dem eigentlichen mikrobiologisch wirksamen Agens (Henderson-Hasselbalch-Gleichung). Bei mittleren pH-Werten steigt der Anteil an Bisulfit-Ionen, während bei höheren pH-Werten vor allem Sulfit vorliegt. Im relevanten pH-Bereich der Weinbereitung – pH 3,0 bis 4,0 – liegen nur etwa 5 % der Gesamtmenge in der aktiven molekularen Form vor (Romano & Suzzi 1993).

Zusätzlich zum Einfluss des pH-Wertes kann die konservierende Wirkung der schwefligen Säure durch bestimmte Weininhaltsstoffe deutlich verringert werden (vgl. 4.1.1). Hierbei handelt es sich um SO_2 bindende Stoffe wie Acetaldehyd, Anthocyane, Zucker und Ketosäuren. Acetaldehyd geht hierbei die stärkste Adduktbildung ein und vergrößert so signifikant den Anteil an gebundener schwefliger Säure.

Bei ungünstigem Witterungsverlauf verursachen *Botrytis cinerea* und Essigsäurebakterien bereits im Weinberg einen erhöhten Gehalt an SO_2-bindenden Substanzen in den Trauben.

Im Vergleich zu Hefen wie *Saccharomyces cerevisiae*, *Zygosaccharomyces bailii* und *Saccharomycodes ludwigii* zeigen Milchsäurebakterien eine deutlich höhere Sensitivität gegenüber SO_2. Hierbei sind Vertreter der Gattungen *Lactobacillus* und *Pediococcus* etwas resistenter als *Oenococcus*. Niedrige pH-Werte und höhere Alkoholgehalte verstärken die Wirkung des SO_2 (Britz & Tracey 1990).

Amerine und Kunkee publizierten 1968 die hemmende Wirkung von SO_2 auf Essigsäurebakterien. Es mehren sich Meldungen, dass vor allem *Acetobacter aceti* und *Acetobacter pasteurianus* verschiedene Phasen der Weinbereitung bei Gesamt-SO_2-Konzentrationen unter 100 mg/L überleben und im Jungweinstadium oder auch in nicht filtrierten Weinen zu unerwünschten sensorischen Effekten führen (Joyeux et al. 1984).

Diese durch Essigsäurebakterien verursachten Probleme verdeutlichen die Notwendigkeit einer Suche nach Alternativen zum Einsatz von schwefliger Säure auch auf Grund der weltweiten Tendenz zur Reduzierung der SO_2-Anwendung aus gesundheitlichen Gründen.

So wurde in der EU seit dem 1. August 2009 der Gehalt an Gesamt-SO_2 um 10 mg/L gesenkt (außer Spezialweine).

8.4.4 Sorbinsäure

Sorbinsäure (2,4-Hexadiensäure, Summenformel $C_6H_8O_2$) ist eine kurzkettige ungesättigte Fettsäure und führt durch Interaktion mit der **Cytoplasmamembran** zu deren Destabilisierung. Ein Einsatz erfolgt nicht nur bei der Weinbereitung, sondern ist weit verbreitet in der Lebensmittelbranche auf Grund der schimmelpilz- und hefehemmenden Wirkung. Essigsäurebakterien, Milchsäurebakterien aber auch Hefen wie *Brettanomyces*, *Saccharomycodes* oder *Zygosaccharomyces* werden nahezu nicht gehemmt. *Gluconobacter oxydans* ist gegenüber einem Mehrfachen der gesetzlich zugelassenen Menge absolut resistent (Splittstoesser & Churney 1992). Deshalb bietet die Sorbinsäure keinen Schutz vor unerwünschtem biologischem Säureabbau, Essigstich oder Medizinton (= Brettanomyces-Ton).

Die schlechte Löslichkeit der Sorbinsäure in Wein führte zur Anwendung des Kaliumsalzes (K-Sorbat) – 200 mg/L Sorbinsäure entsprechen 268 mg/L Kaliumsorbat. Biostatische oder biozide Wirkung hat nur die nicht dissoziierte Form. Somit kommt dem pH-Wert des Weines eine große Bedeutung zu. Außerdem wirkt Sorbinsäure umso besser, je höher der Alkoholgehalt und der SO_2-Gehalt und umso geringer der Keimgehalt ist (Zoecklein et al. 1995).

Infolge des eingeschränkten Wirkungsspektrums der Sorbinsäure stellt dieses Konservierungsmittel nur einen relativen Schutz vor Nachgärungen dar. Sorbinsäure ersetzt somit nicht eine Sterilfiltration.

Es muss ausdrücklich auf die Gefahren durch nicht hemmbare Essigsäurebakterien und Milchsäurebakterien in abgefüllten Weinen hingewiesen werden.

Sorbinsäure kann von verschiedenen Milchsäurebakterien metabolisiert werden. In der Folge kommt es zur Bildung des so genannten „Geranientons", eine geruchlich wahrnehmbare Substanz, die an Pelargonien erinnert.

Auch bei einem Einsatz von Sorbinsäure oder K-Sorbat kann somit nicht auf einen ausreichenden SO_2-Gehalt verzichtet werden.

8.4.5 Dimethyldicarbonat

Dimethyldicarbonat (Abkürzung: DMDC; Handelsname Velcorin) wird in etlichen Weinbauländern (in der EU gemäß VO(EG) 2165/2005) als Hemmstoff gegen Mikroorganismen in Wein angewandt. Die Nutzung in der Fruchtsaftindustrie ist ebenfalls erlaubt. DMDC stellt eine Weiterentwicklung des DEDC (Diethyldicarbonat; Handelsname Baycovin) dar.

DMDC ist ein „Verschwindestoff", da es nach Lösung in Wasser innerhalb kurzer Zeit in Methanol und CO_2 zerfällt. Der Aktivitätsverlust korreliert mit der Temperatur im Produkt: bei 10 °C nach etwa 40 Minuten, bei 20 °C nach etwa 15 Minuten und bei 30 °C nach etwa acht Minuten. Zusätzlich gibt es eine Abhängigkeit vom pH-Wert, die jedoch in ihrer Bedeutung weit geringer einzustufen ist als die Temperatur im behandelten Getränk (Firmeninformation Bayer).

Somit hat DMDC keine Langzeitwirkung – beispielsweise in abgefüllten Produkten – sondern kann ausschließlich als momentanes Mittel zur Reduzierung der Keimkonzentration gesehen werden. Durch den Zerfall kommt es zu einem Anstieg der Methanolkonzentration.

Die biozide Wirkung, auf Hefen und Bakterien, beruht auf der Denaturierung wichtiger Enzyme des Zuckerabbaus (Glycerinaldehyd-3-phosphat-dehydrogenase, Alkohol-dehydrogenase) (Porter & Ough 1982). Die Wirkung von DMDC auf Hefen ist effektiver als auf Bakterien. *Byssochlamys fulva*, ein typischer Saftschädling wurde ebenfalls sehr wirkungsvoll bekämpft (Riet & Pinches 1991).

Höhere Alkoholgehalte sowie eine vorherige scharfe Filtration unterstützen die Wirkung des DMDC. Der Keimgehalt sollte vor der Behandlung unter 500 Mikroorganismen/mL liegen.

8.4.6 Lysozym

Lysozym ist ein **Enzym**, das vor allem auf Gram-positive Bakterien wie beispielsweise Milchsäurebakterien wirkt. Gram-negative Bakterien werden nahezu nicht angegriffen, Hefen ebenfalls nicht. Aufgrund der **Substratspezifität** des Enzyms wird es als eine N-Acetylmuramidase bezeichnet. Im Mureingerüst der Bakterienzellwand werden somit ausschließlich beta-1,4-glycosidische Bindungen hydrolysiert, was zu einem Verlust der Festigkeit führt, in deren Folge die Zellen platzen. Die Unterschiede im Wirkungsspektrum erklären sich folgendermaßen:

- bei Gram-positiven Bakterien bildet der Mureinsacculus die Außenschicht der Zellwand und ist damit für einen Lysozymangriff voll zugänglich;
- bei Gram-negativen Bakterien befindet sich über der Mureinschicht noch eine äußere Membran, die ein sterisches Hindernis für das Enzym darstellt, es kann damit nicht bis zu seiner Zielkomponente vordringen.

Die Hefezellwand beinhaltet in ihrer Zellwandstruktur keine Mureinstränge.

Lysozym ist nicht toxisch und besitzt den **GRAS-Status**. Eine Allergie auslösende Wirkung bei empfindlichen Personen wurde gelegentlich beobachtet.

Wie bei anderen Enzymen, die in der Weinbereitung verwendet werden, ist der Einsatzzeitpunkt von großer Bedeutung. Lysozym lässt sich bei der **Weißweinbereitung** sinnvoll einsetzen, wenn ein biologischer Säureabbau vermieden werden soll.

Weine mit Gärstörungen können ebenfalls vor einem unerwünschten Befall durch Milchsäurebakterien mithilfe einer Lysozymdosage geschützt werden. Aktivitätsmindernd wirken Tannine, Farbstoffe und Bentonitbehandlungen.

Auf Grund der relativ hohen Proteinmengen, die durch Lysozym in den Wein eingetragen werden (max. 0,5 g/L), muss vor der Abfüllung für Eiweißstabilität gesorgt werden. Lysozym hat keine antioxidative Wirkung, es kann SO_2 nicht ersetzen, sondern lediglich in geringem Maße einsparen.

8.4.7 Weitere, aber für den Wein nicht erlaubte Konservierungsmittel

Nicht alle Konservierungsstoffe, die für Lebensmittel zugelassen sind, dürfen auch in Most oder Wein eingesetzt werden.
Unter diese bisher nicht erlaubten Stoffe fallen:

- Benzoesäure – einschließlich ihrer Salze,
- p-Hydroxybenzoesäure-methylester und
- p-Hydroxybenzoesäure-propylester,
- Natamycin – Pimaricin und
- Propionsäure.

Die Wirkung dieser Stoffe wird weiterhin geprüft. Trotz positiver Befunde erfolgte aus Gründen des Verbraucherschutzes bisher keine Zulassung.

9 Sherry – Produkt des aeroben Hefestoffwechsels

9.1 Allgemeines

Während der Produktion von Weißwein achtet man normalerweise zumindest ab dem Gärstadium darauf, dass ein Zutritt von Sauerstoff weitgehend verhindert wird, um eine Oxidation wertgebender Inhaltsstoffe zu verhindern. Anaerobe Bedingungen fördern auch die Gärbukettbildung durch die Weinhefen und verstärken so die Fruchtigkeit des Weines. Nach Abtrennen der Hefe und dem damit verbundenen Verlust der reduktiven Bedingungen führt ein ungehinderter Zutritt von Luft während des anschließenden Weinausbaus nicht nur zu sensorisch wahrnehmbaren oxidativen Noten, sondern begünstigt auch die Entwicklung von Mikroorganismen, welche den Wein durch verschiedenartige Fehltöne verderben können.

Die Herstellung von Sherry basiert indessen in der Endstufe auf dem **gezielten Einfluss des Sauerstoffs**: für bestimmte Sherry-Typen werden Grundweine auf 15 bis 16 %vol tatsächlichen Alkohol eingestellt. Durch diesen hohen Alkoholgehalt verringert sich die Gefahr einer Entwicklung unerwünschter Keime wie Essigsäurebakterien sehr deutlich, während bestimmte Heferassen bzw. Hefestämme – hauptsächlich Saccharomyceten – mit einem aeroben Stoffwechsel, der die Oxidation von Weininhaltsstoffen ermöglicht, sich allmählich entwickeln. Wichtig hierfür ist eine maximal 80 %ige Befüllung der Fässer, sodass eine ausreichende Sauerstoffaufnahme gewährleistet wird.

Unter diesen aeroben Bedingungen kommt es durch Hefen zu einer allmählichen Deckenbildung – häufig auch Flor genannt – auf der Weinoberfläche. Die allgemeine Bezeichnung für solche zusammenhängende Schichten von Mikroorganismen auf Grenzflächen zwischen verschiedenen Phasen – fest-flüssig, flüssig-gasförmig – lautet Biofilm.

Die Gegend um das spanische **Jerez** gilt als Ursprungsgebiet des Sherry. Sherry darf nicht in Deutschland hergestellt werden, in außereuropäischen Ländern ist die dort jeweils gültige Rechtsordnung zu beachten.

9.2 Verschiedene Verfahren zur Sherryherstellung

Die Herstellung von Sherry muss **nicht zwangsläufig eine mikrobiologische Stufe** enthalten, da Sherry nach mehreren Verfahren hergestellt werden kann. Dies führt zu optischen und sensorischen Unterschieden in der Beschaffenheit der Endprodukte wie auch zu Preisunterschieden.

Nachfolgend ist ein kurzer Vergleich der Verfahren aufgeführt.

9.2.1 Herstellung des Grundweines

Palomino de Jerez und Palomino Fino machen über 90 % der Reben des bekannten Anbaugebietes Jerez Superior aus. Weitere **Rebsorten** sind Pedro Ximenez und Moscatel für Süßweinbereitung. Eine schonende Traubenverarbeitung sorgt für geringe Polyphenolgehalte, damit im trockenen Fino-Sherry im weiteren Ausbau keine Bitternote entsteht. Höhere Polyphenolgehalte haben bei süßen Sherrys keine große sensorische Bedeutung.

Mostschwefelung und eine Senkung des pH-Wertes auf Werte zwischen 3,1 und 3,5 durch Zugabe von Weinsäure erfolgen noch vor Gärbeginn. Nach alkoholischer Gärung und biologischem Säureabbau besitzen die Jungweine einen Alkoholgehalt von 12 bis 13 %vol. Nach Klärung der Weine erfolgt eine

erste Klassifizierung, anhand derer das eigentliche Sherry-Herstellungverfahren festgelegt wird:
Kategorie 1: saubere Nase, ausreichender Körper, leicht, beste Qualität → Eignung für Fino oder Amontillado.
Kategorie 2: etwas geringerer Wein als 1 → spätere Festlegung der Eignung für welchen Typ.
Kategorie 3: kleinere Weine mit wenig Bukett → Eignung für Oloroso.

Mit dieser Einstufung entscheidet sich auch die spätere **farbliche Entwicklung** zum **Fino – heller Sherry** – oder **Oloroso – dunkler Sherry** (Wehowsky 1990).

Nach Abstich der Weine erfolgt das **Aufspriten mit Weinalkohol**. Weine der Fino-Art werden auf 15,5 bis 16 %vol eingestellt, Weine der Oloroso-Art bis auf 18 %vol. Sämtlichen nachfolgend beschriebenen Verfahren ist gemein, dass die Weine in Holzfässern – Fassungsvermögen 600 L – mit maximal 80 %iger Befüllung lagern.

9.2.2 Das biologische Verfahren: Fino- oder Manzanilla-Sherry

Bei diesem **klassischen Verfahren** kommt es zu einem allmählichen Bewuchs der Weinoberfläche mit Hefen. Die Erhöhung des Alkoholgehaltes auf maximal 16 %vol sorgt dafür, dass sich unerwünschte Keime – Kahmhefen und Essigsäurebakterien – nicht oder nur minimal entwickeln, aber auch die „Sherry-Hefe" sich nicht zu schnell durch massive Veratmung des Alkohols entwickeln kann.

Moderne Kellereien streben zur gleichmäßigen Entwicklung der Hefen während der Lagerung eine Temperatur von 16 °C und 70 % Luftfeuchtigkeit an. In nicht klimatisierten Bodegas kommt es vor allem im Frühjahr und im Herbst durch starke Hefeentwicklung zu einer dicken Florbildung.

Ein **dichter Biofilm** verhindert oder reduziert drastisch den Luftdurchtritt und die Oxidation des Weines. Auf diese Weise hergestellte Weine behalten ihre hellgelbe Farbe und sind etwas leichter. Die Verweildauer unter der Hefeschicht beträgt maximal zwei Jahre.

Anada-System: Hierbei handelt es sich um ein **statisches** System. Dies bedeutet, dass der eingelagerte und aufgespritete Wein für mehrere Jahre in diesem Fass verbleibt. Der von den Hefen veratmete Alkohol wird von Zeit zu Zeit nachgefüllt.

Solera-System: Der Begriff Solera wurde wahrscheinlich aus dem spanischen Wort „suelo" (= Boden) abgeleitet und ist eine Bezeichnung für die unterste von drei oder vier übereinander gestapelten Fassreihen. Die oberen Reihen werden als „criaderas" bezeichnet. Kennzeichen des Solera-Verfahrens sind **aufeinander abgestimmte Weinentnahmen bzw. Weinumlagerungen**:

Den Fässern der unteren Reihe werden zwei- bis dreimal im Jahr nicht mehr als insgesamt 25 % Sherry entnommen. Aus der ersten Criadera-Stufe (= die erste Fassreihe über der Solera-Reihe) wird die gleiche Menge an Wein entnommen, um vorsichtig – damit die Hefedecke nicht zerstört wird – die Solera-Fässer wieder aufzufüllen. Entsprechend setzt sich das Verfahren in der zweiten und weiteren Criadera-Stufen fort. Die jüngste Criadera-Stufe wiederum wird aus dem statischen System „sobretabla" aufgefüllt. Sobretabla stellt den frisch vergorenen Jungwein dar, der auf 15 %vol Alkoholgehalt eingestellt wurde und maximal zwei Jahre als Auffüllwein eingesetzt wird.

Durch die Umfüllprozesse findet während einer dreijährigen Mindestlagerzeit eine Harmonisierung und Standardisierung der jeweiligen Basisqualitäten statt (Wehowsky 1990). Im Unterschied zum statischen Anada-System kann das Solera-Verfahren als dynamisches Verfahren, genauer als semi-kontinuierliches Verfahren eingestuft werden.

9.2.3 Das biologisch und physikalisch-chemische Verfahren: Amontillado-Sherry

Der Amontillado-Sherry ist gewissermaßen ein Fino, jedoch wurde durch Zugabe von Alkohol gezielt die Hefeflora gestört. Damit geht auch ein **vermehrter Sauerstoffeintrag** in den Wein einher, sodass Amontillado sich in der Farbe dunkler zeigt als ein Fino. Amontillado-Sherry gilt als der komplexeste Sherry-Typ, da er zusätzlich zur biologischen Alterung eine physikalisch-chemische Alterung durchläuft. Der Alkoholgehalt liegt mit bis zu 18 %vol etwas höher als bei den Fino-Sherrys mit 15,5 bis 17 %vol. Amontillado-Sherrys präsentieren sich bernsteinfarben, trocken oder leicht süßlich.

9.2.4 Das physikalisch-chemische Verfahren: Oloroso-Sherry

Wird frühzeitig der Alkoholgehalt eines Grundweines auf 18 %vol Alkohol eingestellt, kommt es zu keiner oder nur sehr geringer Vermehrung von Hefen. Das Geruchs- und Geschmacksbild eines späteren Oloroso-Sherrys wird deswegen durch rein physikalisch-chemische Umsetzungen geprägt. Während der Lagerung in Holzfässern benötigen Oloroso-Sherrys höhere Temperaturen als bei der Fino-Herstellung. Die Fasslagerung kann bis zu zehn Jahren dauern. Der Oloroso zeigt sich als dunkler Sherry mit einem Alkoholgehalt von 18 bis 20 %vol. Er ist mild und weinig im Geschmack (Wehowsky 1990).

9.3 Bedeutung der Hefepopulation

9.3.1 „Sherry-Hefen“: Zusammensetzung und Dynamik der Hefepopulation

Die Besonderheit der traditionellen Sherryproduktion mithilfe eines Hefebiofilms hat schon vor Jahrzehnten das Interesse der Mikrobiologen geweckt. Dass es sich dabei nicht um die bei der Weinbereitung unerwünschten Decken bildenden Kahmhefen handelt, sondern um Hefen der Gattung *Saccharomyces* beschrieb Schanderl bereits 1936. Um eine Unterscheidung zu den „normalen“ Weinhefen der alkoholischen Gärung vorzunehmen, findet man auch Trivialbezeichnungen wie Sherry-Hefen, Flor-Hefen, Velum-Hefen oder auch Fino-Hefen, um damit auf das spezielle Sherry-Herstellungsverfahren hinzuweisen.

Frühere Unterscheidungen der im Biofilm anzutreffenden Hefearten *Saccharomyces beticus, Saccharomyces cheresiensis, Saccharomyces montuliensis* und *Saccharomyces cerevisiae* wurden bereits 1983 (Barnett et al.) aufgehoben, sodass man nur von Rassen der Hefeart (= Spezies) *Saccharomyces cerevisiae* spricht – z. B. *Saccharomyces cerevisiae beticus*. Aus der alkoholischen Gärung stammend, können zu Beginn der Sherryherstellung noch Hefespezies aus den Gattungen *Kloeckera, Candida, Pichia, Hansenula* oder auch *Saccharomycodes* festgestellt werden, deren Konzentrationen allmählich abnehmen.

Früher waren die taxonomischen Bestimmungsmethoden fast vollständig beschränkt auf die Erfassung physiologischer Merkmale wie Zuckerverwertungsspektren oder Produktbildungsspektren oder auch Kreuzbarkeit von Hefen. Im Unterschied dazu bietet heute die Anwendung molekularbiologischer Verfahren einen wesentlich tieferen Einblick in die Zusammensetzung und vor allem in die Dynamik der Hefepopulation während der Sherry-Alterung. Eine Analyse der Basensequenz der ITS1 Region ergab für alle Sherry-Hefen eine 24 Basenpaare (24 bp) lange Deletion. Diese ist weder in Saccharomyces cerevisiae Hefen zur Erstgärung noch in Florhefen (ebenfalls Sacch. cer.) zur Herstellung des „Vin jaune“ in der französischen Weinbauregion Jura zu finden (Esteve-Zarzoso et al. 2001, Charpentier et al. 2009).

Trotz der Zugehörigkeit zur selben Hefespezies soll zur besseren Übersichtlichkeit

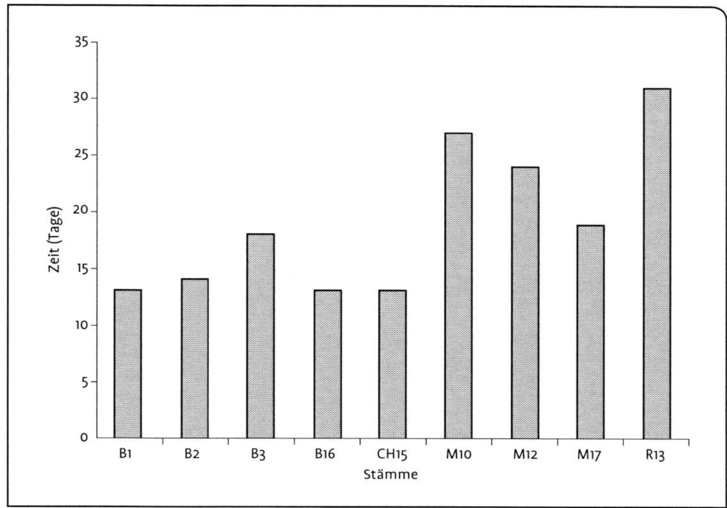

Abb. 46. Zeitbedarf zur Bildung eines Hefefilms auf der Weinoberfläche in einem Kulturröhrchen (nach MARTINEZ et al. 1997).

nachfolgend der geläufige Begriff der **„Heferasse"** weiterhin verwendet werden.

Unabhängig vom Herstellungsverfahren – statisch, dynamisch – der Region und gemittelt über alle zeitabhängigen Herstellungsstadien findet man folgende quantitative Zusammensetzung der **filmbildenden Hefepopulation**: mehr als 90 % der isolierten Kulturen gehören zur Spezies *Saccharomyces cerevisiae* (*S. cer.*). Die Rasse *S. cer. beticus* dominiert dabei mit ca. 75 % Populationsanteil, gefolgt von *S. cer. montuliensis* mit ca. 15 % sowie *S. cer. cheresiensis* und *S. cer. rouxii* mit deutlich unter 10 bzw. 5 % Anteilen (MARTINEZ et al. 1997).

Dieses allgemeine Bild der Zusammensetzung der Hefeflora differenziert sich, wenn die Biofilme in den einzelnen Stufen des Solera-Verfahrens untersucht wurden. In jungen Sherry-Weinen – dritte und zweite Criadera – dominierte *S. cer. beticus,* während *S. cer. montuliensis* in älteren Sherrys – erste Criadera und Solera-Stufe – sich zur quantitativ stärksten Heferasse entwickelt hatte. *S. cer. cheresiensis* und *S. cer. rouxii* verhielten sich indifferent.

Diese sequenzielle Abfolge von Heferassen in Abhängigkeit vom Alter eines Sherrys in einem gegebenen Fass ließ sich auch in Laborversuchen bestätigen: Hefestämme verschiedener Rassen wurden auf den Zeitbedarf bis zu Bildung eines Hefeflors auf einer Weinoberfläche geprüft. Abbildung 46 zeigt sowohl die signifikant schnellere Entwicklung von *S. cer. beticus* als auch die Unterschiede zwischen den Stämmen derselben Heferasse (MARTINEZ et al. 1997).

Innerhalb der einzelnen Rassen konnten durch Karyotypisierung (Bandenmuster der chromosomalen DNA) und RFLP-Untersuchungen (Restriktions-Fragment-Längen-Polymorphismus) der mitochondriellen DNA jeweils mehrere Stämme nachgewiesen werden, wobei jeweils ein Stamm dominierte. Die Schnelligkeit der Filmbildung sowie die Acetaldehydtoleranz konnten als Faktoren bestimmt werden, welche die Zusammensetzung der Hefepopulationen wesentlich mitbestimmen (IBEAS et al. 1997).

Solange der Acetaldehydgehalt unter 300 mg/mL liegt entwickelt sich *S. cer. beticus* am schnellsten. Die stetige Bildung von Acetaldehyd während der Alterung der Sherryweine bedingt einen allmählichen Rückgang der *S. cer. beticus*-Dominanz, verbunden mit einer Zunahme acetaldehydtoleranter

Stämme von *S. cer. montuliensis*. Offensichtlich führt die hohe Bildungsrate für Acetaldehyd zu einer Selbstselektion von *S. cer. montuliensis* (MARTINEZ et al. 1997).

9.3.2 Genetik der Biofilmbildung und physiologische Prozesse

Vergleicht man die Eigenschaften von *Saccharomyces*-Stämmen, welche die Vergärung von Traubenmost zu Wein durchführen, mit den Eigenschaften von *Saccharomyces*-Stämmen, die eine Sherryherstellung ermöglichen, so verfügen die Sherrystämme über drei maßgebliche Fähigkeiten:

1. **Aufschwimmen der Hefezellen an die Weinoberfläche,**
2. **Bildung eines Filmes an der Grenzschicht Wein-Luft und**
3. **oxidativer Stoffwechsel zur Nutzung von Ethanol und Glycerin als Kohlenstoff- und Energiequelle.**

Die alkoholische Gärung unter anaeroben Bedingungen sowie die anschließende biologische Weinalterung des Grundweines durch den oxidativen Stoffwechsel **film-bildender Hefen** kann sowohl durch die Spontanflora wie auch durch kommerzielle Reinzuchthefen vollzogen werden. Dies legt die Vermutung nahe, dass die typischen Eigenschaften einer Sherryhefe keine Besonderheit im eigentlichen Sinne darstellen, sondern als im Genom der Hefen codierte, bei Bedarf exprimierbare Eigenschaften vorliegen.

Sherryhefen bilden sämtliche zur Vermehrung nötigen Aminosäuren – Prototrophie – und auch fast alle Vitamine. Deutliche Unterschiede gibt es in der Resistenz gegenüber Killertoxinen von Hefen.

Der Gehalt an genetischem Material kann von Hefestamm zu Hefestamm schwanken. Auffallend ist auch die Aneuploidie mancher Chromosomen – z. B. drei Ausfertigungen des Chromosoms XIII, obwohl nur zwei davon bei einem doppelten Chromosomensatz (Diploidie) vorhanden sein sollten. Auf dem trisomalen Chromosom XIII liegen auch die Gene für zwei wichtige Alkoholdehydrogenasen – ADHII und ADHIII (GUIJO et al. 1997).

Weiterhin zeigten sich auch große Unterschiede in der mitochondriellen DNA der Sherryhefen. MARTINEZ et al. (1995) gehen davon aus, dass dieser Polymorphismus eine Folge des mutagenen Einflusses der **hohen Alkoholkonzentration** während der Sherryherstellung darstellt, und den Hefestämmen einen Selektionsvorteil verschaffen kann. Auf diese Weise haben Hefestämme mit einem effektiveren aeroben Stoffwechsel auch verbesserte Wachstumseigenschaften unter den gegebenen Bedingungen.

Die vier Rassen von *Saccharomyces cerevisiae – beticus, cheresiensis, montuliensis, rouxii* – zeigen bei Analysen bestimmter Genabschnitte **unterschiedliche Restriktionsmuster** (nach PCR-Amplifikation und elektrophoretischer Auftrennung), je nachdem ob es sich um filmbildende oder nicht filmbildende Stämme handelt. Zum Einsatz kamen spezifische Primer für ITS-1 und ITS-2. ITS steht für die „**I**nternal-**T**ranscribed **S**pacer"-Region zwischen rRNA-Genen (5,8 S rRNA-Gene im untersuchten Fall).

Das Muster filmbildender Stämme wurde bei mehr als 900 untersuchten Hefestämmen kein einziges Mal in einem Stamm während der alkoholischen Gärung entdeckt, sondern erst nach der Zugabe von Alkohol zu den Grundweinen in den dann filmbildenden Stämmen. Für den Unterschied zwischen filmbildenden und nicht filmbildenden Stämmen ist offensichtlich eine Deletion – 24 Basenpaare – in der ITS-1 Region verantwortlich, die bei filmbildenden Stämmen stets zu finden war (ESTEVE-ZARZOSO et al. 2001).

Weiterhin kommt einem **Hitzeschockprotein** (HSP), codiert durch das Gen *HSP12*, eine wichtige Bedeutung für die Fähigkeit der Filmbildung zu. *HSP12* wird in der stationären Wachstumsphase aktiviert, wenn keine

Glucose mehr vorhanden ist, aber Ethanol und Fettsäuren metabolisiert werden. Eine Punktmutation in diesem Gen oder eine Deletion des gesamten Gens führen zu einem Verlust der Filmbildung (ZARA et al. 2002).

Während die Bildung eines Biofilms bei Bakterien häufig mit der Bildung eines Polysaccharidnetzes oder einer Proteinmatrix einhergeht, welche die Festigkeit des Films bestimmt, konnte dieses Phänomen bei Sherryhefen bislang nicht beobachtet werden. Vielmehr scheint der erhöhte bzw. **veränderte Lipidgehalt** der Zellen maßgeblich für das **Aufschwimmen** der Zellen an der Weinoberfläche verantwortlich zu sein (CANTARELLI et al. 1969; FARRIS et al. 1993).

Durch die Wasserabstoßung – **Hydrophobie** – sammeln sich die Zellen an der Grenzfläche Flüssigkeit-Luft. Die Zellaggregate wiederum können Gasbläschen, die aus dem oxidativen Stoffwechsel der Hefen stammen, zurückhalten und auf Grund der dadurch verringerten Dichte die Filmbildung fördern (MARTINEZ et al. 1997).

In Modellversuchen wurde deutlich, dass das Produkt des Gens *FLO11* für den direkten Kontakt und Zusammenhalt der Hefezellen von Bedeutung ist (REYNOLDS & FINK 2001).

Die Zugabe von Ergosterin oder Ölsäure zum Medium führten nicht zu einer Erhöhung des Lipidgehaltes, sondern zu einer vermehrten Bildung von hydrophoben Proteinen. Sie scheinen für die Stabilität der Zellaggregate von Bedeutung zu sein, da ein Zusatz von Proteasen zu einem Aufbrechen des Biofilms führte (MARTINEZ et al. 1997).

Sherryhefen benötigen zur Filmbildung neben der physikalischen Besonderheit einer erhöhten Hydrophobie vor allem einen auf die Umweltbedingungen der Sherryherstellung angepassten Stoffwechsel. Wachstum und Vermehrung der Hefen erfordern eine Vielzahl von niedermolekularen Verbindungen wie Aminosäuren, Fettsäuren oder Vitaminen. Während in einem Traubenmost solche Verbindungen in der Regel in einem ausreichenden Maße vorhanden sind und dort von den Weinhefen aufgenommen werden können, stellt der Sherry-Grundwein ein **nährstoffarmes Medium** dar. Folglich müssen intrazelluläre Syntheseprozesse die benötigten Komponenten herstellen.

Dreh- und Angelpunkt anabolischer Reaktionswege ist die Bereitstellung von Energie und Kohlenstoffverbindungen. Da Grundweine nahezu keine hefeverwertbaren Zuckerverbindungen aufweisen, dient **Ethanol** und in gewissem Maße auch **Glycerin** als **Nährstoff-** und **Energiequelle**.

Mithilfe des **Atmungsstoffwechsels** kommt es zur Endoxidation von Ethanol: hierzu wird der Alkohol zu Acetaldehyd oxidiert und in der aktivierten Form des Acetyl-CoA in den Citronensäurecyclus eingeschleust. Als Endprodukte des respirativen Stoffwechsels entstehen unter Einbindung der Atmungskette in den Mitochondrien Kohlendioxid, Wasser und festgelegte Energie in Form von Adenosintriphosphat (ATP).

Neben der Energiegewinnung dient das Kohlenstoffgerüst des Ethanols auch zur Synthese wichtiger Verbindungen. Einzelheiten zur Gluconeogenese, Fettsäuresynthese, sonstigen Auffüllreaktionen (= anaplerotische Sequenzen) sind den einschlägigen Lehrbüchern der Biochemie zu entnehmen.

Im Verlauf der Metabolisierung des Ethanols kommt es auch zu einem allmählichen Anstieg der **Acetaldehydkonzentration** im entstehenden Sherry. Konzentrationen zwischen 300 und 400 mg/L sind die Regel, aber auch Konzentrationen bis zu 700 mg/L sind keine Seltenheit. Im Extremfall wurden sogar Werte über 1000 mg/L gemessen (MARTINEZ et al. 1998).

Acetaldehyd ist ein typischer Bestandteil des Sherry-Aromas, vor allem des Fino-Typs. Aus zellphysiologischer Sicht hingegen stellt Acetaldehyd einen bekannten Hemmstoff für eine breite Palette von Stoffwechselreaktionen dar. Die Toxizität liegt deutlich über der des Ethanols (Jones 1988).

Sherryhefen müssen sich somit neben dem oxidativen **Stress** auch gegen Acetaldehyd- und Ethanolstress schützen. Als Antwort auf die Stressbedingungen aktiviert die Zelle Signalübertragungswege, die auch die Synthesen von schützenden Komponenten umfassen. (Zur Übersicht siehe Hohmann & Mager 1997). Als protektive Komponenten dienen die so genannten **Hitzeschutz-Proteine** – HSP – auf die schon bei der Filmbildung eingegangen wurde. Sie bewahren die Zellen nicht nur – wie der Name vermuten lässt – vor gefährlicher Wärmeeinwirkung, sondern werden auch bei anderen Stresssituationen aktiviert.

Zusätzlich zu den Genprodukten von *HSP12* und *HSP82* minimieren vor allem die Produkte der HSP-Gene *HSP26* und *HSP104* auftretende Negativeffekte von Ethanol und Acetaldehyd. Je höher die Aktivität dieser Gene, umso effektiver der Schutz der Sherryhefen während der Produktion und umso dominanter wird der entsprechende Stamm (Aranda et al. 2002).

Bei **Sauerstofflimitierung** in einem Sherryfass werden die Hefen immer reduktiveren Bedingungen ausgesetzt, da die Atmungskette nur noch ungenügend für eine Oxidation der Reduktionsäquivalente ($NADH+H^+$) sorgt. Um dieser Form von Stressbedingungen zu entgehen, scheiden die Hefezellen de novo synthetisierte Aminosäuren aus, die zuvor als Elektronenakzeptoren bei der Oxidation von $NADPH+H^+$ zu $NADP^+$ dienten. Auf diese Weise wird einer zu starker Verschiebung des intrazellulären Redoxpotenzials entgegengewirkt (Mauricio et al. 2001).

9.4 Stoffliche Veränderungen während der Sherrysierung

Während der Vergärung des Traubenmostes zu einem Sherry-Grundwein kommt es in der Regel zu einer vollständigen Metabolisierung des Mostzuckers zu Ethanol und Kohlendioxid. Während ihrer Wachstumsphase entziehen die Hefen dem gärenden Most weiterhin Aminosäuren, anorganische Salze und auch Vitamine. Nach der alkoholischen Gärung erfolgt durch den biologischen Säureabbau eine weitere **Verarmung des Grundweines an Nährstoffen**.

Damit Sherryhefen sich unter diesen Bedingungen entwickeln können, müssen sie unter Einbindung ihres aeroben Stoffwechsels diejenigen Weininhaltsstoffe metabolisieren, welche entweder die vorherige Gärung überstanden haben oder erst während dieser Fermentationen gebildet wurden. Dies betrifft in erster Linie das Ethanol, welches wie bereits beschrieben als Energie- und Kohlenstoffquelle dient.

Aber auch Glycerin kann zu mehr als 50 % abgebaut werden. Weiterhin wird der Gehalt an flüchtiger Säure reduziert. Gelegentlich kann es zu einer Verminderung der Gesamtsäure kommen, falls im Grundwein noch Äpfelsäure vorhanden war. Diese wird über den Zitronensäurecyclus abgebaut.

Tabelle 35 zeigt den typischen Anstieg der Acetaldehydkonzentration im Verlaufe der Weinumlagerungen in den verschiedenen Criadera-Stufen.

Eine gezielte periodische **Begasung** des Grundweines **mit Sauerstoff** während der Sherryherstellung hatte einen unmittelbaren Einfluss auf die Gehalte an Acetoin, Acetaldehyd, höheren Alkoholen, Ethanol, Glycerin und Essigsäure. Nach jeder Begasung sank zuerst einmal die Aktivität der Alkoholdehydrogenasen I und II, um mit der erneuten Verarmung des Weines an Sauerstoff wieder anzusteigen. Der Acetaldehydgehalt stieg nach erneuter Begasung mit Sauerstoff weiter an (Berlanga et al. 2001).

Zusätzlich kann es zu einer Zunahme der Acetaldehydderivate 1,1-Diethoxiethan und Acetoin kommen. Eine gezielte Begasung in Verbindung mit dem Zusatz an Reinzucht-

Tab. 35. Veränderungen der Ethanol-, Acetaldehyd- und Glycerinkonzentration während der Sherryherstellung im Solera-Verfahren (nach AMERINE et al. 1982).

Abbaustufe	Ethanol (%vol)	Aldehyde (mg/L)	Glycerin (g/L)
Wein nach Gärung	15,7	20	7,6
3. Criadera	15,8	48	6,4
2. Criadera	15,5	38	6,3
1. Criadera	15,6	189	4,5
Solera (ältere Stufe)	16,3	310	3,4

Sherryhefen bietet damit die Möglichkeit einer **schnelleren Sherryreifung**, ohne dass dabei Bräunungseffekte auftreten (CORTEZ ET AL. 1999, MUNOZ et a. 2005).

Bei Verkostungen ergab sich eine hohe Korrelation zwischen dem Gehalt an 1,1-Dioxiethan und den Deskriptoren „fruchtig" und „balsamisch" (MOYANO et al. 2002).

Auch die Gehalte der süßlich schmeckenden Komponenten Acetoin und Diacetyl steigen durch den aeroben Hefestoffwechsel an. Bei den flüchtigen Estern wie Phenylethylacetat und Capronsäure-Ester kommt es ebenfalls zu einer Konzentrationszunahme. Somit verändern sich im Laufe der biologischen Reifung – oder Alterung – des Grundweines durch Sherryhefen die Gehalte verschiedenster **sensorisch aktiver Inhaltsstoffe** zum Teil sehr deutlich.

Die **Farbintensität** eines Sherrys, vor allem im Vergleich mit der Farbe des Grundweines, hängt ursächlich vom jeweiligen Herstellungsverfahren ab (siehe hierzu auch 9.2). Im **Oloroso-Verfahren** verhindert die hohe Alkoholkonzentration die Bildung einer geschlossenen Hefedecke. Somit kann Luftsauerstoff in den Wein eindringen und zur **Oxidation** von phenolischen Verbindungen führen. Entsprechend dunkel wird hierdurch die Farbe des Sherrys.

Die **geschlossene Hefedecke**, beispielsweise bei **Fino-Sherrys**, behindert offensichtlich eine Aufnahme des Sauerstoffs in den Wein und die ansonsten einsetzende Oxidation.

In Modellversuchen mit Catechinzusätzen konnte die Vermeidung des Bräunungseffektes trotz Gegenwart von Sauerstoff durch filmbildende Hefen eindeutig nachgewiesen werden (FABIOS et al. 2000).

Innerhalb der verschiedenen Florheferassen zeigte *capensis* die stärkste Bindung von Bräunungsprodukten. Noch deutlicher war der Unterschied im Vergleich zu *Sacch.-cer.*-Gärhefestämmen (MERIDA et al. 2005). Eine Zusammenfassung über das Aroma von Sherrys lieferten bereits 1976 WEBB & NOBLE.

9.5 Mikrobiologische Gefährdungen

Trotz des hohen Alkoholgehaltes und der Nährstoffarmut in einem Sherrygrundwein können im Verlauf der jahrelangen biologischen Reifung unerwünschte Mikroorganismen den entstehenden Sherry kontaminieren und zu Fehlern und Qualitätseinbußen führen. Als Infektionskeime führen **Milchsäurebakterien** unter Umständen zu einem Zäh- oder Lindwerden, zu Essigstich oder auch zu einem Mannitstich. Durch kontrollierte Gärführungen und Kühlringe lässt sich dem Auftreten dieser Fehler entgegenwirken (WEHOWSKY 1990).

Bei Untersuchungen von Sherrys mit überhöhten **Essigsäuregehalten** fand man in einigen Fällen keine Bakterien als Verursacher sondern **Hefen** der Gattung ***Brettanomyces/*** *Dekkera* (*Dekkera* stellt dabei die sexuelle Sporen bildende Form). *Brettanomyces*-Hefen sind seit langem bekannt als Kontaminanten in holzfassgelagerten Rotweinen, die zu Fehltönen wie „Pferdeschweissnote", „Mäuselton" oder in Gegenwart von Sauerstoff auch zu essigstichigen Weinen führen.

Obwohl die Bedingungen der Sherryherstellung wie hoher Alkoholgehalt, Vorkommen einer Hefedecke, die eine Aufnahme von Sauerstoff in den Wein behindert, ungünstige Vermehrungsbedingungen für *Brettanomyces*-Hefen darstellen, muss mit dem Auftreten dieser Hefen auch bei der Sherryproduktion gerechnet werden.

Ein **Nachweis** von *Brettanomyces*-Hefen kann sich schwierig gestalten, da bereits geringe Keimkonzentrationen Fehltöne erzeugen und klassische taxonomische Methoden (Barnett et al. 1989) auf Grund der langsamen Vermehrung dieser Hefen unter Umständen keine eindeutigen Ergebnisse bringen. Durch den Einsatz spezifischer Primer bei der PCR-Methode (Polymerase-Kettenreaktion) lässt sich dieses Problem lösen und eine Verbesserung der Produktionskontrolle erzielen (Ibeas et al. 1996).

10 Die Apiculatus-Hefen

Diese Hefe-Gruppe ist nach den apiculaten, d. h. **zitronen-, keulen- oder flaschenförmigen Zellen** benannt, die in den Kulturen der ***Hanseniaspora*-Arten** neben kugeligen, elliptischen und länglichen Zellen vorkommen. Diese Apiculatus-Zellen sind an beiden oder an einem Pol zitronenförmig zugespitzt. Auf Trauben und Obst ist *Hanseniaspora uvarum* (früher *Kloeckera apiculata*) am häufigsten, doch auch die anderen fünf *Hanseniaspora*-Arten sind nicht selten. Zu dieser Hefegruppe zählt man außerdem die zwei ***Dekkera*-Arten** und deren nicht Sporen bildende Arten der Gattung ***Brettanomyces***. Ihre Zellen sind an einem oder an beiden Polen spitzbogenartig (ogival) zugespitzt. Auch die Art ***Saccharomycodes ludwigii*** wird in diese Gruppe einbezogen. Sie hat große schuhsohlenartige Zellen. Schließlich zählt man auch die Gattung ***Schizosaccharomyces*** dazu, deren Zellen nicht sprossen, sondern sich teilen. Man vergleiche dazu die Abbildungen und ausführlichen Beschreibungen in BACK (1994, 2000), BARNETT et al. (2000), und KURTZMAN & FELL (1998).

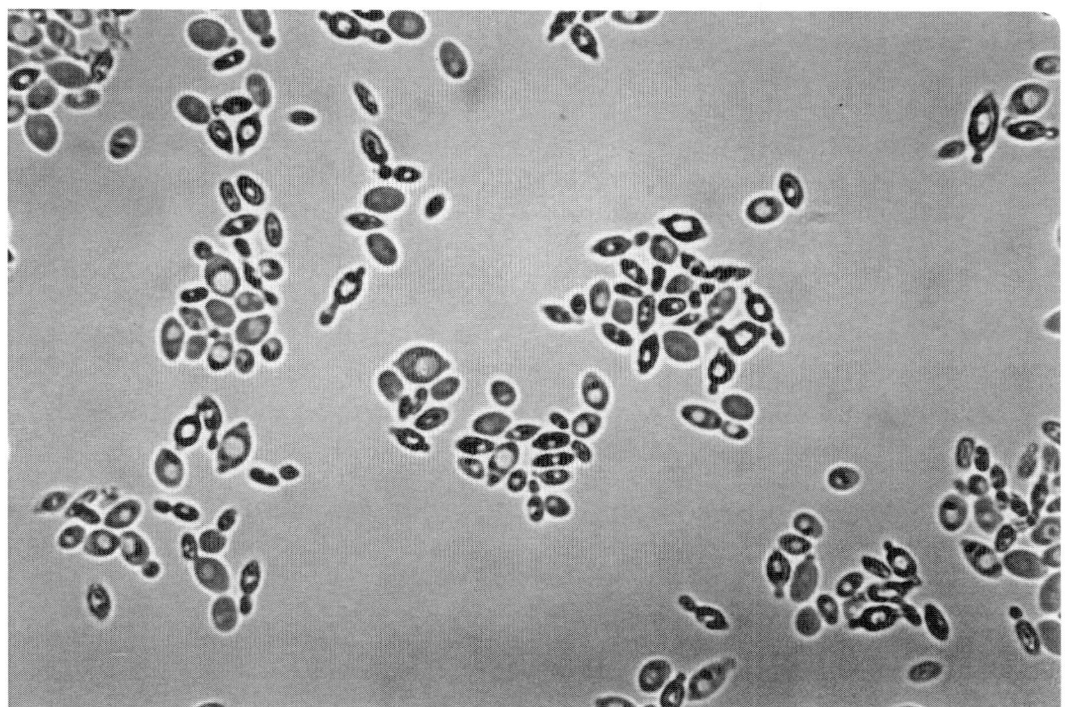

Abb. 47. Die Apiculatus-Hefe *Hanseniaspora uvarum* (früher *Kloeckera apiculata*). Junge, sprossende Kultur in Most. Vergrößerung 800fach, Phasenkontrast (LEMPERLE & KERNER 1982).

10.1 Die Apiculatus-Hefen i. e. S. – Die Gattung *Hanseniaspora*

10.1.1 Morphologische Merkmale

Typisch sind bei diesen eigentlichen Apiculatus-Hefen die **einpolig oder zweipolig zugespitzten Zellen**. Ihr Anteil ist vom Alter der Kultur und den Bedingungen abhängig. Er beträgt in jungen Kulturen höchstens 50 %. Daneben kommen ovale und elliptische Zellen vor (Abb. 47). Alle **diese Zellformen sind** nur **verschiedene Entwicklungszustände ihrer Sprossung:**

Eine Zelle schwillt an einem Ende kugelig an, die Kugel streckt sich, sie wird oval. Während diese Tochterzelle heranwächst, wird der entgegengesetzte Pol der Mutterzelle kugelig und dann oval. Die Pole sprossen abwechselnd. Die Tochterzellen knicken seitlich ab. Die zugespitzte Form ist also die Sprossform einer ovalen Zelle, die Spitzen an den Polen sind die Frühstadien der Sprosszellen.

Diese Hefen sind mit (1,5–5,0) × (2,5–11,5) µm viel kleiner als die Saccharomyceten. Infolge ihrer geringen Größe sedimentieren sie viel langsamer.

Wenn die Bedingungen für die Sprossung ungünstig werden, bilden manche Zellen Asci, die ein bis vier Ascosporen enthalten. Die Fähigkeit zur Sporenbildung verliert sich bei längerer Kultur. Die nicht Sporen bildenden Formen der Gattung *Hanseniaspora* waren die Arten von *Kloeckera*. Diese Gattung besteht nur noch aus der Art *Kl. lindneri* (BARNETT et al. 2000).

10.1.2 Vorkommen und Bedeutung

Diese kleinzelligen Hefen sind weit verbreitet. Auf **verletzten Beeren** und **verderbenden Früchten** vermehren sie sich massenhaft. Sie stellen den größten Anteil der Nichtsaccharomyceten, der so genannten **„wilden" Hefen**.

Von ihren Stoffwechselprodukten werden **Fruchtfliegen** (*Drosophila*) angelockt, die sich mit ihnen infizieren. Sie übertragen diese Hefen schnell auf gesunde Beeren und auf Obst, auf Brennmaischen, Bierwürze und andere zuckerhaltige Substrate. Diese Hefen kommen daher auch stets in großen Zahlen in die gepressten Moste (Abb. 1, Tab. 1 und 2).

Bei der **spontanen Vergärung** von Traubenmosten, Beerensäften und Obstmaischen gären diese Hefen die Moste an. Zu ihrer anfänglich starken Überlegenheit trägt bei, dass sie die Vermehrung von *Sacch. cerevisiae* hemmen. Erst wenn der Alkoholgehalt 2 bis maximal 4 %vol erreicht, werden sie von der Vermehrung von *Saccharomyces* überflügelt.

Wie Tab. 2 zeigt, sind bereits in der Mitte der Gärung die anfänglich dominierenden *Hanseniaspora-uvarum*-Stämme nicht mehr nachweisbar, während die *Sacch.-cerevisiae*-Stämme schon hohe Anteile einnehmen und dann die Gärung vollenden.

Die Alkohol-Zunahme ist hierbei nur eine Ursache des Dominanz-Verlustes von *Hanseniaspora uv.* Auch in Reinkultur bildet diese „wilde" Hefe nur etwa die Hälfte des Trockengewichtes von *Sacch.-cerevisiae*-Stämmen und auch wenig mehr als die Hälfte des Alkohols. In Mischkulturen von *H. uvarum* und *Sacch. cerevisiae* im Verhältnis 1:1 war die Hefe-Trockensubstanz im Vergleich mit Reinkulturen der gleichen *Sacch.-cerevisiae*-Stämme deutlich verringert.
Die frühzeitige Vermehrungseinstellung von *Hanseniaspora* ist auch durch die zunehmende Anaerobiose im Gärsubstrat verursacht. Die stärker **aerob veranlagte** Apiculatus-Hefe wird von der weniger aerob veranlagten, anaerobe Gärungsbedingungen besser tolerierenden Weinhefe zurückgedrängt.

Die Apiculatus-Hefen haben **heute** eine viel **geringere Bedeutung** als früher: In der Regel werden heute die Moste stark geklärt und sofort mit hohen Mengen von Reinzucht-Trockenhefe beimpft. Beide Maßnahmen verringern die „wilden" Hefen drastisch und sichern der „Weinhefe" zum frühestmöglichen Zeitpunkt eine starke Überlegenheit. *Sacch. cerevisiae* hat von vornherein die Dominanz, sie muss nicht erst darauf warten, bis sich die Bedingungen zu ihren Gunsten und zu Ungunsten von *Hanseniaspora* verändert haben.

Die zeitgerechten Schwefelungen und die entkeimende Filtration bei der Füllung schließen die Einwirkungen der Apiculatus-Hefe auf den Wein aus. Da sich die Reinhefeanwendung erst spät durchsetzte und die technischen Möglichkeiten der Mostklärung und der Filtrationen noch embryonal waren, die Weine auch oft unterschwefelt blieben und unverhältnismäßig lange im Fass lagerten, waren sie nicht selten bis zur Füllung mit diesen „wilden" Hefen kontaminiert. Zudem kamen diese Hefen des Öfteren durch Füllfehler auch in die Flaschen. Ihre Alkoholverträglichkeit ermöglichte ihr Überleben. Sie konnten sich in lange gelagerten unterschwefelten Weinen sogar vermehren. Sie bildeten dann leichte Trübungen, die kaum auffielen. Die Moste/Weine waren daher früher oft von der Presse bis zur Kehle dem Einfluss dieser Hefen ausgesetzt.

Noch stärker unterlagen früher **Obst-** und **Beerenweine** dem Einfluss der Apiculatus-Hefen, da die Hefeflora von Obst- und Beerenfrüchten so gut wie vollständig aus *H. uvarum* und anderen „wilden" Hefen besteht.
Das absolute und anhaltende Vorherrschen dieser Hefen ließ infolge ihrer geringen Gärfähigkeit große verderbsanfällige Zuckerreste unvergoren. Ihre Nebenproduktbildung verlieh diesen Produkten eine „Gör". Mangels besserer Produkte wurden diese unreinen Geschmackstöne von manchen Apfelweinkonsumenten als produkttypisch angesehen. Oft kamen dazu noch bakterielle Geschmacksfehler. Da heute die kommerzielle Apfelweinherstellung durchweg mit Reinzucht-Starthefen erfolgt, hat dies die Verbrauchererwartung gewandelt.

10.1.3 Önologische Bedeutung

Die **önologische Bedeutung** der *Hanseniaspora*-Arten, vor allem ihrer Art *uvarum*, erklärt sich aus ihren **physiologischen Eigenschaften**, die von denen der so genannten „echten" Weinhefen der Art *Sacch. cerevisiae* z. T. stark abweichen:

1. **Gärfähigkeit**: Die Apiculaten gären langsamer und schwächer als *Sacch. cerevisiae. H. uvarum* bildet in Reinkulturen 5 bis 6 %vol, selten bis zu 10 %vol Alkohol. In Konkurrenz mit *Sacch. cerevisiae* beträgt ihre Alkoholproduktion nur 2 bis 3 %vol, selten mehr.
   Anders als bei *Sacch. cerevisiae* werden Glucose und Fructose gleich stark vergoren. Bezogen auf den Alkohol ist die Bildung von Glycerin höher als bei *Saccharomyces* (siehe Tab. 15). Auch die Bildung von Erythrit ist stärker (Sponholz et al. 1986).
2. **Saccharose-Vergärung**: *Hanseniaspora*-Arten können mit Ausnahme von *H. occidentalis* Saccharose nicht vergären. Das ist wichtig für die Herstellung von Obst- und Beerenweinen: Da diese Moste kaum Saccharomyceten, sondern fast nur Apiculaten enthalten, kann eine Anreicherung mit Saccharose wirkungslos bleiben, wenn nicht mit Reinzuchthefe vergoren wird.
3. **Alkohol-Toleranz**: Obwohl die Apiculaten nur wenig Alkohol bilden, vertragen sie höhere Konzentrationen. Sie können sich, wenn auch sehr langsam, noch in Wein von 10 bis 12 %vol vermehren. Noch aus zehn bis 15 Jahre alten SO_2-armen Weinen sind Apiculaten isoliert worden.

4. **Bildung von Essigsäure und von Estern**: *Hanseniaspora* bildet deutlich mehr flüchtige Säure als *Sacch. cerevisiae*. In Mischkulturen und bei Spontangärungen wird etwa 0,2 bis 0,4 g/L mehr flüchtige Säure gebildet. *Hanseniaspora* produziert außerdem mehr Essigsäureamylester (SPONHOLZ & DITTRICH 1974, SPONHOLZ et al. 1982). Die Produktion von Essigsäureethylester kann bei zu langem und/oder zu warmem Stehen der eingemaischten Trauben infolge hoher *Hanseniaspora*-Vermehrung so stark sein, dass ein Esterton entsteht (siehe Kap. 14). Auch wenn der Wein nicht so stark verändert wird, verkosten sich solche Weine unrein. Selbst wenn bei einer nur geringen Konzentrationserhöhung dieser Metaboliten manche Weine mehr „Spiel" bekommen können, sollte man jedoch so ungewisse Entwicklungen durch Vergärung mit Reinzuchthefe ausschließen.
5. **SO_2-Toleranz**: Sie ist sehr gering. *Sacch. cerevisiae* ist wesentlich SO_2-toleranter. Dieser Unterschied ermöglicht die Unterdrückung der Apiculaten durch eine Mostschwefelung. Mit 65 mg/L sollen sie völlig unterdrückt werden. Eine höhere Beimpfung mit Starthefe macht die Mostschwefelung jedoch entbehrlich; die Gesamt-SO_2 wird nicht unnötig erhöht.
6. **Malat-Abbau**: *Hanseniaspora*-Stämme bauen 0,2 bis 0,4 g/L mehr Malat bei der Gärung ab als *Sacch. cerevisiae*. In Mischkulturen wie bei Spontangärungen verkleinert sich der Malat-Abbau.
7. **H_2S-Bildung**: Apiculatus-Hefen können H_2S bilden. Er mag an der unreinen „Gör" beteiligt sein.
8. **Antibiose gegen *Sacch. cerevisiae***: Wie schon gesagt, hemmen hohe Zellzahlen von *H. uvarum* die Vermehrung von *Saccharomyces* (SPONHOLZ et al. 1990 a). Da von *Hanseniaspora* außer Essigsäure auch etwas Ameisen-, Propion-, Butter-, Capron- und Milchsäure produziert wird (KUDRJAWZEW 1960), könnten besonders die ersten beiden diesen Antagonismus bewirken.

Diese Eigenschaften kennzeichnen die typische Apiculatus-Hefe ***H. uvarum*** als potenziellen **Weinschädling**. Die Vergärung der Moste mit *Sacch.-cerevisiae*-Starthefe schließt ihre schädlichen Einflüsse auf die Qualität des Weines jedoch aus.

10.2 Die Gattungen *Dekkera/ Brettanomyces*

Diese Gattungen sind mit den typischen Apiculatus-Hefen nahe verwandt:

1. Die Zellen sind ebenfalls sehr klein. Sie sind auch häufig einseitig oder auch zweiseitig zugespitzt. Anders als bei *Hanseniaspora* sind sie aber spitzbogenartig, nicht zitronenförmig.
2. Ihre Alkoholbildung ist ebenfalls gering, ihre Essigsäurebildung meist hoch.

Morphologische Merkmale: Typisch ist das Vorkommen eines hohen Anteils spitzbogenartiger Zellen. Sie sind an einem oder an zwei Enden zugespitzt. Daneben kommen ovale und wurstförmige Zellen vor. In flüssigen Medien liegen sie einzeln, in Paaren, in kurzen Ketten oder in Trauben vor (Abb. 48).

Die Zellen sind verschieden groß. Der Durchmesser kann klein – 1,5 bis 3,5 µm – die Länge beträchtlich sein – 3,0 bis 20,0 µm. Es sind sogar Zellen von 200 bis 400 µm gemessen worden. In flüssigen Substraten können solche Zellen flockige Sedimente bilden, während die kleinen Einzelzellen schlecht sedimentierende „Flughefen" sein können. Die Längsachsen der Zellen stehen häufig im Winkel von 90 bis 110° aufeinander.

Die Gattung *Brettanomyces* vermehrt sich nicht sexuell. Stämme mit sonst gleichen Eigenschaften, die Ascosporen bilden können, bilden die Gattung *Dekkera*.

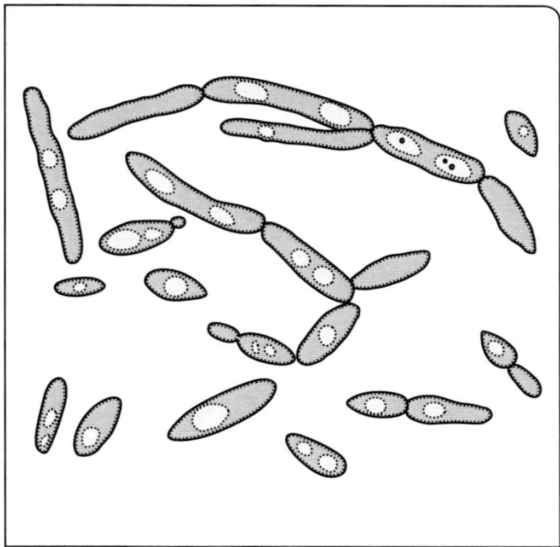

Abb. 48. *Dekkera bruxellensis*, fünf Tage alte Kultur in Malzextrakt (LODDER 1970*).

Vorkommen und Bedeutung: Wie *Hanseniaspora/Kloeckera* kommen auch diese Hefen auf Trauben, in Mosten und in Weinen vor. *Dekkera* ist erstmals 1930 von Geisenheimer Önologen in Most gefunden worden. Sie hatte nur eine leichte Trübung, aber einen starken Essigstich verursacht. In südafrikanischen Weinen waren sie früher trotz Alkoholgehalten von 14 bis 15 %vol häufige Infektanten.

Auch bei der **Sherrysierung** können diese Hefen durch Essigsäure- und Esterbildung **Fehler** verursachen. Bei der **Sektbereitung** wirkten sie in mehrfacher Hinsicht schädlich, wenn die Grundweine nicht filtriert worden waren. Sie hemmten die *Saccharomyces*-Sekthefe und verschlechterten die Qualität der Schaumweine. Bei Flaschengärungen ließen sich die kleinen Zellen schlecht abrütteln, sodass sie beim Degorgieren nicht quantitativ entfernt werden konnten. Sie trübten den Fertigsekt ein und verursachten beim Öffnen der Flaschen schlagartiges Überschäumen.

Die Bedeutung dieser Hefen liegt in der Bildung des **„Brettanomyces-Tons“** und des **Mäuselns** (siehe Kap. 13) und der starken Produktion von **flüchtiger Säure**. Sie überleben oft in den Poren von Fassholz. Sie schädigen dann die in den Fässern gelagerten Weine, falls die freie SO_2 unter 15 mg/L absinkt. Einfaches Aufschwefeln genügt dann nicht. Ein trockenes Aufbrennen der Fässer mit Schwefel tötet die Hefen dagegen weitgehend ab.

Diese Hefen sind daher bei der Wein-, Schaumwein- und Sherrybereitung **Schadorganismen**, da sie sich ebenfalls von den „Weinhefen“ der Art *Sacch. cerevisiae* in mehrfacher Weise unterscheiden:

1. **Gärfähigkeit:** Verglichen mit *Sacch. cerevisiae* sind diese Arten langsame, meist auch schwächere Gärer. Manche Stämme bilden jedoch bis zu 9 %vol, andere mehr als 12 %vol Alkohol.
2. **Saccharose-Vergärung**: Außer Glucose und Fructose vergären die zwei *Dekkera*-Arten auch Saccharose. Bei den *Brettanomyces*-Arten fehlt dagegen diese Fähigkeit.
3. **Alkoholtoleranz**: Diese Hefen vermehren sich noch in Weinen mit 14 bis 15 %vol Alkohol, sie können sich in Sekten vermehren, sie können sich auch bei der Sherrysierung von Weinen vermehren. Sie können auch lange in Weinen überleben. Bei hohen Zuckerkonzentrationen waren jedoch alle getesteten Stämme nicht mehr vermehrungsfähig.
4. **Essigsäure- und Esterbildung:** Manche Stämme bildeten bei aerober Kultur in Most in zwölf Monaten bis 7,2 g/L Essigsäure. Auf die hohe Essigsäurebildung wird die langsame Vermehrung und ihr frühes Absterben zurückgeführt. Die Säureveränderungen durch diese Hefen in Most vergleiche man in Tab. 7: Malat nahm um ein Drittel ab, Succinat nahm zu, Citrat ebenfalls.

Mostkulturen haben während und nach der Gärung ein ausgeprägtes Apfel- oder Fruchtaroma. Das ist wahrscheinlich auf die Bildung von 2-Methylpropion-, 3-Methylbutter- und Hexansäure und auf die Bildung von Estern zurückzuführen. Die Produktion dieser Säuren ist deutlich höher als bei *Saccharomyces*.

Von Brettanomyceten werden 4-Ethyl- und 4-Vinyl-Derivate von Guajakol, Phenol und Syringol aus Ferula-, p-Cumar- und Sinapinsäure gebildet. Diese Metaboliten können infolge ihrer holzig phenolischen, rauchigen und erdigen Geruchseigenarten zur charakteristischen Aromaveränderung infizierter Weine beitragen (Heresztyn 1986, Fugelsang & Zoecklein 2003).

Der ***Brettanomyces*-Ton** – Hauptkomponente Ethylphenol – wird unterschiedlich beurteilt (Egli et al. 1998), meist jedoch negativ. Ein Review lieferten Oelofse et al. (2008).

In Traubenmost bewirken Brettanomyceten oft starkes Mäuseln.

5. **Bildung anderer Nebenprodukte:** Die Milchsäurebildung ist etwa gleich hoch wie bei *Saccharomyces*. Die Glycerinbildung ist nie höher. Auch 2,3-Butandiol wird gebildet.
6. **Hautbildung:** Sie ist oft ausgeprägt. Manche Stämme bilden auf dem Most sofort eine Haut und fangen dann erst an zu gären, andere gären zuerst und bilden eine Haut erst auf dem Wein.

10.3 Die Art *Saccharomycodes ludwigii*

Die Art *Saccharomycodes ludwigii* weicht von den typischen Apiculaten morphologisch deutlich ab:

1. Die Zellen sind auffallend groß. Sie sind auch nicht zitronenförmig zugespitzt, sondern nur zitronenähnlich (Abb. 49). Diese Form ergibt sich aus der vegetativen Vermehrung durch Sprossung: der wachsende Spross trennt sich von der Mutterzelle durch eine Querwand ab.
2. Diese Hefe ist gärfähig, auch recht alkoholtolerant, vor allem aber gegenüber SO_2 ausgesprochen resistent.

Morphologische Merkmale: Die Zellen sind schuhsohlenartig bis zitronenähnlich. Der am Pol der Mutterzelle entstehende Sprossauswuchs teilt sich durch eine Querwand ab. Die Entstehung einer Tochterzelle beginnt also als Sprossung, endet aber nach einer Teilung; es ist eine Vermehrung durch Sprossung und Teilung. Diese Hefe kombiniert also zwei Vermehrungsweisen. Die Tochterzellen sitzen deshalb mit breiter Basis auf den Mutterzellen. Die Zellen einer Kultur sind aber vielgestaltig (Abb. 49). Die Zellen sind sehr groß (4,0–7,0) × (8,0–34,0) µm. *Saccharomycodes* bildet Ascosporen.

Vorkommen und Bedeutung: 1911 war *Saccharomycodes ludwigii* in stark geschwefeltem italienischen Most gefunden worden, 1922 wurde sie von Kroemer* aus einem überschwefelten Geisenheimer Most isoliert. Diese Hefe gor noch Moste mit 470 mg/L freier SO_2 an.

Infolge ihrer SO_2-Resistenz ist diese Hefe früher benutzt worden, um „stumm" geschwefelte Moste anzugären. Wenn die Angärung erfolgt ist, also keine freie SO_2 mehr vorliegt, muss zur Vollendung der Gärung *Sacharomyces*-Starthefe zugesetzt werden, da die Gärung von *Saccharomycodes* zu schleppend und nicht vollständig ist.

Saccharomycodes ludwigii verträgt bedeutend mehr Alkohol, als sie selbst bilden kann. Sie kann sich deshalb und auch trotz ausreichender Schwefelung in gefüllten Weinen und Schaumweinen vermehren. Diese Weine sind dann kaum getrübt. Die Zellmasse setzt sich nämlich größtenteils am Flaschenboden ab. Infizierte Weine müssen dann neuerlich steril

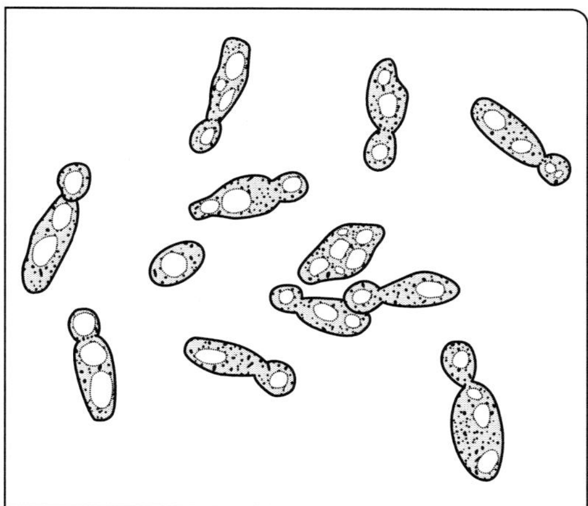

Abb. 49. *Saccharomycodes ludwigii*, drei Tage alte Kultur in Malzextrakt (LODDER 1970*).

gefüllt werden. Auch bei der Versektung waren diese Hefen als Schädlinge aufgetreten. Bei infizierten Grundweinen blieb die Versektung in vielen Fällen stecken. Bei infektionsgefährdeten Versektungen muss der Tankinhalt bzw. die ganze Charge filtriert und mit Starterhefe neu versektet werden.

Die **physiologischen Eigenschaften**, die *Saccharomycodes* zum **Schädling** machen, sind:

1. **Gärfähigkeit**: Sie ist wesentlich geringer als die von *Sacch. cerevisiae*. Manche Stämme bildeten aber 11 bis 12 %vol. Der Gärverlauf ist träge. Die Gärung geht nämlich nur vom Sediment aus, das überstehende Substrat bleibt klar. Saccharose kann vergoren werden.
2. **Alkoholtoleranz**: Diese ist sehr ausgeprägt. Dem Most zugesetzte 9 %vol Alkohol hemmten dessen Gärung nicht, erst 12 %vol.
3. **SO_2-Toleranz**: Sie ist sehr hoch. Ein Stamm konnte einen Most mit 500 mg/L freier und 2000 mg/L gesamter SO_2 noch angären. H_2S kann gebildet werden.
4. **Essigsäuretoleranz**: Zur Alkohol- und SO_2-Toleranz kommt noch eine hohe Toleranz gegenüber Essigsäure. Ein Stamm konnte noch bei 22 g/L Essigsäure gären (KROEMER 1922*).

10.4 Die Gattung *Schizosaccharomyces*

Diese Hefen sprossen nicht wie die anderen Hefen, sondern sie **vermehren sich ungeschlechtlich durch Teilung** (griech. schizein = spalten, trennen). Während die Teilung bei *Saccharomycodes* mit der Sprossung verbunden ist, ist sie bei *Schizosaccharomyces* die alleinige ungeschlechtliche Vermehrungsart.

Obwohl *Schizosaccharomyces*-Stämme ein gutes Gärvermögen haben, kommen sie in Wein kaum vor. Gegenüber den Saccharomyceten, die sich noch bei relativ niedrigen Temperaturen vermehren, können sie sich nämlich nicht durchsetzen. In Säften, in denen die Konkurrenz fehlt, sind sie häufiger gefunden worden. Apfelsäfte haben sie durch Abbau der Äpfelsäure geschädigt. Es ist versucht worden, diese Fähigkeit für die Weinherstellung zu nutzen (DITTRICH 1963). Die Verwendung von *Schizosaccharomyces pombe* scheiterte an der zu langsamen Vermehrung und Gärung und an der fehlherhaften Qualität der Weine.

Auf der Krim hat man mit diesen „Spalthefen“ Schaumweine erzeugt. Das mit hoher Wärmetoleranz gekoppelte Gärvermögen führte bei Gärtemperaturen von 32 bis 42 °C zur Verwendung dieser Hefen in argentinischen und mexikanischen Brennereien. In Südtirol hat *Schizosacch. pombe* bei Rotweinen **Geschmacks- und Geruchsfehler** erzeugt (UNTERHOLZNER et al. 1988).

11 Die Kahm-Hefen

11.1 Vorkommen und Bedeutung

Diese Hefen wachsen typischerweise auf dem Wein. Sie bilden auf seiner Oberfläche eine „Kahm"-Haut oder eine „Kahm"-Decke. Bei guter Praxis werden jedoch die Behälter randvoll gehalten. Der Wein gerät somit nie unter nennenswerten Luft-, genauer: Sauerstoffeinfluss. Damit verhindert man die Vermehrung dieser Hefen. Die Kahmhefen spielen daher bei normaler Weinerzeugung kaum eine Rolle. Es kommt hinzu, dass unsere kurzen Ausbauzeiten ihre Vermehrung kaum zulassen.

Soweit diese Hefen gärfähig sind und in ausreichender Zahl im Most vorkommen, gären sie mit den Apiculaten den Most an. Nach beendeter Gärung können sie bei nicht zu hohem Alkoholgehalt des Weines und aeroben Bedingungen mehr oder weniger stark in Erscheinung treten. Rotweine sind für die Kahmhefeentwicklung anfälliger als Weißweine. In wärmeren Weinbaugebieten haben die Kahmhefen schon infolge der höheren Lagertemperaturen größere Entwicklungschancen.

Die Kahmhefen sind mit den Sherryhefen, die ebenfalls auf dem Wein wachsen, nicht gleichzusetzen. Die Gemeinsamkeit besteht nur in der Deckenbildung. Diese ist an aerobe Bedingungen gebunden und erfolgt nur bei Luftzutritt. Der Luft- bzw. O_2-Ausschluss verhindert daher die Entwicklung der Kahmhefen und ihre nachteiligen Wirkungen auf den Wein.

Die häufigsten Kahmbildner scheinen *Pichia membranifaciens*, *P. fermentans, Candida vini, Cand. zeylanoides* und *Issatchenkia orientalis* zu sein. Ihre Gärfähigkeit ist sehr unterschiedlich, doch stets schwächer als die von *Sacch. cerevisiae*. Das Gärvermögen, die Bildung von flüchtiger Säure und die Veränderungen der nichtflüchtigen Säuren durch verschiedene Arten dieser Hefegruppe vergleiche man in Tab. 7.

Diese Hefen kommen außer auf Traubenbeeren und in Mosten (Abb. 1) auf den verschiedensten Standorten vor. Sie gären den Most mit an, werden dann aber von den Saccharomyceten unterdrückt. Erst wenn nach der Gärung in nicht aufgefüllten, undicht verschlossenen Behältern Luft zum Wein zutreten kann, können sie sich vermehren. Sie bilden zunächst an der Wand auf dem Wein einen Ring, später kleine Inseln auf der Oberfläche. Die Inseln werden bei ungestörtem Wachstum größer, sie vereinigen sich und bilden Häute, die dicker werden und sich dann falten.

Die jungen Decken sind samtig und weiß. Die Aerobiose begünstigt die **Fettsynthese** in den Zellen. Dadurch erhöht sich ihre Schwimmfähigkeit. Auch die schwere Benetzbarkeit der Haut bildenden Zellen ist wichtig. Unter dem Lufteinfluss verlängern sich die Zellen. Große Flächen können deshalb ziemlich schnell überwachsen werden. Die Oberflächenvegetation verfilzt zu einem Vlies von hoher Stabilität. Daraus erklärt sich auch das staubig mehlige Aussehen der Decken. Viele Zellen bzw. Zellverbände ragen verschieden hoch in die Luft. Das auffallende Licht wird infolgedessen wie von Samt diffus reflektiert.

Die **Kahmhefen schädigen den Wein** durch:

1. **„Kahmgeschmack".** Bei einem Bewuchs mit Kahmhefen wird der Wein „kahmig". Er schmeckt oxydiert, „ausgezogen" und dünn. Die Esterbildung der Hefen verfremdet den sortentypischen Geruch und Geschmack. Maßgebend scheint die starke Ethylacetat- und Amylacetatbildung zu sein. Auch die hohe Bildung einiger höhe-

rer Alkohole dürfte zur Geschmacksveränderung beitragen (SPONHOLZ & DITTRICH 1974).

2. **Alkohol-Veratmung**. Kahmhefen vermindern den Alkoholgehalt der von ihnen bewachsenen Weine. Unter der Decke von *Pichia farinosa* nahm der Alkoholgehalt in drei Monaten von 70,8 g/L auf 20,5 g/L ab, eine *Candida*-Art verringerte ihn in gleicher Zeit um 1 g/L. Auf der Oberfläche des Weines können die Kahmhefen Ethanol veratmen.
3. **Acetaldehyd-, Essigsäure- und Esterbildung**. Als Folge des Alkoholabbaus treten Acetaldehyd, Essigsäure und deren Ester auf. Erst wenn der größte Teil des Alkohols veratmet ist, wird die Essigsäure restlos veratmet.
4. **Extraktabnahme**. Der zuckerfreie Extrakt nimmt ab. Die oben erwähnte *Candida* verringerte den Extrakt in drei Monaten von 23,2 g/L auf 12,1 g/L, *Pichia* und *Hansenula* senkten ihn in neun Monaten auf 12,9 und 15,5 g/L. Der Extraktschwund erklärt sich hauptsächlich aus der teilweisen Veratmung der Äpfelsäure und des Glycerins. Auch Citrat, Succinat und Lactat können veratmet werden.

Schutz vor dem Verkahmen des Weines bietet das **Vollhalten der Behälter** und konsequenter **Oxydationsschutz**. Verhinderung des Kahmhefewachstums ist durch eine O_2-Minderung in der Kopfraumatmosphäre auf < 0,5 % gewährleistet. Dazu ist etwa das 4- bis 5fache an N_2-Gas des Kopfraumvolumens nötig (BACH et al. 1982). Präventiv wirkt auch der heute meist **höhere Alkoholgehalt**. Ein Wein ist umso weniger anfällig, je höher sein Alkoholgehalt ist. Bei **niedrigen Kellertemperaturen** werden Weine mit Alkoholgehalten über 10 %vol selten kahmig, Weine mit 12 %vol überhaupt nicht mehr. Wenn aber die Weine warm lagern, können sie auch noch mit 14 %vol verkahmen.

11.2 Einige Kahmhefen und ähnliche Hefen

11.2.1 Die Gattung *Pichia*

Diese Gattung ist in mehrfacher Weise typisch für die Kahmhefen. So heißt eine der 88 Arten *P. membranifacien,* d. h. die Membran bildende, die Haut bildende, eine andere *P. farinosa,* d. h. die mehlige, da die von ihr bewachsene Flüssigkeit wie mit Mehl bestreut aussieht.

Die Zellen sind bei *Pichia* oval, lang-oval oder zylindrisch, bei *P. membranifaciens* (2–5,5) × (4,5–20) µm groß. Sie kommen in Flüssigkeiten einzeln, in Paaren oder in strauchförmigen Sprossverbänden vor, sodass ihre Verflechtung bald zur Hautbildung führt (Abb. 50). Auf Trauben- und Obstsäften ist die Decke erst weiß, dann gelblich bis rötlich, dann aschgrau, nach längerer Zeit dick und grob gefaltet.

Die untergetauchten und sedimentierten Zellen haben – wenn überhaupt – je nach Art ein schwaches Gärvermögen. In *Pichia*-Kulturen beträgt der Alkoholgehalt selten 1 bis 2 %vol. *P. carsonii* hat kein Gärvermögen. Ein Stamm erwies sich als „Schleimhefe“. *Pichia*-Arten bilden auch Ester.

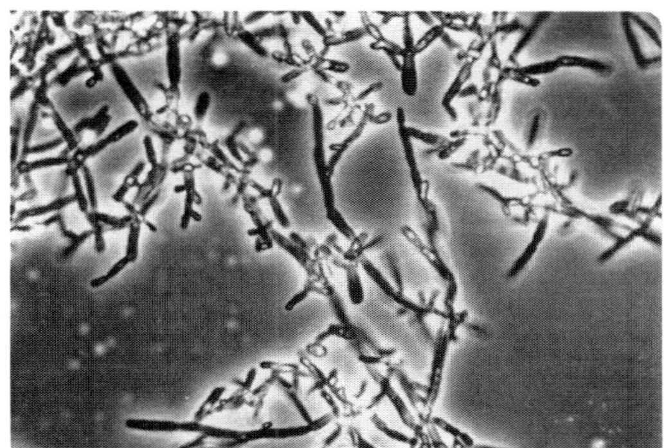

Abb. 50. Die Kahmhefe *Pichia farinosa*, junges Pseudomycel von der Oberfläche eines Weines. Vergrößerung 800fach, Phasenkontrast (LEMPERLE & KERNER 1982).

Die in Wein vorkommenden Arten der früheren Gattung *Hansenula* sind in die Gattung *Pichia* überführt worden, z. B. ist die ehemalige Art *Hansenula anomala* jetzt *Pichia anomala*.

Obwohl *Pichia*-Arten gerade als Kahmbildner und Weinschädlinge beschrieben wurden, gibt es auch Versuche zur **Herstellung von Weinen mit „aeroben" Hefen**. Infolge der physiologischen Andersartigkeit dieser Hefen wurden diese Weine ganz anders hergestellt als die mit *Sacch. cerevisiae* auf übliche Weise erzeugten. Verständlicherweise ist auch die „Art" solcher Weine eine völlig andere. Durch Belüftung des Mostes während der Gärung wurde mit drei Arten von *Pichia* und einer *Williopsis*-Art „akzeptabel duftender Wein" erzeugt (Erten & Campbell 2001). Der Alkohol, der anfangs gebildet worden war, war später teilweise oxydiert worden. Es verblieb ein Endalkoholgehalt von etwa 3 %vol. Mit *Candida stellata* wurden ebenfalls konsumfähige Weine erzeugt, die auch zum Verschnitt verwendet wurden, „um Weine mit einer größeren Aroma- und Geschmacksvielfalt zu erhalten" (Henschke et al. 2002).

11.2.2 Die Gattung *Candida*

Diese Gattung hat 150 Arten (Barnett et al. 2000, 128 ff). Anders als *Pichia* bilden diese Kahmhefen keine Ascosporen. Es ist anzunehmen, dass die Arten von *Candida* haploide Formen von *Pichia* sind. Dies erklärt, dass diese Gattungen ähnliche Eigenschaften haben, die zu ähnlichen Schadwirkungen führen.

Candida-Arten kommen auf Traubenbeeren häufig vor. Bei hohen Zellzahlen gären sie die Moste mit an, wenn nicht mit Trockenhefe beimpft wird. Sie bilden dann mehr Essigsäureethylester, Isobutanol, 3-Methylbutanol und 2-Phenylethanol als Saccharomyceten (Sponholz & Dittrich 1974).

Die häufigste Kahmhefe des Weines ist wohl *Candida vini*. Die Oberflächenvegetation ist meist eine trockene Haut, die später cremefarben bis grau und weich, glatt oder schließlich granuliert aussehen kann. Diese Art kann nicht gären. Sie kann auch Citrat, Lactat und Succinat nicht oxydieren. Je nach Stamm wird Glycerin veratmet oder auch nicht.

Candida stellata ist eine typische Vertreterin der Hefeflora des Traubenmostes (Benda 1970). Sie wurde auch aus Geisenheimer Trockenbeerenauslesemost mit extrem hohem Zuckergehalt isoliert (Kroemer & Krumbholz 1931*). Auch in Konzentraten und anderen Substraten mit hohen Zuckergehalten wurde sie gefunden. In gärenden Mosten überlebt sie lange (Abb. 2).

In Most wächst sie manchmal in sternartigen Sprossverbänden, daher der Artname *stellata* (= die sternartige). Die Zellen sind rund bis oval und klein (3,5–4,5) × (4,5–5) µm. Glucose, Fructose und Saccharose werden schwach vergoren. Die Essigsäurebildung ist gering. Die Bildung von Glycerin, Mannit und Sorbit ist relativ hoch (Sponholz et al. 1986, siehe auch Tab. 15).

Candida glabrata wurde ebenfalls auf Früchten und in Mosten gefunden. Manche Stämme können außer einem Sediment auch eine dünne Haut auf dem Substrat bilden. Sie kann nur Glucose und Fructose vergären. *Cand. mesenterica* ist oft auf alkoholischen Getränken gefunden worden. Sie kann nicht gären. *Cand. zeylanoides* ist ein häufiger Kahmbildner. Sie kommt auf Traubenbeeren und in Mosten gelegentlich vor. Sie gärt nicht oder nur schwach.

In der Sporen bildenden Gattung *Metschnikowia* sind Arten vereinigt, die nicht Sporen bildenden *Candida*-Arten entsprechen. *M. pulcherrima* kommt auf Trauben und den daraus gepressten Mosten in großer Zahl vor (vgl. Tab. 2). Ihre Gärfähigkeit ist nur gering,

Saccharose wird nicht vergoren. Malat und Citrat werden teilweise umgesetzt, Succinat und vor allem Essigsäure in erheblicher Menge gebildet (Tab. 7). Die Produktion von Arabit, Mannit und Sorbit ist schon in infizierten Beeren beachtlich (SPONHOLZ et al. 1986). Aerob werden neben Ethanol und Glycerin Milch-, Bernstein- und Citronensäure verwertet. Es kann ein Esterbukett entstehen (SPONHOLZ & DITTRICH 1974).

Die typischen *pulcherrima* – = die allerschönste – Zellen sind kugelig und enthalten eine große stark Licht brechende Ölkugel. Manche Stämme bilden auf festen Nährböden orange bis rote Kolonien.
Issatchenkia orientalis wurde oft auf Beeren und in Fruchtsäften gefunden. Erst Alkoholgehalte über 10 %vol bieten Schutz.

11.2.3 Die Gattung *Debaryomyces*

Die Arten dieser Gattung sind auf Trauben, in Beerensäften und in gärenden Früchten gefunden worden. Bei der Vergärung von Säften werden sie bald von den Apiculatus-Hefen und den Saccharomyceten unterdrückt. Sie kommen auch auf trockenen Früchten vor. Die Gärfähigkeit ist schwach oder fehlt ganz. *D. hansenii* ist in den Gärungsgewerben eine häufige Kahm bildende Infektionshefe. Sie ist auch in Mosten nachgewiesen worden. Die Gärfähigkeit ist teils vorhanden, teils nur schwach, teils fehlt sie.

11.2.4 Schleim bildende Hefen und die Gattung *Rhodotorula*

Unter der Bezeichnung „Schleimhefen" werden oft Hefen verschiedener systematischer Zugehörigkeit zusammengefasst, die Moste oder alkoholarme Weine schleimig machen können. Die Fähigkeit zu dieser **Polysaccharidbildung** ist weit verbreitet. Nur Weine mit geringen Säuregehalten verschleimen. Die Vermehrung der Schleim bildenden Hefen wird von Alkoholgehalten über 10 %vol stark gehemmt. Sie können daher nur in alkoholarmen Obst- und Beerenweinen oder in der Gärung stecken gebliebenen Traubenweinen aufkommen. Öfter kommen sie in den Weinresten ausgetrunkener Flaschen vor. Diese gebrauchten Flaschen sind dann nur schwer quantitativ von ihnen zu reinigen, da sie meist sehr resistent sind.

„Schleimhefen" sind mehrfach in Flaschenspülmaschinen gefunden worden. Die Infektionen konnten erst durch Erhöhung der Laugenkonzentration auf 3 % und der Laugentemperatur auf 70 °C ausgeschaltet werden.

Als „Schleimhefe" wurde ein *Pichia*-Stamm beschrieben; er wurde aus schleimig gewordenem Wein isoliert. Schleimbildner können auch *Candida*-Arten sein. *Cryptococcus albidus* ist mehrfach in schleimigem Wein gefunden worden. Diese Hefe ist sehr kleinzellig. Sie kann nicht gären. Viele Stämme können durch Synthese von Carotinoiden farbig werden. Als weitere Art wurde auf Trauben *Cryptococcus laurentii* gefunden.

Die 37 Arten der Gattung ***Rhodotorula*** synthetisieren rote oder gelbe Carotinoide, deshalb sind sie **farbig**. Sie gären nicht und bilden keine Ascosporen. Viele Arten bilden Schleim. Sie sind weit verbreitet. Besonders in zuckerhaltigen Medien kommen sie vor, daher sind sie in Fruchtsäften und Mosten häufig.

Diese Hefen können Weine mit mehr als 8 bis 10 %vol Alkohol nicht mehr besiedeln. Potente **Schädlinge** können sie aber möglicherweise **in Süßreserven** sein, die mangelhaft vorgeklärt und/oder unzureichend geschwefelt sind. Auch in **Fruchtsaftbetrieben** können sie zu Schädlingen werden. Sie können sich in Tanks, Leitungen und Füllern festsetzen. In Herstellungsräumen für Erfrischungsgetränke fand man *Rhodotorula* auf dem Boden, auf hölzernen Flaschenträgern und auf Kunststoffträgern. Bei CO_2-Gehalten über 2 g/L und pH-Werten unter 3,0 wachsen sie kaum.

In Erfrischungsgetränken mit höheren pH-Werten, niedrigem CO_2-Gehalt und einer Luftkonzentration über 8 %vol tritt langsames Wachstum auf, das zu einem Bodensatz und zur Geruchs- und Geschmacksbeeinträchtigung führt. Infolge ihrer Schleimbildung sind sie mechanisch schwer zu entfernen und auch durch Hitzeeinwirkung schwerer abzutöten als etwa *Sacch.-cerevisiae*-Zellen.

Rhodotorula-Arten kommen auch im **„Kellerrotz“**, dem oft schleimigen Bewuchs der Wände alter Weinkeller, vor (siehe Kap. 14.2.10). Sie bilden mit Schleim bildenden Bakterien und einzelligen Algen eine Vegetationseinheit. Sie veratmen den Alkohol, der aus den Fässern austritt und sich in ihrer Schleimhülle löst.

Als Schleimbildner tritt in ungeschwefelten Süßreserven und in Traubensaft ab und zu *Aureobasidium pullulans* auf. Dieser Pilz bildet submers hefeartige Zellen, die sprossen können. Er wird dann fälschlich als Hefe angesprochen (siehe Kap. 14.2.8).

12 Der mikrobielle Säureabbau

12.1 Allgemeines und Geschichtliches

Traubenmost enthält viele Säuren. Den größten Teil des Gesamtsäuregehaltes nehmen **Weinsäure** – Tartrat – und **Äpfelsäure** – Malat – ein. Die Weinsäure ist unabhängiger vom Jahrgang. Die Äpfelsäure wird dagegen in guten Jahren in der Beere mehr oder weniger abgebaut. In guten Jahren ist deshalb der Gesamtsäuregehalt niedrig, in schlechten Jahren ist er hoch. Die Säuregehalte der Moste bestimmen die **pH-Werte**. Schlechte Jahrgänge haben tiefe pH-Werte, gute Jahrgänge meist höhere. In Gebieten an der Grenze der Weinbaufähigkeit werden daher oft säurereiche Moste mit niedrigen pH-Werten geerntet. Das ist besonders bei spät reifenden Sorten der Fall. Solche Moste ergeben dann auch zu saure Weine.

Der Säuregehalt nimmt bei der Gärung und dem nachfolgendem Ausbau mehr oder weniger ab. Eine Ursache hierfür ist der Ausfall eines Teiles der Weinsäure als saures Kaliumsalz. Die Löslichkeit des Kalium-Hydrogentartrates, **Weinstein** genannt, nimmt mit steigendem Alkoholgehalt, aber abnehmender Temperatur ab. Nach der Gärung ist oft schon die größte Menge ausgefallen. Diese Säureabnahme reicht jedoch in sauren Weinen nicht aus. Eine stärkere Entsäuerung kann mit Calciumcarbonat erfolgen. Sie ist berechenbar, aber mit einem starken Extraktverlust verbunden. Eine andere Möglichkeit der Säureverminderung, die so starke Extraktverluste vermeidet, bietet der **biologische Säureabbau – BSA**. Die Kennzeichnung „biologisch" wurde zur Unterscheidung von der „chemischen" Entsäuerung mit Kalk gewählt. Für ihn bürgert sich die Bezeichnung **malolaktische Gärung**[17] – von engl. malolactic fermentation, MLF – ein.

12.1.1 Geschichtliches[18]

MÜLLER-THURGAU äußerte 1890 die Ansicht, dass die Säureverringerung von Bakterien verursacht werden könnte. 1897 hat ALFRED KOCH diese Vermutung bewiesen. Auf dem deutschen Weinbaukongress 1900 in Colmar referierte er darüber. Der österreichische Önologe W. SEIFERT fand als Verursacher einen Diplokokkus, der Malat zu Lactat und CO_2 abbaute.
Diese Erkenntnisse wurden 1918 von MÜLLER-THURGAU & OSTERWALDER veröffentlicht in der Schrift „Die Bakterien im Wein und Obstwein und die dadurch verursachten Veränderungen". Darin wurden auch der Milchsäurestich, das Zähwerden und der Weinsäure- und Glycerinschwund behandelt. Es hatte sich nämlich erwiesen, dass Bakterien nicht nur den Äpfelsäureabbau bewirken, sondern dass sie oft auch negative Wirkungen ausüben.
Anders als MÜLLER-THURGAU meinten KULISCH und WORTMANN, dass die Hefe Säure abbaut. SCHUKOW bewies dies in Geisenheim zwar auch, doch gerieten diese Arbeiten in Vergessenheit. Erst in unserer Zeit kam man wieder auf den Äpfelsäureabbau der Hefen zurück. Es wurde nachgewiesen, dass auch Weinhefen der Art *Sacch. cerevisiae* z. T. beträchtliche Mengen bei der Gärung abbauen.

17 Definitionsgemäß ist dies keine Gärung, denn Milchsäurebakterien decarboxylieren Malat zu Lactat. Hefen vergären dagegen Malat: Mit dem vom Malat dehydrierten Wasserstoff wird der spätere Metabolit Acetaldehyd zu Ethanol hydriert.

18 Die in „Geschichtliches" zitierten Arbeiten sind nicht im Literaturverzeichnis enthalten.

12.2 Der Äpfelsäureabbau durch Hefen

Viele organischen Säuren können von Hefen aerob umgesetzt werden. Sie werden z. B. von den Kahmhefen und von *Sacch. cerevisiae* bei der Flor-Sherrybereitung veratmet. Da aber die Weinbereitung der Hefe nur einen weitgehend anaeroben Stoffwechsel, nämlich die Gärung, ermöglicht, ist dabei der Säureabbau der Hefe eingeschränkt.

12.2.1 Äpfelsäureabbau durch *Schizosaccharomyces*

Die Erkennung dieser Hefen (vgl. 10.4.2) als Verursacher des krankhaften Äpfelsäureabbaus in Apfel- und Sauerkirschsäften regte ihren Einsatz bei der Weinbereitung an. In Reinkulturen und bei günstigen Bedingungen ist die Intensität des Äpfelsäureabbaues hoch. Trotzdem führte die Erwartung, *Schizosaccharomyces*-Stämme in der Weinbereitung zum Malatabbau zu nutzen, nicht zum Erfolg.

Die Voraussetzung, um *Schizosaccharomyces*-Stämme in der Weinbereitung zum Malatabbau zu nutzen, wäre die Pasteurisation der Moste. Schizosaccharomyceten haben nämlich ein hohes Wärmebedürfnis. Sie werden daher bei Praxisbedingungen von den Saccharomyceten schnell zurückgedrängt, denen niedrigere Temperaturen zur Vermehrung genügen.
Doch auch wenn die Schizosaccharomycetenvermehrung und die anderen Bedingungen für den Malatabbau ausreichen, ist die sensorische Qualität des erhaltenen Weines meist nicht befriedigend; die Weine haben einen „Muffton".

Die natürlich vorkommende **L-Äpfelsäure** wird von *Schizosaccharomyces* **zu Ethanol und 2 CO_2** abgebaut, sie wird **vergoren** (Dittrich 1963, 1964).

12.2.2 Äpfelsäureabbau durch *Saccharomyces cerevisiae*

Die hauptsächlich von Wortmann* vertretene Auffassung, dass die Hefe während der Gärung Säure abbaut, war vergessen worden. Tatsächlich findet ein anteiliger Abbau von L-Malat bei *Saccharomyces*-Stämmen statt. Tab. 7 zeigt den Malatabbau von drei *Saccharomyces*-Stämmen und anderen Arten.

Der Äpfelsäureabbau erfolgt hauptsächlich während der Vermehrung, aber auch danach vermindert sich die Malatkonzentration noch. Nur das natürlich vorkommende L-Malat wird umgesetzt, D-Malat nicht. Die Aufnahme des Malats in die Zelle ist bei *Sacch. cerevisiae* nicht trägerabhängig (Salmon 1987), sondern sie erfolgt durch einfache Diffusion.

Bei Laborgärungen von Reinzuchthefen betrug der Äpfelsäureabbau 18,3 bis 23,5 %. In 50 Weinen aus 16 Betrieben fünf deutscher Anbaugebiete lag der Malatabbau durch Hefen bei den jeweiligen Gärungsbedingungen zwischen 10 und 32 %, durchschnittlich bei 23 % (Wenzel et al. 1982). Alzinger & Eder (2003) fanden ähnliche

L-Malat wird wie bei *Schizosaccharomyces* zu Pyruvat und CO_2 umgesetzt. Das Malatenzym von *Saccharomyces* hat im Vergleich zu dem von *Schizosaccharomyces* eine geringere Affinität zu Malat. Deshalb wird von *Saccharomyces* immer nur ein Teil der Äpfelsäure abgebaut. Während in Aerobiose die Umsetzung von Malat zu Pyruvat sinnvoll ist, da Pyruvat die wichtigste Synthesevorstufe ist, ist bei der Gärung die Umsetzung durch das Malatenzym wohl bedeutungslos. Sie erfolgt zwangsläufig, weil Malat in die Zelle eindringt und dort auf das konstitutive Malatenzym trifft. Starke Malatabbaufähigkeit haben im Most außer *Schizosacch. pombe* (95 %) und *Zygosacch. bailii* (45 bis 65 %) auch *Kloeckera javanica* (70 bis 95 %) und Kahmhefen. Siehe dazu auch Tab. 7.

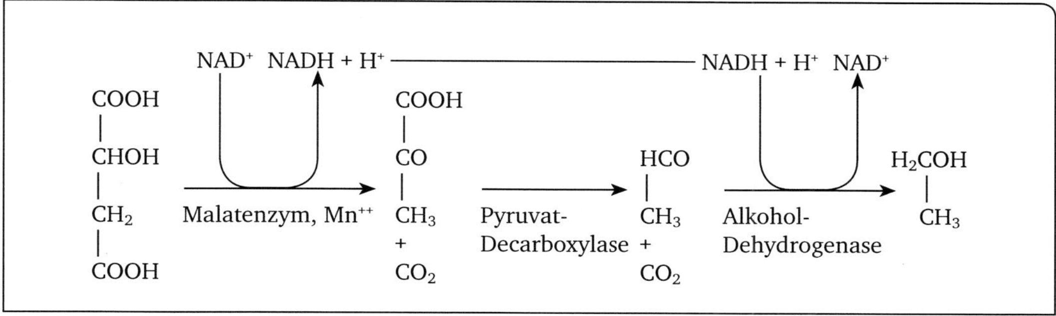

Malatabbauwerte. Durch die Vergärung eines Mostes mit unterschiedlich stark Malat abbauenden Hefestämmen ist daher der Gesamtsäuregehalt der Weine zu variieren. Der Malatabbau von *Saccharomyces* war in Mosten mit pH 3,4 stärker als bei 3,1 (Berger et al. 2003).

Auch bei *Saccharomyces* wird ein Malat zu einem Ethanol + 2 CO_2 abgebaut (Fuck & Radler 1974). Ein genetisch veränderter *Sacch.-cerevisiae*-Stamm vergor L-Malat vollständig zu Alkohol (Volschenk et al. 2004).

12.3 Der Äpfelsäureabbau durch Milchsäurebakterien

12.3.1 Allgemeines

Während im deutschen Sprachgebrauch dieser Prozess nur unklar als „biologischer Säureabbau" (BSA) bezeichnet wird, wird er im Englischen „malolactic fermentation", im Französischen „fermentation malolactique" genannt. Beide Ausdrücke lassen sich mit **„Äpfelsäure – Milchsäure – Gärung"**[19] übersetzen. Diese Bezeichnung hat den Vorteil, dass sie das Anfangs- und das daraus entstehende Endprodukt nennt: **Milchsäurebakterien** decarboxylieren die **zweibasische Äpfelsäure zur schwächer dissoziierten einbasischen Milchsäure** – Lactat. Das freiwerdende CO_2 entweicht. Deshalb war auch die alte Bezeichnung „zweite Gärung" insofern zutreffend, als ein starker Malatabbau eine alkoholische Vergärung eines Zuckerrestes durch Hefe vortäuschen kann. Früher trat bei säurereichen Weinen diese zweite Gärung oft erst sehr spät ein. Daraus wurde irrtümlich geschlossen, dass der Malatabbau normalerweise erst lange nach der Gärung eintreten würde. Man hatte übersehen, dass er bei säureärmeren Weinen um diese Zeit längst abgelaufen war. Das zeigt, dass der bakterielle Säureabbau je nach den gegebenen Bedingungen unterschiedlich schnell abläuft. Es kommt hinzu, dass er auch unterschiedlich beurteilt wird.

Gerade sehr saure Moste, bei denen er nötig und wünschenswert wäre, lassen den BSA nur bei Einsatz fördernder Maßnahmen zu. In säurearmen Mosten läuft er dagegen nicht selten schon während der Gärung ab, sodass bei Gärungsende der schon ursprünglich niedrige Säuregehalt auf ein Minimum abgesunken ist. Diese Entwicklung ist in warmen Weinbaugebieten bei säurearmen Rebsorten häufig. Diese Tendenz wird verstärkt durch die Vergärung großer Mostmengen.

Der Nachweis des stattgefundenen Äpfelsäureabbaues bedeutet also nicht unbedingt, dass er erwünscht war und deshalb planmäßig eintrat. Tab. 36 zeigt die Häufigkeit seines Vorkommens und seine Intensität bei deutschen Weinen. Bei Rotweinen ist er im Regelfalle häufiger und weitergehender. Aber auch in Weißweinen ist ein zumindest teil-

19 Zur Definition „Gärung" vgl. Fußnote 17, Seite 151.

Tab. 36. Häufigkeit und Intensität des bakteriellen Äpfelsäureabbaus in deutschen QbA- und Kabinettweinen verschiedener Anbaugebiete und Rebsorten (DITTRICH & BARTH 1984).

	von 353 Weißweinen (= 100 %)	von 71 Rotweinen (= 100 %)
Malatabbau unterschiedl. Stärke (< 0,2 g/L L-Lactat)	in 229 Weinen = 64,9 %	in 67 Weinen = 94,4 %
„starker" Malatabbau (< 1,0 g/L Malat)	in 31 Weinen = 8,8 %	in 45 Weinen = 63,4 %
annähernd vollständiger Malatabbau (< 0,5 g/L Malat)	in 7 Weinen = 2,0 %	in 26 Weinen = 36,6 %
„vollständiger" Malatabbau (< 0,2 g/L Malat)	in 2 Weinen = 0,6 %	in 9 Weinen = 12,7 %

weiser – unbeabsichtigter – Säureabbau häufiger als meist angenommen.

Die Bewertung des Malatabbaus durch Milchsäurebakterien ist **nicht einheitlich**. Parallel dazu laufen weitere mikrobielle Prozesse ab, die von anderen Stoffen ausgehen und zu wieder anderen führen. Dabei können geruchs- und geschmackswirksame Substanzen gebildet werden, welche die typischen Geruchs- und Geschmacksqualitäten einer Traubensorte überlagern können. Deshalb wird der Säureabbau für Weine von Rebsorten mit ausgeprägten und erwünschten sensorischen Eigenschaften, wie z. B. bei Riesling, meist abgelehnt. Der gleiche Tatbestand kann bei Weinen mit wenig ausgeprägter Sortenart positiv bewertet werden: Sensorisch wirksame Metaboliten der Bakterien können solche Weine „füllen". In manchen Betrieben der USA wird dem Most sogar Malat zugesetzt. Man erwartet, dass durch die Intensivierung des Säureabbaus auch die daneben ablaufende Aromabildung verstärkt wird.

In manchen Weinbaugebieten wird der Malatabbau praktiziert, obwohl die Gesamtsäure der Weine gar nicht hoch ist. Diese Betriebe benutzen den Säureabbau als Präventivmaßnahme: Man lässt ihn ablaufen, um anschließend weniger konsequent filtrieren zu können und den BSA nicht nach der Füllung in der Flasche befürchten zu müssen. Manchmal wird dann behauptet, dass diese Weine den Säureabbau brauchen, obwohl sie mit mehr Säure und einer reinen Sortenart typischer wären.

Zusammenfassend ist zu betonen, dass der bakterielle Malatabbau eine **mehrfache Wirkung** ausübt:

1. Säureverringerung, die den pH-Wert des Weines anhebt.
2. Geruchs- und Geschmacksveränderung, die sich außer der Abnahme des sauren Geschmacks auf den Gesamteindruck positiv oder negativ auswirken kann.
3. Stabilisierung dann, wenn zu befürchten ist, dass der Säureabbau und mit ihm CO_2-Bildung, Eintrübung des Weines u. a. erst im gefüllten Wein eintreten könnten.

Die Säureveränderungen eines Weines durch den bakteriellen Säureabbau mit und ohne Starterbakterien und im Vergleich zur Kalkentsäuerung zeigt Tab. 37.

Tab. 37. Säureveränderungen in einem 2000er Portugieser QbA durch den bakteriellen Säureabbau im Vergleich zur Kalkentsäuerung (MILTENBERGER et al. 2001).

	BSA spontan	BSA m. Starter-kultur	bei Gärungsende	Durch Kalkent-säuerg
BSA-Dauer Tage	45	14		
PH	3,8	3,7	3,4	4,0
Gesamtsäure g/L	4,8	4,7	8,0	5,2
Malat g/L	0,0	0,0	4,3	3,8
Flüchtige Sre. g/L	0,4	0,4	0,2	0,2
Citrat g/L	0,0	0,0	0,2	0,2
Gebund. SO_2 mg/L	90	70		120

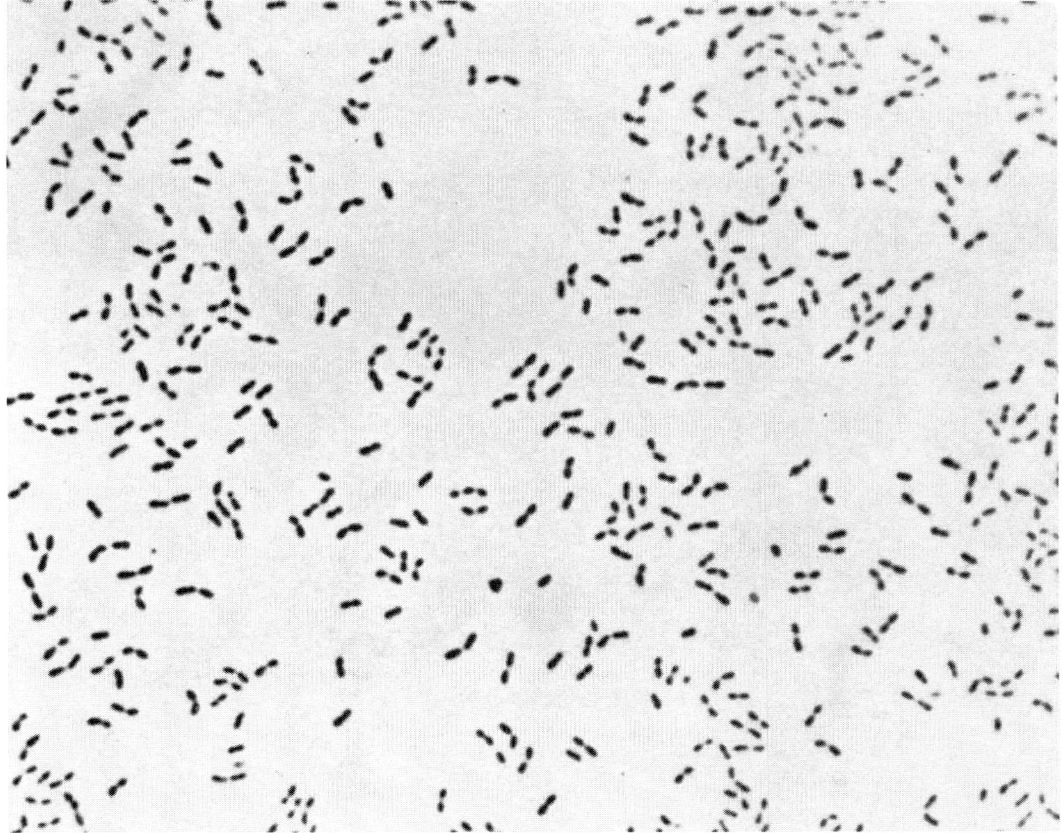

Abb. 51. Äpfelsäue-abbauende Milchsäurebakterien der Art *Oenococcus oeni*. Frühes Vermehrungsstadium, in dem sie als Diplokokken auftreten. Vergrößerung 1200fach, Phasenkontrast (LÜTHI & VETSCH 1981).

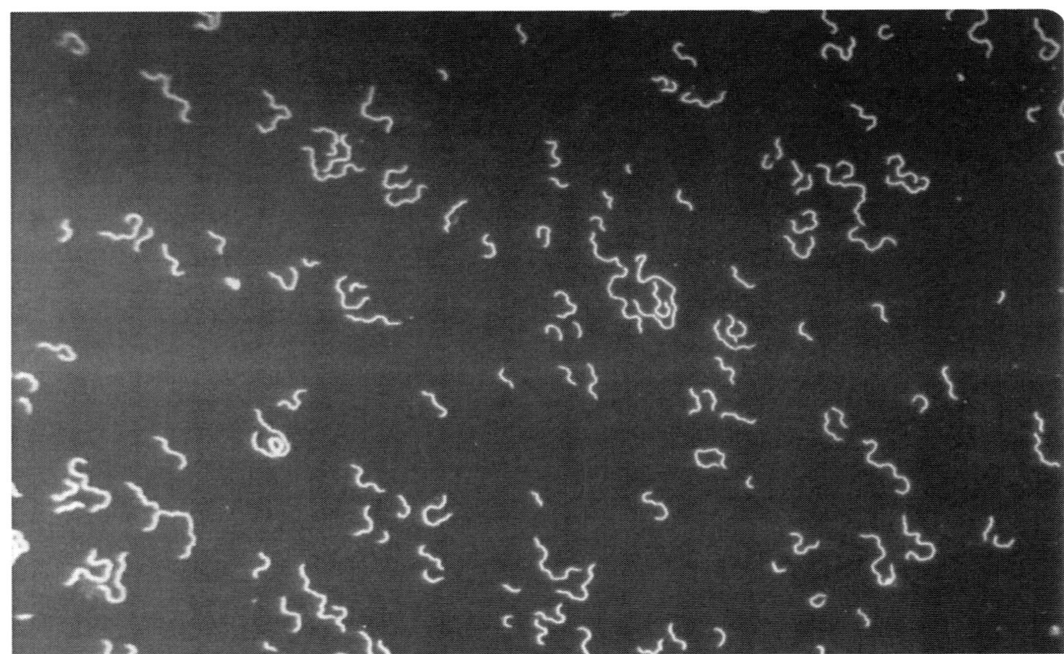

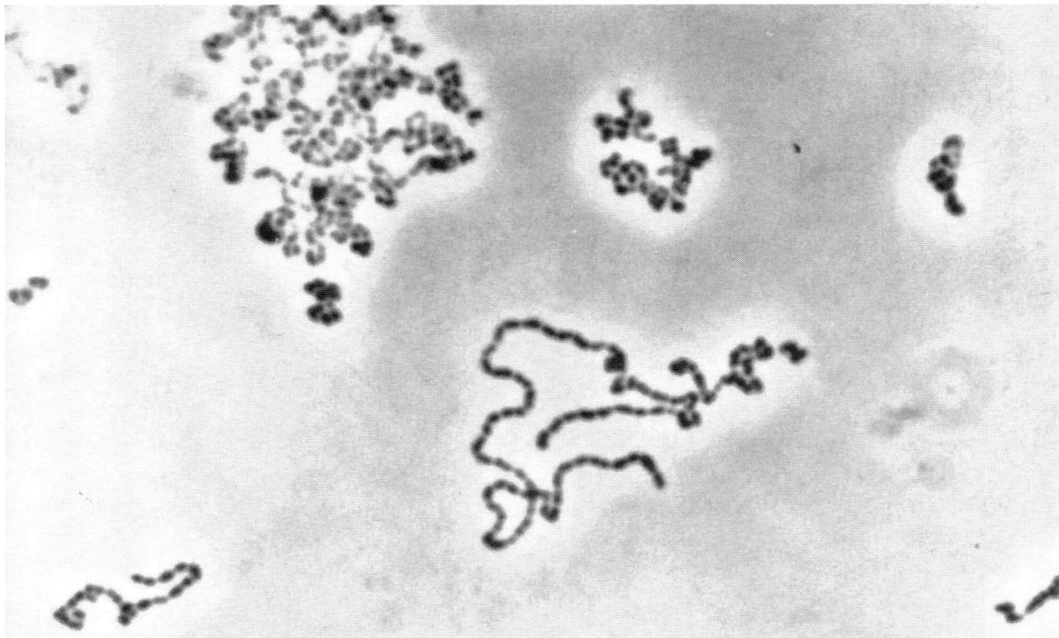

Abb. 52. Äpfelsäure-abbauende Milchsäurebakterien der Art *Oenococcus oeni*. Gegen Ende des Malatabbaus und in alkoholreichen Weinen in kürzeren oder längeren Ketten vorkommend. Vergrößerung 1200fach, Phasenkontrast (LEMPERLE & KERNER 1982).

12.3.2 Äpfelsäure abbauende Bakterien: Herkunft und Arten

Wein ist kein natürlicher Standort von Bakterien. Seine Infektion kommt aus zwei verschiedenen Quellen:

1. Die natürliche Aufwuchsflora der Pflanzen, also auch der **Traubenbeeren**, in der auch Milchsäurebakterien vorkommen (siehe Abb. 2). Beim Pressen werden sie von der Beerenoberfläche in den Most gespült.
2. Den auf **Geräten**, in Fässern, Tanks und Leitungen vorkommenden Milchsäurebakterien.

Auf den Beeren scheint meist nur eine kleine Zahl vorzukommen, von der wieder nur ein Teil in den Most kommt. Auch Kellereigeräte und Behälter sollten eigentlich keine Infektionsquelle sein. Bereits daraus geht hervor, dass ein **sicherer Säureabbau** nur durch Zusatz geeigneter **Starterkulturen** zu erreichen ist.

Von Rebenblättern und aus deutschen Weinen isolierten Weiller & Radler (1970) 63 Milchsäurebakterienstämme. Sie gehörten zu den Gattungen *Leuconostoc/Oenococcus*, *Lactobacillus* und *Pediococcus*. Nur 3 Stämme konnten Malat nicht abbauen. Weinsäure konnte von keinem Stamm abgebaut werden. Zum Citratabbau waren 17 % befähigt. Arabinose – deren Vergärung u. a. Essigsäure liefert – konnte von einem Drittel abgebaut werden.

Die Untersuchung von 712 Milchsäurebakterien-Stämmen aus französischen Weinen (Peynaud 1968) stimmt mit dem Vorkommen dieser Milchsäurebakterien in deutschen Weinbaugebieten ungefähr überein. Es wurden zehn Mal so viele heterofermentative als homofermentative (Unterschiede siehe 14.2.2, Tab. 44) Stämme gefunden.

Die zu den **Milchsäurebakterien** gehörende heterofermentative Art ***Oenococcus oeni*** (Abb. 51 bis 53) ist der **wichtigste Organismus** des mikrobiellen Äpfelsäureabbaus. Er hieß früher *Leuconostoc oenos*. Da er sich von anderen *Leuconostoc*-Arten stark unterscheidet, hat man ihn als Art einer eigenen Gattung verselbstständigt (Dicks et al. 1995).

Oenococcus oeni gewinnt bei ihm zusagenden Bedingungen „spontan" die zahlenmäßige Überlegenheit über andere Bakterien. Diese Art vermehrt sich nämlich noch am besten in Mosten und Weinen, während deren pH-Werte für andere Milchsäurebakterien schon zu tief sind.

Tab. 38. Vorkommen von Milchsäurebakterien in Mosten und Weinen während und nach der Gärung in % der Isolate (N = 35, Weinb.-Gebiet Franken; Benda 1989).

	Beginn der Gärung	Während der Gärung	Ende der Gärung	2 Wochen nach Abstich
Oenococcus oeni	40	43	54	74
Leuconostoc mesenteroides	20	9	3	3
Leucon. paramesenteroides	9	3	0	0
Lactobacillus plantarum	17	17	17	14
Lactob. casei	9	3	14	14
Lactob. brevis	14	6	14	8
Lactob. buchneri	0	3	9	0

Oenococcus überwiegt schon in den Mosten. Er nimmt während der Gärung zu. Zu einer Massenvermehrung ist es jedoch nicht gekommen (Tab. 38). Immerhin ist er von den nachgewiesenen Milchsäurebakterien noch die am besten an das Substrat Most/Wein angepasste Art. *Leuconostoc mesenteroides* und *Leucon. paramesenteroides* sind zwar im Most noch relativ häufig, sie verschwinden dann aber schnell. Die vorkommenden *Lactobacillus*-Arten vermehren sich nicht oder nehmen ab, da die meisten nicht alkoholresistent sind. Wie innerhalb der Hefeflora eines Mostes ändert sich während der Gärung und danach auch die Bakterienflora. Der als Weinschädling geltende *Pediococcus damnosus* wurde nicht in erwähnenswerter Zahl gefunden, ein Zeichen seiner geringen Vermehrungsfähigkeit im – für ihn – zu sauren Most und Wein.

Die Keimzahlen waren in diesen ungeschwefelten Mosten sehr unterschiedlich: In 19 % der Moste wurden keine Milchsäurebakterien gefunden. In einem Most war die Bakterienzahl sehr gering, zwei Moste enthielten 10^4 bis 10^5 Bakterien/mL. In einigen Mosten waren Milchsäurebakterien erst nach der Gärung auffindbar, erst in einem Jungwein hatte sich *Oenococcus* auf 10^3 Keime/mL – besser: Vermehrungsfähige Einheiten/mL – vermehrt.

Oenococcus oeni bildet **zwei Kolonietypen**. Die Zellen von „trockenen" Kolonien wachsen überwiegend in langen Ketten, die der schleimigen Kolonien wachsen als Diplokokken oder in kurzen Ketten. In Wein wachsen sie schlechter als der trockene Kolonietyp. Die Mehrzahl der Stämme bildet Esterasen (DAVIS et al. 1988). *Oenococcus*-Stämme sind in zwei elektrophoretisch differenzierbare Gruppen zu trennen. Etwa ein Drittel bildet extrazelluläre Polysaccharide. Eine Übersicht über die Eigenschaften von *Oenococcus oeni* (damals noch *Leuconostoc oenos*) gaben VAN VUUREN & DICKS (1993).

12.3.3 Vermehrungsvoraussetzungen für die Äpfelsäure abbauenden Bakterien

Für die Lebensfähigkeit dieser Bakterien und ihren Malatabbau ist die **„Matrix"** eines Weines, d. h. die Gesamtheit seiner Inhaltsstoffe, von grundlegender Bedeutung. Sie wirkt durch das Vorhandensein oder das Fehlen von Nährstoffen und/oder das mehr oder weniger starke Vorkommen hemmender Stoffe.

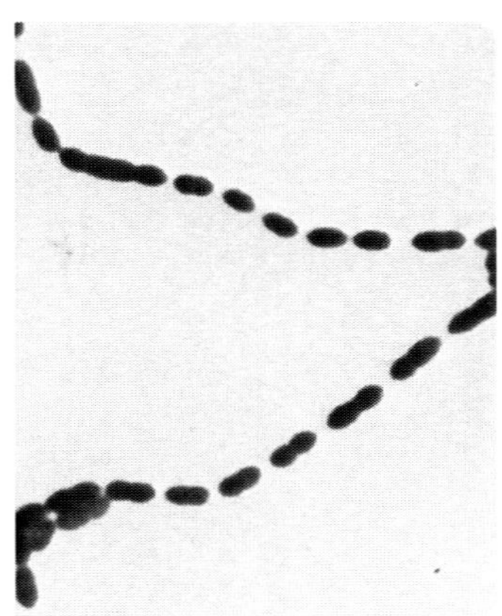

Abb. 53. *Oenococcus oeni.*

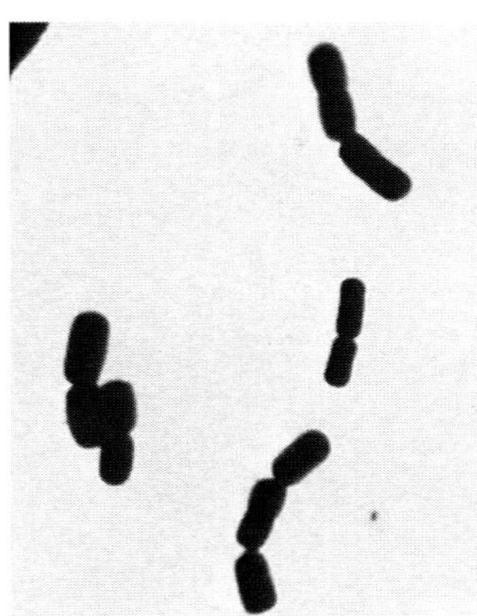

Abb. 54. *Lactobacillus brevis.*

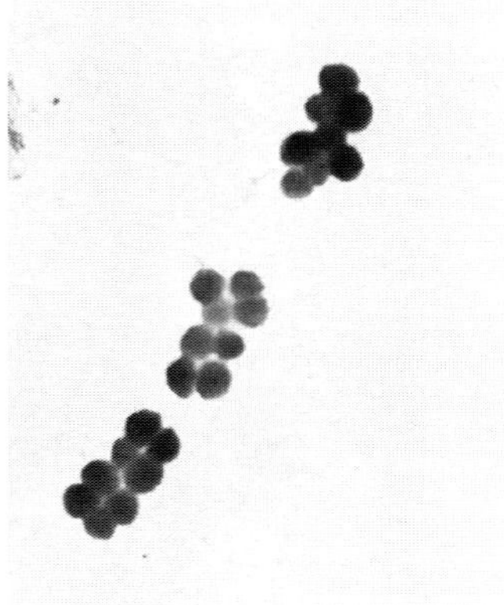

Abb. 55. *Pediococcus damnosus.* Vergrößerung etwa 500fach; (WEILLER & RADLER 1972).

12.3.3.1 Ernährungs- und Wuchsstoffansprüche

Milchsäurebakterien haben einen **hohen Nähr- und Wuchsstoffbedarf**. Daher kommen sie nur in Medien mit hohen Gehalten dieser Stoffe vor.

Zucker: Milchsäurebakterien sind Zucker umsetzende Organismen. Die beiden physiologisch unterschiedlichen Gruppen (homo- bzw. heterofermentative) tun dies auf einem jeweils anderen Wege. Beide Abbauwege führen zu unterschiedlichen Gehalten von Milchsäure mit weniger bzw. mehr anderen Metaboliten (siehe Tab. 44).

Bei Weinen kommt normalerweise der bei weitem größte Teil der Milchsäure nicht nur aus dem Zucker des Mostes oder Weines, sondern aus der Äpfelsäure, weil die Affinität zur Äpfelsäure weit stärker ist als die zum Zucker.

Ohne verwertbaren Zucker vermehren sich die meisten Milchsäurebakterien nicht. Ist Zucker in nur geringen Mengen vorhanden, wird die **Bakterienzellmasse von der Zuckermenge bestimmt**. Eine höhere Menge Malat beeinflusst dagegen die Vermehrung nicht positiv. Der Malatabbau ist bei den meisten Stämmen von der Bakterienzellzahl abhängig, also indirekt von der Zuckermenge. Der Abbau des Malats ist für die im Wein vorkommenden Milchsäurebakterien wohl kein unbedingtes Erfordernis.

Die in Weinen enthaltenen Zuckerkonzentrationen reichen für die Bakterienvermehrung meist aus. Die **Zuckerabnahme** während des Malatabbaus ist mit 0,4 bis 0,8 g/L nur **gering**. Der geringen Zuckerabnahme entspricht die auch nur geringe Zellmasse der Bakterien. Auch Zuckeralkohole (Polyole) können verwertet werden. Z. B. kann der Inositgehalt abnehmen.

Aminosäuren: Die meisten Arten benötigen den größten Teil der Aminosäuren. *Leucon. mesenteroides* und *Lactob. plantarum* benötigen nur drei bis vier. Die aus Wein isolierten *Oenococcus-oeni-* und *Pediococcus-pentosaceus*-Stämme brauchen dagegen bis zu 16 Aminosäuren.

Valin und Glutaminsäure scheinen für alle erforderlich zu sein, während Aminobuttersäure, Asparagin und Lysin keinen Stamm förderten. Prolin und Alanin, die im Wein reichlich vorkommen, werden nicht oder nur selten benötigt (Weiller & Radler 1972). Die Wirkung von Arginin beschreiben Bourdineaud et al. (2002).

Das Angebot an Aminosäuren im Wein reicht meist aus, sodass sich auch anspruchsvolle Arten vermehren können, wenn die anderen Bedingungen dies zulassen. Proteine können vielleicht verwertet werden. Anders als Hefen können Milchsäurebakterien Ammonium-Salze nicht verwerten.

Vitaminbedarf: Most und Wein haben meist einen höheren Vitamingehalt als ihn Milchsäurebakterien brauchen. Diese Wuchsstoffe sind daher für ihre Vermehrung und ihren Malatabbau meist nicht der begrenzende Faktor (Weiller & Radler 1972).

Alle Stämme brauchen Nicotin- und Pantothensäure, *Oenococcus* Folsäure. *Oenococcus-* und *Leuconostoc*-Stämme benötigen Thiamin. Die *Oenococcus*-Stämme sind anspruchsvoller als die Pediokokken.
Die geringsten Ansprüche haben *Lactob. plantarum* und *Leucon. mesenteroides*. In Rotweinen vermehren sich die Milchsäurebakterien in aller Regel besser als in Weißweinen, u. a. wegen des höheren Nährstoffangebotes.

Mineralstoffbedarf: Mineralstoffe werden nur in Mengen von wenigen mg/L benötigt.

Beim Äpfelsäureabbau durch das Malatenzym wirkt Mn^{2+} – oder Mg^{2+} – als Kofaktor. K^+ fördert diese Reaktion. Moste und Weine enthalten hierfür ausreichend Kalium. Die Nährstoffansprüche der Milchsäurebakterien vgl. man bei Theobald, Pfeiffer & König (2008).

Sauerstoffbedarf: Milchsäurebakterien sind fakultative Anaerobier. Sie bevorzugen daher **sauerstofffreie Substrate**.

12.3.3.2 Hefe- und Trubeinfluss auf die Bakterienvermehrung

Milchsäurebakterien können sich bereits in Traubensaft vermehren.

Während nach einer zügigen Gärung der Malatabbau meist erst verzögert einsetzt, erfolgt er dagegen in Weinen nach schleppenden Gärungen beschleunigt. Eine schnell gärende Hefe hat nämlich in der Regel einen hohen Nährstoffbedarf. Dadurch wird der Säureabbau verzögert, weil für den anspruchsvollen *Oenococcus* zu wenig Nährstoffe verbleiben (KRIEGER 2002, pers. Mitt., RAUHUT 2004).

Da die Hefen relativ anspruchslos sind, vermehren sie sich im Most rascher und stärker. Sie erreichen im Wein 1 bis 2 g/L, das sind etwa 40–100 × 10^6 Zellen/mL. Das Gewicht der Äpfelsäure abbauenden Bakterien wird dagegen im Wein 0,005 bis 0,1 g/L (etwa 10^7 Zellen/mL) kaum überschreiten.

Nach der Gärung **fördern autolysierende Hefezellen** die Bakterienvermehrung und **den Äpfelsäureabbau.** Die Förderwirkung besteht darin, dass aus den toten Hefezellen Stoffe austreten, die die Milchsäurebakterien zur Vermehrung nutzen; die Hefen im Jungwein üben auf die Bakterien eine „Ammenfunktion" aus.

Schon während der abklingenden Gärung werden von der sterbenden Hefe Aminosäuren und Vitamine freigesetzt. Die **Autolyse**, also der enzymatische Abbau hoch molekularer Zellinhaltsstoffe, speist diesen Stoffaustritt aus der toten Zelle fortwährend, sodass die Milchsäurebakterien nach dem Tode der Hefezellen von ihnen profitieren können.

Mit Hefe sind Milchsäurebakterien auch in Substraten zu vermehren, die ihnen allein kein Wachstum ermöglichen würden. Das Bakterienwachstum wird in Mischkulturen auch bei niedrigen pH-Werten begünstigt. Diese Förderung des Äpfelsäureabbaus ist für die Praxis wichtig. Durch das **Aufrühren der Hefe** wird der Stoffaustritt verstärkt. Diese Maßnahme ist daher eine Möglichkeit, den Malatabbau zu fördern.

Die Entfernung der Hefe aus dem Most nach ihrer Vermehrung verzögert das Bakterienwachstum unabhängig vom Alkoholgehalt. Erst durch einen Nährstoffzusatz zum angegorenen, aber hefefreien Most kann der Malatabbau wieder normalisiert werden. Auch in der Praxis ist die möglichst rasche Entfernung der Hefe zur Verhinderung des Säureabbaues wirksam.
Andererseits wird von der Hefe während der Hauptgärung die Vermehrung und der Säureabbau von *Oenococcus* unterdrückt (KRIEGER et al. 1986). Sowohl aus dem Substrat als auch aus dem Zellextrakt wurden zwei bakterizide Proteine isoliert (DICK et al. 1992). Auch bei *Metschnikowia pulch.* und *Candida sp.* fand man eine breite antibakterielle Wirkung (YOKOMORI et al. 1993).

In Modelllösungen nahm die Hefetrockensubstanz in 76 Tagen um 46 bis 49 % und ihr N-Gehalt um 38 bis 40 % ab. Gleichzeitig nahmen die Aminosäuren und niederen Peptide zu. Auch die Abgabe von Vitaminen durch die Hefen ist als Voraussetzung für die Vermehrung der Bakterien nicht zu unterschätzen.

Trubteile des gärenden Mostes verhalten sich ähnlich. Auch Beerenmark bietet den Bakterien die gleichen Stoffe. Das ist auch auf Maische zu übertragen. Säureabbauschwierigkeiten gibt es deshalb bei Rotweinen kaum, weil mit dem zerkleinerten Beerenmaterial viel mehr Bakterien hereinkommen, die sich danach in den halbfesten Maischeanteilen koloniеartig vermehren können.

Ähnlich kann man sich auch die Bakterienvermehrung im Hefegeläger nach der Gärung und der Sedimentation vorstellen: Eine Bakterienzelle wird von den umliegenden Hefezellen durch deren Nährstoffabgabe in seiner Vermehrung gefördert. Da dort auch lokal der pH-Wert erhöht ist, wird eine nestartige Bakterienvermehrung möglich. Durch Rühren wird diese Kolonie in viele Zellen zerteilt. Sie werden im Jungwein verteilt, und die aus dem Geläger ausgetretenen Nährstoffe verbessern erneut ihre Ernährung.

Mannoproteine, die hauptsächlich aus der Autolyse der Hefe stammen, fördern die Milchsäurebakterien; in Weinen mit höheren Polysaccharidgehalten wird Malat schneller abgebaut (Krieger 2002, pers. Mitt.).

Beim Säureabbau mit hoch dosierten Starterkulturen ist ein Belassen des Weines auf der Hefe nicht erforderlich. Oft ergibt ein vorheriges Abtrennen von der Hefe sogar reintönigere Weine.

12.3.3.3 Einleitung des Malatabbaus durch Bakterienstarterkulturen

Der Äpfelsäureabbau kann mit geeigneten Starterkulturen vollzogen werden (Krieger 2002, 2009). Dazu müssen die Jungweine mit viel mehr Bakterien beimpft werden als die Moste mit Hefe.

Zum Malatabbau ist in der **EU** der **Zusatz von Milchsäurebakterien** der Gattungen *Oenococcus/Leuconostoc, Lactobacillus* und *Pediococcus* zum Most oder Wein **erlaubt.** Die einzusetzenden Stämme müssen aus Most, Wein oder Traubenverarbeitungserzeugnissen stammen, sie dürfen als Flüssigkultur, als Pulver oder immobilisiert angewandt werden. Der Gehalt an lebenden Zellen muss mindestens 10^7/mL bzw. 10^8/g betragen.
In der **Praxis** haben sich **gefriergetrocknete Starterkulturen** als Pulver, bestehend aus ein bis vier Stämmen von *Oenococcus oeni*

> Nochmals: Wein ist für diese Bakterien ein wenig geeignetes Substrat; besonders engen freie SO_2, niedrige Temperatur und hoher Gesamtsäuregehalt ihre Lebensfähigkeit und ihre Vermehrung ein. Wenn früher ein spontaner Säureabbau aufkam, ging er meist nicht von den zugesetzten Bakterien aus, sondern von Wildstämmen, die von der Traube oder Kellereigerätschaften in den Most gekommen waren und sich an das widrige Substrat Wein „gewöhnt" hatten. Nur die Bakterien überlebten, die die ungünstigen Bedingungen ertragen konnten. Der von ihnen ausgehende Säureabbau erfolgte daher meist erst relativ spät. Die heute im Handel befindlichen Starterbakterien sind besser selektiert, d. h. an das Substrat Wein besser angepasst. Außerdem sind die Lebendkeimzahlen höher.

durchgesetzt. Mit ihnen können **Jungweine** auch ohne vorherige Reaktivierung der Bakterien beimpft werden; die hohen Lebendkeimzahlen lassen dies zu. Selbstverständlich macht eine Reaktivierung den Erfolg sicherer. Geeignete Stämme bieten bei Beachtung der Anwendungsvorschriften die Gewähr für den erwarteten Malatabbau und eine einwandfreie Weinqualität. Die Kombination verschiedener Stämme kann den Erfolg erhöhen.

In Moste oder Jungweine mit **pH 3,2 und darüber** können die Bakterien direkt eingesät werden, da sie an die ungünstigen Bedingungen adaptiert sind. Ein Hersteller empfiehlt 2×10^6 KBE/mL, d. h. für die Beimpfung von 1000 Liter Wein sind 20 g dieses Präparates anzuwenden. Zur besseren Verteilung sollte es in etwas Wasser aufgelöst und erst dann in den Tank eingerührt werden. Bei **pH-Werten um 3,1** erzielt man eine Aktivitätserhöhung, wenn man die Kultur bis zu 24 Stunden in etwas Wein, den man auf pH 3,4 oder mehr eingestellt hat, verteilt. Danach wird diese Suspension dem Wein zugesetzt. Der Säureabbau kann dann in **acht bis zwölf Tagen** beendet sein. In Rotweinen verläuft er etwas kürzer. Die im Herbst gekauften Bakterienpräparate sollten noch im gleichen Jahr verbraucht werden.

Da *Pediococcus damnosus* als schädlich gilt (siehe Kap. 14) und die meisten *Lactobacillus*-Arten alkoholempfindlich sind, sind beide Gattungen **nicht** geeignet. Nur *Lactobacillus plantarum* wird gelegentlich zur Mostentsäuerung eingesetzt.

Die **Veränderungen** eines Weines **durch den Malatabbau** mit Starterkulturen sind im Prinzip die gleichen wie beim spontanen Säureabbau: Die flüchtige Säure kann minimal zu-, die Zuckergehalte können leicht abnehmen. Wichtig ist der vollständige Äpfelsäureabbau, der die Abnahme der Gesamtsäure verursacht und die Extraktabnahme zur Folge hat, während die Milchsäure stark zunimmt. Der pH-Wert erhöht sich merklich. Der SO_2-Bedarf der „abgebauten" Weine ist meist geringer. Da der Säureabbau bei **Rotweinen** fast überall für erforderlich gilt, ist die Feststellung wichtig, dass die **Farbintensität nicht abnimmt**. Die Leuchtkraft des Rotweins wird sogar verstärkt (Rauhut et al. 1995).

Bei der Angabe der Lebendkeimzahlen spricht man oft statt von Zellen von „Koloniebildenden Einheiten" (KBE). Gerade bei *Oenococcus* ist diese Definition besser, weil schon junge Kulturen aus Diplokokken bestehen, während in älteren Kulturen sogar mehrere bis viele Zellen zusammenhängen (Abb. 51 bis 53). Bei der Zellzählung durch Kultivierung auf festen Nährböden ist daher nicht zu unterscheiden, ob eine Kolonie aus einem Diplokokkus oder aus vier oder noch mehr Zellen entstanden ist.

Die **Beimpfung** mit den Säureabbaubakterien ist zu **zwei Zeitpunkten** denkbar: Wie die Hefen, können auch die Bakterien bereits dem **Most** zugesetzt werden. Hierbei unterdrücken die eingesetzten Oenokokken die Erreger eines unerwünschten spontanen Säureabbaus wie die Starthefe die unerwünschten „wilden" Hefen überflügelt. Dabei ist zu bedenken, dass die zugesetzte Hefe die Bakterien in bestimmten Fällen hemmen kann, andererseits auch die Bakterien auf die Hefe wirken können. Leichter überschaubar ist die Zugabe der Starterbakterien **nach der Gärung** oder in die abklingende Gärung. Der Zucker ist dann zu Alkohol vergoren und er kann nicht mehr zu Essigsäure und zu D- und/oder L-Milchsäure umgesetzt werden. Auch eine Mannitbildung aus Fructose ist dann höchstens ansatzweise möglich.

Schon vor der Zulassung kommerzieller Milchsäurebakterien-Starterkulturen wurde die Einleitung des Säureabbaus durch **„Impfung"** in der Praxis auf andere Weise erreicht: Jungweine, die nicht rechtzeitig oder zu zögernd in den Abbau kamen, wurden mit einem Teil eines im Abbau befindlichen Weines versetzt. Die Menge dieses „Impfweines" muss mindestens 5 % betragen. Außerdem sind weingesetzliche und sensorische Einschränkungen zu beachten. Meist haben nämlich die Weine, die rasch abbauen und deshalb frühzeitig als „Impfmaterial" verfügbar sind, hohe pH-Werte. Bei über 3,5 überwiegt in ihnen der unerwünschte *Pediococcus*. In solchen Fällen sollten die Weine, die man für den Äpfelsäureabbau beimpfen will, **höchstens pH 3,5** oder weniger haben, da sich sonst *Pediococcus* weiter vermehren und die Qualität dieser Weine mindern würde.

12.3.4 Vermehrungshemmende Faktoren des Mostes und des Weines

Most und Wein sind keine idealen Substrate für Milchsäurebakterien, schon gar nicht bei den niedrigen Temperaturen, bei denen sie vergoren und bei der Behandlung, mit der die Weine „ausgebaut" werden. Die Zusammensetzung des Mostes und Weines mit Ausnahme der Kalkentsäuerung und verwandter Verfahren ist nicht zu verändern, daher sind die besprochenen Ernährungsfaktoren für die

Vermehrung und den davon abhängigen Äpfelsäureabbau von nur geringem Interesse. Im Gegensatz dazu wirken die nun zu besprechenden Faktoren bei der Weinbereitung zumindest auf den spontanen Säureabbau meist hemmend.

12.3.4.1 pH-Wert

Der pH-Wert ist einer der wichtigsten Faktoren, der über die Vermehrung der Milchsäurebakterien und deren Äpfelsäureabbau entscheidet. Infolge ihres Säuregehaltes haben Most und Wein niedrige pH-Werte. Sie liegen meist zwischen 3,0 und 3,6 und damit in einem Grenzbereich, in dem sich nur noch einige Stämme vermehren können. Das ist aber auch nur dann möglich, wenn die anderen für das Wachstum wichtigen Voraussetzungen günstig sind. Da diese Voraussetzungen von Wein zu Wein und von Bakterienstamm zu Bakterienstamm wechseln, ist nicht genau vorherzusagen, welcher pH-Wert bei einem bestimmten Wein die **spontane Bakterienentwicklung** noch zulässt.

In Wein dürfte der Grenzwert bei pH 3,2 liegen. In wärmeren Weinbaugebieten ist dieser Wert ohne Bedeutung, da die pH-Werte dieser Weine meist höher liegen, Bakterienvermehrung und Säureabbau also möglich sind, sofern nicht Gegenmaßnahmen ergriffen werden.

Allgemein gilt: Je höher der pH-Wert des Mostes oder Weines, umso rascher setzt die Vermehrung der Milchsäurebakterien und ihr Säureabbau ein und umso rascher ist er auch beendet. Um den Abbau nicht zu lange hinauszuzögern, sollte der pH-Wert, wenn nötig, rechtzeitig durch eine **Kalkentsäuerung** auf 3,3 bis 3,4 angehoben werden.

Von den Malatabbaubakterien vermehrt sich in diesem Bereich nur *Oenococcus oeni* gut. *Pediococcus damnosus* ist weitaus pH-empfindlicher. Seine Vermehrung ist meist erst oberhalb pH 3,5 möglich. Dies ist wichtig, weil sein Malatabbau überwiegend nachteilige Auswirkungen hat.

Die **Abbaurate** der Äpfelsäure pro Woche ist **mit dem Äpfelsäuregehalt** des Weines und daher mit seinem pH **korreliert**: Je höher das Malat – umso tiefer der pH – umso geringer ist die Abbaurate. Die Dauer des Säureabbaus nimmt dann immer mehr zu (Miltenberger et al. 1997).

In **Brennmaischen** können sich Milchsäurebakterien auf Grund der meist hohen pH-Werte vermehren. Die häufigeren heterofermentativen Arten bilden dann aus dem Zucker Essigsäure und andere schädliche Produkte. Die Qualität der Destillate wird dadurch gemindert. Zur Verhütung dieses Verderbs ist die **Ansäuerung von Obstmaischen** geboten: Die Zulässigkeit ist zu beachten! Geeignete Säurekombinationen sind käuflich.

12.3.4.2 SO_2 (Schweflige Säure)

Ein wichtiger Faktor, der die Vermehrung der Milchsäurebakterien und ihren Malatabbau begrenzt, ist die schweflige Säure. Sie wirkt unspezifisch antimikrobiell. Gegen Bakterien ist sie wirksamer als gegen Hefen.

Auch auf Bakterien wirkt im Wesentlichen die undissoziierte schweflige Säure hemmend. Deshalb nimmt die Hemmwirkung mit fallendem pH-Wert – also mit steigender Gesamtsäure des Weines – zu. Genaue Aussagen über die Wirksamkeit eines Zusatzes einer bestimmten SO_2-Menge sind allerdings kaum möglich. Milchsäurebakterien können aus Acetaldehyd-schwefliger Säure SO_2 freisetzen, die dann die Bakterien hemmt.

Es ist nicht vorhersagbar, unter welchen Bedingungen und bei welcher SO_2-Konzentration die Bakterien im Wein abgetötet werden und der Äpfelsäureabbau dadurch sicher verhindert wird. Die bei der Maische- bzw. Mostschwefelung normalerweise zugesetzte SO_2-Menge bleibt meist ohne größere Hemmwirkung. Auch eine sehr starke **Mostschwe-**

felung reicht nicht aus, den Säureabbau im Wein mit Sicherheit zu verhindern. Dies ist bedingt durch die Bindung an die SO_2-bindenden Hefemetaboliten. Bereits nach der Angärung ist die freie SO_2 auf praktisch Null gesunken. Die meisten Jungweine haben nicht mehr als 25 bis 40 mg/L Gesamt-SO_2. Bei diesen Bedingungen kann der Äpfelsäureabbau meist – je nach pH und Temperatur – schon während der Gärung oder bis zum Abstich ablaufen. Über die kombinierte Wirkung von SO_2 und pH-Wert vergleiche man LIU & GALLANDER (1983).

Gebundene SO_2 hat eine 5 bis 10-mal geringere antibakterielle Wirkung als freie SO_2. Da aber die Konzentration an gebundener SO_2 5- bis 10-mal höher ist, ist ihre Wirkung im Wein nicht zu unterschätzen. 80 bis 100 mg/L gebundene SO_2 können die Entwicklung von *Oenococcus* und damit den Malatabbau nahezu oder völlig verhindern (MAYER et al. 1975). Schon die höhere SO_2-Bildung (20 bis 40 mg/L) von „Sekthefen" der Art *Sacch. bayanus* kann den Malatabbau behindern. Daher sollte man die Moste nicht mit Stämmen dieser Hefe vergären (GAFNER & HOFFMANN 1997).

Dagegen wirkt die **Schwefelung des Jungweines** stark hemmend, vor allem nach dem Abstich. Dann kann eine Schwefelung auf nur 20 mg/L freie SO_2 den Äpfelsäureabbau um Wochen oder gar Monate verzögern. Dieser geringe SO_2-Pegel reicht bereits aus, den größten Teil der Bakterien in einem Wein mit pH 3,4 während weniger Minuten abzutöten. Schätzungsweise werden bei der Schwefelung des Jungweines 95 % oder mehr Bakterien ausgeschaltet (MAYER 1974). Die erste Schwefelung des Jungweines **entscheidet** also **über** den baldigen **Eintritt**, die **Verzögerung** oder **Verhinderung** des Malatabbaues.

In Weinen, die ohne Zusätze von SO_2 erzeugt wurden, war die Vermehrung der Bakterien zu stark geworden. Qualitätsverlust durch Bildung von Essigsäure und Glycerinabbau waren die Folge (WAGNER et al. 1990).

12.3.4.3 Temperatur

Das Temperaturoptimum der Milchsäurebakterien dürfte zwischen 22 und 25 °C liegen. Da Moste und Weine meist tiefere Temperaturen haben, hemmt die Temperatur den Säureabbau meist. Allgemein gilt, dass in Weinen unter 10 °C ein spontaner Säureabbau nicht eintritt – mindestens 18 °C sind dafür notwendig.

Hohe Temperaturen sind problematisch: Der Säureabbau tritt zwar bestimmt ein, er verläuft dann aber so stürmisch, dass er kaum noch kontrolliert werden kann. Bakterielle Weinfehler können die Folge sein.

Früher trat der Säureabbau bei vielen säurereichen Weinen erst im nächsten Sommer ein, wenn sich die Keller und die Weine wieder erwärmten. Daher das Sprichwort: „Wenn der neue Wein (die Rebe) blüht, gärt es im alten." Zur Förderung wurden mancherorts die Keller geheizt. Effektiver ist es, den Wein zu **erwärmen**. Das ist mit Infrarot-Wärmestrahlern gut möglich.

Da die heutige Weinbereitung einen nur **kurzen Ausbau** erlaubt, ist es ratsam, den Malatabbau **gleich nach der Gärung** ablaufen zu lassen, falls man ihn wünscht. Mit fortschreitendem Herbst werden die Weine sonst rasch zu kalt, dadurch ist die Einleitung des Malatabbaus nicht immer erfolgreich.

In **Großbetrieben** wird dagegen der Säureabbau oft unbeabsichtigt auch dort gefördert, wo man ihn gar nicht wünscht. Diese Entwicklung ist die Folge der Gärung in Großgebinden: Große Mostmengen erwärmen sich stark (vgl. 4.3). Wenn zu spät oder nicht ausreichend gekühlt wird, steigt die Mosttemperatur schnell auf mehr als 25 °C. Damit schafft man den Milchsäurebakterien optimale Vermehrungsbedingungen. Gefahrvoll ist die Gärung in Betonbehältern: Sie halten die Gärungswärme sehr lange, sind jedoch kaum effektiv zu kühlen.

Die mit der Gärungswärme verbundene Förderung des Malatabbaues wird häufig übersehen, da zu oft nur die Kellertemperatur beurteilt wird. Die daraus erwachsenden Folgen sind meist negativ.

Beispiele dafür sind säurereichere Rieslingweine, die in kleinen Fässern vergoren keinen Äpfelsäureabbau bekommen. Diese Moste, in Großtanks vergoren, ergaben in einigen Fällen sensorisch und analytisch atypische Weine.

Milchsäurebakterien werden etwa von den gleichen Temperaturen abgetötet wie Hefen. 1 bis 2 Minuten bei 60 °C genügen meist. Im Durchlauferhitzer genügen 80 bis 90 °C, d. h. die Bedingungen der Hochkurzzeiterhitzung. Vereinzelt sollen aber auch hitzetolerante Stämme vorgekommen sein.

12.3.4.4 Alkohol

Auch in den schweren Weinen Südeuropas, Südafrikas, Australiens und Kaliforniens, die 14 bis 15 %vol haben können, verläuft der Malatabbau oft schneller als bei vielen alkoholärmeren Weinen. Selbst in aufgespriteten Weinen mit mehr als 18 %vol Alkohol können sich die Bakterien manchmal noch vermehren. Erst bei 25 %vol Alkohol sollen sie abgetötet werden. Aber selbst in Whisky ist die Vermehrung eines Milchsäurebakteriums festgestellt worden.

Eine **Grenzkonzentration**, über der das Bakterienwachstum nicht mehr möglich ist, ist also **nicht festzustellen**. Im Wein wirkt zudem der Alkohol mit anderen Faktoren, z. B. dem niedrigen pH und der SO_2 zusammen. Außerdem sind die Stammesunterschiede groß. Bei manchen Stämmen ist die Vermehrung bei 5 bis 15 %vol sogar optimal.

Andererseits wurde bei Weinen mit Alkoholgehalten über 16 %vol Hemmung des Malatabbaus beobachtet. Die Adaptation der einzusetzenden Starterkulturen ist dann empfehlenswert (Zapparoli et al. 2009).

12.3.4.5 Polyphenole und Farbstoffe

Rotweine bauen meist trotz vielfach höheren Polyphenolgehalten die Äpfelsäure häufiger und rascher ab als Weißweine. Die Ursache ist die viel größere Zahl an Bakterien, die von den Beerenschalen in die Maische kommt und dort auch bessere Ernährungsmöglichkeiten hat. Außerdem sind die in aller Regel höheren Gärungstemperaturen und die pH-Werte im Rotwein günstiger.

Fast alle Stämme von *Oenococcus oeni* können die Anthocyane spalten. Trotzdem **gewinnen Rotweine** durch den bakteriellen Malatabbau eine stärkere **Farbintensität**: Sie ist durch den höheren Kondensationsgrad der Anthocyane erklärbar. Da keine freie SO_2 als Oxydationschutz vorhanden ist, kondensieren etwa 30 % der freien Anthocyane. Der Polymerisationsgrad der entstandenen Farbstoffkomplexe liegt zwischen 7 und 17 % (Rauhut et al. 1995).

12.3.4.6 Schädlingsbekämpfungsmittel und Sorbinsäure

Obwohl theoretisch nicht auszuschließen, ist nicht erwiesen, dass die äußerst geringen Rückstände von Pflanzenschutzmitteln den Säureabbau dieser Moste bzw. Weine hemmen können. Am wahrscheinlichsten wäre noch eine Hemmung durch kupferhaltige Mittel. Nach der Gärung wird aber in Weinen kaum so viel Kupfer vorkommen, dass allein dadurch die Bakterienvermehrung verhindert würde.

Im Gegensatz zu Hefen werden Milchsäurebakterien durch die erlaubte Höchstmenge von 200 mg/L **Sorbinsäure nicht** ausreichend **gehemmt**. Der bakterielle Malatabbau ist also in sorbinsäurehaltigen Mosten und Weinen möglich. Dies kann besonders in ungenügend geschwefelten Süßreserven vorkommen. In diesen Fällen wird die Sorbinsäure von den Bakterien zu Stoffen umgesetzt, die den „**Geranienton**“ verursachen (siehe 8.4.4).

12.3.4.7 Bakteriophagen

Die Entdeckung von Phagen, die *Oenococcus* und Laktobazillen angreifen, liefert eine weitere Erklärung für die beim spontanen Malatabbau oft vorkommenden Schwierigkeiten (Schmitt 2009).

> Die Bakterien können die Gefährdung bei günstigen Bedingungen überstehen. 29 von 39 *Oenococcus*-Stämmen waren für Phagen sensitiv.

Über Stressfaktoren für Milchsäurebakterien referieren Guzzo & Desroche (2009).

> Für den Äpfelsäureabbau geeignete Stämme sind im Handel. Selektiert wurde auch ein widerstandsfähiger *Oenococcus*-Stamm, der noch unter pH 3,0 und 17 °C und bis zu 15,8 % Alkoholgehalt und 60 mg/L freie SO_2 aktiv war (Guzzo et al. 2009).

12.3.5 Biochemie des bakteriellen Malatabbaus

12.3.5.1 Allgemeines

Unter dem „biologischen Säureabbau“ versteht man zunächst den bakteriellen Abbau der natürlich vorkommenden L-Äpfelsäure, der den größten Anteil an der Säureverminderung hat. Bei unzulässiger Aufsäuerung mit dem käuflichen D/L-Malat wird daher höchstens die Hälfte umgesetzt. Neben der Äpfelsäure können auch Citronensäure und Brenztraubensäure vermindert werden. Danach kann in seltenen Fällen auch die Weinsäure in diesen Säureabbau mit hineingezogen werden.

Die Äpfelsäure wird zu Milchsäure und CO_2 abgebaut:

$$\underset{134}{COOH\text{-}CH_2\text{-}CHOH\text{-}COOH} \longrightarrow$$

$$\underset{90}{CH_3\text{-}CHOH\text{-}COOH} + \underset{44}{CO_2}$$

Mit diesem Stoffumsatz ist daher eine Verminderung der Wasserstoffionenkonzentration, also eine Erhöhung des pH-Wertes, verbunden. Es kommt hinzu, dass das weniger saure Abbauprodukt Milchsäure in geringerer Menge anfällt. Daraus ergibt sich insgesamt eine **Abnahme des sauren Geschmacks**, der Wein wird „milder“.

Wie die Bruttogleichung zeigt, ist der Malatabbau mit einem beträchtlichen **Extraktschwund** verbunden, da dabei das schwere Gas **CO_2 freigesetzt** wird. Aus 1 g Äpfelsäure entstehen theoretisch 0,67 g Milchsäure. In der üblichen Berechnung als Weinsäure ergibt der Abbau von 2 g/L Äpfelsäure die Abnahme auf etwa 1 g/L Gesamtsäure – 1 g/L Gesamtsäure ist dabei also aus dem Wein verschwunden.

Der praktisch eintretende Extraktschwund ist immer größer als der theoretische. Ursachen dafür sind Stoffumsetzungen, die mit der Vermehrung der Milchsäurebakterien verbunden sind (vgl. 12.3.3.), wie der Zuckerumsatz und die Aminosäureabnahme. Auch werden außer der Äpfelsäure noch andere Stoffe metabolisiert, wie die Brenztraubensäure und die Citronensäure, eventuell auch etwas Glycerin u. a.

Die Menge der Gesamtmilchsäure überschreitet oft die 67 %, die aus dem Malatabbau errechenbar sind, da Milchsäure – je nach Bakterienart L- und D-Lactat in unterschiedlichen Konzentrationen – auch aus Zucker gebildet werden kann.

Der **L-Milchsäuregehalt** eines Weines zeigt, ob bereits ein Äpfelsäureabbau erfolgt ist und welchen Äpfelsäuregehalt der Most ursprünglich ungefähr hatte.

Die Milchsäuregehalte „abgebauter" Weine sind unterschiedlich. Da die Moste schlechter Jahrgänge meist mehr Malat enthalten, haben diese Weine dann auch relativ viel Lactat. Der Abbau kann dabei bis zu 50 % der Gesamtsäurekonzentration betragen. In Weinen guter Jahrgänge wird er dagegen manchmal nur etwa 20 % betragen. Die Milchsäurekonzentrationen schwanken zwischen 1,5 und 3,5 g/L, nur selten werden 4 g/L überschritten.

Bilanzen ergeben, dass auch etwas Essigsäure (etwa 0,1 g/L) und vielleicht auch etwas Ethanol entstehen können. Beim Abbau von drei Mol Malat wird etwa ein Mol ATP gebildet (Henick-Kling 1993).

Mit dem Malat-Abbau ist eine leichte Erwärmung des Weines verbunden. *Lactob. plantarum* produzierte 8,5 kJ/Mol Malat (Gent et al. 1997).

Die **biologische Funktion** des Malatabbaues besteht wahrscheinlich in seiner säurevermindernden Wirkung. Das Bakterienwachstum wird durch die Säureabnahme und die mit ihr verbundene pH-Erhöhung begünstigt.

12.3.5.2 Die Abbau-Enzymatik

Die Enzymatik des L-Äpfelsäureabbaus zeigt das folgende Formelschema:

$$\underset{\text{L-Äpfelsäure}}{\begin{array}{c} COOH \\ | \\ HOCH \\ | \\ CH_2 \\ | \\ COOH \end{array}} \xrightarrow[\text{NAD, Mn}^{++}]{\text{Malolactat-Enzym}} \underset{\text{L-Milchsäure}}{\begin{array}{c} COOH \\ | \\ HOCH \\ | \\ CH_3 \end{array}} + CO_2$$

Bei 21 von 23 Stämmen der Gattungen *Oenococcus, Leuconostoc, Lactobacillus* und *Pediococcus* aus Wein erfolgte der Malatabbau – mit Ausnahme eines *Lactob.-brevis*-Stammes – durch ein Malolactat-Emzym. Zwei *Pediococcus*-Stämme konnten Malat nicht abbauen. Von 38 *Lactobacillus*- und *Streptococcus*-Stämmen verwerteten zwei Laktobazillen Malat nicht und zwei weitere nur zu 50 bis 60 %. Die Unterschiede der Malolactatenzyme verschiedener Bakterien vergleiche man in Caspritz & Radler 1983). Milchsäurebakterien, die kein Malolactatenzym haben, setzen Malat zu Lactat, Acetat, CO_2 und Succinat um.

Bei den meisten homo- und heterofermentativen Milchsäurebakterien wurde eine **direkte Umsetzung** von L-Malat zu L-Lactat **ohne** freie **Zwischenprodukte** nachgewiesen. Das Äpfelsäure abbauende Enzym heißt nach dem Ausgangs- und dem Endprodukt der Reaktion **Malo-Lactat-Enzym** (Schütz & Radler 1974). Wie das Malatenzym der Hefen benötigt es Manganionen und NAD^+. Diese Reaktion ist die wichtigste für den Äpfelsäureabbau in Most und Wein durch Milchsäurebakterien.

Von den beiden Malat-decarboxylierenden Enzymen – dem **Malolactatenzym bei Milch-**

Beim Abbau der natürlich vorkommenden L-Äpfelsäure wird von allen Bakterien L(+)-Milchsäure gebildet. Aus Glucose oder Brenztraubensäure werden dagegen die jeweils für den Stamm typischen Isomeren gebildet, also L(+)-, oder auch D (-)-Milchsäure. *Oenococcus oeni* und *Leuconostoc*-Arten bilden aus Glucose und Fructose nur D-Lactat, *Lactob. casei* nur L-Lactat, alle anderen für Wein wichtigen Milchsäurebakterien bilden L- und D-Lactat zu unterschiedlichen Anteilen. Bei niedrigen Gesamtmilchsäuregehalten im Wein bis 0,5 g/L überwiegt meist das D-Lactat, bei Gehalten über 2,2 g/L bestehen dagegen 80 bis 85 % der Gesamtmilchsäure aus L-Lactat.

säurebakterien und dem **Malat-Enzym bei Hefen** – wird nur das Malat-Enzym bei Abwesenheit oder nur geringen Glucosekonzentrationen gebildet, während die Bildung von Malolactatenzym ausreichend Zucker erfordert.

12.3.6 Mit dem Äpfelsäureabbau ablaufende stoffliche Veränderungen

Während das Malat abgebaut wird, finden auch andere Umsetzungen statt. Diese Stoffumsetzungen und Stoffbildungen unterscheiden sich von Stamm zu Stamm. Dies kann – wie bei den Hefen, die die Gärung vollziehen – dazu führen, dass mit verschiedenen Stämmen verschiedene Weintypen aus dem bakteriellen Malatabbau hervorgehen. Durch Verschnitt dieser Produkte ist eine weitere Differenzierung erreichbar.

Bei höherem Zuckergehalt kann der Zuckerumsatz beträchtlich sein. Meist setzt ***Oenococcus oeni*** nur wenig Glucose, aber die ganze **Fructose** rasch **zu Mannit** um (Abb. 57; man vergleiche dazu Richter et al. 2003). Die Quantitäten der Endprodukte sind von den jeweiligen Bedingungen abhängig. Auch ein *Lactob.-brevis-* und ein *Lactob.-buchneri*-Stamm setzten Fructose zu Mannit um. **Aus Glucose** entsteht bei diesen heterofermentativen Arten u. a. **Acetat** und **D-Lactat**. Das entstandene L-Lactat entstammt dagegen nur zu einem geringen Teil dem Zucker, zum überwiegenden Teil dem Malat. Glycerin wird nicht oder nur zu einem kleinen Teil abgebaut.

12.3.6.1 Abbau von Citronen-, Glucon- und Fumarsäure

Beim Abbau der Äpfelsäure erfolgt auch eine Verminderung oder ein Verschwinden anderer organischer Säuren (Dittrich 1995). Da ihre Konzentrationen in Most und Wein nicht groß sind, bleiben sie meist unbeachtet. Tab. 40 zeigt die Veränderungen einiger Weininhaltsstoffe als Folge des bakteriellen Äpfelsäureabbaus.

Citronensäure kommt in Mosten und Weinen nur in Mengen von 100 bis 300 mg/L vor. Bei uns ist ein Citratzusatz bis zu einem Gesamtgehalt von 1 g/L zur Stabilisierung gegen Kupfertrübungen erlaubt. In einigen Ländern wird sie jedoch zur Säureerhöhung benutzt. Wenn auch nicht alle *Oenococcus*-Stämme, aber doch viele Milchsäurebakterien Citrat abbauen können, muss ihre Vermehrung verhindert werden, damit es nicht zu einem völligen Abbau der Citronensäure und dem Verderb des Weines kommt. Gleiches gilt für viele Citrussäfte und manche Obstweine, die Citrat als Hauptsäure enthalten.

Citronensäure wird durch Citratlyase in Oxalessigsäure und Essigsäure gespalten. Oxalessigsäure wird dann zu Brenztraubensäure decarboxyliert. Der Anteil der Endprodukte, die aus Pyruvat entstehen, hängt neben der Art der Bakterien auch von den Bedingungen ab; Pyruvat kann zu Milchsäure reduziert oder zu Essigsäure und CO_2 oxydiert werden. Außerdem kann aus zwei Pyruvat unter Freisetzung von zwei CO_2 Acetoin entstehen, das größtenteils zu 2,3-Butandiol reduziert wird.

Von neun Malat abbauenden Stämmen wurde **Citrat** nur **von *Oenococcus* abgebaut**. Dies ist sehr wichtig für den Einsatz von **Starterkulturen**, die fast alle *Oenococcus*-Präparate sind: Während in Mosten oder Weinen mit Zuckerresten die flüchtige Säure hauptsächlich aus dem Zucker stammt, kommt die auch in Weinen mit kleinen Zuckergehalten stets etwas zunehmende **Essigsäure aus** der **Citronensäure**. Ein weiteres Produkt des Citratabbaues – der im Wesentlichen erst nach dem Malatabbau erfolgt – ist **Diacetyl**. Zur Vermeidung des Diacetyltons und anderer von Milchsäurebakterien ausgehenden Stoffbildungen (siehe Kap. 14) sollte man den Säureabbau kontrollieren und die Bakterienaktivität unmittelbar danach durch starke Schwefelung und/oder Pasteurisation ausschalten.

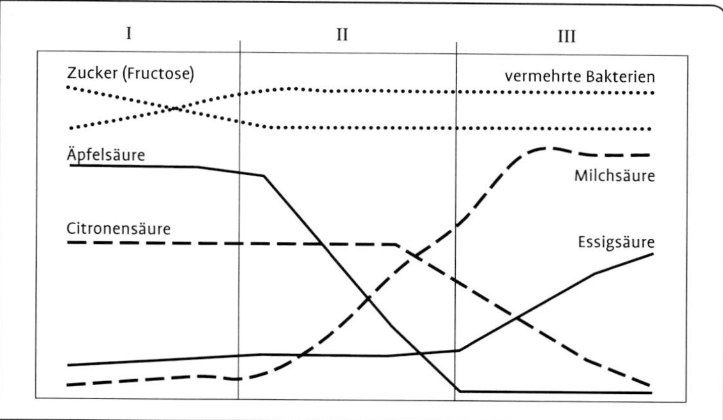

Abb. 56. Zeitliche Verläufe des bakteriellen Malat-Abbaus und der mit ihm verbundenen Umsetzungen (KRIEGER 2002). Die Darstellung ist nicht maßstabgerecht!

Die Abb. 56 skizziert die zeitliche Abfolge des Malatabbaus und die mit ihm erfolgenden Stoffumsetzungen:

1. In der **Vermehrungsphase der Bakterien** wächst die Zellmasse heran, die nachfolgend die Äpfelsäure abbaut und auch die anderen substanziellen Veränderungen im Wein bewirkt: Der Zucker wird – soweit er Fruchtose ist – zu **Mannit** hydriert. Die in kleinerer Menge vorliegende Glucose wird zu **etwas Milchsäure** und zu **etwas Essigsäure** vergoren. Deshalb ist die Gesamtmilchsäure nach dem Malatabbau höher als ihrer Herkunft aus der Äpfelsäure entspricht.
2. Erst jetzt, nachdem der Zuckerrest umgesetzt ist, den die Gärung übriggelassen hat, wird die Äpfelsäure abgebaut. Aus ihr entsteht der größte Teil der **Milchsäure**.
3. Die Citronensäure wird erst nach der Äpfelsäure abgebaut. Deshalb nimmt die größtenteils aus ihr entstehende **Essigsäure** auch erst in dieser Endphase zu.

Obwohl theoretisch möglich, wurde ein Abbau von **Gluconsäure** selbst in verdorbenen Weinen nicht gefunden (BANDION et al. 1980). Dies ist wichtig, da deshalb Gluconsäure als Beurteilungskriterium bei Verdacht auf ungesetzlichen Glycerinzusatz dienen kann.

Fumarsäure kommt in Mosten und Weinen nur in Spuren vor. In Kalifornien, Australien und Südafrika war sie Mosten zur Säureerhöhung zugesetzt worden. Sie wird jedoch von der Hefe während der Gärung fast vollständig zum Verschwinden gebracht. Gegen Milchsäurebakterien hat sie eine geringe Hemmwirkung, wenn sich Milchsäurebakterien aber schon vermehrt haben, bauen sie Fumarat zu Lactat und CO_2 ab (RADLER 1986).

12.3.6.2 Umsatz SO_2-bindender Hefemetaboliten und andere Veränderungen

Brenztraubensäure verschwindet während des bakteriellen Säureabbaus weitgehend. Die Milchsäurebakterien hydrieren sie zu Milchsäure. Die verbleibenden Mengen betragen nur wenige mg/L, meist verschwindet Pyruvat vollständig (siehe Tab. 40). Da Pyruvat ein Bindungspartner der SO_2 ist (vgl. 4.1.1), verringert der Malatabbau oft den SO_2-Bedarf der Weine.

Acetaldehyd – der bei den meisten Weinen wichtigste SO_2-Bindungspartner – kann ebenfalls geringfügig verringert werden (Tab. 40). Er wird von den Bakterien zu Ethanol hydriert.

Ketoglutarsäure – die ebenfalls SO_2 binden kann – nimmt als Folge des Äpfelsäureabbaus, wenn auch in der Regel am wenigsten, ab (Tab. 40). Sie wird von den meisten Milchsäurebakterien zu Hydroxyglutarsäure hydriert. *Oenococcus oeni* decarboxyliert Ketoglutarat zu Bernsteinsäurealdehyd, das bei Verfügbarkeit von Zucker zu 4-Hydroxybutyrat reduziert wird. Ohne Zucker wird es zu Succinat oxydiert (KAPOL et al. 1990).

Durch den Umsatz dieser SO_2-bindenden Hefemetaboliten durch Milchsäurebakterien kann eine SO_2-Einsparung bei Weinen mit dem Malatabbau eintreten (MAYER 1979). Doch auch bei weitgehendem Malatabbau sind größere Verringerungen dieser SO_2-Binder nicht immer gegeben.

Als Folge der Milchsäurebildung nimmt der **Milchsäure-Ethylester** relativ stark zu (siehe Tab. 40). Seine Konzentrationen liegen dann wohl meist über seinem Geschmacksschwellenwert von 60 bis 110 mg/L. Nach dem Malatabbau mit *Oenococcus oeni* enthielten die Weine mehr Essigsäure und mehr Isobutanol als vorher, Isobutyraldehyd und Isobutylacetat hatten abgenommen. Glycolaldehyd und Glyoxal waren erhöht (FLAMINI et al. 2002). Nur in den „abgebauten" Weinen wurden nachgewiesen: 4-Methyl-3-Pentensäure, Essigsäuremethylester, Hexansäureethylester, Essigsäurehexylester, 1,2-Tridecadien, Hexadecansäure, 1,2-Benzendicarboxylsäure und Farnesol (AVEDOVECH 1992).

Die beim Malatabbau aus Glykosiden freigesetzten Aromastoffe deuten darauf hin, dass *Oenococcus* die Sensorik durch Hydrolyse der Aromavorläufer beeinflussen kann (UGLIANO et al. 2003).

In einigen Fällen wird mit einem beginnenden **Abbau von Glycerin** und der daraus resultierenden **Zunahme von Acrolein** und seinen Folgereaktionen zu rechnen sein. **Diacetyl**, Acetoin und 2-Acetolactat können in unterschiedlichen Mengen gebildet werden. Bei einem kontrollierten Malatabbau werden diese Folgen aber nicht eintreten. Diese u. a. Vorgänge verdeutlichen jedoch, dass die Übergänge zwischen normalem Säureabbau und seinen weinschädigenden Folgen fließend sind.

12.3.6.3 Abbau N-haltiger Stoffe

Die mit dem bakteriellen Malatabbau ablaufende Veränderung N-haltiger Weininhaltsstoffe zeigt Tab. 39.

Der Proteingehalt verändert sich nur wenig. Auffällig ist jedoch die starke Abnahme des organisch gebundenen N. Sie erklärt die **Zunahme des Ammoniak-N.** Der Ammoniak entsteht aus der Aminosäure Arginin, die in Mosten und Weinen in Konzentrationen bis zu etwa 1 g/L vorkommt. L-Arginin wird von *Oenococcus oeni*, *Lactob. hilgardii* und anderen Milchsäurebakterien, nicht aber von *Pediococcus damnosus* abgebaut. Es entsteht L-Ornithin und Harnstoff, der zu Ammoniak und CO_2 zerfällt (KUENSCH et al. 1974).

Während des Malatabbaus können mehrere Aminosäuren zu **Aminen** decarboxyliert werden, z. B. Histidin zu Histamin (siehe 13.2.6).

Die **biologische Funktion** des Argininabbaus, der damit verbundenen Ammoniakbildung wie auch der Aminbildung ist wahrscheinlich die – wenn auch nur geringe – Alkalisierung des Substrates. Die Bakterien können sich dann besser vermehren.

Tab. 39. N-Bilanz eines Weines vor und nach dem bakteriellen Säureabbau (BARAGIOLA & GODOT 1914*).

	Vor BSA, g/L	Nach BSA, g/L
Proteine	2,5	2,2
Gesamt-N	0,5	0,5
Organisch gebundener N	0,4	0,3
Ammoniak-N	0,02	0,12

Tab. 40. Analytische Veränderungen des Weines durch den bakteriellen Äpfelsäureabbau (eventuelle oder geringe Veränderungen in Klammern).

Abnahme	Zunahme
Gesamtsäure	PH
L-Malat	L-Lactat
Pyruvat (Acetaldehyd, Ketoglutarat)	(Lactat, Ethanol, Hydroxyglutarat
Citrat	Essigsäure, (Diacetyl)
(Zucker)	(D-Lactat)
Fructose	Mannit
	(Diacetyl)
	Milchsäureethylester
	(Essigsäureethylester)
Arginin	NH_3
(mehrere Aminosäuren)	(Amine)

Laktobazillen und Pediokokken können – wahrscheinlich aus Cystein – **Ethylmercaptan** bilden (Niefind & Späth 1971), das Böckser verursachen kann (siehe Kap. 6.4).

Die analytischen Veränderungen des Weines als Folge des bakteriellen Malatabbaus fasst Tab. 40 zusammen. Die Umsetzungen von Zuckern und Säuren beschreiben Unden & Zaunmüller (2009).

12.3.7 Maßnahmen zur Förderung und zur Verhinderung des Malatabbaus

Der bakterielle Säureabbau ist in manchen Betrieben erwünscht, in anderen unerwünscht. Im ersten Fall wird er, wenn die Säuregehalte zu hoch sind, gefördert werden müssen, um ihn einzuleiten und ihn zügig ablaufen zu lassen. Wenn er dagegen unerwünscht ist, wenn z. B. sehr säurearme Moste zu vergären und auszubauen sind, wird er verhindert werden müssen. Das gilt auch für viele **Obstweine**, die infolge ihrer Säurearmut bakteriell gefährdet sind. In diesen Fällen ist nämlich nicht nur ein vollständiger Zusammenbruch der Säurestruktur zu befürchten, sondern der dann weitergehende bakterielle Stoffwechsel zieht negativ wirkende Stoffumsätze nach sich.

Die bereits besprochenen hemmenden und fördernden Faktoren sind in Tab. 41 den Maßnahmen zugeordnet, die eine Verhinderung oder einen begünstigten Ablauf des Malatabbaus versprechen. Während der Säureabbau bei **Rotweinen** überwiegend erwünscht oder sogar obligat ist, hat bei **Weißweinen**, besonders bei säurearmen, die Säureerhaltung, d. h. die **Verhinderung des bakteriellen Säureabbaus**, Bedeutung. Da sie auch schwieriger ist, werden die Angaben in Tab. 41 nochmals erläutert:

Die **Vorklärung** senkt die Bakterienzahl. Sie ist aber noch wichtiger für die Senkung der Gärgeschwindigkeit. Dadurch wird eine nur mäßige Erwärmung des **Mostes** gewährleistet und die Neigung zum Säureabbau verkleinert. Die Kühlung der Moste, die nicht selten schon den Most vor der Gärung einschließt, verstärkt die Prophylaxe. Wird eine **Pasteurisation** durchgeführt, ist damit zunächst der Säureabbau ausgeschlossen – Reinfektionen durch Kellerreigeräte und Behälter sind aber möglich.

Ein **Säurezusatz** vor der Gärung ist meist aus gesetzlichen oder biologischen Gründen nicht möglich oder problematisch, in Ausnahmejahren aber durch Verordnung zulässig. Die Mostschwefelung trägt zur Hemmung wenig bei. Nur hohe SO_2-Gaben – 50 mg/L und mehr – werden die Zahl der wenigen im Most vorhandenen Bakterien zuverlässig senken.

Die **Kühlung** muss rechtzeitig begonnen werden und während der Gärung wirksam sein. Die Moste sollten nicht höher als mit 18 °C zur Gärung angestellt werden und

Tab. 41. Maßnahmen zur Förderung oder zur Verhinderung des bakteriellen Malatabbaus.

Maßnahme	Förderung	Verhinderung
Gärungs- bzw. Lagertemperatur	Warme Gärung od. Gärung in nicht gekühlten Großtanks; warme Lagerung; Erwärmung über 18 °C	Kühle oder gekühlte Gärung, kalte Lagerung
Schwefelung	Keine Schwefelung oder möglichst später und geringer	starker SO_2-Zusatz, besonders nach der Gärung, ständiger SO_2-Pegel
über	Zusatz von SO_2	30 mg/L
pH- u. Säure-Veränderung	pH-Erhöhung durch chem. Entsäuerung	pH-Senkung durch Säurezusatz falls zulässig (Citronensäure)
Klärung bzw. Abstich	Langes Trüblassen v. Most und Wein, langes Belassen d. Weines auf der Hefe, Aufrühren d. Hefe	Klärung, kühle Vergärung mit Starterkultur, frühestmögliche Hefeabtrennung
Zusatz von Lysozym		bis zu 500 mg/L
Milchsäurebakterien-Zugabe	Zusatz von käuflichen Milchsäurebakt.- Starterkulturen nach Firmenvorschriften (Zusatz von mind. 5 % eines „abbauenden" Weines)	Pasteurisieren d. Mostes, nach Gärung Kieselgur- oder entsprechende Schichtenfiltration, entkeimende Füllung d. Weines

während der Gärung 23 bis 25 °C – noch besser 20 °C – nicht übersteigen. Bei großen Gärtanks ist die Temperaturkontrolle besonders wichtig. Ebenso ist darauf zu achten, dass bei diesen Temperaturen die Gärungen vollständig verlaufen – größere Zuckerreste sind immer eine Gefahr für den bakteriellen Verderb des Weines.

Nach der Gärung sollten die Weine zur Verhinderung des Säureabbaus sofort ausreichend geschwefelt werden. Sie sind möglichst frühzeitig von der Hefe zu trennen und durch Zentrifugieren, Kieselgur- oder eine entsprechende Schichtenfiltration keimarm zu machen. Tritt nach der Gärung ein Säureabbau ein, ist er unverzüglich durch Kieselgurfiltration und eine anschließende starke Schwefelung zu unterbinden. Nach dem Hellmachen sollte der SO_2-Spiegel auf etwa 30 mg/L eingestellt werden. Eine kühle Lagerung des Jungweins empfiehlt sich auch aus anderen Gründen.

Das Enzym **Lysozym** kann den Malatabbau eine Zeit lang verhindern. Es kann ihn auch stoppen und auch Weine in der Flasche schützen (zulässige Anwendungsmenge bis zu 500 mg/L; WEIAND 2008).

Die **fördernden Maßnahmen** sind im Großen und Ganzen das Gegenteil der hemmenden. Wenn man den bakteriellen Malatabbau will, empfiehlt sich seine Einleitung durch den **Zusatz von Milchsäurebakterien-Starterkulturen**. Sie sind so selektiert, dass sie –

bei Einhaltung der Gebrauchsanleitungen der Hersteller – einen risikolosen Äpfelsäureabbau mit guter Qualität des Endproduktes gewährleisten. Die hohen Keimzahlen der Handelspräparate führen auch dann noch zum gewünschten Säureabbau, wenn die Rahmenbedingungen ungünstig sind, sodass ein spontaner Säureabbau gar nicht aufkommen würde. Der **spontane Malatabbau** ist demgegenüber ein Behelf mit geringerer Sicherheit, auch bezüglich der resultierenden Weinqualität. Falls man ihn trotzdem anstrebt, ist selbstverständlich eine Mostpasteurisation zu unterlassen. Die Einleitung mit einem abbauenden Wein ist möglich, der Verschnittwein sollte jedoch vorher auf seine Eignung geprüft werden.

Auch eine **Beimpfung des Mostes** mit Malat abbauenden Bakterienstarterkulturen zusammen mit den Starterhefen ist möglich. Auf diese Weise kann ein spontaner Säureabbau unterdrückt werden. Geeignete Bakterien bewirken keine stärkere Bildung von Essigsäure, die Gärung wird nicht beeinträchtigt, die Qualität der so erzeugten Weine wird eher positiv beeinflusst (Bach & Krieger 2003).

Durch den Einsatz eines Stammes mit den gewünschten Eigenschaften kann der Erzeuger die Sensorik des „abzubauenden" Weines graduell verändern. Der geruchliche Einfluss des **Diacetyls** kann durch unterschiedliche Technologien variiert werden: Mit hoher Beimpfung und einem schnellen Säureabbau kann er verringert werden, da *Oenococcus* das produzierte Diacetyl danach wieder teilweise reduziert. Auch ein längerer Hefekontakt kann es unter die Wahrnehmungsschwelle reduzieren. Frühzeitige Hefeabtrennung und früher SO_2-Zusatz wirken gegenteilig (Krieger et al. 2002).

Die Milchsäurebakterien in Wein, ihre Vermehrung, ihren Stoffwechsel und ihren Einfluss auf die Zusammensetzung des Weines beschreiben Ribéreau-Gayon et al. (2000, 107–167) und König & Fröhlich (2009). Ihre Taxonomie siehe auch bei Dicks & Endo (2009). Sie gaben auch einen Bestimmungsschlüssel. Über den bakteriellen Malatabbau unterrichten Bauer & Dicks (2004), Henick-Kling (1993, 1995), Kunkee (1974), Radler (1966) und Steidl & Leindl (2002). Kürzere Darstellungen lieferten Gafner (1996), Miltenberger et al. (1997, 2001), Pulver (1997) und Radler (1989). Über Bildung und Abbau organischer Säuren durch Mikroorganismen in Most und Wein referierte Dittrich (1995).

13 Mikrobielle Weinqualitätsminderungen

13.1 Allgemeines

Von den Milchsäurebakterien werden neben Malat auch andere Säuren, Aminosäuren, Zucker und andere Weininhaltsstoffe umgesetzt. Diese mit dem Malatabbau gleichzeitig oder in seiner Folge ablaufenden Veränderungen können den Wein nachhaltig beeinflussen. Im Falle eines gewünschten Äpfelsäureabbaus sind diese Bakterien „nützlich". Die gleichen Organismen können aber bei geänderten Bedingungen „schädlich" werden. Der Malatabbau ist nämlich nur ein Teil ihres komplexen Stoffwechsels, der, wenn er zu stark wird oder ungehemmt verläuft, zu einem Risiko für den Wein wird und im ungünstigen Fall zu seinem Verderb führt. Die Milchsäurebakterien werden dann zu Erregern von Wein-„Krankheiten", die zu sichtbaren oder sensorisch wahrnehmbaren Veränderungen – zu „Mängeln" oder zu „Fehlern" – führen. Tab. 42 listet die als Folge des -bakteriellen Äpfelsäureabbaus möglichen Weinfehler auf, Tab. 43 enthält wichtige stoffliche Veränderungen, die durch ungehemmte Bakterienaktivität auftreten können.

Schon der durch den Malatabbau verursachte **pH-Anstieg** (vgl. 12.3.4.1) verbessert die Vermehrungs- und Stoffwechselbedingungen der Bakterien und erhöht dadurch die Gefährdung des Weines. Um Fehlentwicklungen auszuschließen ist die ständige Überwachung der Weine während und nach dem Malatabbau erforderlich. Wer die mit dem Säureabbau verbundenen Risiken ausschließen will, hat die Möglichkeit Most und Wein chemisch zu entsäuern.

Da **Zucker** für die Milchsäurebakterien ein gutes Substrat ist, sind zuckerhaltige Weine stets gefährdet. Besonders gefährlich ist dann die Bildung flüchtiger Säure. Das gilt auch für Süßreserven und andere Säfte.

SO_2 ist für die Bakterien ein starker Hemmstoff (vgl. 12.3.4.2). Solange Most und Wein dadurch geschützt sind, kann keine wesentliche Vermehrung der Erreger von Weinfehlern stattfinden. Daraus folgt: (1) Der **Most ist bis zur ersten Schwefelung bakteriell gefährdet**. Oft wird schon der aus den Beeren austretende Saft infiziert und dadurch verändert. Die Trauben sind auch während des Transportes gefährdet, wenn die Beeren gequetscht werden. (2) Stark gefährdet sind natürlich Maischen und eingemaischte Trauben, die während der Lese längere Zeit ohne SO_2-Zusatz stehen und sich erwärmen. (3) Auch zur Gärung angestellte Moste sind gefährdet, wenn sie längere Zeit nicht oder nur langsam angären. Selbst wenn sie geschwefelt worden waren, ist dann die freie SO_2 in gebundene umgesetzt worden, die Moste sind ungeschützt. (4) Schließlich ist der Jungwein nach der Gärung gefährdet, wenn er nicht umgehend ausreichend geschwefelt wird. Da diese Erfordernisse zur guten Praxis geworden sind, hat die Häufigkeit und die Schwere der Weinfehler stark abgenommen. Weil der zeitgerechte und maßvolle Einsatz von SO_2 ein Gebot der Weinbereitung ist, sind schwere **mikrobielle Qualitätsminderungen** als **Zeichen nachlässiger Weinbereitung** zu werten.

Bakterielle Infektionen sind meist schwer zu erkennen. Im Wein ist oft nur eine opalisierende, allenfalls schleierartige Trübung sichtbar. Wenn sich die Bakterien überhaupt absetzen, ist das Depot beim Aufschütteln zäher, schleimiger als ein Hefedepot, das meist staubig bis sandig ist. Bakterielle Weinfehler sind nur schwer oder gar nicht mehr zu beseitigen. Das bekannteste Beispiel ist der Essigstich.

Weinfehler verursachende Stoffe können von sehr verschiedenen Organismen gebildet werden; von den Weinhefen und „wilden“ Hefen, von Milchsäurebakterien und – seltener – von Essigsäurebakterien.

Die **größte Bedeutung haben bakterielle Qualitätsminderungen** des Weines, vor allem die von Milchsäurebakterien verursachten. Die durch Essigsäurebakterien verursachten sind geringer als meist angenommen wird. Die früher nicht seltenen Kahmhefen spielen bei pfleglicher Weinbehandlung keine Rolle mehr. Dagegen sind Qualitätsminderungen durch Schimmelpilze infolge der Erzeugung von Muff- und Bittertönen häufiger.

Vorbeugung gegen bakterielle Weinkrankheiten bietet außer konsequenter Betriebshygiene zunächst die Mostpasteurisation, des Weiteren eine zügige, aber kühle Vergärung mit Starterhefe und die rechtzeitige und ausreichende Schwefelung. Bei Erkennung einer Infektion ist die Keimzahl schnellstens herabzusetzen – zentrifugieren, filtrieren – stark zu schwefeln und kühl zu lagern. Bei der Füllung sind entweder entkeimende Maßnahmen genau zu befolgen oder es ist eine Warmfüllung durchzuführen.

Über Weinverderb referierten zusammenfassend Du Toit & Pretorius (2000) und Sponholz (1993, 2008). Praxisorientierte Darstellungen lieferten Eder (2000) und Lemperle (2007).

Tab. 42. Mögliche Weinfehler durch Milchsäurebakterien in der Folge ihres Malatabbaus.

Weinfehler	Verursachende Stoffe (Indikator-Substanzen)	Ursache	Bakterien-Gruppe/-Art
Essigstich	Essigsre., Ethylacetat, D-Lactat	Abbau v. Glucose (u. Pentosen)	Heterofermentative (*Oenococcus*)
Milchsäurestich/ Mannitstich	Essigsre., Mannit, D-Lactat, Propanol, 2-Butanol, Diacetyl	Abbau v. Glucose, Hydrierung v. Fructose, Abbau v. Butandiol	Heterofermentative (*Oenococcus*)
Milchsäureton	Diacetyl, Ethyllactat, D-Lactat	Abbau v. Citrat u. Glucose	Homofermentative (*Pediococcus*), auch Heterofermentative
Zähwerden	Glucanbildung	Glucose	*Pediococcus*, teils *Oenococcus*
Bitterwerden	Acrolein + Polyphenole, 1,3-Propandiol	Abbau v. Glycerin (u. Butandiol)	Einzelne Heterofermentative
Farbverlust v. Rotwein	Anthocyan-Abbau	Hydrolyse v. Anthocyanen	Versch. Milchsäurebakt.
Amin-Bildung	Biogene Amine	Decarboxylierung v. Aminosäuren	Versch. Milchsäurebakt.
Mäuseln	N-Heterozyklen	Lysin-Metaboliten ?	Versch. Milchsäurebakt.
Säure-Zusammenbruch	u. a. Essigsre.	Abbau d. Weinsre. nach Malat-Abbau u. Verderb	Einzelne Homo- u. Heterofermentative

Tab. 43. Inhaltsstoffe in Wein mit bakteriellem Säureabbau (a) und in Weinen, die durch nachfolgende ungehemmte Bakterienaktivität stark verändert wurden (b) Weinbaugebiet Franken; WAGNER et al. 1990).

	a 1984 Müller-Thurgau	b 1985 Müller-Thurgau	b 1985 Bacchus
Flüchtige Säure g/L	0,4	1,1	1,1
L-Milchsäure g/L	3,7	1,9	2,5
D-Milchsäure g/L	0,4	1,7	2,0
Äpfelsäure g/L	0,6	0,4	0,4
Citronensäure g/L	–	<0,01	<0,01
Glycerin g/L	5,2	0,8	0,5
2,3-Butandiol g/L	0,6	0,4	0,5
1,3-Propandiol g/L	–	2,5	2,6
1-Propanol mg/L	–	105	107

13.2 Milchsäurebakterien als Weinschädlinge

Neben der leichten Trübung der Weine infolge der Vermehrung der Bakterien erfolgt meist auch eine **CO_2-Freisetzung**. Sie ist ein leicht feststellbarer Indikator. Schon in frühen Stadien wird das Bukett der Weine nachteilig verändert.

Die durch Milchsäurebakterien verursachten Veränderungen der Weine sind meist nicht scharf voneinander zu trennen. Die Symptome der einzelnen Weinkrankheiten sind vielmehr in unterschiedlicher Ausprägung miteinander vermischt. Die Unterschiede sind abhängig von den verursachenden Bakterienstämmen.

13.2.1 Milchsäureton, Milchsäurestich

Äpfelsäure und reine Milchsäure sind geschmacklich kaum zu unterscheiden. Die Ausprägung dieser Weinfehler geht also nicht auf die gebildete Milchsäure zurück, sondern auf Beiprodukte, die ebenfalls von Milchsäurebakterien gebildet werden können.

Schon beim normalen Malatabbau wird der Wein geruchlich und geschmacklich leicht verändert. Man spricht vom **Abbauton**, der von den Stoffen hervorgerufen wird, die beim Malatabbau entstehen (Kap. 12). Kleinere Weine werden dadurch ausgeglichener und voller. Der verstärkte Stoffwechsel äußert sich dann in der Bildung des **Lindtons**. Der **Milchsäureton** hat die gleiche stoffliche Grundlage. Der Geruch dieser Weine erinnert an Molke, an infiziertes altes Fleisch, manchmal auch an Sauerkraut. Beim weiteren Fortschreiten der Veränderung des Weines geht dieser Qualitäts-„Mangel" in den **Milchsäurestich**, also in einen eindeutigen Wein„fehler", über.

Der Milchsäureton wird im Wesentlichen durch **Diacetyl** geprägt. Geschmacklich wirksam ist es bereits in Verdünnungen von 1:1000 000. Auch in Bier (Geschmacksschwelle 0,15 bis 0,20 mg/L) und in Fruchtsäften bewirkt Diacetyl Geschmacksfehler.

Homofermentative Milchsäurebakterien bilden anscheinend mehr Diacetyl als heterofermentative. Mit *Oenococcus* abgebaute

Weine enthielten 0,18 mg/L, die mit *Pediococcus* abgebauten 3,9 mg/L. Diese Weine hatten einen starken Lindton, während die *Oenococcus*-Weine reintönig waren (MAYER 1974). Fehlerfreie Weine enthielten 0,2 bis 0,3 mg/L Diacetyl, wegen dieses Fehlers beanstandete hatten mindestens 0,9 mg/L (DITTRICH & KERNER 1964).

Die Diacetylbildung erfolgt im Wesentlichen erst nach dem Abbau des Malats aus dem Citratabbau. Das Diketon Diacetyl kann bei reduktiven (Gärungs-)Bedingungen von den Milchsäurebakterien, die es produziert haben, zu Acetoin und weiter zu 2,3-Butandiol reduziert werden.

Die **Geschmacksschwelle** des Diacetyls liegt bei schweren Rotweinen höher als bei Weißweinen. Bei nordamerikanischem Chardonnay wurde sie mit 0,2 mg/L, bei Spätburgunder mit 0,9 und bei Cabernet Sauvignon mit 2,8 mg/L angegeben (HENICK-KLING 1995). Die Bewertung des Diacetyl-Tons ist unterschiedlich: Mancherorts werden bereits deutlich auffällige Konzentrationen als positiv empfunden.

Sein Reduktionsprodukt **Acetoin** ist in den Konzentrationen, die in normalen und den meisten beanstandeten Weinen vorkommen, sensorisch nicht mehr wirksam. Die stark schwankenden Gehalte stehen mit den Diacetylgehalten in keinem festen Verhältnis.

Die **Beseitigung** dieses Geschmacksfehlers ist für die Praxis wichtig: Da die Gärung stark reduzierend wirkt, kann man mit gärender Hefe das Diacetyl weitgehend reduzieren (siehe Abb. 18) und den durch ihn verursachten Fehlgeschmack aus dem Wein entfernen. Weil 2,3-Butandiol ein normales Gärungsprodukt ist, entsteht hierbei kein weinfremder Stoff.

Zur Beseitigung dieses Fehlers kann also ein Wein, wenn dies gesetzlich möglich ist, mit frischem Most umgegoren werden, er kann auch nach Zuckerzusatz aufgegoren werden und er kann mit frischer Hefe geschönt werden. Die Reduktionsfähigkeit der Hefe wird zur Fehlerbeseitigung noch ausreichen oder doch stark dazu beitragen (DITTRICH & KERNER 1964).

Am sensorischen Eindruck des Milchsäuretons ist auch Milchsäureethylester (Ethyllactat) beteiligt. Er kommt in abgebauten Weinen mit 80 bis 130 mg/L vor (siehe Tab. 10), beanstandete Weine enthalten noch mehr. Da der Geschmacksschwellenwert bei 60 bis 110 mg/L liegt, schmecken solche Weine „breiter". Die Zunahme anderer Ester vergleiche man bei MEUNIER & BOTT (1979).

Das ungehemmte Fortschreiten des Bakterienstoffwechsels geht – wenn noch Zucker vorliegt – vom Milchsäureton in den **Milchsäurestich** über. Wie seine Bezeichnung sagt (siehe 13.2.2), ist bei ihm auch die **Essigsäure** am Geruchs- und Geschmackseindruck beteiligt. Diese Weine haben einen kratzenden, süßsauren Geschmack. Während der Milchsäureton noch reparabel ist, ist das beim späteren Stadium nicht mehr möglich, da die Essigsäure nicht mehr zu entfernen ist. Solche Weine sind **verdorben** und nicht mehr handelsfähig.

Besonders die heterofermentativen Milchsäurebakterien bilden aus Acetylphosphat Essigsäure oder Ethanol. In diesem Falle wird der überschüssige Wasserstoff auf Fructose übertragen, es entsteht Mannit. Die homofermentativen können ebenfalls etwas Essigsäure bilden. Auch aus Pentosen kann Essigsäure von homofermentativen gebildet werden.

Milchsäurestichige Weine sind meist auch diacetylhaltig und zäh. Die wichtigsten höheren Alkohole scheinen von Milchsäurebakterien nicht verändert zu werden. Nur 1-Propanol stieg in Modellversuchen stark an. Zugleich wurde 2-Butanol gefunden.

Erhöhte Mengen an **2-Butanol** in Gärungsgetränken sind ein **Indikator für** ihre **Veränderung durch Bakterien**. Besonders bei säurearmen Kernobst- und Tresterweinen und den daraus hergestellten Branntweinen – Obstler, Calvados, Williams Christ, Grappa – sowie in Steinobstbranntweinen – Kirsch- und Zwetschgenwasser – muss mit höheren 2-Butanol-Gehalten gerechnet werden. Die Qualität der Branntweine bleibt dadurch anscheinend unbeeinflusst (POSTEL 1982). Hohe 2-Butanol-Gehalte sind dann mit hohen Methanol- und 1-Propanol-Gehalten gekoppelt. Auch Isopropanol ist zusammen mit 1-Propanol und/oder 2-Butanol ein Anzeichen bakteriellen Verderbs.

Lactobacillus brevis reduziert meso-2,3-Butandiol zu Methyl-Ethylketon. Dieses wird während eines gleichzeitigen Zuckerumsatzes zu 2-Butanol hydriert (RADLER & ZORG 1986).

13.2.2 Essigstich durch Milchsäurebakterien, Mannitstich

Die Bildung von **Essigsäure** und ihre sensorisch hervortretende Beteiligung an einem Weinfehler wird umgangssprachlich ausgedrückt durch die Bezeichnung **„Stich"**, meist in Verbindung mit typischen Stoffbildungen wie Essigstich, Milchsäurestich, Mannitstich.

Der **Essigstich**, d. h. die Bildung von geruchlich und geschmacklich abstoßenden Konzentrationen an Essigsäure, ist der **häufigste und folgenschwerste Weinfehler** (DITTRICH 1984). Essigstichige Weine sind nämlich durch keine Behandlung wieder in Ordnung zu bringen. Auch die Branntweinherstellung aus ihnen ist nicht erlaubt, sie dürfen nur noch zu Essig verarbeitet werden. Schon Moste können erhöhte Mengen Essigsäure enthalten.

Verderb ist gegeben, wenn der Gehalt an flüchtiger Säure, der praktisch dem der Essigsäure entspricht, bei **Weiß-** und **Roséwein** und **teilweise gegorenem Most** 1,08 g/L (= 18 mmol/L) und bei Rotwein 1,2 g/L (= 20 mmol/L, berechnet als Essigsäure) beträgt. Weine mit diesen Essigsäurekonzentrationen sind jedoch bereits **ungenießbar**.

Häufig werden Weine, die die Höchstgrenzen nicht erreichen, ebenfalls als essigstichig abgelehnt. Das deutet darauf hin, dass die sensorische Ausprägung des Essigstiches nicht allein auf dem Essigsäuregehalt beruht. Der Zusatz kleiner Essigsäuremengen zu einwandfreiem Wein verursacht tatsächlich keinen Essigstich, wenn nicht auch **Essigsäureethylester** vorhanden ist. BANDION & VALENTA (1977 a) bezeichneten daher Weine auch als essigstichig, wenn sie bei mehr als 0,8 g/L flüchtiger Säure mehr als 90 mg/L Essigsäureethylester oder bei weniger flüchtiger Säure mehr als 200 mg/L Essigsäureethylester enthalten und stichig sind. Zwingende Zusammenhänge zwischen den Gehalten an Essigsäure, Essigsäureethylester, D-Milchsäure und 1,3-Propandiol bestehen jedoch nicht (UNTERWEGER et al. 1999). Für deutsche Eisweine und **Beerenausleseweine** sind bis zu 1,8 g/L flüchtige Säure zulässig, für Trockenbeerenausleseweine bis zu 2,1 g/L, für einige französische und italienische Weine bis zu 1,5 g/L, für „natürliche Süßweine" der Schweiz bis zu 1,6 g/L.

Essigsäure kann von den **verschiedensten Mikroorganismen** gebildet werden. Die nach ihr benannten Essigsäurebakterien, die strenge Aerobier sind, bilden sie bevorzugt durch Oxydation des Alkohols. Sie sind deshalb nur in wenigen Fällen die Verursacher bei der Weinbereitung. Wichtiger sind im **Most „wilde" Hefen** der Gattungen *Hanseniaspora/Kloeckera*, *Candida*, *Pichia*, im Wein auch *Dekkera/Brettanomyces*. Auch einige *Saccharomyces*stämme können während der Gärung höhere Konzentrationen bilden. Die **wichtigsten Verursacher** des Essigstiches **im**

Tab. 44. Bei der Vergärung von Glucose und Fructose (200 mmol) durch homo- und heterofermentative Milchsäurebakterien gebildete Produkte (RIBÉREAU-GAYON et al. 1975, 539).

Abbauprodukt	Homofermentative Glucose oder Fructose	Heterofermentative Glucose	Heterofermentative Fructose
Milchsäure	360	60	40
CO_2	0	100	50
Ethanol	0	100	0
Essigsäure	Spuren	120	100
Bernsteinsäure	0	10	10
Mannit	0	0	50
Butandiol	0,3	10	10
Glycerin	10	80	40

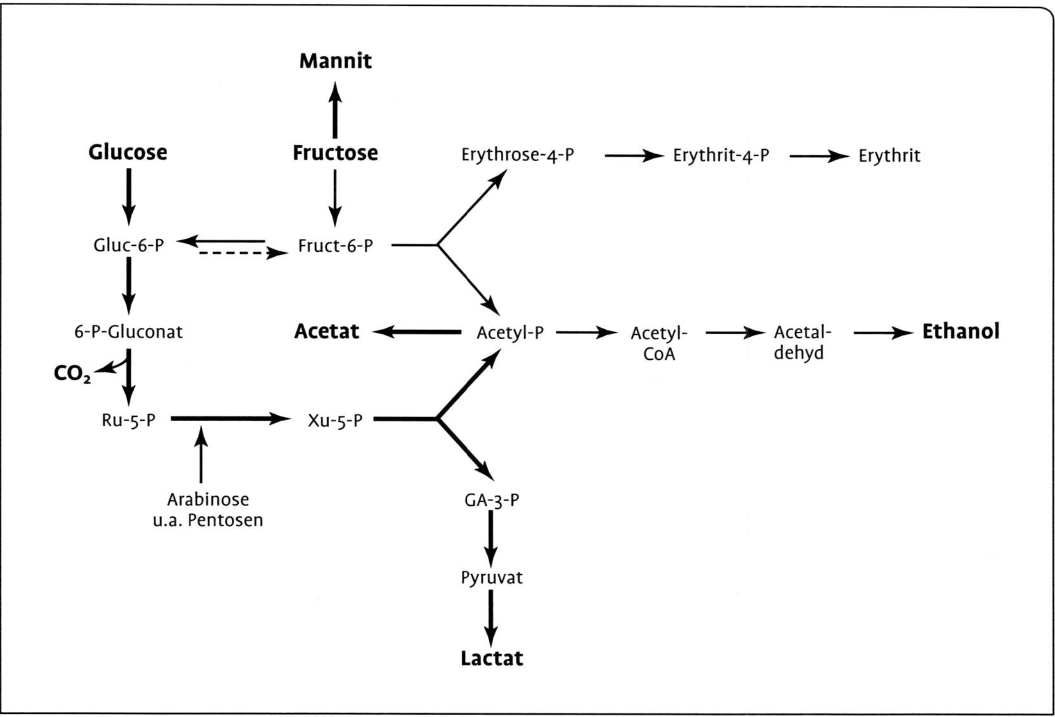

Abb. 57. Heterofermentative – heterolactische – Milchsäuregärung von Glucose, Fructose und von Pentosen durch *Oenococcus oeni* im Jungwein oder Most auf dem Pentosephosphat (Hexosemonophosphat) – Weg mit Bildung von Milchsäure, CO_2, Essigsäure und Mannit sowie Ethanol und Erythrit; (vereinfacht, Hauptweg und wichtige Produkte in Fettdruck).

Wein sind jedoch **Milchsäurebakterien** (Sponholz et al. 1982).

Bei den meist wenig aerotoleranten Milchsäurebakterien ist die Essigsäure ein Produkt des Zuckerabbaus. Während die homofermentativen Milchsäurebakterien aus Zucker fast nur Milchsäure bilden, sind die **heterofermentativen** oder heterolaktischen so benannt, weil sie außer Milchsäure noch andere Produkte bilden, unter anderem Essigsäure plus CO_2 (Tab. 44). Durch den Abbau von Pentosen kann durch sie die Essigsäure etwas vermehrt werden. Doch sind nicht alle *Oenococcus*-Stämme zum Abbau der im Wein enthaltenen Arabinose und Xylose befähigt. Abb. 57 zeigt die Zuckervergärung und die Produktbildung durch *Oenococcus oeni*.

Theoretisch entstehen aus
1 Glucose → 1 Lactat + 1 CO_2 + 1 Ethanol.
Pantothenat, das im Jungwein etwa doppelt so hoch ist wie im Most, verändert die Stoffbildung:
1 Glucose → 0,95 Lactat + 0,96 CO_2 + 1,03 Ethanol + 0,06 Acetat + 0,04 Erythrit.
Aus 1 Fructose entstehen theoretisch → 0,33 Lactat + 0,33 CO_2 + 0,66 Mannit + 0,33 Acetat.
Bei Überschuss von Fructose, wie er im Jungwein die Regel ist, entstehen aus
1 Fructose → 0,32 Lactat + 0,32 CO_2 + 0,01 Ethanol + 0,68 Mannit + 0,45 Acetat (Richter et al. 2003).
Die unterschiedliche Zusammensetzung der Jungweine und die jeweils anderen Bedingungen werden die Produktbildungen zusätzlich modifizieren. *Lactobacillus plantarum* vergärt Pentosen ebenfalls auf dem Pentosephosphatweg zu Essigsäure.

Im Wein liegt dann neben der L-Milchsäure aus dem Malatabbau (und bei manchen Arten teils auch aus Zucker) auch D-Milchsäure vor. Diese stammt nicht aus dem Malatabbau, sondern ausschließlich aus dem Zucker. Beim Vorkommen von mehr als 1 g/L **D-Milchsäure** gilt ein Wein als verdorben (Bandion & Valenta 1977 b). Es gibt jedoch auch Weine mit so hohem D-Lactatgehalt, die sensorisch unauffällig sind.

Essigstich durch heterofermentative Milchsäurebakterien ist daher im Regelfall durch Essigsäure und D-Milchsäure gekennzeichnet. Zwischen beiden Metaboliten besteht eine lineare Beziehung. Die Milchsäurebakterien werden als Verursacher des Essigstichs stark unterschätzt. Sie können ihn jedoch stets verursachen, wenn ihnen **Zucker** zur Verfügung steht. Diese Möglichkeit ist sowohl in **Mosten** und anderen **Säften** wie auch in **nicht vollständig vergorenen Weinen** gegeben. Mit anderen Worten: Ein bakterieller Malatabbau im Most oder während der Gärung birgt die Gefahr der Essigsäurebildung in sich. Nach vollständiger Vergärung ist dagegen ein solcher Verderb nicht mehr möglich, da das Substrat der Essigsäurebildung – der Zucker – nicht mehr ausreicht. Bei nicht durchgegorenen Weinen ist diese Gefahr gegeben. Besonders Weine, die nach dem Gärungsstillstand nicht sofort von der Hefe abgezogen werden, können durch die Milchsäurebakterien verdorben werden.

Die Voraussetzung für die Essigsäurebildung ist vor allem gegeben, wenn der **Most** durch **schnelle Gärung zu warm** geworden ist, sodass die Hefe gehemmt, die Bakterien aber gefördert werden. Der Extremfall „Ver-

Bei Empfehlungen zur Förderung des Säureabbaus sollte auf die mögliche Bildung von flüchtiger Säure hingewiesen werden. Mostentsäuerungen sollten nur mit Starterkulturen mit minimaler Befähigung zur Essigsäurebildung durchgeführt werden. Die Meinung, dass die flüchtige Säure auf Essigsäurebakterien zurückgehe, ist irrig: Essigsäurebakterien können Ethanol nur aerob oxydieren, aerobe Bedingungen sind dabei aber nicht gegeben.

sieden" zeigt dies am eindrucksvollsten. Die flüchtige Säure nimmt dann schnell zu. Der zweite Fall ist die **späte Zuckerung**. Der Most ist dann warm, die Milchsäurebakterien können sich deshalb gut vermehren und durch die Zuckerung wird ihnen das Substrat für die Essigsäurebildung nachgeliefert.

Ein Sonderfall ist der **Mannitstich**. Wie seine Bezeichnung sagt, ist dieser Weinfehler außer durch Essigsäure und D-Milchsäure auch durch hohe Mengen des süß schmeckenden Zuckeralkohols **Mannit** charakterisiert (Tab. 46). Deshalb schmecken solche Weine kratzig süßlich.

Mannit wird von heterofermentativen Milchsäurebakterien, z. B. von *Oenococcus oeni*, *Leuconostoc dextranicum* und verschiedenen Laktobazillen durch Hydrierung der **Fructose** gebildet: Fructose + NADH + $H^+ \rightarrow$ Mannit + NAD^+ (Abb. 57). Das hydrierende Enzym ist Mannitdehydrogenase. Sie hydriert auch Fructose-6-P zu Mannit-1-P, aus dem nach Abspaltung des Phosphats Mannit frei wird (Wisselink et al. 2002). Aus Fructose entsteht auch etwas **Sorbit**.

Aus Glucose wird kein Mannit gebildet. Aus beiden Zuckern wird Lactat, Acetat, Ethanol, CO_2 und aus Glucose meist auch etwas Glycerin produziert. Solche Weine sind daher stark verändert, oft sind sie durch Polysaccharidbildung auch zäh (13.2.3).

Nicht durchgegorene Weine sind wegen ihrer hohen Fructosereste gefährdet, da Fructose das Substrat der Mannitbildung ist. Weil die Milchsäurebakterien erst die Äpfelsäure abbauen, bevor der Zuckerumsatz erfolgt, fällt die Ausbildung des Milchsäure-, des Essig- und Mannitstiches erst nach dem Malatabbau auf. Er kommt nur in Jungweinen vor, die **nach der Gärung ungeschwefelt** geblieben waren.

Der Mannitstich ist noch vereinzelt in hausgemachten säurearmen Obst- und Beerenweinen anzutreffen. In solchen Weinen sind auch die anderen bakteriell verursachten Verderbssymptome wie 1-Propanol und 2-Butanol hoch. Tab. 47 zeigt die Verhinderung dieses Weinfehlers durch Ansäuerung einer Obstmaische.

Tab. 45. Essigstich durch Milchsäurebakterien, kenntlich durch hohe D-Milchsäure-Gehalte (Sponholz et al. 1982).

flücht. Säure g/L	Essigsäure g/L	D-Milchsäure g/L	L-Milchsäure g/L	Dihydroxyaceton mg/L
1,2	1,1	0,8	3,1	7,5
1,9	1,6	1,2	2,8	2,7
2,1	2,0	1,3	1,4	0
2,3	2,2	2,2	2,6	2,2

Tab. 46. Typische Zusammensetzung mannitstichiger Weine (mg/L; Sponholz 2008).

	Mannit	Essigsäure	D-Milchsäure	Sorbit	Beurteilung
Siegerrebe Auslese	9173	3039	3177	170	Esterton Essigstich
Weißwein unb. Herkunft	1353	12801	2044	95	Esterton Essigstich

Tab. 47. Mannitbildung in einer Birnenmaische mit und ohne Ansäuerung (SPONHOLZ 2008).

	1-Propanol mg/L	2-Butanol mg/L	Mannit g/L
Ohne Ansäuerung	229	164	5,8
Mit je 100 g/100 L Phosphor- + Milchsre.	164	26	0,8

13.2.3 Säuerung durch Milchsäurebildung

Nur selten fallen Weine wegen ihrer unangenehm hohen Säure auf, die sortenbedingt eher gering sein müsste. Ihre Analyse zeigt hohe Gesamtsäuregehalte trotz vollständigem Äpfelsäureabbau. Stark erhöht sind die Milchsäuregehalte. Schon die L-Lactat-Konzentrationen sind höher als die aus dem Malatabbau zu erwartenden. Daneben kommen noch hohe Mengen D-Lactat vor (siehe Tab. 48). Sowohl die überhöhten Mengen L-Lactat wie auch die hohen Mengen D-Lactat sind Indizien für die **Milchsäurebildung aus** dem **Zucker** des Mostes oder Weines. Da der Essigsäuregehalt gering ist, deutet dies auf die Milchsäurebildung **durch homofermentative Milchsäurebakterien**.

13.2.4 Das Zähwerden

Das Zäh-, Schleimig-, Ölig- oder auch Schwerwerden ist bei **säurearmen Weinen** und **Obstweinen** nicht selten. Die Weine sind viskoser als normal, sie fließen ölig aus dem Glas. Erreger sind **Milchsäurebakterien**, deshalb haben solche Weine oft auch einen merkbaren **Diacetylgehalt**. Der Weinfehler wird dann auch als **Lindton** angesprochen. Wird diese Fehlentwicklung nicht rechtzeitig durch **starke Schwefelung** gestoppt, verschlimmert sie sich; sie schreitet fort zum Milchsäurestich.

Säurearme Weine, bei denen schon während der Gärung der Säureabbau abläuft, kommen oft bereits zäh aus der Gärung (siehe Abb. 58). Die Ursache des Zähwerdens ist die **Polysaccharidbildung aus Glucose**. Fructose können nur die weniger säureverträglichen Arten *Leucon. mesenteroides* subsp. *lactorum*, *Leucon. infrequens* und *Leucon. blayaisense* zu Levan polymerisieren.

Die Fähigkeit zur Bildung von Polysacchariden ist weit verbreitet (DOLS-LAFARGUE & LONVAUD-FUNEL (2009). Selbst Essigsäurebakterien, verschiedene Hefen und Schim-

Tab. 48. Säuerung von Wein durch homofermentative Milchsäurebakterien.
Die Gesamtsäure vergleichbarer fehlerfreier Weine liegt meist unter 4 g/L.

	Gesamtsäure g/L	Weinsäure g/L	Äpfelsäure g/L	L-Milchsäure g/L	D-Milchsäure g/L	Essigsäure g/L
1982er Ital. Rotwein Nr. 1	10,01	1,5	0	5,4	4,4	0,6
1982 Ital. Rotwein Nr. 2	8,4	1,3	0	4,2	3,6	0,8
1982 Ital. Rotwein Nr. 6	7,1	1,2	0	3,4	2,6	0,9

melpilze bilden Schleime. Auch *Leuconostoc mesenteroides* und *Leucon. dextranicum*, die in Most und Wein vorkommen können, sind dazu fähig. Ebenso bilden viele Stämme von *Oenococcus oeni* um ihre Zellen Schleimhüllen (VAN VUUREN & DICKS 1993). Als wichtigster Schleimbildner im Wein gilt *Pediococcus damnosus* (MAYER 1974). Mit 10^6 bis 5×10^6 Kokken/mL wurde ein Wein beginnend bis deutlich zäh, ab 5×10^6 war er schwer fehlerhaft.

Pediococcus-Stämme bilden schon aus Spuren von Glucose ein Glucan von etwa 800 000 Dalton (Abb. 59). Jedes zweite Glucosemolekül der Kette trägt seitenständig ein Glucosemolekül. Dadurch unterscheidet es sich von dem von *Botrytis* gebildeten Glucan (siehe Kap. 14). Das *Pediococcus*-Glucan ist von Exo-β-1,3-Glucanase viel schwerer abbaubar als das *Botrytis*-Glucan.

Das Zähwerden beginnt meist in der **Gelägerzone**, weil die autolysierende Hefe die Bakterienvermehrung stark fördert; die Ernährung der Bakterien ist optimiert, der pH-Wert ist höher. Eine leichte Zähigkeit, die noch nicht mit erhöhter flüchtiger Säure und anderen Verderbserscheinungen vergesellschaftet ist, verschwindet durch eine kräftige Schwefelung, die auch die Erreger ausreichend hemmt. In schwereren Fällen wäre ein Ablassen des Weines durch ein Reißrohr oder eine Weinbrause sinnvoll. Allerdings ist dabei eine Oxydation des Weines nicht auszuschließen.

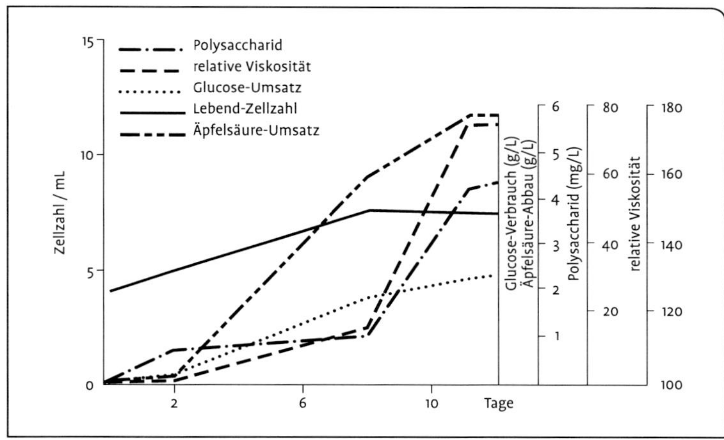

Abb. 58. Viskositätszunahme durch Glucanbildung während des Malat-Abbaus durch *Pediococcus sp.* mit 5 g/L Glucose (CANAL-LLAUBERES et al. 1989).

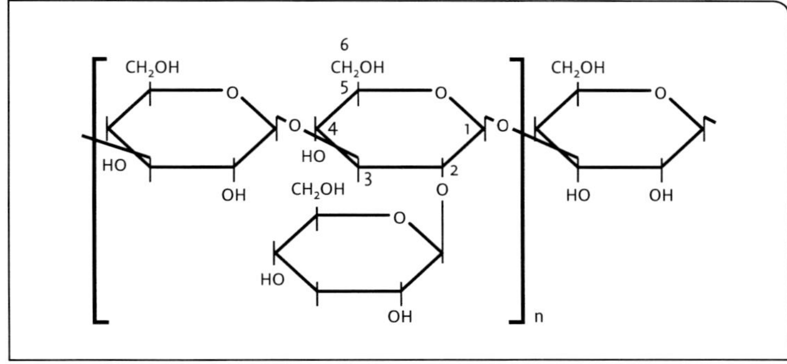

Abb. 59. Struktur des von *Pediococcus* synthetisierten extrazellulären 1,3:1,2-ß-D-Glucans (DOLS-LAFARGUE & LONVAND-FUNEL 2009).

13.2.5 Der Weinsäureabbau

Der Weinsäureabbau ist **sehr selten**. Er ist nur möglich, wenn Malat und Citrat bereits abgebaut sind, der pH schon stark erhöht ist und diese Weine lange ungeschwefelt bleiben. Die Weinsäurezersetzung findet daher **erst in schon verdorbenen Weinen** statt. In einem Rotwein ging in neun Monaten die Weinsäure von 2,7 auf 0,04 g/L zurück. Der Glyceringehalt fiel von 6,1 auf 2,6 g/L. Die flüchtige Säure war von 0,55 auf 3,25, die Milchsäure von 0,9 auf 3,7 g/L gestiegen. Auch ein starker Farbstoffabbau hatte stattgefunden. Diese Daten belegen, dass der Weinsäureabbau mit anderen Verderbsprozessen vergesellschaftet ist.

Nur wenige Milchsäurebakterien können Tartrat abbauen. Von 78 Stämmen waren nur vier Stämme von *Lactobacillus plantarum* und ein Stamm von *Lactob. brevis* dazu befähigt. Dieser *L.-brevis*-Stamm zersetzte die Weinsäure zu Essigsäure, Bernsteinsäure und CO_2, *Lactob. plantarum* baute sie zu Milchsäure, Essigsäure und CO_2 ab (Radler & Yannissis 1972). *Oenococcus* kann Tartrat nicht abbauen.

> Bei *Lactob. plantarum* hemmen Glucose und vergärbare Zucker die Synthese des Schlüsselenzyms Tartratdehydratase. Der Weinsäureabbau ist daher erst nach dem Zuckerverbrauch möglich.

13.2.6 Glycerinabbau, Acroleinstich und Bitterwerden von Rotwein

Bei der praxisüblichen Weinbereitung ist der Glycerinabbau höchstens andeutungsweise nachweisbar. Er steigerte sich jedoch zum vollständigen Verschwinden des Glycerins bei dem Versuch, „SO_2-freie" Weine ohne die erforderlichen Schwefelungen herzustellen (siehe Tab. 43). Auch in Apfel- und Birnenweinen, in denen sich Milchsäurebakterien ungehemmt vermehren können, ist ein vollständiger Glycerinabbau möglich.

Von 42 Stämmen der Arten *Lactob. brevis, L. plantarum, L. casei, L. hilgardii* und *Pediococcus damnosus* fanden Schütz & Radler (1984) nur drei Stämme von *L. brevis* und einen Stamm von *L. buchneri*, die Glycerin anaerob bei **Vorhandensein von Zucker** verwerten konnten. Mit Glucose oder Fructose wurde es mit dem überschüssigen Wasserstoff aus dem Zuckerabbau fast quantitativ zu **1,3-Propandiol** reduziert (siehe Abb. 60). Mit Zucker können außer Glycerin auch 1,2-Propandiol, Ethylenglykol und 2,3-Butandiol zu **1-Propanol**, Ethanol und **2-Butanol** umgesetzt werden.

> Das Schlüsselenzym ist eine konstitutive Dehydratase, die Glycerin durch H_2O-Freisetzung zu 3-Hydroxypropanal umsetzt, der zu 1,3-Propandiol reduziert werden kann.

In sauren Substraten entsteht aus dem Hydroxypropionaldehyd spontan durch erneute Wasserabspaltung **Acrolein**:

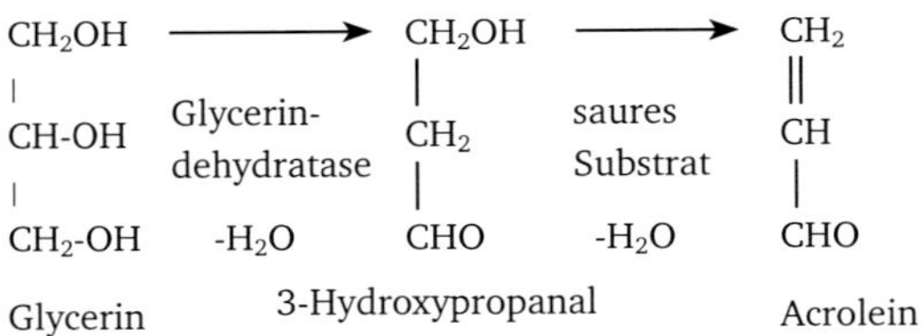

Der ungesättigte Aldehyd Acrolein kann zu **Allylalkohol** reduziert werden. Er ist ein Indiz für den bakteriellen Verderb. Acrolein kann nichtenzymatisch mit Polyphenolen des Weines zu bitter schmeckenden Stoffen reagieren. Das **Bitterwerden** ist **bei Rotweinen** häufiger und intensiver. Während bei verderbenden Weinen das Glycerin abnimmt, nimmt die Bitterkeit zu. Bittere Weine enthalten stets kleine Acroleinmengen.

In säurearmen (Obst)Maischen können noch andere Glycerin zersetzende Mikroorganismen vorkommen, die Acrolein bilden.

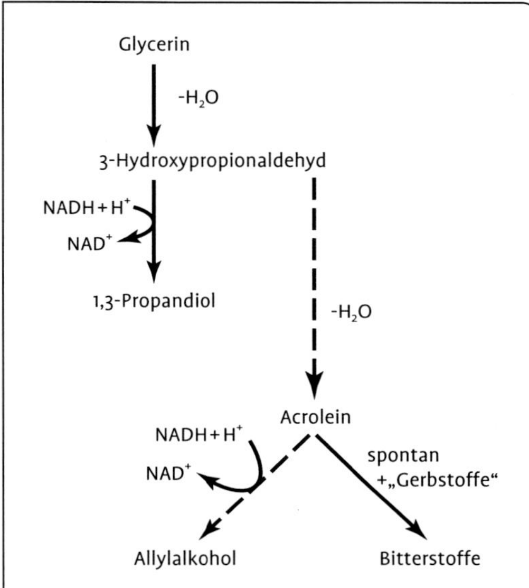

Abb. 60. Glycerinabbau durch *Lactobacillus brevis* zu 1,3-Propandiol (SCHÜTZ & RADLER 1984) sowie die hypothetische Bildung von Acrolein, Allylalkohol und Bitterstoffen. Die erforderlichen Reduktionsäquivalente liefert der gleichzeitige Zuckerabbau.

Beim **Destillieren** kann das Acrolein nur unvollständig mit dem Vorlauf abgetrennt werden. Da es die Destillatqualität mindert, hat die Bundesmonopolverwaltung für acroleinhaltige Rohsprite Abzüge vom Übernahmepreis festgesetzt.

In alkoholischen Substraten lagert sich Acrolein an Ethanol und Wasser an. Innerhalb weniger Wochen geht das freie Acrolein zurück. Bei der Destillation wird der ursprüngliche Gehalt wieder hergestellt. Acrolein reizt Augen und Schleimhäute und ist gesundheitlich bedenklich. Die Schweiz hat den zulässigen Höchstgehalt auf 0,2 bis 0,4 mg/100 mL reinem Alkohol festgesetzt (WESENBERG & LAUBE 1990).

13.2.7 Aminbildung

Das aus Histidin entstehende **Histamin** galt als Verursacher von Kopfweh und Unwohlsein beim Konsumenten. Eine pharmakologische Prüfung bestätigte dies nicht (LÜTHY & SCHLATTER 1983). Allenfalls kann Phenylethylamin in höheren Mengen – 5 mg/L – bei einigen Probanden so wirken. Die Schweiz toleriert für Histamin als Höchstkonzentration 10 mg/L.

Von 178 Milchsäurebakterien bildeten fünf Histamin, darunter auch Stämme von *Oenococcus oeni. Pediococcus damnosus* bildete hingegen kein Histamin. Tyramin wurde von vier Stämmen produziert, Phenylethylaminbildung wurde nicht gefunden (FÄTH & RADLER 1994). Auch von 84 anderen Milchsäurebakterienstämmen – darunter *Pediococcus sp.* – bildete keiner Histamin. Zwei *Lactob.-buchneri*-Stämme bildeten Putrescin, mehrere Laktobazillen produzierten Tyramin. Kommerzielle Starterkulturen produzierten keine Amine. Alle aus 118 Weinen isolierten Stämme, die das Histidin-Decarboxylase-Gen enthielten, gehörten zu *Oenococcus* (COTON 1998). Durch 35 Hefestämme von 17 Arten wurde in keinem Fall der Histamingehalt verändert. Da in pilzbefallenen Beeren in Einzelfällen Histamin gefunden worden war, wurden 16 auf Trauben vorkommende Pilze untersucht. Nur *Penicillium variabile* bildete wenig Histamin. In Weinen aus sauerfaulen Trauben weißer wie auch roter Sorten sind die Gesamtamingehalte höher als in Weinen aus gesunden Trauben. Besonders vermehrt sind Isopentylamin und Phenylethylamin. Die Histamingehalte sind vergleichsweise niedrig. Steigende Mostgewichte ergeben Zunahmen der Gesamtamingehalte mit steigenden Phenylethylamin- und Isopentylaminkonzentrationen (EDER et al. 2002).
Die Histaminbildung scheint bei unterschiedlichsten Mikroorganismen einschließlich Hefen, Essigsäurebakterien und Sporen bildenden Bakterien mehr oder weniger verbreitet zu sein (CHANG et al. 2009).

Die Bildung von Aminen durch verschiedene Mikroorganismen bei der Weinbereitung referieren SMIT et al. (2009). Die Bedeutung von Aminen für die Weinqualität einschließlich gesundheitlich/rechtlicher Aspekte schildert KÖNIG (2008).

Die Aminbildung gilt als **qualitätsmindernd**, weil sie meist mit der Erhöhung der Essigsäure, der D-Milchsäure und anderen Verderbsindikatoren korreliert ist und diese Weine deshalb nicht mehr handelsfähig sind. Rotweine enthalten durchschnittlich mehr Amine als Weißweine. Der bakterielle Malatabbau ist normalerweise nicht die Ursache erhöhter Amingehalte.

13.2.8 Farbstoffabbau

Bei starkem Verderb von Rotweinen nimmt ihre Farbintensität ab. Dies ist wahrscheinlich im Wesentlichen auf die β-Glucosid-Spaltung der farbgebenden Anthocyane zurückzuführen. Von *Oenococcus oeni* können im Prinzip fast alle Stämme β-Glucoside spalten (MANSFIELD et al. 2002).

13.2.9 Mäuseln

Die Bezeichnung soll den an Mäuseharn erinnernden Geruch der Weine charakterisieren. Die Weine haben auch einen unangenehmen Nachgeschmack, der lange anhält. Das Mäuseln ist feststellbar, wenn man einige Tropfen des Weines in der hohlen Hand fest verreibt. Nach der Verdunstung des Weines riechen die Handflächen typisch. Weine mit diesem Fehler sind meist oxydiert und unsauber bis stichig. Dieser Fehler kommt in nicht geschwefelten Weinen, die säurearm (geworden) sind, nicht selten auch in Südweinen sowie in säurearmen Obst- und Beerenweinen vor, die oft unterschwefelt sind.

In Weinbaugebieten mit kühlerem Klima sind Milchsäurebakterien die wichtigsten Verursacher. Die meisten *Lactobacillus*-Stämme und *Leuconostoc mesenteroides*, aber auch Stämme von *Oenococcus* erregen Mäuseln, Pediokokken kaum (COSTELLO et al. 2001).

Die das Mäuseln verursachenden drei Stoffe werden meist von den dazu befähigten Stämmen nebeneinander gebildet. Die heterofermentativen *Lactobacillus hilgardii* und *Lactob. brevis* bildeten das meiste 2-Acetyltetrahydropyridin (2 Isomere; 328 bis 580 µg/L), während 2-Acetyl-1-pyrrolin und 2-Ethyl-tetrahydropyridin nur mit < 50 und < 10 µg/L gefunden wurden. *Oenococcus* bildete am meisten ETPY (87 bis 162 µg/L). *Pediococcus damnosus* und *Lactob. plantarum* produzierten von allen drei Stoffen nur geringe Quantitäten (< 37 µg/L).

In mäuselnden Weinen kommen sensorisch wirksame 4-Ethylphenole vermehrt vor, z. B. 500 µg/L. Einige Stämme von *Lactob. brevis, Lb. plantarum, Pediococcus* und auch *Oenococcus* können Ferula- und p-Cumarsäure zu 4-Ethylguajacol und 4-Ethylphenol metabolisieren (CHATONNET et al. 1999).

Auch Essigsäurebakterien der Gattung *Gluconobacter* erregen Mäuseln, in wärmeren Weinbaugebieten auch Hefen der Gattung *Dekkera/Brettanomyces* (vgl. 13.5.2).

13.3 Essigsäurebakterien als Weinschädlinge

13.3.1 Essigstich

Der Essigstich ist der gefährlichste Weinfehler (DITTRICH 1984). Besonders in warmen Ländern ist er häufig.

Das hat im wesentlichen zwei Gründe:

1. Die Erreger, die streng aeroben Essigsäurebakterien, wie auch die Milchsäurebakterien (13.2.2) sind wärmebedürftig. Ihr Temperaturoptimum liegt zwischen 30 und 35 °C. Unter 10 °C ist ihre Vermehrung und Essigsäurebildung kaum mehr möglich.

2. Die Schädigung des Weines ist nicht mehr zu beheben. Sie besteht in der Bildung von **Essigsäure** und anderen Fettsäuren (Sponholz et al. 1981 a), die in ihrer Gesamtheit **„flüchtige Säure"** (weil wasserdampf-flüchtig) genannt werden. Sie ist geruchlich und geschmacklich abstoßend.

Nach diesem typischen und sensorisch hervortretenden Stoffwechselprodukt heißen diese Säurebildner Essigsäurebakterien. Im Gegensatz zu den Milchsäurebakterien sind sie **oxydierende Mikroorganismen**, daher sind sie **O_2-bedürftig**.

Der zulässige **Höchstwert der flüchtigen Säure** beträgt in der EU sowie in Kalifornien in teilweise gegorenem Most und in Weißwein 1,08 g/L und bei Rotwein 1,2 g/L. Für Eisweine und Beerenausleseweine sind bis zu 1,8 g/L zulässig, für Trockenausleseweine bis zu 2,1 g/L, für „natürliche Süßweine" der Schweiz bis zu 1,6 g/L. Kernobstweine dürfen höchstens 1,0 g/L, Fruchtweine höchstens 1,4 g/L flüchtige Säure haben. Für Obst- und Fruchtschaumweine sind höchstens 1,2 bzw. 1,4 g/L erlaubt.

In allen alten Sprachen ist Essig und Säure wortgleich. Essigsäure muss daher als die älteste bekannte Säure gelten.

Essigsäure (~ „flüchtige Säure") kann nicht aus dem Wein entfernt werden, ohne ihn noch mehr zu schädigen. Versuche, sie durch eine Kalkentsäuerung zu entfernen, würden gegenteilig wirken. Bevor nämlich die Essigsäure gebunden wird, werden die anderen Säuren entfernt. Der pH würde erhöht, sodass Bakterien weniger gehemmt wären und noch mehr Essigsäure bilden könnten. Der essigstichige Wein darf nur noch zu Essig verarbeitet werden.

Neben der Essigsäure werden von den Essigsäurebakterien noch andere geruchs- und geschmackswirksame Stoffe gebildet, die am sensorischen Eindruck des Essigstiches beteiligt sind. Es ist anzunehmen, dass vor allem Essigsäureethylester wirksam ist. Als Kriterium für mikrobiologisch hergestellten Essig (im Gegensatz zu Syntheseessigsäure) ist Acetoin gewertet worden.

13.3.1.1 Essigsäurebildung in Most

Essigsäurebakterien sind in der Natur weit verbreitet, besonders auf Obst und Beeren. Bei der Verletzung der Früchte wird für sie der Saft zugänglich, der die jeweilige Mischflora ernährt. Ähnlich ist es bei *Botrytis*-infizierten Traubenbeeren. Da der Pilz die Beerenhaut durchstößt, kann Saft austreten, der den Bakterien und Hefen eine starke Vermehrung gestattet, die die Essigsäurebildung bewirkt. In wespenbefallenen Rebanlagen, manchmal auch in *Botrytis*-infizierten Beständen, kann sich deshalb bei schwülem Herbstwetter der Essigstich schon am Stock ausbilden.

Die stoffliche Zusammensetzung des Mostes aus essigstichigen Beeren zeigt Tab. 49. Essigstichige Moste sind demnach charakterisiert durch **höhere Mengen von Alkohol, Glycerin, Essig- und Gluconsäure** sowie von **Essigsäureethylester**.

Die veränderte Mostzusammensetzung ist das Produkt der Mischinfektion von Hefen und Essigsäurebakterien: Die Hefen bilden aus Zucker Ethanol und Glycerin. Essigsäurebakterien oxydieren

1. die Glucose z. T. zu Gluconsäure und diese weiter zu 2- und 5-Oxogluconsäure und 2,5-Diketogluconsäure (Sponholz & Dittrich 1984),
2. das von den Hefen gebildete Glycerin zu Dihydroxyaceton sowie
3. das ebenfalls von den Hefen stammende Ethanol zu Essigsäure.

Tab. 49. Zusammensetzung von Mosten mit unterschiedlich hohem Anteil essigstichiger Beeren (SPONHOLZ & DITTRICH 1979).

% essigfauler Beeren	Ethanol mg/L	Essigsäure mg/L	Glycerin mg/L	Dihydroxyaceton mg/L	Gluconsäure mg/L	Acetaldehyd mg/L	Pyruvat mg/L	2-Ketoglutarat mg/L	Succinat mg/L
0	103	23	0	4	41	223	90	32	0
5	142	126	500	23	156	27	55	26	102
10	259	200	1100	41	252	27	57	29	114
15	257	210	900	56	410	19	73	31	106
20	494	463	2000	71	520	32	39	24	148
30	401	490	1100	107	1099	60	62	34	209
40	790	610	1500	143	859	56	48	38	311
50	577	1040	1900	184	1581	13	77	41	357
75	419	1690	1400	259	2586	19	73	46	353

Essigsäurebakterien haben Alkohol-, Aldehyd-, Glucose- und Polyol-Dehydrogenasen mit Pyrolo-Chinolin-Chinon (PQQ) als prosthetischer Gruppe. Damit oxydieren sie Ethanol über Acetaldehyd zu Essigsäure, Glucose zu Gluconsäure und Glycerin zu Dihydroxyaceton.

In ihrer Ernährung sind die Essigsäurebakterien anspruchsvoll. Deshalb gestatten ihnen Säfte eine so gute Vermehrung, die dann zur Essigsäurebildung führt. Den Zucker bauen sie auf dem Pentosephosphatwege ab.

Verletztes Traubenmaterial enthält mehr Bakterien als gesundes. Zur **Verhütung** des Essigstiches ist es daher schnell zu verarbeiten, gut **vorzuklären** und nach stärkerer **Schwefelung** – 50 bis 80 mg/L SO_2 – zügig, aber kühl mit Starthefe zu vergären. In warmen Weinbaugebieten wie S-Afrika, Australien, Kalifornien hat sich zur Ausschaltung dieses Risikos die **Pasteurisation** der Moste eingeführt. Weitere Vorteile sind die Ausschaltung der Milchsäurebakterien, die ebenfalls den Essigstich verursachen können (13.2) und der „wilden" Hefen, die durch die Ethylacetatbildung den Ester- oder Leimton (13.5.1) verursachen, sowie die Erhöhung der Eiweißstabilität.

Das Sauerstoffbedürfnis der Essigsäurebakterien erleichtert die **Vorbeugung** gegen ihre Vermehrung. Durch die Gärung unter dem Gärspund wird der Luftzutritt ausgeschlossen. Die **Rotweinbereitung** durch Sto-

$$CH_3-CH_2-OH \xrightarrow[\text{ADH}]{PQQ \rightarrow PQQH_2} CH_3-C{\overset{O}{\underset{H}{<}}} \xrightarrow[\text{Aldehyd-Dehydrogenase}]{PQQ \rightarrow PQQH_2} CH_3-C{\overset{CO}{\underset{OH}{<}}}$$

Ethanol — Acetaldehyd — Essigsäure

ßen der Maische sichert dagegen den auf den Beeren sitzenden Bakterien eine relativ gute O_2-Versorgung. Dies äußert sich oft in ihrer höheren Essigsäurebildung. Deshalb war früher der Unterschied der Höchstwerte der flüchtigen Säure zwischen Weiß- und Rotweinen größer.

Die Gärung mit Starthefen drängt die Essigsäurebakterien zurück. Höhere Essigsäurekonzentrationen des Mostes können dadurch eventuell sogar etwas verringert werden.

Weine aus essigstichigen bzw. *Botrytis*-befallenen Beeren haben außer dem höheren Essigsäuregehalt keine analytischen Besonderheiten (Sponholz & Dittrich 1979). Im Wein ist die Erkennung eines im Most entstandenen Essigstiches deshalb schwierig. Während im Most außer dem hohen Essigsäuregehalt auch noch relativ viel Dihydroxyaceton (DHA) aus der Glycerinoxydation der Essigsäurebakterien vorliegt, bleibt im Wein nur die Essigsäure erhöht. Das DHA wird von der Hefe bei der Gärung wieder nahezu vollständig zu Glycerin reduziert.

13.3.1.2 Essigsäurebildung in Wein

Während in essigstichigen Beeren (Tab. 49) erst wenig Ethanol vorliegt, der zu Essigsäure oxydiert werden kann, ist im Wein neben wenig Zucker viel Alkohol vorhanden. Essigsäurebakterien haben daher für ihren Oxydationsstoffwechsel maximal Substrat. Alkohol wird von Alkoholdehydrogenase (ADH) zu Acetaldehyd oxydiert, der von Aldehyd-Dehydrogenase zu Essigsäure weiteroxydiert wird.

Diese Essigsäurebildung im Wein ist **bei praxisüblicher Weinbereitung ausgeschlossen**. Sie kann nämlich nur bei bester O_2-Versorgung stattfinden. Diese ist aber nur gegeben, wenn die Bakterien auf der Oberfläche des Weines wachsen können. Da die Weine vor Luftzutritt geschützt werden durch frühzeitiges Auffüllen der Behälter oder durch eine CO_2- oder N-Überschichtung nach der Gärung oder nach Entnahmen, ist ein Oberflächenwachstum der Essigsäurebakterien während des Ausbaus der Weine nicht möglich. Bei nachlässigem Ausbau ist aber die Alkoholoxydation zu Essigsäure nicht zu unterschätzen. Sie kommt auch vor auf Weinen, die in kleineren Mengen zum Ausschank bereitgehalten, aber nicht kurzfristig verbraucht werden. Bei diesen Bedingungen dauert die Vermehrung der Bakterien länger, da Alkohol auch für sie ein Hemmstoff ist. Liegen ungeschwefelte Weine längere Zeit „hohl", d. h. hat der Wein eine große Oberfläche, wachsen auf ihr die Essigsäurebakterien – oft vergesellschaftet mit Kahmhefen – als weißliche, papierartige bis lederartige Haut oder auch als gallertige Oberflächenvegetation, „Essigmutter" genannt. Auch auf Weinpfützen, die länger in Vertiefungen des Kellerbodens stehen bleiben, können sich Essigsäurebakterien vermehren und Kahmhäute bilden. Von solchen Keimreservoiren können stets Infektionen ausgehen. In Anbetracht der Gefährdung ist daher äußerste Sauberkeit geboten, besonders bei Fässern und Kellereigeräten, die mit essigstichigen Weinen in Berührung gekommen sind.

Neben Alkohol wird auch Glycerin zu geringen Anteilen oxydiert. Weine, deren Essigstich allein von Essigsäurebakterien nach der Gärung gebildet wurde, haben außer hohen Essigsäuregehalten auch mehr Dihydroxyaceton (DHA). Während normale Weine 2 bis 5 mg/L enthalten, wurden in solchen essigstichigen Weinen bis zu 33 mg/L gefunden (Sponholz et al. 1982, Tab. 50). Essigsäureethylester scheint mit der Stärke des Essigstiches korreliert zu sein. Doch nicht jeder Wein mit viel Essigsäureethylester ist essigstichig. Bei Weinen, bei denen die Essigsäurebildung durch Essigsäurebakterien erfolgte, steigt der Ester mit steigender Acetatkonzentration. Er wird anaerob durch Essigsäurebakterien in Abhängigkeit von der Konzentration von Essigsäure und Ethanol gebildet.

Bei unseren Lagertemperaturen sind Essigsäurebakterien nur in Weinen mit bis zu 12 %vol Alkohol vermehrungsfähig. In warmen Ländern mit höheren Lagertemperaturen wirken erst 15 %vol vorbeugend. Daher werden dort oft Moste oder Weine auf mindestens diesen Alkoholgehalt aufgespritet.

Manche essigstichigen Weine enthalten neben viel Essigsäure und DHA auch viel D-Lactat. Es ist ein Anzeichen für die Aktivität von Milchsäurebakterien im Most vor oder während der Gärung. Dabei können heterofermentative aus Zucker Essigsäure bilden. Die Essigsäurebildung durch Milchsäurebakterien (vgl. 13.2.2) wird oft unterschätzt.

Nach der Vergärung des Zuckers ist diese Entstehung des Essigstiches nicht mehr möglich. Bei nicht durchgegorenen Weinen besteht diese Gefahr.

Die Gefahr der Essigsäurebildung durch Milchsäurebakterien ist vor allem gegeben, wenn der gärende Most durch zu schnelle Gärung zu warm geworden ist. Der Extremfall „Versieden" zeigt dies am klarsten. Der zweite Gefährdungsfall ist die späte Zuckerung, weil dann der Most/Jungwein warm ist.

Gelegentlich können Milchsäurebakterien erst Essigsäure aus Zucker bilden und Essigsäurebakterien später die Essigsäure durch Alkoholoxydation vermehren (siehe Tab. 50).

Zur Charakterisierung essigstichiger Weine vergleiche man auch Bandion & Valenta (1977 b) und Unterweger et al. (1999).

13.3.2 Gattungsmerkmale, Vorkommen und weitere Stoffumsetzungen

Eine Artengruppe der Essigsäurebakterien kann die Essigsäure zu CO_2 und H_2O weiteroxydieren – sie veratmen. Das sind die **Peroxydanten**. Die Veratmung erfolgt aber erst, wenn große Mengen gebildet worden sind. Die Essigsäure ist hier also nur Zwischenprodukt. Für Wein ist dieser Fall bedeutungslos. Die zweite Gruppe kann Essigsäure nicht veratmen. Das sind die **Suboxydanten**. Zwischen beiden Gruppen gibt es alle Übergänge. Die „Überoxydierer", die Essigsäure veratmen können, gehören zur Gattung *Acetobacter*, die „Unteroxydierer" bilden die Gattung *Gluconobacter*. Die Arten dieser Gattung (und manche *Acetobacter*-Stämme) können Glucose zu **Gluconsäure** und in geringer Menge noch weiter zu **5-** und **2-Keto-Gluconsäure** oxydieren, aber kaum Essigsäure und Essigsäureethylester aus Zucker bilden.

Tab. 50. Kennwerte essigstichiger Weine verschiedener Entstehung (Durchschnittswerte gerundet; Sponholz et al. 1982).

Essigstich durch	Essigsäure g/L	Essigsäure-ethylester mg/L	Dihydroxy-aceton mg/L	Malat g/L	L-Lactat g/L	D-Lactat g/L
Essigsäurebakt. nach der Gärung	6,1	2758	19	4,7	0,1	0,1
Essigsäurebakt. nach Gärung und bakt. Äpfelsäure-Abbau	2,7	879	21	0,9	1,1	0,2
Essigsäurebakt. vor der Gärung und bakt. Äpfelsäure-Abbau	0,9	312	5	1,2	1,3	0,2
Milchsäurebakt. und danach Essigsäurebakterien	3,2	967	16	0,1	2,5	1,3
Milchsäurebakterien	1,4	161	4	0	2,5	1,2

Auch *Acetobacter*arten können aus Zucker kaum Acetat und Essigsäureethylester bilden, sondern nur aus Alkohol. Die meisten Essigsäurebakterien beanspruchen komplexe Nährsubstrate (ESCHENBRUCH & DITTRICH 1986). Ihr Vorkommen auf Trauben und ihre Bedeutung für Wein beschrieben RIBÉREAU-GAYON et al. (2000, 170–177) und SPONHOLZ et al. (2004b).

Die zwei traditionellen Gattungen *Acetobacter* und *Gluconobacter* sind inzwischen um acht weitere vermehrt worden (GUILLAMON & MAS 2009), nämlich: *Acidomonas, Gluconacetobacter, Asaia, Kozakia, Saccharibacter, Swaminathania, Neoasaia und Granulibacter.*

Auf gesunden Trauben wurden fast nur *Gluconobacter* gefunden. Sobald die Beeren altern, sind daneben *Acetobacter aceti* und *A. pasteurianus* nachweisbar. Bei essigfaulen Beeren beträgt die Summe beider Arten 45 bis 85 % aller Essigsäurebakterien. In diesem Fall sind gleich viel Essigsäurebakterien auf der Beere wie Hefen (10^5 bis 10^6 / mL Most). Die Zahl der Milchsäurebakterien ist 1000-mal kleiner. Das Schwefeln veränderte die Bakterienflora nicht signifikant. Bei Gärungsende ist meist nur noch *Acetobacter* nachweisbar. Dann sind noch 10^2 bis 10^3 Essigsäurebakterien lebensfähig. Most *Botrytis*-infizierter Beeren enthielt 2 × 10^6 Essigsäurebakterien/mL. Er hatte etwa 80 % *Gluconobacter* und etwa 20 % *A. pasteurianus*.
Am Ende der Gärung bestand die Essigbakterienpopulation je zur Hälfte aus *A. aceti* und *A. pasteurianus*.
Bei der **Rotweinbereitung** lag die Zellzahl im Most bei etwa 10^4/mL, nach der Gärung bei nur 20 bis 100 Zellen/mL. Davon waren 20 % *Gluconobacter oxydans*, 60 % *A. pasteurianus lovaniensis* und *A. pasteurianus ascendens* sowie 20 % *A. aceti aceti* und *A. aceti orleanensis*. In verdorbenen australischen Rotweinen fanden BARTOWSKY et al. (2003) keine Hefen oder Milchsäurebakterien, nur Essigsäurebakterien. In senkrecht gelagerten Flaschen wurde *Acetobacter pasteurianus* mit hohen Keimzahlen gefunden, horizontal gelagerte Flaschen enthielten auch andere Arten.

Die Glucose des Mostes kann von den Essigsäurebakterien teilweise zu **Gluconsäure** oxydiert werden. Da auf *Botrytis*-befallenen Beeren viele Essigsäurebakterien vorkommen, stammt die in „edelfaulen“ Mosten bzw. Weinen enthaltene Gluconsäure ganz oder überwiegend von ihnen. Die Glucose-Oxydation kann fortschreiten zu **5-Keto-Gluconsäure**. Auch **2-Keto-Gluconsäure** kann in geringeren Konzentrationen gebildet werden. *Acetobacter liquefaciens* kann sie noch weiter oxydieren zu **2,5-Di-Keto-Gluconsäure** (SPONHOLZ et al. 2004a).

Die Mengen dieser Oxo-Gluconsäuren betrugen in Weinen, die aus Mosten mit unterschiedlich hohem Anteil an essig“faulen“ Beeren (5 % bzw. 75 % „Essigbeeren“) hergestellt worden waren für 5-Keto-Gluconsäure 14 und 85 mg/L, für 2-Keto-Gluconsäure 2 und 51 mg/L und für Glucuronsäure 34 und 357 mg/L. Wie Gluconsäure kommen auch diese Oxydationsprodukte vor allem in Weinen der Auslesegruppe vor (siehe Tab. 53).

Auch die für Ausleseweine typische **Galactarsäure** (Schleimsäure) ist wahrscheinlich ein Metabolit von Essigsäurebakterien. In Form ihres Calciumsalzes (**Ca-Mucat**) bildet sie oft erst lange nach der Füllung eigenartige Ausfällungen, die nicht selten zu Reklamationen führen, obwohl sie als Gütezeichen aufgefasst werden könnten.

Galactarsäure entsteht wahrscheinlich durch Oxydation der Galacturonsäure, die aus dem in solchen Beeren stattfindenden Pektinabbau anfällt. Wir schließen dies u. a. aus den relativ geringen Galacturonsäurekonzentrationen in solchen Spitzenweinen (siehe Tab. 53).

Essigsäurebakterien können Fructose, Mannit und Sorbit zu **5-Keto-Fructose** oxydieren. Obwohl oft angenommen, bindet diese Oxo-Ketose kein SO_2, weil beide Ketogruppen als Halbacetal vorliegen.

Die Oxydation des Glycerins zu **Dihydroxyaceton** hat u. U. Bedeutung für die zeitliche Feststellung des Essigstichs. Die in Mosten aus essigfaulen Beeren enthaltenen DHA-Mengen sind in Tab. 50 enthalten. Bei der Gärung wird DHA wieder weitgehend zu Glycerin reduziert (Sponholz et al. 1982).

Essigsäurebakterien können auch Polysaccharide bilden. Sie können zum Zäh- oder Schleimigwerden der Weine führen (vgl. 13.2.4). Das verursachende **Polysaccharid** ist ein α-1,6-Glucan.

Insgesamt ist der Einfluss der Essigsäurebakterien als Folge ihrer **Beereninfektion** auf die Zusammensetzung – gerade auch von Spitzenweinen – größer, als bisher angenommen wurde. Einige *Botrytis* zugeschriebene Stoffbildungen gehen tatsächlich hauptsächlich auf die – die Beeren mitinfizierenden – Essigsäurebakterien zurück.

13.4 Buttersäurebakterien als Weinschädlinge (Buttersäurestich)

Der Buttersäurestich ist selten. Er ist durch seinen widerlichen Geruch nach ranziger Butter charakterisiert.

Buttersäurebildner kommen in größerer Zahl wohl nur in völlig verdorbenen Weinen vor, die bereits einen Säurezusammenbruch erlitten haben. Der erhöhte pH ist die Voraussetzung für ihre Vermehrung. Merkliche Buttersäurebildung wurde deshalb in Weinen beschrieben, die durch Kalkentsäuerung oder durch Einlagerung in Betonbehälter unbeabsichtigt entsäuert worden waren. Die pH-Werte von zwei buttersäurestichigen Apfelsäften waren so auf 4,2 und 4,4 angestiegen.

Buttersäurebakterien sind strenge Anaerobier und Sporenbildner. Sie gehören zur Gattung *Clostridium*. In Säften und Weinen ist höchstens mit *saccharolytischen* (Zucker abbauenden) Clostridien zu rechnen. Sie bilden unterschiedliche Mengen von Butter- und Essigsäure, von Ethanol, 2-Propanol, 1-Butanol sowie Acetoin, Aceton, CO_2 und Wasserstoff. Sie können u. a. auch Glycerin und Milchsäure abbauen. 1-Butanol und eventuell auch 2-Propanol sind Indikatoren eines Verderbs durch Buttersäurebakterien.

Ein buttersäurestichiger Apfelsaft enthielt 233 mg/L Buttersäure, 2540 mg/L 1-Butanol, 551 mg/L Aceton, 524 mg/L Ethanol. Er setzte reichlich Wasserstoff frei. Es dürfte sich um einen Aceton-Butanol-Gärer gehandelt haben, wahrscheinlich um *C. acetobutylicum*.
Ein portugiesischer Weißwein enthielt neben 1-Butanol 31 mg/L Buttersäure. Ein Elbling hatte 36 mg/L Buttersäure, 7 mg/L Propion- und 8 mg/L 2-Methylpropionsäure. In einem anderen verdorbenen Wein wurden 907 mg/L Essig-, 186 mg/L Propion- und 186 mg/L Buttersäure gefunden (Sponholz 1993).

13.5 Hefen als Weinschädlinge

Dass die Hefen des Artenkreises *Saccharomyces cerevisiae* **qualitätsmindernde schwefelhaltige Stoffe** bilden können, wurde schon in Kap. 6 dargestellt. In Kapitel 8 wurde besprochen, dass sie sich nach der Füllung in Weinen mit Zuckerresten vermehren können und auf diese Weise den **Flascheninhalt trüben**. Dies ist auch beschrieben worden für *Zygosacch. bailii* und *Saccharomycodes ludwigii*. Die Schädigung beruht hauptsächlich auf der Vermehrung dieser Hefen im Wein und

Anscheinend setzen bestimmte Hefen Glutamin zu Pyroglutaminsäure (5-Oxoprolin) um. Dies führt zu einer Aromaverschlechterung. Die Gärung mit Starterhefe kann dies verhindern oder einschränken (Pfeiffer & König 2009).
Über Wein schädigende Hefen referieren Loureiro & Malfeito-Ferreira (2003).

seiner Eintrübung bzw. in der **Bildung eines** sichtbaren **Depots** und der **CO_2-Bildung**. Eine weinschädigende Hefegruppe i. e. S. sind dagegen die Kahmhefen sowie Hefen der Gattungen Dekkera/Brettanomyces (siehe 10.2).

13.5.1 Ethylacetatton oder Esterton

Essigsäureethylester (Ethylacetat) – der Ester aus dem im Wein mengenmäßig wichtigsten Alkohol und der wichtigsten Fettsäure – wird von mehreren Mikroorganismen gebildet (vgl. 4.2.3).

In nicht zu beanstandenden Weinen sind etwa 30 bis 60 mg/L enthalten. Nach Bandion & Valenta (1977 a) sind Weine mit mehr als 200 mg/L als verdorben zu beanstanden, auch wenn sie weniger als 0,8 g/L Essigsäure aufweisen. Bei so hohen Konzentrationen (bis 700 mg/L und mehr; Sponholz et al. 1982) werden die Weine wegen „Ester-“, „Lösungsmittel-“ oder „Uhuton“ beanstandet. Falsch ist die Bezeichnung „Essigstich“, da der Essigsäuregehalt zwar erhöht sein kann, aber innerhalb der zulässigen Grenze liegt, vor allem aber, weil bei der sensorischen Wahrnehmung der Essigsäureester und nicht die Essigsäure dominiert. Diese Schädigung, die im Wesentlichen nur durch das hohe Essigsäureethylestervorkommen gekennzeichnet ist, muss daher als ein **eigenständiger Weinfehler** betrachtet werden.

Die **Verursacher** sind größtenteils „wilde“ Hefen der Gattungen *Hanseniaspora/Kloeckera*, *Candida*, *Metschnikowia*, allenfalls auch *Pichia* (Sponholz & Dittrich 1974, Sponholz et al. 1974), die sich in verletzten bzw. eingemaischten Beeren, besonders bei Erwärmung des Beerenmaterials, vermehren können. Die **Verhütung** der Esterbildung ist durch Most- oder Maischeschwefelung, durch starke Vorklärung und kühle Vergärung mit Starthefe möglich. Zur Entfernung des Esters aus dem Wein ist Kurzhocherhitzen im Plattenerhitzer und Abziehen der Gase vorgeschlagen worden. Allerdings sind dabei Alkoholverluste zu befürchten. Ähnlich wirkt das Durchgasen des Weines mit CO_2 mittels Filterkerzen. Vermindert wird die Esterkonzentration auch durch mehrwöchige Lagerung im Holzfass. Geringe Esterkonzentrationen verschwinden mit der Zeit.

13.5.2 Mäuseln, *Brettanomyces*-Ton

Wie Bakterien können auch einige *Brettanomyces*-Stämme Mäuseln verursachen (Heresztyn 1986, Lay 2003). Diese Hefen bilden die gleichen **Acetyltetrahydropyridine** wie die Milchsäurebakterien (siehe 13.2.9). *Brettanomyces*-Arten kommen bevorzugt in **warmen Ländern** vor. In mitteleuropäischen Weinbaugebieten wird das Mäuseln hauptsächlich von Milchsäurebakterien hervorgerufen.

Ethylphenolgehalte über 400 µg/L werden meist als fehlerhaft beurteilt. Das aus Cumarsäure entstandene **Ethyl-Phenol** riecht nach Pferdeschweiß bzw. Leder, **Ethyl-Guajacol** aus Ferulasäure nach Heftpflaster bzw. „medizinisch“ (Geschmacksschwellenwert 50 µgL). An den auch erdig-rauchigen Geruchsfehlern ist auch Ethyl-Catechol (Geschmacksschwellenwert 50 µg/L; Porret et al. (2004), wohl auch Ethyldecanoat und Isoamylalkohol beteiligt (Fugelsang & Zoecklein 2003).

Der *Brettanomyces*-Ton entsteht besonders in **holzfassgelagerten Rotweinen**, da diese Hefen in den Poren des Holzes überleben. In den Rotweinen Burgunds ist er verbreitet, in Kalifornien gilt er als gebietstypisch. Schon geringste Zuckerquantitäten, z. B. 275 mg/L, reichten zur Aromaveränderung aus (Chatonnet et al. 1999). Einen Erkennungstest bieten Porret et al. (2004). Reviews über Brettanomyces/Dekkera bei der Weinbereitung boten Delotse et al. (2008, 2009). Auch manche Milchsäurebakterien können flüchtige Phenole bilden (siehe 13.2.9).

13.6 Seltene und bedeutungslose Mikroorganismen

Weil Wein kein natürlicher Standort für Bakterien ist, sind die besprochenen Bakteriengruppen als Spezialisten aufzufassen. Vor allem ihre Säureverträglichkeit, aber auch ihre Alkoholtoleranz ermöglichen ihre Vermehrung. Andere Mikroorganismen, die diese Eigenschaften nicht besitzen, sterben schon während der Gärung. Beachtenswerte Wirkungen können von ihnen daher nicht ausgehen. Erwähnenswert sind lediglich **Schwefelbakterien**, die dem geschwefelten Wasser entstammen, mit dem Fässer konserviert werden. Um ihr Aufkommen zu verhindern, sollte das Konservierungswasser mindestens 250 mg/L SO_2 enthalten.

14 Für die Weinqualität wichtige Schimmelpilze

Noch bevor die Hefe den Traubenmost vergärt, können andere Pilze tief greifende Veränderungen des Mostes **in der Beere** am Stock bewirken. Während die Pilze in den Beeren wachsen, verändern sie nicht nur manche Saftinhaltsstoffe mengenmäßig, sondern sie lassen safteigene Stoffe verschwinden und bis dahin saftfremde Stoffe entstehen. Ihre Infektionsstellen eröffnen auch anderen Mikroorganismen – verschiedenen Hefen, Essigsäure- und Milchsäurebakterien – Zugang zum Saft. Damit bieten sie ihnen Vermehrungs- und Stoffwechselmöglichkeiten. Deshalb ist es schwer, die Veränderungen des Mostes durch den oder die infizierenden Pilze von denen der nachfolgenden Infektanten – mengenmäßig – zu unterscheiden.

Weil die infizierenden Pilze **meist schädigend** oder **ertragsmindernd** wirken, werden sie mit **fungiziden** Pflanzenschutzmitteln bekämpft. Da aber auch die Hefen Pilze sind, sind Hemmungen ihres Stoffwechsels durch die von den Trauben in den Most gekommenen Fungizide nicht immer auszuschließen. Durch das Klären des Mostes und die Anwendung von genügend Starthefe sind diese Gärschwierigkeiten auszuschalten.

Für die Weinqualität sind einige Pilze wichtig, die „Schimmel"-Kolonien, d. h. fädige Vegetationskörper, bilden. Sie werden daher **Schimmelpilze**, Fadenpilze oder Hyphomyceten genannt. Der einzelne Pilzfaden heißt nämlich Hyphe. Sie ist in Zellen unterteilt oder – bei primitiven Pilzen – nicht unterteilt. Die Gesamtheit aller Hyphen bildet das Mycel.

Ihre **Vermehrung erfolgt hauptsächlich ungeschlechtlich** – vegetativ. Die Art der ungeschlechtlichen Vermehrung ist sehr unterschiedlich:

- durch Sporenbildung in charakteristischen Behältern, so genannten Sporangien, also endogen,
- durch Abschnürung von vegetativen Sporen, so genannten Konidien, an bestimmten Hyphenenden, also exogen,
- durch Zerfall von Hyphen in Einzelzellen, so genannten Oidien,
- durch Abschnürung von derbwandigen Dauerzellen, so genannten Chlamydosporen, von den Hyphenenden,
- durch Verfestigung ganzer Myzelien oder Myzelteilen zu keimungsfähigen Dauerformen, so genannten Sklerotien.

Bei den meisten Arten ist die **geschlechtliche** – generative – **Vermehrung bekannt**. Auch sie erfolgt unterschiedlich. Ihre Form ist die Basis für die systematische Einordnung der Pilze. Danach werden unterschieden:

1. Klasse: *Phycomycetes* oder Algenpilze
2. Klasse: *Ascomycetes* oder Schlauchpilze
3. Klasse: *Basidiomycetes* oder Ständer- oder Hutpilze

Pilze, von denen **nur** die ungeschlechtliche Vermehrung bekannt ist, werden als ***Fungi imperfecti*** – wörtlich: unvollständige Pilze – bezeichnet. Sie sind eine „systematische Abstellkammer", in der sie so lange verbleiben, bis mit dem Bekanntwerden ihrer geschlechtlichen Vermehrungsweise die richtige Einordnung in das Pilzsystem möglich wird.

14.1 Phycomyceten oder Algenpilze

14.1.1 *Plasmopara viticola*

Für den Weinbau spielt *Plasmopara viticola* – meist *Peronospora* genannt – als **Schädling** eine nicht zu überschätzende Rolle. Nur seine konsequente Bekämpfung sichert auch wirtschaftliche Erträge. Moste aus infizierten Beeren haben einen etwas höheren Gehalt an Citrat und einen doppelt so hohen Weinsäuregehalt. Ihr Mostgewicht liegt meist deutlich unter dem der Kontrollen. Da die infizierten Beeren aber schnell zu „Lederbeeren" vertrocknen, die sich nicht mehr pressen lassen, sind die Veränderungen bedeutungslos.

14.1.2 *Mucoraceae*

Die Mucoraceen heißen **„Köpfchenschimmel"**, weil sie auf ihrem sehr lockeren, wattigen Mycel kugelige, köpfchenförmige, meist dunkle Sporenbehälter bilden, die zum Licht wachsen. Die aus den Sporangien freiwerdenden Sporen keimen zu dicken, meist ungekammerten Hyphen aus.

Mucoraceen kommen häufiger auf Traubenbeeren vor. Sie sind wohl sekundäre Parasiten, die erst bei späterer Lese größere Infektionsmöglichkeiten erlangen. Sie benötigen eine relativ hohe Wassersättigung des Standortes.

Mucor-Arten kommen gelegentlich auf Erdtrauben vor. Auch am Stock hängende Trauben werden manchmal infiziert. Sporen und Hyphen von *Mucor* gelangen manchmal in Maischen und Moste. Sie wachsen bevorzugt auf dem Most. Die in den Most eintauchenden Hyphenenden schnüren infolge der Anaerobiose, in die sie gelangen, kugelige Zellen, so genannte „Kugel-„ oder „Mucorhefe", ab. Die zu Boden sinkenden Zellen vermehren sich ungeschlechtlich durch Sprossung, sind aber größer als Hefen. *Rhizopus* bildet keine „Mucorhefe".

In Südafrika befällt *Rhizopus stolonifer* in nassen Herbsten in großem Maße die Beeren. Sie faulen binnen weniger Tage. Da sie auslaufen, entstehen beträchtliche Ernteverluste.

Wie viele andere Schimmelpilze können Mucoraceen **Ameisensäure** bilden. Daraus können sich Gärschwierigkeiten ergeben.

Rhizopus stolonifer kann Pektin abbauen. Auf Most bildet er Bernstein-, Äpfel- und Citronensäure, aber keine Gluconsäure (HOFFMANN 1968). Weinsäure wird nicht abgebaut. Durch die Produktion dieser und anderer Säuren (Essig-, Fumar-, Oxalsäure) wird der pH des Mostes gesenkt. Die Glycerinbildung ist in Most höher als durch *Botrytis*. *Rhizopus* kann 1 bis 2 %vol Alkohol bilden. Er ist alkoholempfindlicher als *Mucor racemosus* und unterliegt bei der Gärung früher der Konkurrenz der Hefe. Die „Kugelhefen" von *Mucor racemosus* können 4 bis 5 %vol Alkohol bilden. Aus Zucker werden Oxal-, Milch- und Bernsteinsäure sowie Glycerin und Acetaldehyd gebildet. Bei der Gärung werden seine Hyphen und „Kugelhefen" von mehr als 5 %vol Alkohol abgetötet.

14.2 Ascomyceten – Schlauchpilze – Schimmelpilze

Außer den Hefen gehören auch viele Schimmelpilze zu den Ascomyceten. Von vielen ist nur die Nebenfruchtform bekannt. Sie sind daher eigentlich *Fungi imperfecti*. Wegen der besseren Übersichtlichkeit werden sie jedoch ebenfalls hier besprochen.

Der für den Weinbau **wichtigste Pilz** ist ***Botrytis cinerea***. Seine Hauptfruchtform ist *Scerotinia fuckeliana*. Sie kommt jedoch nur selten vor. Der Pilz wird daher meist mit seinem imperfekten Namen benannt.

Weitere weinbaulich wichtige Pilze gehören zur 1. Ordnung: *Eurotiales (Aspergillales)* der 1. Unterklasse: *Prototunicatae*. Die wichtigsten Gattungen sind ***Aspergillus* und *Penicillium***. Die geschlechtliche Vermehrung der meisten Arten ist noch nicht bekannt. Die verschwenderische Produktion von ungeschlechtlichen Sporen, den Konidien, ist für diese und verwandte Gattungen sehr typisch. Sie gehören zu den **häufigsten** und **am weitesten verbreiteten** Pilzen. Sie sind für viele Technologien wichtig.

Diese Pilze sind auch Infektanten von Traubenbeeren. Im Gegensatz zu *Botrytis* befallen sie aber meist nur verletzte Beeren (Insektenfraß, Hagel). Wegen ihrer meist grünen Mycelpolster auf den Beeren bezeichnet man vor allem *Penicillium*-Befall oft als „Grünfäule".

Neben *Botrytis* spielen sie auch eine fragwürdige Rolle als **Aufwuchsflora von Weinfässern**. Bei nachlässiger Pflege bringen sie die Fässer zum „Anlaufen". Bei nicht ganz vollen Fässern ist aber an den Innenwänden Schimmelpilzwachstum unwahrscheinlich; bei 2 % O_2-Anteil an der Kopfraumatmosphäre wurde während der ganzen Lagerzeit der Weine kein Pilzwachstum festgestellt (BACH et al. 1982). Es wurde vermutet, dass sich pilzliche Stoffwechselprodukte im Wein lösen und ihm einen – weil die „angelaufenen" Fässer grau erscheinen – „Grauton" vermitteln. Die Ursache des Fehltones ist aber meist die mangelhafte Reinigung des Fassinnenraumes.

14.2.1 Korkton

In Weinen mit **„Korkton"** oder „Stopfengeruch" und in muffig riechenden Stopfen wurde **2,4,6-Trichlor-Anisol** (TCA) als Ursache erkannt. In Weißweinen werden 10 ppt (0,01 µg/L), in Rotweinen 50 ppt als Geruchsschwellenwert angesehen. Weine mit diesem Fehler enthalten stets mehr TCA als Weine mit einwandfreien Korken. Als wichtigste Ursache gilt die **Bleichung der Korken** mit Hypochlorit. Dabei werden aus der Korksubstanz Phenole freigesetzt und chloriert. Die entstandenen Chlor-Phenole können **mikrobiell** zu Anisolen **methyliert** werden. Sie sind viel geruchswirksamer als die Phenole. Die Cl-Phenole und Cl-Anisole gehen unterschiedlich schnell in den Wein über.

Außer TCA und dem geruchsschwachen Pentachloranisol kommt auch das geruchsintensive 2,3,4,6-Tetrachlor-Anisol (TeCA) vor. In Korken wurden auch 6-Cl-Anisol, 6-Cl-Vanillin, 4,5-Di-Cl-Guajacol, Veratrol, Geosmin, 2-Methylisoborneol, 1-Octen-3-on und Pyrazine gefunden (HESFORD & SCHNEIDER 2002). Diese Stoffe, wie auch das aus dem Holzschutzmittel Tribromphenol mikrobiell entstehende 2,4,6-Tribrom-Anisol (SPONHOLZ et al. 2002) können zum Muff-/Korkton beitragen. Die Möglichkeiten der **Beseitigung** des Korktons referiert SPONHOLZ (2002). Die Waschung der Korken mit Suberase oxydiert Phenole. Das TCA kann dann aus ihnen nicht mehr entstehen. – Die Entfernung von TCA und TBA aus Wein ist auch durch Filtration möglich (JUNG et al. 2008).

Die Cl-Anisole wurden auch in der Luft mancher Keller nachgewiesen. Bei falscher Anwendung/Lagerung von Cl-haltigen Reinigungs- und Pflanzenbehandlungsmitteln werden ihre Zerfallsprodukte aus der Kellerluft von Weinbehandlungsmitteln adsorbiert. Mit ihnen gelangen sie in den Wein (RUDY 2010). Die Lagerung dieser Weinbehandlungsmittel darf deshalb nicht im Keller erfolgen.

Die Methylierung der Cl-Phenole zu den Cl-Anisolen erfolgt wohl hauptsächlich durch Schimmelpilze, z. B. der Gattung *Trichoderma* (LEE & SIMPSON 1993). Aber auch andere Pilze sollen den Korkton erzeugen, auch einige Hefen.

Kork kann bereits am Baum belastet sein. Die Chlorbleiche der Korken ist daher für das Auftreten von „Korkschmeckern" keine zwingende Voraussetzung.

Schimmelpilze können im Wein nicht wachsen. In Flüssigkeiten mit mehr als 2 %

Daher wurde vermutet, dass auch chlorierte Pflanzen- und Holzschutzmittel an diesem Phänomen beteiligt sind (SPONHOLZ & MUNO 1994). Auch Waschwässer können halogenierte Stoffe einbringen. Weitere Quellen von Fehltönen können Außenbehandlungsmittel und bei Agglomeratkorken Klebstoffe sein. Korkgeschmack kann auch andere Ursachen haben (RUDY & SCHOLTEN 2006).
Manche Schimmelpilze erzeugen erst in Mischkulturen mit Bakterien korkähnliche Fehltöne (GROSSMANN et al. 1999). *Penicillium candidum* hemmt die Bakterienvermehrung. GROSSMANN et al. (1997) schlugen daher vor, die Korkplatten nach dem Kochen mit selektierten Kulturen dieses Pilzes, die keine Korktöne erzeugen, zu beimpfen.

Alkohol wird das Auskeimen ihrer Konidien verhindert. Auf Süßreserven – also auf Most – ist den Schimmelpilzen Wachstum möglich. Sobald aber der Most gärt, wird ihre Entwicklung unmöglich.

Durch die Wachsschicht, die die Konidien umgibt, sind **Desinfektionsmaßnahmen** erschwert. Die Konidien sind dadurch schwer benetzbar.

14.2.2 *Botrytis cinerea* – Grauschimmel

Die Hauptfruchtform des **„Edelfäulepilz"** oder wegen seiner grauen Konidien auch „Grauschimmel" genannten Schimmelpilzes ist *Botryotinia fuckeliana* (Klasse *Ascomycetes*, Familie *Sclerotiniaceae*). Dies ist die geschlechtliche oder perfekte Form, als deren Geschlechtsprodukt Ascosporen gebildet werden, die selten vorkommt. Daher wird der Pilz üblicherweise nach seiner Nebenfruchtform – = ungeschlechtliche oder imperfekte Form – benannt: *Botrytis cinerea*.

14.2.2.1 Morphologische Merkmale

Der Mycelrasen ist grau bis schwärzlich. Die Konidienträger sind gekammert und baumartig verzweigt. An den Endzellen sitzen die Konidien in (halb-)kugeligen Haufen (Abb. 61). Sie sind birnenförmig, 10 bis 15 µm lang und 6 bis 10 µm breit. Auf Rebholz, auf und unter der Haut befallener Beeren, aber auch in Laborkulturen bildet *Botrytis* schwarze, 3 bis 4 mm lange und 2 mm dicke Sklerotien. In Petrischalen bildet der Pilz quastenförmige **Apressorien**, wo die Hyphen auf Glas auftreffen. Diese **Haftorgane** werden auch bei der Infektion gebildet: Die Zellwände der verkrüppelten und verbreiterten Hyphen verschleimen. Dadurch haftet das Mycel fest. Aus ihnen erfolgt die Infektion mittels einer ausgetriebenen Hyphe.

14.2.2.2 Vorkommen und Bedeutung

Der Pilz kommt oft auf Früchten vor, z. B. auf Erdbeeren, Himbeeren, Aprikosen, Kirschen. Pilze dieses Befallstyps werden als pathogene oder toxigene Saprophyten bezeichnet. Ihr Befall lässt gesundes Gewebe absterben, dann lebt der Pilz saprophytisch im abgestorbenen Gewebe. Pilze mit dieser Lebensweise werden auch Perthophyten oder Nekrobionten genannt.

Im **Weinbau** kann der Pilz **große Schäden** verursachen: Durch den Befall junger Triebe wird der nächstjährige **Austrieb** beeinträchtigt und die Veredlungsfähigkeit herabgesetzt. Auch in der **Rebenveredlung** kann er schädlich sein. *Botrytis* kann durch Infektion der Traubenstiele starke Verluste verursachen. Ganze Trauben oder Teile davon fallen dann zu Boden („Erdtrauben").

B. cinerea hat große Bedeutung für die Weinqualität: Er ist die **Voraussetzung** für die Gewinnung von „Spitzenweinen" der **Auslesegruppe**. Die Veränderung der Beereninhaltsstoffe durch ihn und die darauf beru-

Abb. 61. Konidienstand von *Botrytis cinerea* (Foto Blaich).

hende spektakuläre **Erhöhung der Weinqualität** schildern Dittrich (1989), Doneche (1993) und Ribéreau-Gayon et al. (1980).

Botrytis ist für die **Weinqualität** äußerst wichtig. Ausschlaggebend ist zunächst die Reife der befallenen Beeren. Man unterscheidet danach:

Roh- oder Sauerfäule: Der Pilz befällt unreife Beeren, die noch wenig Zucker, aber sehr viel Säure haben. Der Zuckerverbrauch des Pilzes fällt daher stark ins Gewicht, die Säureveränderung weniger.

Edelfäule: *Botrytis* befällt die bereits reife Beere, die den optimalen Zuckergehalt hat. Im Verhältnis dazu ist ihr Säuregehalt gering. *Botrytis* baut auch in der reifen Beere Zucker und Säuren ab, andere Säuren bildet oder vermehrt er. Das Durchwachsen seiner Hyphen lockert den Verbund der Schalenzellen; die Beerenschale wird porös. Bei trockenem Herbstwetter verdunstet Wasser aus der Beere. Die Zuckerkonzentration überholt dann den Zuckerverbrauch des Pilzes; sie steigt an. Die Extrakt- und Säurezunahme optimiert diesen Effekt.

Die aus den Mosten solcher (Trocken)Beeren gewonnenen Weine erlangen eine besondere Qualität. Insbesondere Auslese-, Beerenauslese- und Trockenbeerenausleseweine und mit ihnen vergleichbare ausländische Weine sind **„Spitzenweine“.** Doch schon in Spätlesen gehen auch mehr oder weniger *Botrytis*-befallene Beeren ein. Solche Weine der Auslesegruppe säurebetonter Rebsorten haben den **deutschen Weißweinen** Weltgeltung errungen, vor allem dem **Rhein-Riesling.** Das höchste Mostgewicht in deutschen Weinbaugebieten betrug 327 °Oe. Die Zusammensetzung solcher Moste enthalten die Tab. 51 und 52. Die Zusammensetzung der aus diesen Mosten gewonnenen Weine entnehme man Dittrich (1989).

Die Reifegrenze, die Edelfäule ergibt, ist vom **Zucker/Säureverhältnis** abhängig. Sie ist daher abhängig vom Jahrgang, dem Standort und der Rebsorte. Sie kann beim säurearmen Müller-Thurgau bei etwa 60 °Oe, beim säurereicheren Riesling bei etwa 75 °Oe liegen.

Schwundfäule: Infiziertes Traubenmaterial, das bei gutem Wetter eine Erhöhung des Mostgewichtes ergeben hätte, hat durch Regen Zucker verloren. Die Mostgewichte sinken dann oft tief unter die gesunder Beeren.

Das Hängenlassen „fauler" Trauben ist daher ein **Risiko**. Vorlesen *Botrytis*-infizierter Trauben sind deshalb häufig. Wird dieses höherwertige Lesegut aber nicht ausgelesen, wird die Qualität des Lesegutes insgesamt merklich angehoben. Bei normalen Qualitäten einschließlich Spätlesequalität geht die Tendenz zu gesunden, aber vollreifen Trauben.

14.2.2.3 Befallsbedingte Most- und Weinveränderungen

Durch den *Botrytis*-Befall der Beeren wird bei günstigen Witterungsbedingungen die **Mostausbeute verringert**, aber der **Zuckergehalt des Mostes durch** den **Wasserverlust der Beeren erhöht.**

Höchste Mostgewichte sind im gemäßigten Klima nur durch *Botrytis*-Befall möglich. Beispielsweise konnten im Weinbaugebiet Mosel-Saar-Ruwer Mostgewichte von 110 °Oe und mehr ohne Edelfäule nicht erreicht werden (Holbach & Woller 1978). Wegen der seitherigen Klimaerwärmung sind diese Verhältnisse zu überprüfen.

Dem Saft der Beeren entnimmt der Pilz die für sein Wachstum benötigten Stoffe. Um diese Stoffe ist der Saft „fauler" Beeren verarmt. Andererseits enthält er die Stoffwechselprodukte, die der Pilz gebildet hat. Die Zusammensetzung des Mostes aus *Botrytis*-infizierten Beeren ist daher beträchtlich verändert.

Zuckermetaboliten und Säureveränderungen

In Mosten aus *Botrytis*-befallenen Beeren verändert die Glucophilie des Pilzes das **Glucose/Fructoseverhältnis**. Während es bei befallenen Beeren mit Mostgewichten von 74 bis 87 °Oe zwischen 1,007 und 0,930 lag, war es in vergleichbaren Trockenbeerenauslesemosten von 208 bis 231 °Oe auf 0,866 bis 0,716 zu Gunsten höherer Fructosegehalte verändert. In der einzelnen Beere verringert der Pilz den Zuckergehalt stark (Tab. 51). Schon im Beerenauslesestadium ist mehr als die Hälfte des ursprünglichen Zuckergehaltes verstoffwechselt.

Der **Zucker** wird vom infizierenden Pilz zum Teil zu CO_2 und H_2O **veratmet**, um Energie zu gewinnen. Mit ihr synthetisiert er seine Körpersubstanzen, um wachsen zu können. Diese Synthesen erfolgen im Wesentlichen mit dem Kohlenstoff des abgebauten Zuckers. Mit anderen Worten: Der Zucker der Rebe wird vom Pilz umgebaut zum **C-Gerüst** seiner Inhaltsstoffe. Ein weiterer Teil des Zuckers bleibt in Form von **Stoffwechselprodukten** des Pilzes im Saft. Ihre Entstehung verändert die Zusammensetzung dieser Moste/Weine.

Das in der Beere gebildete **Glycerin** ist ein Zuckerstoffwechselprodukt. Sein Vorkommen in „faulen" Mosten erhöht den Extrakt der Spitzenweine auffallend. Während Moste aus befallsfreien Beeren kaum jemals 1 g/L enthalten, wurden in „faulen" Mosten bis über 30 g/L gefunden. Bei der Gärung kommt dazu die Glycerinbildung der Hefe, die in solchen zuckerreichen Mosten noch höher sein kann als in normalen (siehe Abb. 17). Wir fanden in Spitzenweinen aus „edelfaulen" Beeren bis zu etwa 35 g/L Glycerin (Dittrich 1964 a).

Bei Weinen mit Glyceringehalten von mehr als 10 % des vorhandenen Alkohols besteht der Verdacht des unerlaubten **Glycerinzusatzes.** Es ist dann zu prüfen, ob die Glycerinmenge, die nicht durch Gärung entstanden sein kann – d. h. die über die 10 % „Gärungsglycerin" hinausgeht – als Folge des *Botrytis*-Befalls gebildet wurde. Nach seinem Entstehungsort nennt man diesen Glycerinanteil **„Mostglycerin"** (HOLBACH & WOLLER 1976).

Auch andere **Polyole** – Erythrit, Xylit, Arabit, Mannit, Sorbit und Inosit – kommen in Mosten und Weinen aus *Botrytis*-befallenen Beeren in höheren Mengen vor (siehe Tab. 52). Bei Beeren- und Trockenbeerenausleseweinen kann ihr Anteil am zuckerfreien Extrakt bis zu 17,5 % betragen. Neben dem Glycerin tragen diese Zuckeralkohole zur geschmacklichen Fülle dieser Weine bei. Sorbit, der früher als Indiz für Verfälschung mit Kernobstsäften bzw. -weinen galt, kommt in Beeren- und Trockenbeerenauslesen bis zu 990 mg/L vor. Der meist nur als Milchsäurebakterienmetabolit betrachtete Mannit (siehe 13.2.2) wurde in diesen Spitzenweinen bis zu 12 884 mg/L gefunden (SPONHOLZ & DITTRICH 1985 a).

Obwohl der Pilz Säuren abbaut, ist der **Gesamtsäuregehalt** in Beerenauslese- und Trockenbeerenauslesemosten durch ihre Konzentrierung meist **höher** als in normalen Mosten. Die **Weinsäure** wird relativ **stärker abgebaut als** die **Äpfelsäure.** Der Malatabbau liegt auf der Höhe des Zuckerumsatzes. Bei Edelfäule wird jedoch der Malat- und

Tab. 51. Zucker- und Malat-Veränderungen in Weißburgunder-Beeren (und den daraus gepressten Mosten) zunehmender *Botrytis*-Befalls- bzw. Qualitätsgrade (Dipl.-Arbeit G. EBERSMANN 1988, DITTRICH 1989).

	Beeren ohne Befall	Befall einzelner Beeren	Edelfaule Beeren; Auslese-Qualität	Eingetrocknete Beeren; Beerenauslese-Qualität	Rosinen; Trockenbeerenauslese-Qualität
° Oe	82	83	97	140	215
Gluc + Fruct g/L	172	215	222	263	471
Gluc : Fruct	0,98	0,92	0,86	0,76	0,72
Gluc+Fruct/Beere mg	261	205	143	122	93
Gluc+Fruct-Verbrauch/ Beere mg	0	−56	−117	−139	−168
%	0	−21,7	−44,5	−59,2	−64,4
Gluc+Fruct-Verbrauch g/L	0	−42	−174	−268	−702
Malat g/L	7,5	9,1	11,6	–	19,4
Malat/Beere mg	11	9	7,5	4,1	3,8
Malat-Verbrauch/Beere mg	0	−2,3	−3,9	−7,3	−7,6
%	0	−20,2	−33,3	−41,2	−69,3

auch der Zuckerabbau in den Beeren von der Konzentrierung des Beereninhalts überholt. Malat und Zucker sind deshalb in den Mosten in größeren Mengen enthalten.

Manche Säuren kommen in Mosten gesunder Beeren noch nicht vor, andere, die in solchen Mosten schon enthalten sind, werden vermehrt. Die Veränderung wichtiger Inhaltsstoffe des Mostes durch *Botrytis*-Befall der Beeren enthält Tab. 52.

Die stärkste Neubildung erfährt **Gluconsäure**. Moste aus gesunden Beeren enthalten höchstens 250 mg/L. In Auslesen wurden demgegenüber z. T. mehr als 6 g/L gefunden. Deshalb erscheint ein durchschnittlicher Gluconatgehalt von etwa 3 mg in einer einzelnen Trockenbeere zunächst überraschend (Dittrich 1989). In manchen Ausleseweinen kann die Gluconsäure sogar den größten Anteil an der Gesamtsäure haben. Die Zusammensetzung von Weinen aus *Botrytis*-befallenen Beeren ist deshalb – aber nicht nur deshalb – mit der normaler Weine nicht vergleichbar.

Tab. 52. Veränderungen von Säuren u. a. Inhaltsstoffen in Mosten steigender Qualitätsstufen aus ***Botrytis***-befallenen Ruländer-Beeren (Dipl.-Arbeit U. Linssen 1986, Dittrich 1989).

Most-Qualität	Kabinett	Spätlese	Auslese	Beerenauslese	Trockenbeeren-auslese
° Oechsle	82	91	97	128	231
100-Beeren-Gewicht g	209	175	143	85	36
Zucker g/L	182	204	210	295	500
Gluc : Fruct	0,98	0,94	0,86	0,80	0,72
Ges. Säure g/L	11,8	11,8	12,8	15,2	20,8
Weinsre. g/L	7,3	6,5	4,2	2,6	2,4
Äpfelsre. g/L	4,2	5,7	6,3	8,0	10,1
Glycerin g/L	0,1	0,8	3,2	8,0	20,7
Gluconsre. g/L	0,1	0,2	0,6	1,5	2,2
Galacturonsre. g/L	0,1	0,6	0,6	0,6	1,1
Galactarsre. g/L	0,1	0,5	0,6	1,0	1,2
Citronensre. mg/L	194	182	195	204	237
Essigsre. mg/L	0	46	202	450	129
L-Milchsäure mg/L	8	13	38	105	176
Mannit mg/L	12	75	253	516	2132
Arabit mg/L	0	10	37	463	818
Inosit mg/L	148	171	218	335	634
Sorbit mg/L	30	191	317	371	362
Alkohol mg/L	122	1038	1170	618	254

Bei Verdacht auf **unerlaubten Zucker-** wie auch **Glycerinzusatz** wird Gluconsäure als beweisender Stoff gewertet (Holbach & Woller 1978): Gluconatgehalte unter 0,3 g/L gelten als Indiz, dass bei Gesamtalkoholgehalten von knapp über 110 g/L das Ausgangsmostgewicht von 110 °Oe nicht erreicht war. Bei höheren Gesamtalkoholgehalten und zurückgerechneten Mostgewichten von über 110 °Oe gilt bei solchen niedrigen Gluconatgehalten eine Zuckerung als erwiesen. (Möglicherweise ist dieser Schluss infolge der Klimaerwärmung korrekturbedürftig.) – Gluconatgehalte unter 0,3 g/L gelten auch als Indiz dafür, dass eine Bildung von „Mostglycerin" noch nicht erfolgt sein kann.

Das Vorkommen von Gluconsäure in Mosten und Weinen sowie die Herkunft des „Mostglycerins" wurden bisher allein *Botrytis* zugeschrieben. Nach Sponholz & Dittrich (1985 b) und Sponholz et al. (2004) ist dagegen das Mostglycerin und die vermehrte Bildung von Essigsäure eher der Infektion **„wilder" Hefen** zuzuschreiben, die dem *Botrytis*-Befall der Beeren folgt. Außerdem: *Botrytis* kann zwar etwas Gluconsäure bilden, aber die mitinfizierenden **Essigsäurebakterien** oxydieren Glucose viel stärker und weitgehender: Sie oxydieren Gluconat teilweise zu 5- und 2-Ketogluconat (Dittrich 1989). **Glycerin sowie Gluconsäure** und ihre Oxydationsprodukte **stammen** daher in „edelfaulen" Mosten bzw. Weinen **von unterschiedlichen Organismen**.

Das Mostglycerin wird überwiegend von den auf diesen pilzinfizierten Beeren sehr häufigen „wilden" Hefen *Metschnikowia pulcherrima*, *Candida stellata* und *Hanseniaspora uvarum* produziert (Sponholz et al. 1990 b). Wie der Zucker wird es bei der folgenden Austrocknung der Beeren konzentriert.

In Mosten des Grünen Veltliners hatten mit zunehmendem *Botrytis*-Befall Mostgewicht, Glucon-, Äpfel- und Bernsteinsäure, Glycerin und Prolin zugenommen. Gesamtsäure, Weinsäure, das Glucose/Fructoseverhältnis und die hefeverwertbaren Aminosäuren hatten abgenommen. In den daraus hergestellten Weinen waren bei steigendem *Botrytis*-Einfluss und durch eine Kalkentsäuerung die Gesamtsäure und die Weinsäure verringert. Zugenommen hatten außer Alkohol und dem unvergorenen Zucker u. a. Glycerin, Essig- und Milch-, Äpfel-, Citronen- und Phosphorsäure, Asche und Kalium (Berghold & Eder 2000).

Glucose-Oxydase
FAD → $FADH_2$
O_2 → H_2O_2
H_2O

D-Glucose → β-D-Gluconolacton → Gluconsäure

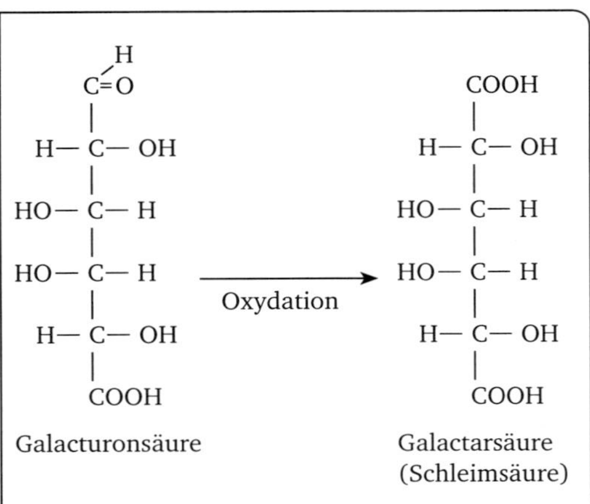

Auch **Galactarsäure** – Schleimsäure – ist typisch für Moste und Weine aus edelfaulen Beeren. Bis zu 2 g/L kommen vor. Ihr Calciumsalz – Ca-Galactarat oder **Ca-Mucat** – kann zu Ausfällungen führen, die oft mit Weinstein verwechselt werden (WÜRDIG 1976; siehe Abb. 62). Galactarsäure entsteht durch enzymatische Oxydation der Galacturonsäure, die als Produkt des Pektinabbaus des Pilzes in edelfaulen Beeren vermehrt anfällt.

Auf den **Citronensäure**gehalt der Moste hat der *Botrytis*-Befall kaum Einfluss. Selbst bei starker Konzentration steigen die Gehalte nur wenig, manchmal fallen sie sogar. **Isocitrat** ist in faulen Mosten um wenige mg/L vermehrt. **L-Lactat** nimmt mit steigender Austrocknung in den *Botrytis*-befallenen Beeren zu, **D-Lactat** kaum. Diese Veränderungen wichtiger Mostinhaltsstoffe durch den *Botrytis*-Befall der Beeren und der Folgeinfektanten sowie ihre darauf folgende Konzentrierung durch die Austrocknung der Beeren vergleiche man in Tab. 52).

2-Ketoglutarsäure ist in gesunden Mosten mit 10 bis 25 mg/L vertreten. Die *Botrytis*-Infektion steigert den Gehalt des Saftes auf etwa das Doppelte. **Brenztraubensäure**, die in Mosten aus befallsfreien Beeren mit etwa 5 bis 10 mg/L vorkommt, wird durch den *Botrytis*-Befall um etwa 50 % vermehrt. Auch **Acetaldehyd**, der wichtigste SO_2-Bindungspartner im Wein, spielt in edelfaulen Mosten keine Rolle. Gesunde wie faule Moste haben meist weniger als 5 mg/L. Diese drei SO_2-bindenden Metaboliten verursachen den hohen SO_2-Bedarf von Weinen aus edelfaulen Trauben daher kaum.

Galacturonsäure ist infolge des starken Pektinabbaus von *Botrytis* in Mosten und Weinen der Auslesegruppe in größeren Men-

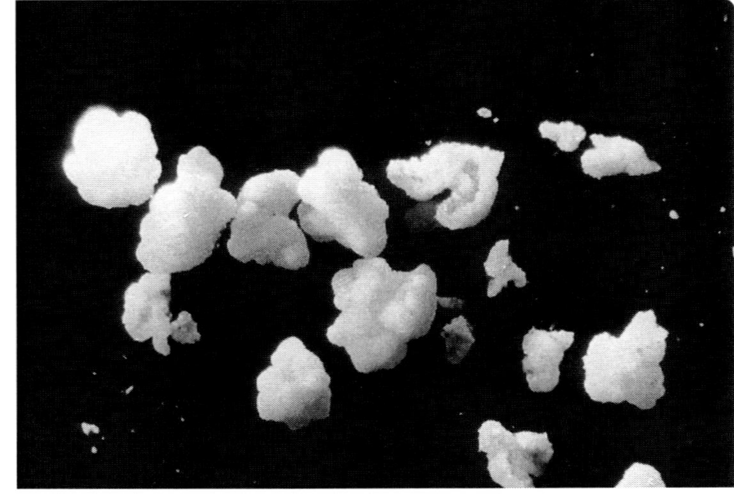

Abb. 62. Calcium-Salz der Galactarsäure (Ca-Galactarat oder Ca-Mucat), das besonders in Auslese-, Beerenauslese- und Trockenbeerenauslese-Weinen als unterschiedlich große, unregelmäßig geformte Klümpchen auskristallisiert (Foto WÜRDIG).

Tab. 53. 2- und 5-Keto-Gluconsäure, Glucuron- und Galacturonsäure in deutschen Weinen unterschiedlicher Qualitäten (SPONHOLZ & DITTRICH 1984).

Zuckersäure mg/L	Qualitäts weine	Kabinett-weine	Spätlesen	Auslesen	Beeren-auslesen	Trocken-beeren-auslesen	Rot-weine[*3]
2-Oxo-Gluconsäure	0–10	0–10	0–10	0–40[*1]	30–150[*2]	0–290	0–10
5-Oxo-Gluconsäure	20–70	20–80	20–80	30–90	40–100[*2]	10–100	20–60
Glucuronsäure	0–20	0–20	0–20	0–25	0–20	5–20	5–20
Galacturonsäure	200–500	150–500	200–600	300–1000	200–600	300–500	500–1100

[*1] in einigen Weinen mehr als 100 mg/L,
[*2] in einigen Weinen mehr als 200 mg/L,
[*3] außer deutschen 3 französische Rotweine

gen enthalten (siehe Tab. 53). In Beeren- und Trockenbeerenausleseweinen nimmt sie wieder etwas ab. Wahrscheinlich wird sie von Essigsäurebakterien zu Galactarsäure oxydiert.

Die Gluconat-Oxydationsprodukte **2-** und **5-Ketogluconsäure** sowie **Glucuronsäure** sind Tab. 53 zu entnehmen. Essigsäurebakterien können außerdem aus Fructose, Mannit und Sorbit **5-Keto-Fructose** bilden, die in Auslesemosten vorkommt. Sie bindet kein SO_2, da beide Keto-Gruppen als Halbacetal vorliegen. Gleiches gilt für das Xylose-Oxydationsprodukt **2-Desoxy-Xylose** – Xyloson – das in faulen Mosten und Weinen ebenfalls vermehrt ist.

Botrytis-befallene Beeren sind neben Essigsäurebakterien (vgl. 13.3.1.1) auch mit „wilden“ Hefen infiziert. Bei feuchtem Herbstwetter dringen auch sie in die vom Pilz aufgeschlossenen Beeren ein. Durch die Bildung von Glycerin, **Essigsäure** und **Essigsäureethylester** wird dies erkennbar. Bei nicht ausreichender Schwefelung kann sich ihr Stoffwechsel bis in die Gärung hinein weiter fortsetzen.

Die Bedeutung der Oxydationsprodukte für den hohen SO_2-Bedarf der Weine aus *Botrytis*-infizierten Beeren ist überschätzt worden. Erforderlich ist die **starke Schwefelung** vielmehr **zum Schutz gegen** Fehlentwicklungen, die von den genannten **Folgeinfektanten** in Beeren, Maischen und Mosten aus *Botrytis*-faulen Trauben befürchtet werden

Oxalessigsäure kommt in infektionsfreien Beeren höchstens mit wenigen mg/L vor. In Mosten aus edelfaulen Beeren ist sie stets nachweisbar – Höchstwert 36 mg/L. Bei der Gärung wird sie meist vollständig umgesetzt. **Glyoxylsäure** ist mit nur etwa 5 mg/L vertreten, gesunde Moste haben die Hälfte. Auch sie verschwindet bei der Gärung. **Glyoxal** und **Methylglyoxal** wurden in faulen Mosten ebenfalls in diesen Mengen gefunden. **Hydroxypropandial** liegt etwa 10-mal höher. In Mosten aus gesunden Beeren sind die Konzentrationen dieser SO_2-Binder um eine Zehnerpotenz geringer.
Diese Stoffe sind wohl ebenfalls größtenteils Oxydationsprudukte der mitinfizierenden Essigsäurebakterien. Bei der Gärung werden sie anteilig oder vollständig von der Hefe hydriert: Methylglyoxal zu Pyruvat, das in die Alkohol-Bildung eingeht, Hydroxypropandial zu Glycerin, Glyoxal zu 1,2-Ethandiol (Ethylenglycol). Dieser zur Verfälschung missbrauchte Stoff ist in Mengen von 1 bis 8 mg/L ein normaler Hefemetabolit.

müssen. Wichtig ist eine starke **Vorklärung** der Pressmoste aus solchen Beeren. Während in dieser Hinsicht Groß- und Mittelbetriebe infolge ihrer besseren technischen Ausstattung effektiver arbeiten können, wird dies Kleinbetrieben schwerer fallen. Diese Problematik gilt danach auch für die **Kühlung** der Moste und der Gärung. Die Struktur des Weinbaus bestimmt auf diese Weise die Technologie, die sich dann auf die Qualität auswirkt. Erforderlich ist die Schwefelung der Moste und später auch der Weine aus *Botrytis*-befallenen Beeren auch zur Hemmung der von diesem Pilz in den Beerensaft ausgeschiedenen Laccase. Andernfalls würden diese Weine zu stark gebräunt werden. Dies würde nicht der Verbrauchererwartung entsprechen.

Von erheblicher technologischer Bedeutung ist die **Polysaccharidbildung** des Pilzes. In der befallenen Beere umhüllt er damit seine Hyphen. Eine Abbildung davon ist in DITTRICH (1964 b) enthalten. Glucose wird polymerisiert zu einem **Glucan** mit einer β-1,3-D-Glucosekette und β-1,6-ständigen Glucosemolekülen an jedem dritten Glucosemolekül der Kette (DOLS-LAFARGUE & LONVAUD-FUNEL 2009, Abb. 63). Das Molekulargewicht beträgt etwa eine Million.

Dieses Glucan verursacht bei Weinen aus faulen Beeren Klärungs- und Filtrationsschwierigkeiten. Mit Ethanol bildet es nämlich Molekülaggregate, die die Filter verlegen. Die Hemmung der Filtration beginnt bei 2 bis 3 mg/L Glucan. Bis zu 50 mg/L und mehr wurden jedoch in manchen Weinen

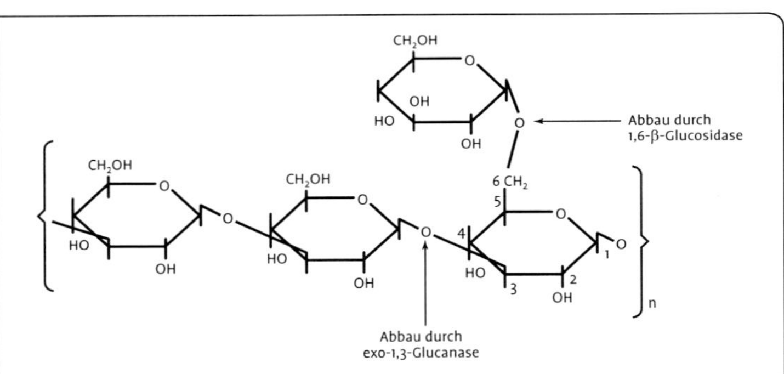

Abb. 63. β-1,3:1,6-D-Glucan von *Botrytis cinerea* und sein enzymatischer Abbau. Die seitenständige Glucose muss abgespalten sein, bevor die Hauptkette durch Abspaltung des jeweils endständigen Glucosemoleküls abgebaut werden kann. Der Glucan-Abbau erfordert daher Zeit und/oder hohe Enzymdosagen.

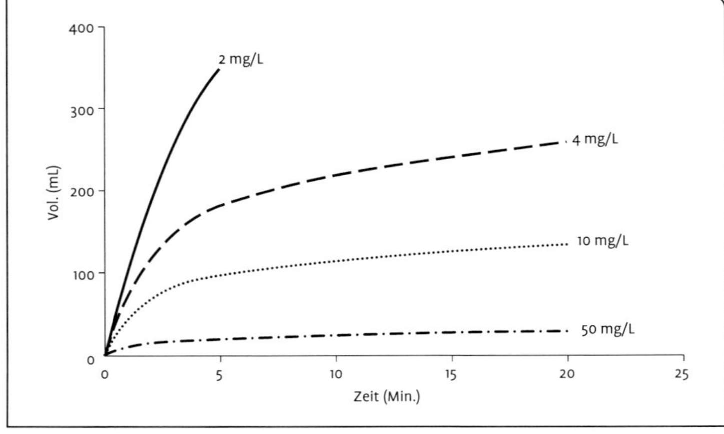

Abb. 64. Filtrationshemmung durch steigende Mengen *Botrytis*-Glucan in einem Wein (WUCHERPFENNIG & DIETRICH 1983).

nachgewiesen. Bei so hohen Konzentrationen wird die Filtration praktisch unmöglich (WUCHERPFENNIG et al. 1984; Abb. 64). Je stärker die befallenen Beeren mechanisch bearbeitet werden, umso mehr Glucan gelangt in den Most. Die Glucangehalte von Auslesemosten und -weinen sind daher unterschiedlich.

Veränderungen N-haltiger Stoffe

Der *Botrytis*-Befall bewirkt eine starke **Stickstoffabnahme**. Die Proteine werden stark abgebaut. Auch die im Most vorkommenden Aminosäuren nehmen stark ab (DITTRICH & SPONHOLZ 1975, Tab. 18). Sie werden vom Pilzmycel aufgenommen, das damit sein Zelleiweiß aufbaut:

Abnahme löslicher N-haltiger Stoffe
– lösliche Proteine, Aminosäuren
In 100 *Botrytis*-infizierten Beeren
von 114 mg N auf 58 mg N
In 100 edelfaulen Trockenbeeren
von 114 mg N auf 27 mg N

Anstieg unlöslicher N-haltiger Stoffe
– Pilzmycel
In 100 *Botrytis*-infizierten Beeren
von 94 mg N auf 117 mg N
In 100 edelfaulen Trockenbeeren
von 94 mg N auf 118 mg N

Die Unterschiede im Beerenfleisch, das ja den Most liefert, machen die Veränderung des N-Gehaltes noch klarer: In 100 g Beerenfleisch verringerte der *Botrytis*-Befall den löslichen N von 102 auf 54 mg. Der unlösliche N stieg dagegen von 84 auf 237 mg (MÜLLER-THURGAU 1888*).

Der Durchschnittsgehalt freier **Aminosäuren** im Most gesunder Trauben betrug z. B. etwa 2500 mg/L. Die **Abnahme** durch *Botrytis* betrug etwa 960 mg/L, also **fast 40 %.** Bemerkenswert ist die starke Prolinabnahme. *Botrytis* verhält sich dabei anders als Hefe.

Tab. 54 liefert Werte eines Probenpaares, die typisch für die Veränderungen durch *Botrytis* und durch Hefe sind: Die Summe der Aminosäuren des gesunden Mostes ist mit etwa 2600 mg/L recht hoch. Ihre Abnahme um 51 % ist typisch für den Parasitismus von *Botrytis*.

Die Veränderungen der Polyamine und Hydroxy-Zimtsäuren durch *Botrytis*-Befall und durch „Edelfäule“ wurden von GENY et al. (2003) untersucht.

Veränderungen anderer Mostinhaltsstoffe

Rotwein-Farbstoffe. Die **Zerstörung der** farbgebenden **Anthocyane** als Folge des *Botrytis*-Befalls blauer Beeren macht Abb. 65 deutlich. Weine aus solchen Beeren haben nur mehr eine geringe Farbintensität. Da der *Botrytis*-Befall oft erheblich ist und man auch diese Trauben verwerten will, gewinnt man daraus **Weißherbst** oder Weißdruck. Wie diese Bezeichnungen sagen, werden diese Trauben wie weiße Trauben verarbeitet: Der vor der Gärung gepresste Most ist dunkelgelb, zartrosa, kaum hellrot.

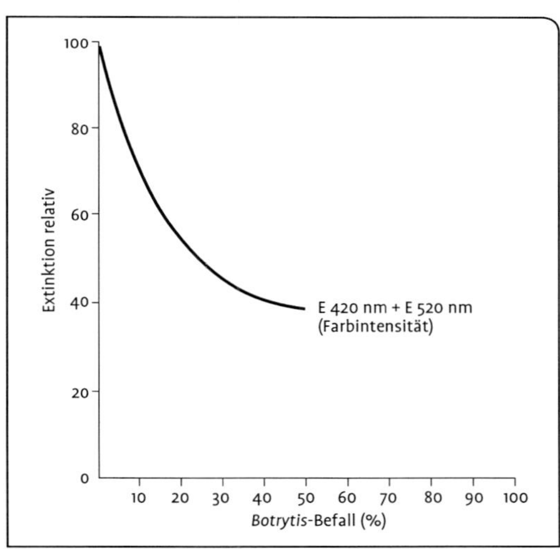

Abb. 65. Abnahme der Farbintensität von Blauburgunder-Weinen im Verhältnis zum *Botrytis*-Befall der Beeren (CAMPANA 1982*).

Tab. 54. Aminosäure-Ab- bzw. -Zu(+)nahme in Mosten (1973er Geisenheimer Müller-Thurgau, 79 bzw. 90 °Oe) als Folge der *Botrytis*-Infektion sowie die Aminosäure-Ab- bzw. –Zu(+)nahme durch die Hefe bei der Gärung (%-Werte gerundet; DITTRICH & SPONHOLZ 1975).

	Most „gesund“	Most „faul“	Ab- bzw. Zunahme durch *Botrytis*-Befall		Wein „gesund“	Ab- bzw- Zunahme durch Hefe bei Vergärung		Wein „faul“	Ab- bzw. Zunahme durch Hefe bei Vergärung	
	mg/L	mg/L	mg/L	%	mg/L	mg/L	%	mg/L	mg/L	%
Try	1	0	1	100	0	1	100	0	0	0
Lys	28	37	+9	+32	19	9	32	30	7	19
His	77	74	3	4	33	44	57	43	31	39
NH_3	75	48	27	36	9	66	88	11	37	77
Arg	805	376	429	53	502	303	38	193	183	49
Asp	63	40	23	37	51	12	19	41	+1	+3
Thr	168	55	113	67	52	116	69	18	37	67
Ser* + Amide	236	100	136	58	77	159	67	29	71	71
Glu	153	70	83	54	95	58	38	63	7	10
Pro	563	327	236	42	368	195	35	329	+2	+0,6
Cit	13	14	+1	+8	4	9	69	11	3	21
Gly	5	9	+4	+80	11	+6	+120	21	+12	+133
Ala	131	69	62	47	107	24	18	79	+10	+15
Val	57	13	44	77	31	26	46	2	11	85
Met	5	2	3	60	0	5	100	0	2	100
Ileu	44	10	34	77	8	36	82	6	4	40
Leu	63	2	61	97	13	50	79	10	+8	+400
Tyr	20	4	16	80	11	9	45	14	+10	+250
Phe	83	9	74	89	24	59	71	5	4	44
Summe	2590	1259	1331	51	1415	1175	45	905	354	28
*Serin	75	29			32			17		
Asp. NH_2	15	4			6			0		
Glu. NH_2	180	66			38			20		

Die Ursache des Farbverlustes ist die **Glucosidpaltung** durch den Pilz. *Botrytis* u. a. Schimmelpilze haben hohe Glucosidaseaktivitäten. Die anfallenden Aglukone unterliegen weiteren Umsetzungen, z. B. durch die Laccase des Pilzes.

Vitamine: In gesunden Mosten fanden wir 318 ng/mL **Thiamin**, in faulen Mosten nur noch 35 ng/mL. Das ist von großem Einfluss auf die Bildung SO_2-bindender Gärungsnebenprodukte. Zur Normalisierung des Hefestoffwechsels ist es deshalb wichtig, Mosten aus *Botrytis*-befallenen Beeren Thiamin vor der Gärung zuzusetzen (siehe 4.1.1). Während Moste aus gesunden Beeren 280 ng/mL **Pyridoxal** enthielten, hatten Moste aus *Botrytis*-Beeren etwa 160 ng/mL. Dadurch wird die Gärung nicht beeinträchtigt.

Den Geruch von Weinen aus *Botrytis*-befallenen Beeren sollen Ethyl-9-Hydroxynonanoat und Sotolon – 4,5-Dimethyl-3-Hydroxy-2(5H)-Furanon – mitbestimmen. Sotolon hat ein süßes, karamelartiges Aroma. Es prägt auch den Geruch von Florsherry, altem Reiswein und von Melasse. Jedoch können auch Moste aus Beeren ohne *Botrytis*befall Sotolon enthalten (SPONHOLZ & HÜHN 1994). Auch 1-Octen-3-ol kommt vor. Es hat Pilzgeruch. In japanischen *Botrytis*weinen waren im Vergleich mit normalen Weinen 34 von 143 flüchtigen Stoffen verändert. Zwölf Stoffe waren in *Botrytis*weinen stark vermehrt (YUNOME et al. 1981 a, b). In Mosten aus italienischen Rebsorten waren durch *Botrytis* Isoamyl- und Phenylalkohol, 1-Octen-3-ol, Nonalacton und Benzaldehyd stark vermehrt (PALOTTA et al. 1998). Trauben enthielten auch Stilbene wie trans-Resveratrol (LANDRAULT 2002). – Eine Auflistung der durch BOTRYTISinfektionen den Trauben verursachten Zu- bzw. Abnahmen von sensorisch wirksamen Weininhaltsstoffen bieten FRÖHLICH et al. (2009).
Die Asche ist in Mosten befallener Beeren erhöht: In Kabinettmosten betrugen die Kalium- und Magnesiumgehalte 1853 und 75 mg/L, in Trockenbeerenauslesemosten 3520 und 179 mg/L (WAGNER et al. 1989).

Die **sortenspezifischen Bukett- und Aromastoffe** werden von *Botrytis* weitgehend **zerstört**. Weine aus edelfaulen Trauben sind daher veredelt, ihre Sortenspezifität ist aber verringert oder sogar kaum mehr erkennbar. Charakteristisch ist für sie stattdessen das kaum definierbare **Edelfäulebukett** und ihre **Ausleseart**.

Während des *Botrytis*-Befalls werden Monoterpen-Disaccharide von Pilz-Glucosidasen gespalten. Die freigesetzten **Terpene können abdunsten**. Außerdem transformiert der Pilz allein Linalool zu 12 Stoffen, u. a. zu Geraniol, β-Pinen und Linalool-Oxyden (SHIMIZU et al. 1982). Der Verlust des sortentypischen Buketts wird vor allem durch die Hydroxylierung von Terpenen bewirkt. Während der Gärung können Terpene weiter verändert werden (siehe 4.2.5).

Wichtige Enzymaktivitäten von Botrytis
Außer den bereits genannten sind vor allem zwei Aktivitäten wichtig: Die **Pektin abbauenden** und die **Polyphenole oxydierenden Enzyme**.

Pektin abbauende Enzyme benötigt *Botrytis*, um in pflanzliche Gewebe eindringen zu können. Obwohl die Einwirkung von Polygalacturonidasen auf Maischen normalerweise zu höheren Mostausbeuten und besserer **Filtrierbarkeit** – daher „Filtrationsenzyme" – führt, sind edelfaule Weine im Regelfall schwerer filtrierbar wegen der Polysaccharidbildung des Pilzes. Es kommt aber auch vor, dass der Pektinabbau nur bis zu Spaltstücken bestimmter Molekülgröße führt, die sogar trubstabilisierend wirken.

Die Pektin-Methylesterase spaltet **Methanol** ab, das mit der Polygalacturonsäure verestert ist. Die Methanolgehalte edelfauler Weine sind daher unbedenklich erhöht. Die Zellwände der befallenen Beeren werden teilweise abgebaut. Besonders in der Auslesegruppe steigen deshalb **Galactose** und **Arabinose** an. Die Summen betrugen bei Qualitätsweinen 0,10 g/L, bei Spätlesen 0,36 g/L, bei Beerenauslese- und bei Trockenbeerenausleseweinen aber 1,17 und 1,95 g/L (Dittrich & Barth 1992). Arabinogalactan und Rhamnogalacturonan nehmen zu (Francioli et al. 1999).

Wichtig sind schließlich auch die Enzyme, die **Phenole** oxydieren. Befallsfreie Beeren enthalten eine **Tyrosinase**, die nur zum Teil in den Most geht. Sie oxydiert Orthodiphenole zu Chinonen und hydroxyliert Monophenole zu Diphenolen, die dann ebenfalls zu Chinonen oxydiert werden. Moste aus ***Botrytis*-infizierten Beeren** sind O_2-empfindlicher als normale Moste. Der Pilz produziert nämlich eine **Laccase**, die viel mehr Stoffe oxydiert als die Tyrosinase: Sie reagiert mit Mono- und Ortho-Diphenolen, mit Meta- und Para-Diphenolen sowie mit Diaminen und mit Ascorbinsäure. Sie ist gegenüber den Anthocyanen und Gerbstoffen des Weines etwa dreißigmal aktiver als die Tyrosinase (Ribéreau-Gayon et al. 1980). Die Laccase ist gefährlicher, weil sie auch viel stabiler ist. Ihre Aktivität führt zur **Farbvertiefung** der Weine, die aus *Botrytis*-infiziertem Lesematerial stammen, wenn sie nicht rechtzeitig und nicht ausreichend geschwefelt werden. Die Laccaseaktivität im Most/Wein ist umso größer, je höher der Anteil *Botrytis*-befallener Beeren war (Redl & Kobler 1991). – Einen Botrytis-Nachweis erarbeiteten Fröhlich et al. (2009).

Tab. 55. Veränderungen der Moste und Weine durch Edelfäule.

Zunehmend	Abnehmend	Nur in Auslesen	Bedeutung	Bildung aus/durch
Mostgewicht (Zucker)	Beerengewicht	Laccase	Erhöht Bräunungsbereitschaft u. evtl. SO_2-Bedarf	*Botrytis*
Gesamtsäure	Weinsäure	Galactarsäure (Schleimsäure)	Kann in Flasche kristallisieren	Galacturonsäure
Äpfelsäure	Gärintensität	Gluconsäure	Erhöht Extrakt u. Gesamtsäure	Glucose/ Essigsäurebakterien
Flüchtige Säure	Hefe	2- u. 5-Keto gluconat	Wie oben	Gluconsäure/Essigsäurebakt.
Glycerin	Aminosäuren u. a. N-Substanzen	(Galacturonsre.)	Wie oben	Pektinabbau
Polyole	Sortenbukett/ Terpene	β-Glucan	Erschwert Filtration	Zuckern
Zuckerrest	Alkohol	Sotolon	Geschmacksstoff, karamelartig	
SO_2-Bedarf	Thiamin	Seltene Zucker	Extrakt erhöhend	Zellwandabbau
	Rotweinfarbstoffe			

Durch *Botrytis*infektionen der Beeren wird die Qualität von Schaumweinen verringert. Bei 20 % Infektion war die Schaumbildung um etwa 60 % geringer. Die Geschwindigkeit, mit der sich nach dem Einschenken Schaum und Flüssigkeit trennen, nimmt mit dem Infektionsgrad zu (MARCHAL et al. 2001).

14.2.2.4 Folgen der veränderten Mostzusammensetzung für die Gärung

Zuckerkonzentration: Die hoch konzentrierten, aber an Nährstoffen verarmten Moste aus edelfaulen Beeren vergären meist schwer. Bei noch relativ tiefen Alkoholgehalten bleibt die Gärung stehen. Beerenauslese- und Trockenbeerenausleseweine haben oft noch hohe Zuckerreste von 100 bis 150 g/L. Dabei liegt ihr Alkoholgehalt häufig unter 10 %vol.

In 5.2 war beschrieben worden, dass hohe Zuckerkonzentrationen den Hefezellen Wasser entziehen. Damit ist eine **Hemmung aller Stoffwechselprozesse** in den Zellen, einschließlich ihrer Vermehrung, verbunden. Die Beeinträchtigung des Wasserzustandes der Hefe in edelfaulen Mosten ist daher für ihre Gärung ein einschneidender Faktor (DITTRICH 1964 b). Mit steigender Alkoholbildung steigt seine Schadwirkung schnell an. Beide Faktoren – **hohe osmotische Saugkraft des Mostes und zunehmende Alkoholbildung der Hefe** – wirken synergistisch **negativ** auf die Hefe.

An dieser **„Selbstvergiftung"** der Hefe ist auch die **Essigsäure** beteiligt. Da „faule" Beeren stark mit Essigsäurebakterien befallen sind, ist der Essigsäuregehalt ihrer Moste höher als in Mosten gesunder Beeren (siehe Tab. 52). Hinzu kommt, dass die Hefe im Zuckerstress vermehrt Essigsäure bildet (siehe Abb. 17). U. a. deshalb sind die Grenzwerte für die flüchtige Säure für Spitzenweine höher: für Eisweine und Beerenausleseweine bis zu 1,8 g/L, für Trockenbeerenausleseweine bis zu 2,1 g/L.

Hefemenge: Die Stoffwechselhemmung der Hefe zeigt sich auch an ihrer Vermehrung. In Mosten edelfauler Trauben entwickelt sich ein **geringeres Hefedepot** (DITTRICH 1964 b): Die Vergärung von 100 mL Most gesunder Trauben ergab bei Minimalbeimpfung z. B. 230 mg Hefetrockensubstanz, die in Most aus *Botrytis*beeren nur 155 mg.

Die Gärintensität wird vor allem durch die Anzahl der Hefezellen bestimmt. Daher ist die hohe Zuckerkonzentration in Trockenbeerenauslesemosten von der geringen Hefezahl – die zudem unter andauerndem Zuckerstress leidet – nur schwer zu vergären.

N-Gehalt: Weniger stark als der hohe Zuckergehalt wirkt sich der **niedrigere N-Gehalt** edelfauler Moste auf die Vermehrung und Gärung der Hefe hemmend aus. Durch Zusätze von hefenutzbarem Stickstoff kann man beide jedoch verbessern.

Die von *Botrytis* dem Beerensaft entnommenen N-Verbindungen sind vor allem die freien Aminosäuren. Er benötigt sie zur Proteinsynthese. Das gilt ebenso für die Hefe, die sich in den Mosten vermehren muss, um sie vergären zu können.

Die Gärung von Mosten aus gesunden Beeren verringerte die Aminosäuren durchschnittlich um etwa 800 mg/L, also um fast ein Drittel. Die Vergärung vergleichbarer Moste aus *Botrytis*-befallenen Beeren verringerte sie nur um 430 mg/L, also ebenfalls fast um ein Drittel.

Typisch für die Veränderung durch *Botrytis* und durch Hefe sind die Werte des in Tab. 54 wiedergegebenen Probenpaares: Bei der Gärung des gesunden Mostes nahm die Hefe 45 % der Aminosäuren auf, bei der Gärung des faulen Mostes nur 28 %. Die Möglichkeiten der N-Versorgung der Hefe haben in diesem Most – der ja schon von *Botrytis* „ausgefressen" worden war – ihre Grenze erreicht. Dennoch werden einige Aminosäuren vermehrt.

Vitamine: Die Pyridoxin- und Thiaminveränderungen und die **Erhöhung der Ketosäurebildung**: Durch **Zusätze wasserlöslicher Vitamine** ließ sich die Vergärung edelfauler Moste beschleunigen. Pyridoxal schwankt in Mosten aus gesunden Beeren zwischen 170 und 440 ng/mL, in faulen Mosten zwischen 95 und 190 ng/mL. Bei der Gärung, auch der fauler Moste, nimmt es meist zu. Die Synthese durch die Hefe ist so stark, dass die Verringerung durch *Botrytis* für sie folgenlos ist.

Die **Thiamin-Abnahme** durch *Botrytis* ist dagegen bei der Vergärung edelfauler Moste von großem Einfluss. In gesunden Mosten betrug der Thiamingehalt im Durchschnitt etwa 320 ng/mL. In edelfaulen Vergleichsmosten war er stark zusammengeschrumpft. Der Pilz verbraucht drei Viertel bis neun Zehntel.

Während der Vergärung der gesunden wie auch der faulen Moste verringert die Hefe den Thiamingehalt jeweils auf etwa die Hälfte (Dittrich & Sponholz 1975, vgl .4.1.1). Obwohl die Hefe dieses Vitamin synthetisieren kann, deckt sie ihren Bedarf in gesunden Mosten schnell durch die Aufnahme des hier ausreichend vorhandenen Vitamins. Der Thiaminrest des Mostes aus *Botrytis*-parasitierten Beeren deckt dagegen ihren Bedarf nicht mehr. Das Thiamin wird daher zum **begrenzenden Faktor** für den Stoffwechsel der Hefe in diesen Mosten. Wie wirkt sich das aus?

Thiamin ist als Pyrophosphat das Coenzym der Enzyme, die die entstehenden Ketosäuren decarboxylieren. Die infektionsbedingte Thiaminverarmung im edelfaulen Most beeinträchtigt daher diese Prozesse: Die anfallende Brenztraubensäure und Ketoglutarsäure können nicht mehr mit normaler Aktivität abgebaut werden; ihre Gehalte bleiben höher. Das Pyruvat kann das Dreieinhalbfache erreichen, das Ketoglutarat das Doppelte (Dittrich et al. 1974). Das **höhere Ketosäurevorkommen verursacht** einen **höheren SO_2-Bedarf** der Jungweine aus edelfaulem Lesegut.

Die erhöhte Bildung der SO_2-bindenden Hefemetaboliten Pyruvat und Ketoglutarat kann durch **Zusatz von Thiamin** zum Most wieder normalisiert werden (Dittrich et al. 1975). Sein Zusatz bis 0,6 mg/L (= 0,76 mg/L käufliches Thiamindichlorid) wurde daher erlaubt.

Die oft hohen SO_2-Gehalte von Ausleseweinen sind teilweise durch die hohen Ge-

Tab. 56. Gesamt-SO_2-Gehalte und SO_2-Bindungspartner in Weinen der Auslese-Gruppe (Riesling, Rheingau) des gleichen Betriebes in mg/L.

	Acetaldehyd	Pyruvat	Ketoglutarat	Gesamt-SO_2
Auslese 1975	52	63	48	218
Beeren-Auslesen				
1976	63	14	33	179
1985	50	188	41	264
Trockenbeeren-Auslesen				
1979	57	12	38	160
1988	56	63	48	270
1989	27	22	73	391

halte an SO_2-Bindungspartnern begründet. Die in Tab. 56 dargestellten Beispiele zeigen, dass das Verhältnis dieser Stoffe stark schwanken kann. Man vergleiche dazu auch Barbe et al. 2001.

Da infolge des feucht-kühlen Herbstwetters schon normales Lesematerial *Botrytis*befall aufweist, ist der Thiaminzusatz zu allen Mosten zu empfehlen. Er sollte durch den Zusatz von hefeverwertbarem Stickstoff ergänzt werden. Die Gärung sollte mit (Trocken)Starthefe erfolgen.

Das von *Botrytis* verursachte Thiamindefizit der Hefe verändert ihren Stoffwechsel und damit ändert sich – falls durch Thiaminzusatz keine Normalisierung hergestellt wird – auch die Zusammensetzung und letztlich auch die Qualität dieser Weine.

Die höheren Alkohole nehmen mit steigender Prädikatsstufe der Weine ab (Tab. 9).

Bildet *Botrytis* gärungshemmende Stoffe?

Die schlechte Vergärbarkeit edelfauler Moste ist in der Hauptsache auf ihre hohen Zuckerkonzentrationen sowie auf den Nährstoffmangel in ihnen zurückzuführen (Dittrich 1964 b). Von anderer Seite war die Bildung von antibiotisch wirkenden „Botryticinen" postuliert worden. Die *Botrytis*-Hyphen töten nämlich in den infizierten Beeren die umgebenden Zellen ab. Es ist deshalb nicht auszuschließen, dass der oder die wirksamen Stoffe auch die Hefezellen hemmen können. Diese Wirkung wird jedoch nur eine nachrangige Ursache der geringeren Hefevermehrung und langsamen Gärung sein.

Nicht unterschätzt werden sollte die Rückwirkung von Hefemetaboliten auf den eigenen Stoffwechsel. Der **Acetaldehyd** ist infolge seiner hohen Reaktivität ein potenter Hemmstoff. Bei Konzentrationen bis zu 200 mg/L, die bei der Gärung von Mosten der Auslesegruppe erreicht werden können, ist zumindest seine Mitwirkung wahrscheinlich. Auch die **Essigsäure**, die nicht nur in diesen Mosten vermehrt vorkommt, sondern als Folge des Zuckerstress bei der Gärung vermehrt produziert wird (siehe Abb. 17), trägt sicher zur Hemmung der Gärung bei.

Wegen der großen Bedeutung sollen die wichtigsten Fakten zur **Verbesserung der Gärfähigkeit edelfauler Moste** nochmals zusammengefasst werden:

Die **Vergärung mit Starthefe** ist zwingend geboten: Die Anwendung von **Trockenhefe** ist die einfachste und sicherste Methode zur Förderung der Gärung. Zur Überwindung der erschwerten Bedingungen sollten edelfaule Moste mit **größeren Hefemengen** beimpft werden: Während für Moste aus gesunden Beeren bei normalen Bedingungen 10 bis 15 g/100 L ausreichen, sollten bei diesen Mosten 20 bis 30 g/100 L angewandt werden. Sind die Moste kalt und/oder stark geklärt, sind noch höhere Hefegaben empfehlenswert. Hilfreich ist dann auch eine Mosterwärmung.

Zur Förderung der Hefevermehrung und zur Erniedrigung der Bildung SO_2-bindender Metaboliten ist der **Zusatz von Thiamin** bis zu 60 mg/100 L und bis zu 100 g/100 L **$(NH_4)_2HPO_4$** anzuraten. Zusätzlich können noch Hefezellwandpräparate angewandt werden.

Die **Hochkurzzeiterhitzung** edelfauler Moste ist aus zwei Gründen zu empfehlen: Die stark oxydierende *Botrytis*-Laccase wird weitgehend inaktiviert, außerdem werden die zahlreichen wilden Hefen und Essigsäurebakterien ausgeschaltet. Edelfaule Moste fallen aber nur in kleinen Mengen an. Viele Betriebe können diese Behandlung nicht durchführen.

Die Gärung muss trotz dieser Maßnahmen **kontrolliert** werden. Dies besonders dann, wenn man zur Gewinnung „edelsüßer"

Weine einen bestimmten **Zuckerrest** erhalten will. Eine zu weit gehende Vergärung ist dann durch Kühlung, Abstich von der Hefe bzw. Filtration und Schwefelung zu erreichen.

Schließlich ist die maßvolle **Schwefelung** edelfauler Beeren bzw. ihrer Moste wichtig. Sie soll nur in der Menge erfolgen, die eine Oxydationshemmung der Laccase und eine Vermehrungshemmung der unerwünschten Mikroorganismen erfordert. Eine Hemmung der Hefe darf aber angesichts der sowieso schon starken Hemmnisse nicht erfolgen.

14.2.2.5 Die Mikroflora *Botrytis*-befallener Beeren

Mit dem Einwachsen des Pilzes in die Beere wird auch anderen Mikroorganismen eine Nährstoffquelle geöffnet. Der Saft der Beeren bietet verschiedenen Hefen sowie Essig- und eventuell auch Milchsäurebakterien die Möglichkeit zur Vermehrung. Die Hefezahlen sind in Mosten aus solchen Beeren mindestens zehnmal höher als in Mosten aus unverletzten Beeren (2.1.2). Neben den auf allen Beeren vorkommenden Hefen *Hanseniaspora uvarum* (*Kloeckera apiculata*), *Metschnikowia pulcherrima*, *Issatchenkia orientalis* und *Sacch. cerevisiae* ist bei *Botrytis*-infizierten Beeren noch mit den osmotoleranten Arten *Candida stellata*, *Zygosaccharomyces rouxii* und *Zygosacch. bailii* und mit sehr vielen Essigsäurebakterien zu rechnen.

Schon in den befallenen Beeren können Hefen Alkohol und Glycerin produziert, wilde Hefen Essigsäure und Essigsäureethylester, andere können Zuckeralkohole gebildet, Essigsäurebakterien Alkohol und Glycerin oxydiert haben. Glucose werden sie anteilig zu Gluconsäure oxydiert haben. Demgegenüber wird die Bildung von **Glycerin** und **Gluconsäure stets nur *Botrytis*** zugesprochen. Die mit dem *Botrytis*befall verbundene Folgemikroflora ist jedoch an den Stoffbildungen beteiligt.

In Mosten aus *Botrytis*-befallenen Beeren des Bordeaux-Gebietes (Chateau D'Yquem) fiel das häufige Vorkommen der osmotoleranten *Candida stellata* auf (10^7 Zellen/mL). Diese Hefe überlebt während der Gärung lange (Abb. 2). *Metschnikowia* (10^5 Zellen/mL) stirbt dagegen wie *Kloeckera* (10^6 Zellen/mL) und *Issatchenkia orientalis* (*Cand. krusei*) schneller. Die Milchsäurebakterien sterben ebenfalls vor *Cand. stellata* und *Sacch. cerevisiae*. In Südafrika enthielten Moste aus faulen Beeren ebenfalls mehr *Candida stellata* (12 %), *Issatchenkia orientalis* (19 %) und *Hanseniaspora uvarum* (27 %). Auch die Artenzahl war mit 33 höher als mit 19 auf gesunden Beeren (LE ROUX et al. 1973). Most *Botrytis*-befallener Beeren in Japan enthielt im Durchschnitt 3000×10^3 Hefen/mL. Most gesunder Beeren hatte $8{,}7 \times 10^3$ Hefen/mL. Während in Mosten aus infektionsfreien Beeren 9,4 % *Candida*-Arten und *Zygosacch. bailii* vorkamen, aber 57 % der *Cryptococcus-Rhodotorula*-Gruppe und 28 % *Hanseniaspora*, enthielt Most aus *Botrytis*-befallenen Beeren 50 % *Candida*- und *Zygosaccharomyces*-Arten, 36 % *Hanseniaspora* und 9 % *Cryptococcus-Rhodotorula*-Arten (GOTO et al. 1984).

14.2.2.6 Die „Botrytisierung" von Trauben

Die enorme Qualitätssteigerung, die vollreife Beeren durch die *Botrytis*infektion günstigenfalls erfahren, hat Versuche initiiert, Trauben sowohl am Stock wie auch in Klimaräumen zu „botrytisieren".

Die künstliche Erzeugung von Edelfäule mit Sporensuspensionen war im Freiland nicht sehr erfolgreich (GANGL et al. 2003). In Klimaräumen waren Versuche mit geernteten Trauben erfolgreich. Eine den Wasserentzug der infizierten Beeren fördernde Lüftung lieferte bei Trauben mit 23 % Zucker Moste mit 47 % Zucker. Die Temperatur betrug 20 bis 25 °C, die relative Luftfeuchte lag unter 75 % (NELSON & NIGHTINGALE 1959, EWART 1982).

14.2.3 Die Gattung *Aspergillus* – Gießkannenschimmel

Morphologische Merkmale: Die Aspergillen haben septierte – gekammerte – Hyphen. Den typischen Konidienträger zeigt Abb. 66. Da er dem Spritzkopf einer Gießkanne mit austretenden Wasserstrahlen ähnelt, werden die Aspergillen „Gießkannenschimmel“ genannt. Das keulenförmige Ende der Konidienträger hat einen Durchmesser bis zu 80 µm. Die Konidien sind klein, 3 bis 4 µm, fast kugelig, später warzig. Sie werden in großen Massen gebildet.

Vorkommen und Bedeutung: Diese Pilze sind sehr häufig. Ihre Schimmelrasen sind grün oder gelb, auch schwarz, braun oder weiß. Die Arten mit grünem Rasen sind am häufigsten. Sie wachsen auf fauligen Weintrauben, auch an feuchten Stellen in Kellern und Lagerräumen, auf Holz, Pappe und Papier, Stroh und Flaschenkorken. Gelegentlich wird dort *A. ruber* bemerkt, weil seine Hyphen einen roten Farbstoff abscheiden.

Für den Weinbau haben diese Pilze so gut wie keine Bedeutung. Unter 222 Pilzstämmen – außer *Botrytis* – die von Trauben aus vier Gemeinden isoliert worden waren, waren nur elf *Aspergillus*-Stämme. Davon gehörten zehn zu *A. fumigatus* (Radler & Theis 1972). Die Pektin abbauenden **Filtrationsenzyme** werden mit Stämmen von *A. niger* produziert. Auch die Produktion von Amylasen wird bei einigen Arten technisch genutzt. Ihr Stoffwechsel wird von den Produkten der „unvollständigen Oxydation“ geprägt. Technisch wichtig ist die Produktion von Citronensäure und von Gluconsäure.

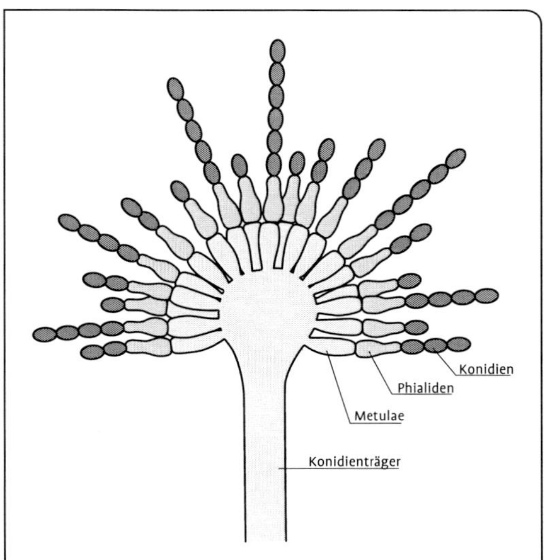

Abb. 66. Konidienträger von *Aspergillus*.

Aflatoxine bildende Aspergillen sind auf Traubenbeeren nicht gefunden worden. Auch in Weinen wurden diese Mycotoxine nicht gefunden.

14.2.4 Die Gattung *Penicillium* – Pinselschimmel

Morphologische Merkmale: *Penicillium* hat farblose, septierte Hyphen. Da der Konidienträger mit den darauf sitzenden Konidien einem Pinsel ähnelt, nennt man diese Gattung „Pinselschimmel“. Nach dem Bau des Konidienträgers werden die vielen Arten in drei Gruppen unterteilt: 1. *Monoverticillium* (= Einwirtel), 2. *Asymetricum* (die zwei bis drei Wirtel stehen asymmetrisch), 3. *Symetricum* (der Konidienträger ist symmetrisch). Die massenhaft produzierten Konidien sind kugelig bis ellipsoid. Ihre Oberfläche ist rau und warzig. Sie sind meist grün bis gelb, auch blau pigmentiert.

Vorkommen und Bedeutung: Die Penicillien sind noch häufiger als die Aspergillen. Während nämlich die Aspergillen wärmeliebender sind, kommen *Penicillium*arten häufiger in kühlen Klimaten vor. Sie besiedeln die gleichen Substrate wie die Aspergillen. Auch sie sind auf den verschiedensten Standorten zu finden.

Nach *Botrytis* sind die Penicillien die wichtigsten Infektanten von Traubenbeeren: Von den 222 Pilzstämmen (außer *Botrytis*), die von den Trauben isoliert wurden (siehe

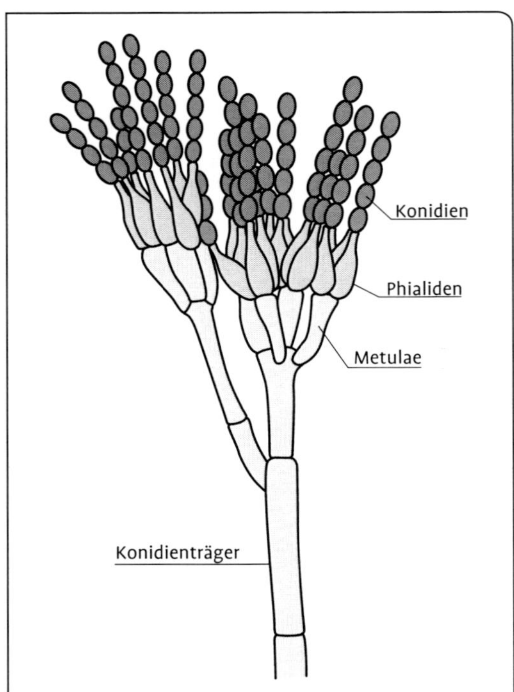

Abb. 67. Konidienträger von *Penicillium*.

14.2.3), gehörten 133 Stämme zu *Penicillium* (Radler & Theis 1972). Die wohl auch auf Trauben häufigste Art ist *P. expansum*. Besonders **verletzte Beeren** werden befallen. Die Infektion unreifer Beeren führt infolge der hohen Polysaccharid und Pektin abbauenden Aktivitäten dieser Pilze meist zur totalen Zerstörung. Beimpfungen roter und weißer Trauben lieferten Weine mit einem höheren zuckerfreien Extrakt und einem höheren Gehalt an Tannin. Die Weine klärten sich schneller. Sie hatten einen leichten Schimmelgeruch und waren sehr **bitter**.

Der Most aus dem infizierten Lesegut ist stark verändert: Zucker und Säure haben zugenommen, weil vor allem **Gluconsäure** zugenommen hat. Gleiches gilt für **Glycerin**. Wegen der Bildung des Mycotoxins **Patulin** sind *Penicillium*-befallene Trauben für die Herstellung von Traubensaft ungeeignet. Durch eine Mostschwefelung und durch Vergären verschwindet es (Majerus & Woller 1987). Dagegen wurde **Ochratoxin A** nicht selten in Weißweinen und vermehrt in Rotweinen sowie in Weinen und auf Tafeltrauben aus dem Mittelmeerraum nachgewiesen (Majerus & Otteneder 2000).

P. expansum und *P. roquefortii* produzieren flüchtige, vom Weintrinker unangenehm empfundene Stoffe, die wohl eine Ursache des „Kork-", „Stopfen-„ oder **„Mufftones"** sind. Eine **indirekte Einwirkung** genügt, etwa wenn eine gefüllte Flasche mit einem von *P. expansum* infizierten Stopfen verkorkt wird. Neben den Korken ist auf die Schimmelfreiheit von Fässern und Schläuchen zu achten. Alte Schläuche sind zu ersetzen. Ihre Innenseite hat oft Haarrisse, die infiziert sind. Auf die Bildung von **Bitterstoffen** ist nochmals hinzuweisen.

Wie verschiedene andere Schimmelpilze bilden Penicillien **Ameisensäure** (Wucherpfennig 1983). Das Formiat kann ungesetzliche Zusätze zur Konservierung vortäuschen. Es kann auch zu Gärschwierigkeiten führen.

14.2.5 *Trichothecium roseum*

Dieser Pilz ist selten. Sein Befall ist als **„rosa Fäule"** erkennbar durch die orange bis aprikosenfarbenen Konidien. Sie sind zweizellig, birnenförmig und anfangs hyalin. Sie sitzen

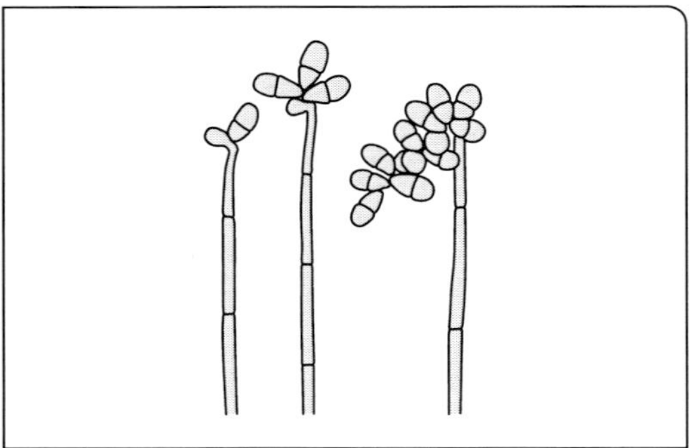

Abb. 68. Konidienträger von *Trichothecinum roseum* (Reiss 1998, 18).

auf unverzweigten Konidienträgern, die wenig oder nicht septiert sind (Abb. 68).

Trichothecium siedelt sich vorwiegend auf sauer-faulen Trauben nach frühem Befall durch *Botrytis* an.

Trichothecium roseum ist säureempfindlicher als *Botrytis*, er baut Malat ab, danach auch Tartrat. Er ist glucophil.
Außer einem Muffton bildet der Pilz die bitteren Mycotoxine Trichothecin und iso-Trichothecin. Ihr Vorkommen ist ohne gesundheitliche Bedeutung (MAJERUS & ZIMMER 1995). Wegen der **Bitterkeit der Weine** sind befallene Beeren zu verwerfen.

14.2.6 *Trichoderma viride*

Infolge seiner grünen Konidien verursacht der Pilz manchmal „Grünfäule" auf Beeren. Er bildet Pektinasen und Glucanasen. Den Most scheint er kaum zu verändern.

14.2.7 *Glomerella cingulata, Alternaria alternata*

Glomerella – Nebenfruchtform *Colletotrichum* – verursacht in Japan und Südkorea große Schäden. Die befallenen Beeren laufen aus. Auf reifen Beeren ist auch *Alternaria alternata* gefunden worden. Der Geschmack dieser Beeren ist ausgesprochen unangenehm.

14.2.8 *Uncinula necator* – Oidium, Echter Mehltau

Da der Mehltau der **Reben** ein **gefährlicher Schädling** ist, wird er konsequent bekämpft. Bei Anwendung von molekularem Schwefel kann bei der Gärung daraus H_2S entstehen. Als Folge der Austrocknung der Beeren sind in den Weinen Extrakt, Kalium, Magnesium und Phosphat erhöht. Befallene Trauben sind zu verwerfen, da die Weine daraus Schimmelgeruch haben.

Diese u. a. auf Traubenbeeren vorkommenden Pilze beschreiben KASSEMEYER & BERKELMANN-LÖHNERTZ (2009).

14.2.9 *Aureobasidium pullulans* – Rußtaupilz

Morphologische Merkmale: Die Bezeichnung Rußtaupilz deutet an, dass dieser Pilz Pflanzenteile mit einem schwarzen Belag überzieht. Besonders stark vermehrt er sich in den zuckerhaltigen Absonderungen von Blattläusen. Der rußige Belag besteht aus einer riesigen Zahl schwarzer Dauersporen. Wenn Beeren stark damit kontaminiert sind, kommen diese Sporen in den Most und keimen hier aus. Diese durch Sprossung entstandenen **„Scheinhefen"** (Abb. 69) sind oft schwer von Hefezellen unterscheidbar. Ältere Zellen bilden an einem Ende zwei gleichgroße Sprosszellen. In Most wächst der Pilz mit knorrigem, gekammerten Mycel. An der Oberfläche kugeln sich die Zellen ab. Sie umgeben sich mit einem harten Mantel, in den schwarze Pigmente eingelagert werden. Sie liegen anfangs in Ketten aneinander, dann zerbrechen sie in Einzelzellen. Auch 2- und 3-zellige Chlamydosporen kommen vor.

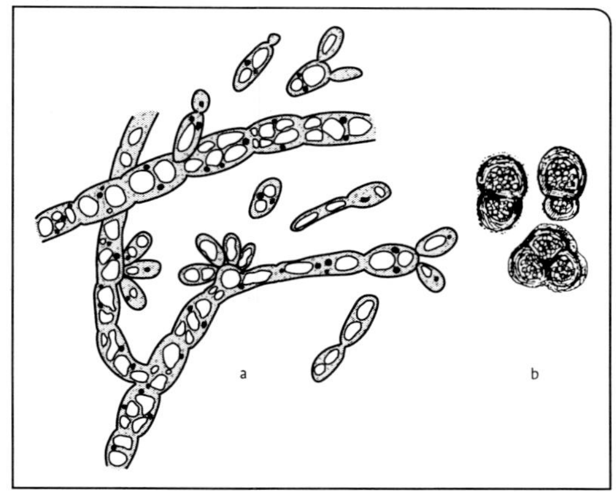

Abb. 69. *Aureobasidium pullulaus* (a = Hyphen mit Scheinhefen, b = Rußtau-Chlamydosporen; SCHANDERL 1959, 320).

Vorkommen und Bedeutung: Wenn der Most nicht in Gärung kommt oder wenn er als Süßreserve ohne ausreichende Schwefelung eingelagert wird, kann sich der Pilz u. U. stark vermehren. Der Most wird dann infolge der Bildung des Polysaccharids Pullulan schleimig. Bei der Füllung eines Weines können durch Verschnitt mit einer solchen Süßreserve bei schlechter Filtration diese Scheinhefen in den Wein gelangen. Eine Schädigung tritt nicht ein, da der Pilz nicht mehr als etwa 2 %vol Alkohol erträgt. Mit *Aureobasidium* infizierte Traubensäfte sind nicht mehr handelsfähig, sie sind aber vergärbar.

Der Rußtaupilz bildet nur bis zu etwa 2 %vol Alkohol, etwas Glycerin, Mannit, Essig-, Bernstein-, Glucon-, Oxal- und Milchsäure sowie Acetaldehyd. Glucose, Fructose und Saccharose polymerisiert er zu Pullulan. Der Pilz baut Weinsäure teilweise ab.

14.2.10 *Cladosporium cellare* – Weinkellerschimmel

Morphologische Merkmale: Das Mycel ist auf Agar-Kulturen zunächst weiß, später tief schwarz. Die Hyphen sind sehr dünn – 2,5 µm – sie enthalten Fetteinschlüsse, das Luftmycel ist daher leicht entzündbar. Die Konidien sind ei- oder birnenförmig, meist einzellig und wie die Lufthyphen feinkörnig geraut. Die Konidien keimen an den Polen nach zwei Seiten.

Vorkommen und Bedeutung: *Cladosporium cellare* kommt in alten Weinkellern an den Wänden, auf Flaschen und Flaschenkorken, auf Leitungen, auf eisernen Absperrgittern und Gestellen vor (Abb. 70). Er bildet dort dunkelgraue bis grünschwarze wattige Polster und Überzüge. Seltener bildet er an Kellerwänden runenartige kleine Kolonien. Der Weinkellerschimmel ist ein Indikator für

Cladosporium kann auf Glas, Porzellan oder Metall wachsen dank seiner Fähigkeit, Stoffe wie Alkohol, die dampfförmig in der Kellerluft vorkommen, zu nutzen. Da die Konzentrationen dieser Stoffe äußerst gering sind, wächst er auf den inerten Unterlagen nur sehr langsam. Er kann auch Flaschenetiketten besiedeln und ihre Zellulose abbauen. *Cladosporium herbarum* kommt ebenfalls auf Pappe, Papier und Stoff, auch auf Weinbeeren vor. Er verursacht die **„Stockflecke"**.

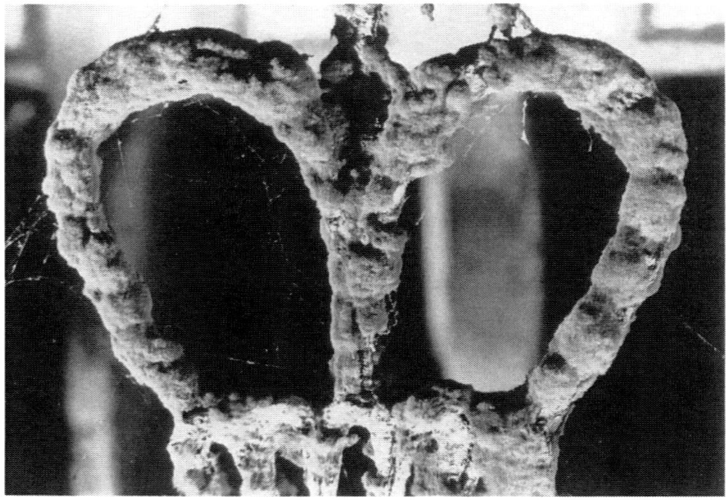

Abb. 70. *Cladosporium cellare.* Vom Pilz überwachsene Eisenteile in einem Weinkeller

mindestens 85 % Luftfeuchte. Die Meinung, dass der Pilz das Kellerklima „reguliere“, ist haltlos. Im Wein kann er nicht wachsen, da er mehr als 2 %vol Alkohol nicht erträgt. Moderne Keller bieten ihm keine Entwicklungschancen.

14.2.11 Der Kellerrotz

Dieser Ausdruck bezeichnet den schleimigen Wandbewuchs in alten Weinkellern. Er wird ebenfalls durch die Kondensation flüchtiger Stoffe ernährt. Die Zusammensetzung der Vegetation ist sehr unterschiedlich. Schwarzfärbungen sind auf den Kellerschimmel und auf die Chlamydosporen des Rußtaupilzes zurückzuführen. Wie er, bilden auch *Rhodotorula*-Hefen viel Schleim. Durch sie entstehen rötliche und orange Färbungen. Auch Blau- und Grünalgen, die von einer Schleimkapsel umhüllt sind, kommen vor. Da ihnen kein Licht zur CO_2-Assimilation zur Verfügung steht, müssen sie sich hier von den genannten Dämpfen heterotroph ernähren. Die Schleimmassen haben oft himbeer- oder stalaktitenähnliche Oberflächen. Auch ihre Erhaltung ist ein Zugeständnis an die Weinkeller-Romantik.

14.3 Basidiomyceten – Ständerpilze

Die Bedeutung **Holz zerstörender** Pilze ist infolge des weitgehenden Ersatzes von Fässern und hölzernen Gerätschaften durch Behälter aus Edelstahl und Kunststoffen nur noch gering. Bei mangelnder Pflege können sie Fässer und Holzgegenstände, auch Pappe und Papier befallen. Der gefährlichste ist der echte Hausschwamm *Merulius lacrymans*. Der Kellerschwamm *Coniophora cerebella* wird häufig mit ihm verwechselt. Auch *Poria*-Arten kommen vor.

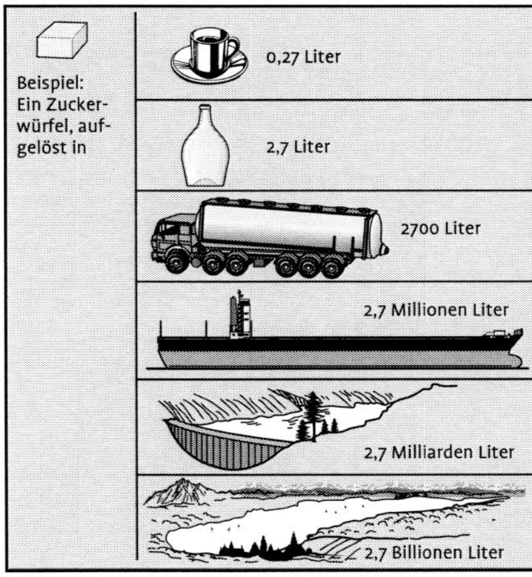

Beispiel: Ein Zuckerwürfel, aufgelöst in	0,27 Liter	**1% Prozent** ist 1 Teil von hundert Teilen	**10 Gramm** pro Kilogramm	10 g/kg
	2,7 Liter	**1 Promille** ist 1 Teil von tausend Teilen	**1 Gramm** pro Kilogramm	1 g/kg
	2700 Liter	**1 ppm** (part per million) ist 1 Teil von 1 Million Teile	**1 Milligramm** pro Kilogramm	0,001 g/kg (10^{-3})
	2,7 Millionen Liter	**1 ppb** (part per billion) ist 1 Teil von 1 Milliarde Teile (b = billion, amerik. für Milliarde)	**1 Mikrogramm** pro Kilogramm	0,000 001 g/kg (10^{-6})
	2,7 Milliarden Liter	**1 ppt** (part per trillion) ist 1 Teil von 1 Billion Teile (t = trillion, amerik. für Billion)	**1 Nanogramm** pro Kilogramm	0,000 000 001 g/kg (10^{-9})
	2,7 Billionen Liter	**1 ppq** (part per quadrillion) ist 1 Teil von 1 Billiarde Teile (q = quadrillion, amerik. für Billiarde)	**1 Picogramm** pro Kilogramm	0,000 000 000 001 g/kg (10^{-12})

Abb. 71. Messgrößen mikrobieller Stoffwechselprodukte und Weininhaltsstoffe

Serviceteil

Literatur

Kapitel 2: Die Hefe

AQUILAR-USCANGA, B., FRANCOIS, J. M. (2003): A study of yeast cell wall composition and structure in response to growth conditions and mode of cultivation. Lett. Appl. Microbiol. 37, 268.

AUTORENTEAM (2002): Functional organization of the yeast proteome by systematic analysis of protein complexes. Nature 415, 141–147.

BACK, W. (1994, 2000): Farbatlas und Handbuch der Getränkebiologie I u. II, Verlag Hans Carl, Nürnberg, 165 u. 240 S.

BARNETT, J. A. (1972): The numbers of yeasts associated with wine grapes of Bordeaux. Arch. Microbiol. 83, 52–55.

BARNETT, J. A., PAYNE, R. W., YARROW, D. (2000): Yeasts: Characteristics and identification. 3. Ed., Cambridge Univ. Press, Cambridge, 1139 S.

BELIN, J. M. (1972): Recherches sur la répartion des levures à la surface de la grappe de raisin. Vitis 11, 135–145.

BENDA, I. (1981): Hefen in der Kellerwirtschaft – ein Beitrag zu mikrobiologischen Problemen der Weinbereitung. Bayer. Landw. Jahrb. 58, Sonderheft 2, 83–89.

BISSON, L. F., KUNKEE, R. E. (1995): Yeast and biochemistry of ethanol fermentation, in Boulton, R. B., Singleton, V. L., Kunkee, R. E.: Principle and practices of winemaking. Chapman & Hall, N. Y., 102–192.

BISSON, L. F., JOSEPH C. M. L. (2009): Yeasts, in König, H., Unden, G. Fröhlich, J., 47–60.

BLONDIN, B., DEQUIN, S., QUEROL, A., LEGRQAS, J. L. (2009): Genome of *Sacch. cerev.* and related Yeasts, in König, H., Unden, G., Fröhlich, J., 361–378.

CAVAZZA, A., ZINI, C. (1996): Changes in grape must microbial flora as affected by wine making operations before yeast inoculation: An investigation in 12 wineries in Trentino (North Italy). Wein-Wiss. 51, 180–186.

CHARPENTIER, C. M., FEUILLAT, M. (1993): Yeast autolysis, in Fleet, G. H.: Wine microbiology and biotechnology. Harwood Acad. Publ., Chur.

DICKS, L. M. T., TODOROV, S., ENDO, A. (2009): Microbial Interactions, in König, H., Unden, G., Fröhlich, J., 335–347.

DIETRICH, H., SCHMITT, H. (1991): Neuere Ergebnisse der Kolloidforschung. Deutsch. Weinb. (46), 20–25, 94–100.

DITTRICH, H. H. (1995): Wine and Brandy, in Rehm, H. J., Reed, G.: Biotechnology. 2. Ed., Vol. 9, VCH Weinheim, S. 463–504.

DITTRICH, H. H. (2008): Mikrobiologie des Weines und Schaumweines, in Back, W.: Mikrobiologie der Lebensmittel – Getränke. Behrs Verlag, Hamburg, 189–260.

DONHAUSER, S., VOGESER, G., SPRINGER, R. (1989): Klassifizierung von Brauhefen und anderen industriell eingesetzten Hefen durch DNS-Restriktionsanalysen. Monatsschr. Brauwiss. 42, 4–10.

ESCOT, S., FEUILLAT, M., DULAU, L., CHARPENTIER, C. M. (2001): Release of polysaccharids by yeasts and the influence of released polysaccharids on colour stability and wine astringency. Austral. J. Grape & Wine Res. 7, 146–152.

FERNÁNDEZ-ESPINAR, M. T., BARRIO, E., QUEROL, A. (2003): Analysis of the genetic variability in the species of the *Saccharomyces* sensu stricto complex. Yeast 20, 1213–1226.

FEUILLAT, M. (2003): Yeast macromolecules: Origin, composition and enological interest. Am. J. Enol. Vitic. 54, 219A.

FLEET, G. H. (1989): Which yeast species really coducts the fermentation. Proc. 7th Austral. Wine Ind. Techn. Confer., Adelaide, Winetitles, Adelaide 1990, 153–156.

FLEET, G. H. (1993 a): Wine microbiology and biotechnology. Harwood Acad. Publ., Chur, 510 S.

FLEET, G. H. (1993 b): The microorganisms of winemaking – Isolation, enumeration and identification, in Fleet, G. H. (1993a), 1–25.

FLEET, G. H., LAFON-LAFOURCADE, S. (1984): The ecology of yeasts and lactic acid bacteria associated with Bordeaux wines, in Proc. 5th Austral. Wine Ind. Technic. Confer., 29. 11.–1. 12. 1983, Perth. Austral. -Wine Res. Inst. Glen Osmond.

FORNAIRON-BONNEFOND, C., CAMARASA, C., MOUTOUNET, M., SALMON, J. M. (2001): New trends on yeast autolysis and wine aging on lees: A bibliographic review. J. Int. Sci. Vigne Vin 35 (2), 57–59

FUGELSAND, K. C., EDWARDS, C. G. (2007): Wine Microbiology. 2nd ed., Springer Sc., N. Y.

GAFNER, J. (1998): Hefen in der Weinbereitung. Schweiz. Z. Obst-Weinbau (9), 251–253

GAFNER, J., HOFFMANN, P. (1997): Die Rolle der Hefen in der Weinbereitung – Überblick einer sechsjährigen Studie. Schweiz. Z. Obst- u. Weinb. (12), 280–283

GROSSMANN, M., PRETORIUS, I. S. (1999): Verfahren zur Identifizierung von Weinhefen und Verbesserung der Eigenschaften von *Saccharomyces cerevisiae.* Wein-Wiss. 54, 61–72

GROSSMANN, M., KALHÖFER, S., DELP, A., FÄTH, K. P. (1992): Nachweis von Fremdhefen. Deutsch. Weinb. 47, 1174–1176

GROSSMANN, M., MUNO, J., CLEMENS, R., ENGEL-KRISTEN, K., LEMPERLE, E. (2000): Genetical stability and physiological activity of wine yeasts during longterm use of starter cultures. Bull. OIV 73, 191–198

GROSSMANN, M., JUNGWIRTH, S., PESCHECK, M., JOLLY, N., SELL, D. (2002): Entwicklung eines Biosensors zur schnellen Bestimmung der Zellzahl und Aktivität von Weinhefen. 13. Intern. Oenolog. Symp., 9.–12. 6., Montpellier. Intern. Vereinigg. Oenologie, Betr.führg. Weinmarketing, TS-Verl., Neuenburg/Rh., 33–41

HAUSER, N. C., FELLENBERG, K., GIL, R., BASTUEK, S., HOHEISEL, J. D., PÉREZ-ORTIN, J. E. (2001): Whole genome analysis of a wine yeast strain. Compar. Funct. Genomics 2, 69–79

HENSCHKE, P. A. (1997): Wine yeast, in Zimmermann, F. K., Entian, K. D.: siehe Kap. 3

HERRMANN, J. V., SCHINDLER, E., MAIER, C., GESSNER, M. MILTENBERGER, R. (2009): Mischhefepräparate im Test. Rebe & Wein (7), 21–23

JIN, Y. I., RITCEY, L. L., SPEERS, R. A., DOLPHIN, P. J. (2001): Effect of cell surfacehydrophobicity charge, and zymolectine density on the flockulation of *Sacch. cerevisiae.* ASBC Proceedings 59, 1–9

KOCKOVÁ-KRATOCHVILOVA, A. (1990): Yeasts and yeast-like organisms, VCH, Weinheim, 528 S.

KÖHLER, H., SCHINDLER, E., MILTENBERGER, R., GESSNER, M., CURSCHMANN, K. (1995): Trockenhefenvergleich. Deutsch. Weinmagazin (28), 15–20

KÖNIG, H. UNDEN, G., FRÖHLICH, J. (2009): Biology of Microorganisms on Grapes, in Must and in Wine. Springer-Verl., Berlin, Heidelberg

KREUTZFELDT, C., WITT, W. (1991): Structural biochemistry, in Tuite, M. F., Oliver, G.: *Saccharomyces.* Biotechnol. Handbooks 4, Plenum Pr., N. Y. & London, 5–58

KUNKEE, R. E., BISSON, L. F. (1993): Wine-making yeasts, in Rose, A. H., Harrison, J. S. : The yeasts: Yeast Technology. Acad. Press, Lond., 69–126

KURTZMAN, C. P., FELL, C. J. W. (1998): The yeasts, a taxonomic study. 4. Ed. Elsevier Sci. Publ., Amsterdam, 1055 S.

LEMPERLE, E., KERNER, E. (1982): Identifizierung und Beurteilung von Trübungen und Ausscheidungen im Wein. Deutsch. Weinb. 37, 96–108

LÜTHI, H., VETSCH, U. (1981): Mikroskopische Beurteilung von Weinen und Fruchtsäften in der Praxis, 2. Aufl., Heller Chemie- u. Verw. Ges., Schwäb. Hall, 175 S.

MORA, J., BARBAS, J. I., RAMIS, B., MULET, A. (1988): Yeast microflora associates with some majorcan musts and wines. Am. J. Enol. Vitic. 39, 344–346

NEUMANN, I. (1972): Biotaxonomie und systematische Untersuchungen an Hefen der Gattung *Saccharomyces* II. Monatsschr. Brauerei 25, 225–241

PITON, F., CHARPENTIER, M., TROTON, D.(1988): Cell wall and lipid changes in *Sacch. cerevisiae* during aging of champagne wine. Am. J. Enol. Vitic. 39, 221–226

POULARD, A., SIMON, L., CUINIER, C. (1981): Caractéres de la microflore levurienne du vignoble nantais. Vignes et Vins (300), 14–18

PRETORIUS, I. S., DE BARROS LOPES, M. A., HØJ, P. B. (2004): Development of superior wine yeast: Current status and future opportunities to meet the consumer challenge. Bull. O. I. V.. 77, 879–880, 389–421

Pretorius, I. S., Bornemann, A. R., Forgan, A. H., Chambers, P. J., Herderich, M. (2008): Weinhefe: Genetischen Code entschlüsselt. Dtsch. Weinbau (23), 20–21

Pulvirenti, A., Giudici, P. (2003): Identification of yeasts by molecular techniques. Bull. O. I. V.. 76, 869–870, 635–649

Rainieri, S., Zambonelli, C., Kaneko, Y. (2003): *Saccharomyces sensu stricto*: Systematics, genetic diversity and evolution. J. Biosci. Bioeng. 96 (1), 1

Ribéreau-Gayon, P., Dubourdieu, D., Donèche, B., Lonvoud, A. (2000): Handbook of enology 1. The microbiology of wine and vinification. John Wiley & Sons LTD, Chinchester, 454 S.

Rosi, I., Gheri, A., Domizio, P., Fia, G. (1999): Production of parietal macromolecules by *Sacch. cerevisiae* and their influence on malolactic fermentation. Lallemand S. A. Sympos. Colloids and mouthfeel in wines, Montreal, May 27.–29., 35–39

Rossignol, T., Kobi, D., Jacquet-Gutfreund, L., Blondin, B. (2009): The Proteome of a wine yeast strain during fermentation, correlation with the transcriptom e. J. Appl. Microbiol. 107 (1), 47

Schekman, R., Novick, R. (1982): The sekretory process and yeast cell surface assembly, in Strathern, J. N., Jones, E. W., Broach, J. R.: The molecular biology of the yeast *Saccharomyces*. Cold Spring Harbor 1982

Schneider, R., Vetsch, U. (1986): Einfluss von Maischestandzeit auf die Mikroflora in Riesling × Silvaner. Schw. Z. Obst- u. Weinb. 122, 488–490

Shimizu, K. (1993): Wine microbiology and biotechnology. Harwood Acad. Publ., Sydney, Australia, 326 S.

Shimizu, K., Araki, S., Kuroda, H., Tashio, M., Shinotsuka, K. (2001): Yeast cellular size and metabolism in relation to the flavor and flavor stability of beer. J. Am. Soc. Brew. Chem. 59, 122–129

Schütz, M., Gafner, J. (1993): Analysis of yeast diversity during spontaneous and induced alcoholic fermentations. J. Appl. Bact. 75, 551–558

Schütz, M., Gafner, J. (1995): Lower fructose uptake capacity of genetically characterized strains of *Sacch. bayanus* compared to strains of *Sacch. cerevisiae*: A likely cause of reduced alcoholic fermentation activity. Am. J. Enol. Vitic. 46, 175–180

Sponholz, W. R., Millies, K., Ambrosi, A. (1990 c): Die Wirkung von Hefezellwänden auf die Vergärung. Wein-Wiss. 45, 50–57

Thiele, F., Back, W. (2008): Mikrobiologie des Bieres, in Back, W.: Mikrobiol,. d. Lebensmittel-Getränke, Behrs Verlag, Hamburg, 113–188

Verstrepen, K. J., Derdelincks, G., Verachtert, H., Delvaux, F. R. (2003): Yeast flocculation. Appl. Microbiol. Biotechnol. 61, 197

Volschenk, H., Viljoen-Bloom, M., Staden, J. van, Husnik, J., Vuuren, H. J. van (2004): Genetic engineering of an strain of *Sacch. cerevisiae* for L.-malic acid degradation via an efficient malo-ethanolic pathway, S. Afr. J. End. Vitic. 25 (2), 63–73

Will, F., Pfeifer, W., Dietrich. H. (1991): Bedeutung der Kolloide für die Qualität des Weines. Wein-Wiss. 46, 78–84

Zambonelli, C. (1998): Microbiologia e biotechnologia dei vini. Edagricola – Edizioni Agricole, Bologna, 300 S.

Kapitel 3: Die Gärung

Anonym (2004): Farbe bringt Geschmack: Der Winzer 60 (12), 40

Bely, L. Sablayrolles, J., Barre, P. (1990): Description of alcoholic fermentation kinetics: Its variability and significance. Am. J. Enol. Vitic. 41, 319–324

Bisson, L. F. (1993): Yeasts – Metabolism of -sugars, in Fleet, G. H.(1993), siehe Kap. 2, 55–76

Bisson, L. F. (1999): Stuck and sluggish fermentations. Am. J. Enol. Vitic. 50, 107–119

Blank, A. (2008): Der Weg zur besseren Gärsteuerung. Deutsch. Weinb. Nr, 8, 34–35

Brinkmann, G. (1980): Endogene Opiate im Menschen. Umschau 80, 247–248

Buescher, W. A., Siler, C. E., Morris, J. R., Thretfall, R. I., Main, G. L., Cone, C. G. (2001): High alcohol wine production from grape juice concentrates. Am. J. Enol. Vitic. 52, 345–351

CURSCHMANN, K., KÖHLER, H.-J., MILTENBERGER, R., GESSNER, M. (2004): Trockenhefepräparate: Erkenntnisse und Erfahrungen aus mehrjährigen Versuchen. Dtsch. Weinmagazin (21), 28

DITTRICH, H. H. (1983): Der Einfluss von Thiamin und von Ammoniumsalzen auf die Weinqualität. Deutsch. Weinb. 38, 1366–1372

DITTRICH, H. H., BARTH, A. (1992): Galactose und Arabinose in Mosten und Weinen der Auslesegruppe. Wein-Wiss. 19, 129–131

EDER, R., WENDELIN, S., KALCHGRUBER, R., ROSENTHAL, F., BARNA, J. (1992): Untersuchungen über den Einfluss von Hefe und Enzympräparaten auf die Rotweinfarbe. Mitt. Klosterneuburg 42, 148–157

EL HALOUI, N., PIQUE, D., CORRIEU, G. (1988): Alcoholic fermentation in winemaking: On-line measurement of density and CO_2 evolution. J. Food Engineering 8, 17–30

FISCHER, U. (2000): Ermittlung von Ursachen für den frühzeitigen Abbruch der Gärung und Untersuchungen zur Prävention von Gärunterbrechungen. ATW-Vorhaben 17, KTBL Darmstadt, 89 S.

FISCHER, M. (2010): Sensorische Bedeutung des Alkohols im Wein – Eine unterschätze Einflussgröße, Deutsch. Weinmagazin 5/6, 108–110.

FUCHS, G. (2007): Allgem. Mikrobiologie, 8. Aufl., G. Thieme, Stuttgart, N. Y., 193–228

GRØNBAEK, M. (2000): Alcohol, wine, morbidity and mortality. Bull. OIV 73, 218–222

HAUSHOFER, H., MEIER, W. (1979): Die Alkoholausbeute bei der Vergärung von Traubenmosten als Funktion der Gärmasse und der Temperatur. Weinwirtsch. 115, 1247–1254

HEINISCH, J. J., HOLLENBERG, C. P. (1993): Yeasts, in REHM, H.J., REED, G.: Biotechnologie, 2. Ed. Vol.1, UCH, Weinhm. 469–514

HUTTER, K. J., KLIEM, C., NITZSCHE, F., WIESSLER, M. (2003): Biomonitoring der Betriebshefen in praxi mit fluoreszenzoptischen Verfahren. Monatsschrift f. Brauerei 56, 121–125

JONES, R. P. (1989): Biological principles for the effects of ethanol. Enzyme Microb. Technol. 11, 130–153

KRAUS, A. G. (1991): Beschreibung einer praktischen Methode zur Überwachung des Gärverlaufs in Brennmaischen. Kleinbrennerei 49, 153–156

LEANDRO, M.J., FONSERA, C., GONCALVES, P. (2009): Hexose and pentose transport in yeasts. FEMS Yeast Res. 9 (4), 511

LUYTEN, K., RIOU, C., BLONDIN, B. (2002): The hexose transporters of *Sacch. cerevisiae* play different roles during enological fermentation. Yeast 19, 713–726

MARIN, M. R. (1999): Alcoholic fermentation modelling: Current state and perspectives. Am. J. Enol. Vitic. 50, 166–178

ÖZCAN, S., JOHNSTON, M. (1999): Function and regulation of yeast hexose transporters. Microbiol. Mol. Biol. Rev. 63, 554–569

PLOURDE-OWOBI, L., DURNER, S., GOMA, G., FRANCOIS, J. (2000): Trehalose reverse in *Sacch. cerevisiae*: Phenomenon of transport, accumulation and role in cell vitability. Int. J. Food Microbiol. 55, 33–45

PORRET, N. A., CORETH, P., HOFFMANN-BOLLER, B., BAUMGARTNER, D., GAFNER, J. (2003): „Reparaturhefen" zur Behebung von Gärstörungen. Schweiz. Z. Obst- u. Weinb. (22), 4–7

PRIOR, B., KIRCHNER-NESS, R., DITTRICH, H. H. (1992): Mathematische Beschreibung des Glucose/Fructose-Verhältnisses in gärenden Mosten und durchgegorenen Weinen. Wein-Wiss. 47, 145–152

RADLER, F. (1974): Die Bildung von Spuren von Kohlenmonoxyd durch *Sacch. cerevisiae* und andere Mikroorganismen. Arch. Mikrobiol. 100, 243–252

RODICIO, R., HEINISCH, J. J. (2009): Sugur Metabolism by *Saccharomyces* and *non-Saccharomyces* Yeasts, in König, H., Unden, G., Fröhlich, J., siehe Kap. 2, 113–134

ROSSIGNOL, I., DULAU, L., JULIEN, A., BLONDIN, B. (2003): Genome-wide monitoring of wine yeast gene expression during alcoholic fermentation. Yeast 20, 1369–1385

ROUSTAN J., SABLAYROLLES, J. (2002): Trehalose and Glycogen in wine-making yeasts. Biotechnol. Lett. 24, 1059–1064

SCHÜTZ, M., GAFNER, J. (1993): Sluggish alcoholic fermentation in relation to alteration of the glucose/fructose ratio. Chem. Mikrobiol. Technol. Lebensm. 15, 73–78

SCHÜTZ, M., GAFNER, J. (1995): siehe Kap. 2

SPONHOLZ, W. R., LACHER, M., DITTRICH, H. H. (1986): Die Bildung von Alditolen durch die Hefen des Weines. Chem. Mikrobiol. Technol. Lebensm. 10, 19–24

SPONHOLZ, W. R., HEUER, C., DITTRICH, H. H. (1990 b): Vermehrung, Überleben und Stoffwechsel von im Most vorkommenden Hefen bei steigenden Zuckerkonzentrationen. Wein-Wiss. 45, 1–7

TEYSSEN, S., SINGER, M. S. (2001): Alkohol – Das unterschätzte Gift. Spektrum d. Wissensch. (4), 58–67

WACHTLER, I. (1979): Kinetik der Traubensaftgärung. Mitt. Klosterneuburg 29, 248–252

WEIAND, J. (2008): Gärstörung: Umgärung mit Zygo oder Lyso? Deutsch. Weinb. Nr. 21, 28–31

WENZEL, K. (1989): Die Selektion einer Hefemutante zur Verminderung der Farbstoffverluste während der Rotweingärung. Vitis 28, 111–120

WUCHERPFENNIG, K., OTTO, K., HUANG, Y. C. (1986): Aussagekraft des Glucose/Fructose-Verhältnisses. Weinwirtsch. – Techn. 122, 254–260

WÜRDIG, G., WOLLER, R. (1989): Chemie des Weines. Verl. E. Ulmer, Stuttg., 926 S.

YOU, K. M., ROSENFELD, C. L., KNIPPLE, D. C. (2003): Ethanol tolerance in the yeast *Sacch. cerev.* Is dependent on cellular oleic acid content. Appl. Environ. Microbiol. 69, 1499

ZIMMERMANN, F. K., ENTIAN, K. D. (1997): Yeast sugar metabolism. Technomic Publ. Comp., Lancaster, Basel, 567 S.

Kapitel 4: Die Nebenprodukte der Gärung

BACH, H. P. (2008): Der Einfluss des Hefelagers auf den Wein. Dtsch. Weinb. (16–17), 14–21

BANDION, F., VALENTA, M. (1977 a): Zum Nachweis des Essigstiches bei Wein und Obstwein in Österreich. Mitt. Klosterneuburg 27, 18–22

BARTOWSKY, E. J., PRETORIUS, I. S. (2009): Microbial Formation and Modification of Flavor and Off-Flavor Compounds in Wine, in König, H. Unden, G., Fröhlich, J., siehe Kap. 2, 209–231

BERNATH, K. (1997): Das Böckser-Aroma in Wein. Diss. ETH Zürich Nr. 12079

BOSSO, A. (1996): Influence of increasing ammonia nitrogen addition to musts on fermentative volatiles and olfactory characters of some white wines. Rivista Viticoltura Enologia 49, 3–28

BÜTTNER, A. (2004): Spaß an Essen u. Trinken. Retronasale Geruchswahrnehmung. Nachrichten aus d. Chem. 52, 540–543

CALDERÓN, F., VARELA, F., NAVASCUÉS, E., COLOMO, B., GONZALES, M. C., SUÁREZ, J. A. (2001): Influence of pH and temperature on the biosynthesis of malic acid in wines by *Sacch. cerevisiae*. Bull. OIV 74, 845–846

CARRAU, F.M., MEDINA, K., FARINA, L., BOIDO, E., HENTSCHKE, P. A., DELLACASSA E. (2008): Production of fermentation aroma compounds by *Sacch. ceriv.* wine yeasts: Effects of Non two modelstrains. FEMS yeast Res. 8(7), 1196

CARUSO, M., FIORE, C., CONTURSI, M., SALZANO, G., PAPARELLA, A., ROMANO, P. (2002): Formation of biogenic amines as criteria for the selection of wine yeasts. World J. Microbiol. & Biotechnol. 18, 159–163

DANZER, K., DE LA CALLE GARCIA, D., THIEL, G., REICHENBÄCHER, M. (1999): Classification of wine samples according to origin and grape varieties on the basis of inorganic and organic trace analyses. Amer. Laboratory 31, 26–34

DAUDT, C. F., OUGH, C. S. (1973): Variations in some volatile acetate esters formed during juice fermentation; Effects of fermentation temperature, SO_2, yeast strain and grape variety. Am. J. Enol. Vitic. 24, 130–135

DELFINI, C., CERVETTI, F. (1991): Metabolic and technological factors affecting acetic acid production by yeasts during fermentation. Wein-Wiss. 46, 142–150

DELFINI, C., SCHELLING, R., MINETTO, M., GAIA, P., PAGLIARA, A., AMBRO, S., STRANO, M. (2002): Biometric study on the ability of wine yeasts to produce and/or degrade DL-lactic acid dur-ing alcoholic fermentation. J. Wine Research No. 2, 101–115

DITTRICH, H. H. (1964): Über die Glycerinbildung von *Botrytis cinerea* auf Traubenbeeren sowie über den Glyceringehalt von Beeren- und Trockenbeerenausleseweinen. Wein-Wiss. 19, 12–20

DITTRICH, H. H. (1983): siehe Kap. 3

DITTRICH, H. H. (1989): Die Veränderungen der Beereninhaltsstoffe und der Weinqualität durch *Botrytis cin.* – ein Übersichtsreferat. Wein-Wiss. 44, 105–112

DITTRICH, H. H. (1995): Bildung und Abbau organischer Säuren durch Mikroorganismen in Most und Wein. Wein-Wiss. 50, 50–66

DITTRICH, H. H. (2008): siehe Kap. 2

DITTRICH, H. H., BARTH, A. (1984): SO_2-Gehalt, SO_2-bindende Stoffe und Säureabbau in deutschen Weinen. Wein-Wiss. 39, 184–200

DITTRICH, H. H., STAUDENMAYER, T. (1968): Die Acetaldehydbildung bei der Mostgärung und bei der Süßreservebereitung. Wein-Wiss. 23, 1–7

DITTRICH, H. H., STAUDENMAYER, T., SPONHOLZ, W. R. (1973): Die Bildung SO_2-bindender Hefestoffwechselprodukte bei der Gärung und während des Weinausbaus. Wein-Wiss. 28, 84–93

FLEET, G. H. (2003): Yeast interactions and wine flavour. Int. J. Food Microbiol. 86, 11–22

FISCHER, U., GAUSS, S., SCHMARR, H. G. (2009): Aromaveränderungen bei der zweiten Gärung. Deutsch. Weinb. (8), 14–18

GAFNER, J. (1998): siehe Kap. 2

GAFNER, J., HOFFMANN, P. (1997): siehe Kap. 2

GIUDICI, P., ZAMBONELLI, C., KUNKEE, R. E. (1993): Increased production of n-Propanol in wine by yeast strains having an impaired ability to form H_2S. Am. J. Enol. Vitic. 44, 17–21

GROSSMANN, M., SCHNEIDER, I., HÜHN, T., REMIZE, F., DEQUIN, S. (2001): Effects of enhanced glycerol production on yeast activity and fermentation flavour. Bull. OIV 74, 348–364

HEIDLAS, J., TRESSL, R. (1990): Purification and characterisation of a (R)–2,3-butanediolde-hy-drogenase from *Sacch. cerevisiae*. Arch. -Microbiol. 154, 267–273

HERESZTYN,T. (1984): Methyl and ethyl amino acid esters in wine. J. Agric. Food Chem. 32, 916–918

HERRAIZ, T., OUGH, C. (1993): Formation of ethylesters of amino acids by yeasts during the alcoholic fermentation of grape juice. Am. J. Enol. Vitic. 44, 41–48

HOUTMAN, A. C., MARAIS, J., DU PLESSIS, C. S. (1980): The possibilities of applying present-day knowledge of wine aroma components; Influence of several juice factors on fermentation rate and ester production during fermentation. S. Afr. J. Enol. Viticult. 1, 27–33

HÜHN, T., MUNO, H., HERMES, M., WITTE, L., WIEDERKEHR, M., GROSSMANN, M. (1998): Variabilität von Hefestämmen: Einfluss von Temperatur, Nährstoffversorgung und Prozesstechnik auf die Bildung von Gäraromen. Innovationen in der Kellerwirtsch. Mikroorg. u. Weinbereitg. Intervitis Stuttg., 163–173

HUPF, H., SCHMID, W. (1994): Wein: Über die Stereoisomeren des 2,3-Butandiols. Deutsch. Lebensm.-Rundsch. 90, 1–4

JONES, R. P. (1989): siehe Kap. 3

KAIN, W., REICHEL, G., MAYR, E. (1978): Zur Beurteilung österreichischer Weine des Jahrgangs 1976. III. Glycerin- und Gluconsäuregehalt in Mosten u. Weinen aus edelfaulem und angefaultem Traubenmaterial. Mitt. Klosterneuburg 28, 93–97

KILLIAN, E., OUGH, C. S. (1979): Fermentation esters – Formation and retention as affected by fermentation temperature. Am. J. Enol. Vitic. 30, 301–303

KING, A., DICKINSON, J. R. (2000): Biotransformation of monoterpen alcohols by *Sacch. cerevisiae, Torulaspora delbrueckii* and *Kluyveromyces lactis*. Yeast 16, 499–506

KÖHLER, H. J., BURKERT, J., GESSNER, M. (2009): Abstich und Hefekontakt bei Weißwein. Rebe & Wein (8), 17–21

KÖNIG, P., DIETRICH, H. (1991): Einfluss des Hefekontaktes und der Lagerdauer auf die Zusammensetzung und die Kolloidgehalte des Sektes. Wein-Wiss. 46, 85–92

LAMBRECHTS, M. G., PRETORIUS, I. S. (2000): Yeast and its importance to wine aroma – a review. S. Afr. J. Enol. Vitic. 21, 97–129

LEGUERINEL, I., MAFART, P., CLERET, J. J., BOURGEOIS, C. (1989): Yeast strain and kinetic aspects of formation of flavour compounds in cider. J. Inst. Brew. 95, 405–409

MAHLMEISTER, K., KREUTZER, P., WAGNER, K. (2004): Sorbit in ausländischen Weinen. Deutsch. Weinbau (2), 36–37

MASON, A. B., DUFOUR, J. P. (2000): Alcohol acetyltransferases and the significance of ester synthesis in yeast. Yeast 16, 1287–1298

MICHNIK, S., ROUSTAN, J. L., REMIZE, F., BARRE, P. (1997): Modulation of glycerol and ethanol yields during alcoholic fermentation in *Sacch. cerevisiae* strains overexpressed or disrupted for GPD1 encoding glycerol-3-phosphate-dehydrogenase. Yeast 13, 783–793

MILLER, G. C., AMON, J. M., SIMPSON, R. F. (1987): Loss of aroma compounds in carbon dioxide effluent during white wine fermentation. Food Technol. Austral. 39, 246–249, 253

MILLIES, K. D. (1980): Ameisensäure als Stoffwechselprodukt von Mikroorganismen in Fruchtsäften. Flüss. Obst 39, 91–99

MILTENBERGER, R., SCHINDLER, E., MAIER, C., CURSCHMANN, K. (2003): Hefeauswahl und optimierte Gärführung. Rebe & Wein Nr. 9, 26–29

NEVOIGT, E., STAHL, U. (1996): Reduced pyruvate decarboxylase and increased glycerol-3-P-dehydrogenase (NAD^+) levels enhence glycerol production in *Sacch. cerevisiae*. Yeast 12, 1331–1338

OUGH, C. S., FONG, D., AMERINE, M. A. (1972): Glycerol in wine: Determination and some factors affecting. Amer. J. Enol. Vitic. 23, 1–5

PFEIFFER, P., KÖNIG, H. (2009): Pyroglutamic Acid: A Novel Compound in Wines, in König, H., Unden, G., Fröhlich, J., siehe Kap. 2, 233–244

PIGEAU, G., INGLIS, D. (2003): Hyperosmotic stress of *Sacch. cerevisiae* to icewine juice. Am. J. Enol. Vitic. 54, 219 A

POSTEL, W., ZIEGLER, L. (1991): Einfluss der Hefekontaktzeit und des Herstellungsverfahrens auf die Inhaltsstoffe und die Qualität von Schaumwein III. Wein-Wiss. 46, 41–47

POSTEL, W., DRAWERT, F., ADAM, L. (1972): Gaschromatographische Bestimmung der Inhaltsstoffe von Gärungsgetränken III. Chem. Mikrobiol. Technol. Lebensm. 1, 224–235

PRIOR, B., HOHMANN, S. (1997): Glycerol production and osmoregulation, in ZIMMERMANN, F. K., ENTIAN, K. D.: 313–397, siehe Kap. 3

RADLER, F. (1977): Viability of yeasts and changes in the concentration of amino acids during the production of sparkling wine. In FORSANDER, O.: Alcohol, industry and research. Frenckellin Kirjapaino Oy, Helsinki 170–178

RADLER, F. (1986): Microbial biochemistry. Experientia 42, 884–893

RADLER, F. (1993): Yeasts – Metabolism of organic acids, in Fleet, G. H.: siehe Kap. 2, 165–182

RADLER, F., LANG, E. (1982): Malatbildung bei Hefen. Wein-Wiss. 37, 391–399

RADLER, F., SCHÜTZ, H. (1982): Glycerol production of various strains of *Sacch. cerevisiae*. Am. J. Enol. Vitic. 33, 36–40

RAPP, A. (1989): Aromastoffe. In WÜRDIG, G., WOLLER, R., siehe Kap. 3, 584–615

RAUHUT, D., KÜRBEL, H., GROSSMANN, M. (1999): Analyse S-haltiger Substanzen in Wein zur Unterscheidung zwischen verschiedenen Fehlaromen und zur Qualitätssicherung. XXIV. Weltkongr. Rebe u. Wein, 79. OIV-Generalversammlg. 209–217

REMIZE, F., BARNAVON, L., DEQUIN, S. (2001): Glycerol export and glycerol–3-ph-dehydrogenase, but not glycerol-phosphatase, are rate limiting for glycerol production in *Sacch. cerevisiae*. Metab. Eng. 3, 301–308

REMIZE, F.,CAMBON, B., BARNAVON, L., DEQUIN, S. (2003): Glycerol formation during wine fermentation is mainly linked to Gpd I p and is only partially controlled by the HOG pathway. Yeast 20, 1243–1253

RENSBURG, P. VAN, PRETORIUS, I. S. (2000): Enzymes in winemaking – a review. S. Afr. J. Enol. Vitic. 21, 52–73

SCANES, K. T., HOHMANN, S., PRIOR, B. A. (1998): Glycerol production by the yeast *Sacch. cerevisiae* and its relevance to wine: A review. S. Afr. J. Enol. Vitic. 19, 17–24

SCHANDELMAIER, B. (2009): Wissenswertes rund um SO_2. Deutsch. Weinb. Nr. 23, 42

SCHNEIDER, V. (2006): Physiologie der Sinneswahrnehmung. Der Winzer (6), 6–9

SHINOHARA, T., WATANABE, M. (1981 a): Effects of fermentation conditions and aging temperature on volatile ester contents in wine. Agr. Biol. Chem. 45, 2645–2651

SHINOHARA, T., WATANABE, M. (1981 b): Gas chromatographic analysis of volatile esters in wines. Agr. Biol. Chem. 45, 2903–2905

SHINOHARA, T., OKADA, H., YANAGIDA, F. (1998): Selec-tion and construction of wine yeasts with high malic acid productivity and reductivity. Am. J. Enol. Vitic. 49, 108–109

SPONHOLZ, W. R. (1979): Monoethylester von Weinsäure und Äpfelsäure in Weinen. Deutsch. Lebensm. Rundsch. 75, 277–279

SPONHOLZ, W. R. (1982): Analyse und Vorkommen von Aldehyden in Wein. Z. Lebensm. Unters. Forsch. 174, 458–462

SPONHOLZ, W. R. (1988): Alcohols derived from sugars and other sources and fullbodiedness of wines, in LINSKENS, H. F., JACKSON, J. F.: Modern methods of plant analysis, Vol. 6, Springer Verl., Berlin, 147–172

SPONHOLZ, W. R. (1989): Der Traubenmost, in WÜRDIG, G., WOLLER, R.: Chemie des Weines, Verl. E. Ulmer, Stuttg., 45–76

SPONHOLZ, W. R., DITTRICH, H. H. (1974): Die Bildung von SO_2-bindenden Gärungsnebenprodukten, höheren Alkoholen und Estern bei einigen Reinzuchthefestämmen u. bei einigen für die Weinbereitung wichtigen „wilden“ Hefen. Wein-Wiss. 29, 301–314

SPONHOLZ, W. R., DITTRICH, H. H. (1977): Enzymatische Bestimmung von Bernsteinsäure in Mosten und Weinen. Wein-Wiss. 32, 38–47

SPONHOLZ, W. R., DITTRICH, H. H. (1979): Analytische Vergleiche von Mosten und Weinen aus gesunden und essigstichigen Traubenbeeren. Wein-Wiss. 34, 279–292

SPONHOLZ, W. R., DITTRICH, H. H. (1984): Über das Vorkommen von Galacturon- und Glucuronsäure sowie von 2- und 5-Oxo-Gluconsäure in Weinen, Sherrys, Obst- und Dessertweinen. Vitis 23, 214–224

SPONHOLZ, W. R., DITTRICH, H. H. (1985): Zuckeralkohole und myo-Inosit in Weinen und Sherrys. Vitis 24, 97–105

SPONHOLZ, W. R., DITTRICH, H. H. (1986): Flüchtige Fettsäuren in Weinen verschiedener Qualitätsstufen. Z. Lebensm. Unters. Forsch. 103, 344–347

SPONHOLZ, W. R., HÜHN, T. (1997): Einfluss von Klonenmaterial und Hefestamm auf die Alterung von Rieslingweinen. Wein-Wiss. 52, 103–108

SPONHOLZ, W. R., DITTRICH, H. H., HAAS, F., WÜNSCH, B. (1981 a): Die Bildung von flüchtigen Fettsäuren durch *Saccharomyces*-Hefen während der Gärung von Traubenmost. Z. Lebensm. Unters. Forsch. 173, 297–300

SPONHOLZ, W. R., WÜNSCH, B., DITTRICH, H. H. (1981 b): Enzymatische Bestimmung von (R)-2-Hydroxyglutarsäure in Mosten, Weinen und anderen Gärungsgetränken. Z. Lebensm. Unters. Forsch. 172, 264–268

SPONHOLZ, W. R., LACHER, M., DITTRICH, H. H. (1986): siehe Kap. 3

SPONHOLZ, W. R., DITTRICH, H. H., HAN, K. (1990 a): Die Beeinflussung der Gärung und der Essigsäureethylesterbildung durch *Hanseniaspora uvarum*. Wein-Wiss. 45, 65–72

SPONHOLZ, W. R., KÜRBEL, H., DITTRICH, H. H. (1991): Beiträge zur Bildung von Ethylcarbamat in Wein. Wein-Wiss. 46, 11–17

SPONHOLZ, W. R., DITTRICH, H. H., MUNO, H. (1994): Diole im Wein. Wein-Wiss. 49, 23–26

STOISSER, B., BANDION, F., WURZINGER, A., CARDA, E. (1988): Zum Nachweis von Gelägerpresswein in Traubenwein. Mitt. Klosterneuburg 38, 235–239

SWIEGERS, J. H., PRETORIUS, I. S (2005): Yeast Modulation of wine flavor. Adv. Appl. Microbiol. 57, 131–175

TAKAYANAGI, T., UCHIBORI, T., YOKOTSUKA, K. (2001): Characteristics of yeast polygalacturonases induced during fermentation on grape-skins. Am. J. Enol. Vitic. 52, 41–48

TOMINAGA, T., BALTENWECK-GUYOT, R., PEYROT DES GACHONS, C., DUBOURDIEU, D. (2000): Contribution of volatile thiols to the aroma of white wines from several *Vitis vini-fera* grape varieties. Am. J. Enol. Vitic. 51, 178–181

TROOST, G. (1988): Technologie des Weines, 6. Aufl., Eugen Ulmer, Stuttg., 995 S.

TROTON, D., CHARPENTIER, M., ROBILLARD, B., CALVAYRAC, R., DUTEURTRE, B. (1989): Evolution of the lipid contents of champagne wine during the second fermentation of *Sacch. cerevisiae*. Am. J. Enol. Vitic. 40, 175–182

USSEGLIO-TOMASSET, L. (1984): Tatsächlicher Einfluss des Hefekontaktes auf die Sektqualität bei der Schaumweinerzeugung nach der klassischen Methode. In LEMPERLE, E., RASENBERGER, H.: 7. Int. önolog. Symp. Rom, Eigen-Verl. Int. Interessengem. mod. Kellertechn. Betr.führg., Breisach, 273–284

WAGNER, K., KREUTZER, P. (2000): Über die Gehalte an 1,2-Propandiol im Wein. Wein-Wiss. 55, 41–44

WAGNER, K., RAPP, A. (1999): Über den Einfluss der Hefe auf die Bildung von 2-Phenylethanol bei der Gärung. Deutsch. Lebensm. Rundsch. 95, 304–309

WAGNER, S., JAKOB, L., RAPP, A., NIEBERGALL, H. (1994): Untersuchungen zum nativen Gehalt von Polyolen im Wein und der möglichen Beeinflussung durch die Technologie während der Weinbereitung. Wein-Wiss. 49, 247–253

WILLIAMS, A. A., ROSSER, P. R. (1981): Aroma enhancing effects of ethanol. Chem. Senses 6 (2), 149–153

WÜRDIG, G. (1981): Verminderung des SO_2-Bedarfs durch Vitamin B_1-Zusatz. Rebe u. Wein 34, 100–101

WÜRDIG, G., SCHLOTTER, H. A., BEDESSEM, G. (1969): Vorkommen, Nachweis und Bestimmung von 2- und 3-Methyl-2,3-dihydroxybuttersäure und 2-Hydroxyglutarsäure im Wein. Vitis 8, 216–230

YANAI, T., HANAMURE, K., SATO, M. (1999): Screening of wine yeasts with high polygalacturonase activity and their application in wine-making. Am. J. Enol. Vitic. 50, 228

ZAMBONELLI, C. (1988): siehe Kap. 2

ZÜRN, F. (1976): Einfluss von kellerwirtschaftlichen Maßnahmen auf den SO_2-Bedarf der Weine. Wein-Wiss. 31, 145–159

Kapitel 5: Gärungsbeeinflussung

ALEXANDRE, H., CHARPENTIER, C. (1998): Biochemical aspects of stuck and sluggish fermentations in grape must. Ind. Microbiol. Biotechnol. 20, 20–27

AMANN, R., ZIMMERMANN, B. (2009): Welche Nahrung braucht die Hefe? Deutsch. Weinmagazin (16/17) 50–53

AMERINE, M. A., KUNKEE, R. E. (1965): Yeast stability tests on dessert wines. Vitis 5, 187–194

AMERINE, M. A., BERG, H. W., KUNKEE, R. E., OUGH, C. S., WEBB, A. D. (1982): The technology of wine making, 4. Ed., Westport, CT: AVI Publ. Comp.

BAKKER, J., BELLWORTHY, S. J., HOGG, T. A., KIRBY, R. M., RENDER, H. P., ROGERSON, F. S., WATKINS, S. J., BARNETT, J. A. (1996): Two methods of Port vinification: A comparison. Am. J. Enol. Vitic. 47, 37–41

BAMBOLOW, G. (1970): Veränderungen des Verhältnisses Glucose: Fructose in Traubenkonzentrat durch Hefen der Gattung *Zygosaccharomyces*. Weinberg u. Keller 17, 87–90

BARBIC, I., SCHNEIDER, K., AMADÒ, R., CUÉNAT, P., HESFORD, F. (1994): Beeinflussung des Aromas von Chasselas-Wein durch unterschiedliche Gärtemperatur. Wein-Wiss. 49, 240–246

BAUER, F. F., PRETORIUS, I. S. (2000): Yeast stress response and fermentation efficiency: how to survive the making of wine – a review. S. Afr. J. Enol. Vitic 21, 27–51

BELL, S. J., HENSCHKE, P. A. (2005): Implications of nitrogen nutrition for grapes, fermentation and wine. Austral. J. Grape Wine Res. 11, 242–295

BISSON, L. F. (1999): siehe Kap. 2

BROWN, S. W., OLIVER, G. (1982): The effect of temperature on the ethanol tolerance of the yeast *Sacch. uvarum*. Biotechnol Letters 4, 269–274

CANAL-LLAUBERES, R. M. (1993): Enzymes in winemaking, in Fleet, G. H., siehe Kap. 2, 477–506

CHATONNET, P., DUBOURDIEU, D., BOIDRON, J. N. (1999): The influence of *Brettanomyces/Dekkera* yeasts and lactic acid bacteria on the ethylphenol content of red wines. Am. J. Enol. Vitic. 50, 545–549

COSTA, V. (1993): Acquisition of ethanol tolerance in *Sacch. cerevisiae*: The key role of the mitochondrial superoxyd dismutase. Arch. Biochem. Biophys. 300, 608–614

CRAMER, A. C., VLASSIDES, S., BLOCK, D. E. (2002): Kinetic model for nitrogen-limited wine fermentations. Biotechnol. & Bioengin. 77, 49–60

DEGÜNTHER, B., GROSSMANN, M. (1999): Optimierte Gärführung. Deutsch. Weinmagazin (14), 14–19

DELFINI, C. (1995): Relationship between maintenance and reproduction techniques of selected wine yeast cultures, cellular sterol content and fermen-tation activity. Riv. Vitic. Enol. 48, 63–74

DILLEMANS, M., VAN NEDERVELDE, L., DEBOURG, A. (2001): An approach to the mode of action of a novel yeast factor increasing yeast brewing performance. J. Amer. Soc. Brew. Chem. 59, 101–106

DING, J.M., HUANG, X. W., ZHANG, L. M., ZHAO, N. (2009): Tolerance and stress response to ethanol in the yeast *Sacch. cer*. Appl. Microbiol. Biotechnol. 85(2), 253

DITTRICH, H. H. (1969): Zellvermehrung und Redoxgang in Gäransätzen von *Sacch. cerevisiae*. Zbl. Bakt. II 123, 635–642

DITTRICH, H. H. (1985): Die Bedeutung der Gärungswärme für die Weinqualität. Deutsch. Weinb. 40, 1029–1035

DITTRICH, H. H. (1987): Mikrobiologie des Weines, 2. Aufl., Eugen Ulmer Verl, Stuttg., 357 S.

DITTRICH, H. H. (1995): siehe Kap. 2

DITTRICH, H. H. (2008): Mikrobiologie des Weines und Schaumweines, in BACK, W.: Mikrobiologie der Lebensmittel – Getränke, Behrs Verlag, Hamburg, 189–260

DITTRICH, H. H., WENZEL, K. (1976): Die Abhängigkeit der Schaumbildung bei der Gärung von der Hefe und der Mostbehandlung. Wein-Wiss. 263–274

DUBOIS, C., MANGINOT, C., ROUSTAIN, J. L., SABLAYROLLES, J. M., BARRE, P. (1996): Effect of variety, year, and grape maturity on the kinetics of alcoholic fermentation. Am. J. Enol. Vitic. 47, 363–368

EGGENBERGER, W. (1974): Die Portweine und ihr Produktionsgebiet. Schweiz. Z. Obst- u. Weinb. 110, 166–169

FISCHER, U. (2000): siehe Kap. 3

GAO, L., FLEET, G. H. (1988): The effects of temperature and pH on the ethanol tolerance of *Sacch. cerevisiae*, *Cand stellata* and *Kloeckera apiculata*. J. Appl. Bact. 65, 405–409

GARDNER, J. M., POOLE, K., JIRANEK, V. (2002): Practical significance of relative assimilable nitrogen requirements of yeast: a preliminary study of fermentation performance and liberation of H_2S. Austral. J. grape & wine research 8, 175–179

GLOWACZ, E., GRIMM, C., SCHNEIDER, K., ELLWANGER, S., RAUHUT, D., LÖHNERTZ, O., BABUCHOWSKI, A., GROSSMANN, M. (1999): Verhalten kommerzieller Hefestämme bei unterschiedlichen Nährstoffbedingungen im Most. XXIV. Weltkongr. Rebe u. Wein, 79. OIV-Generalvers. Mainz, Bd. 1, 69–76

GOSWELL, R. W. (1986): Microbiology of fortified wines, in Robinson, R. K.: Developments in food microbiology, Vol. 2, 1–19, Elsevier Appl. Sci., Publ., London

GRANDO, M. S., VERSINI, G., NICOLINI, G., MATTIVI, F. (1993): Selective use of wine yeast strains having different volatile phenols production. Vitis 32, 43–50

GROSSMANN, M. (2002): Die Qual der Hefewahl. Der Winzer (07), 24–27

GROSSMANN, M., SPONHOLZ, W. R., RAUHUT, D. (1999): Einfluss von Zellwandpräparaten als Gärhilfsstoff auf den Hefestoffwechsel und die Sensorik so erzeugter Weine. Jahresbericht Forschungsanst. Geisenheim, 98–99

HAUBS, H., MÜLLER-SPÄTH, H., LOESCHER, T. (1974): Über den Einfluss der Kohlensäure auf den Wein. Deutsch. Weinb. 29, 930–934

HAUSHOFER, H., MEIER, W. (1979): siehe Kap. 3

HENSCHKE, P. A., JIRANEK, V. (1993): Yeasts – Metabolism of nitrogen compounds, in Fleet, G. H., siehe Kap. 2, 77–164

HINZE, H., HOLZER, H. (1986): Analysis of energy metabolism after incubation of *Sacch. cerevisiae* with sulfite or nitrite. Arch Microbiol. 145, 27–31

HOHMANN, S.(2002): Osmotic stress signaling and osmoadaptation in yeasts. Microbiol. Molecul. Biol. Reviews 66, 300–372

HUANG, Y. C., EDWARDS, C. G., PETERSEN, J. C., HAAG, K. M. (1996): Relationship between sluggish fermentations and the antagonism of yeast by lactic acid bacteria. Am. J. Enol. Vitic. 47, 1–10

ISON, R. W., GUTTERIDGE, C. S. (1987): Determination of carbonation tolerance of yeasts. Letters appl. Microbiol. 5, 11–13

JONES, R. P. (1989): siehe Kapi. 3

JULIEN, A., ROUSTAN, J. L., DULAU, L., SABLAYROLLES, J. M. (2000): Comparison of nitrogen and oxygen demands of enological yeasts. Am. J. Enol. Vitic. 51, 215–222

KEDING, K. (1998): Haltbarmachung von Getränken, in Dittrich, H. H.: Mikrobiologie der Lebensmittel – Getränke, Behrs Verl., Hamburg, 277–311

KERN, M., WUCHERPFENNIG, K. (1991): Entfernung von Eisen, Kupfer und Zink aus Weinen mit Chelatharz. Wein-Wiss. 46, 69–77

KÖNIG, P., DIETRICH, H. (1991): siehe Kap. 4

KUTSCHIK, ,B., PETTER, P. (2009): CO_2-basierte Gärsteuerung. Deutsch. Weinmagazin (8), 40–41

LAFON-LAFOURCADE, S. (1980): Connaissances récentes sur les accidents de la fermentation. Rev. Franc. Oenol. 16 (80), 63–75

LANGHANS, E., SCHLOTTER, H. A. (1987): Die Hefeschönung zur Reduzierung des Kupfergehaltes von Weinen. Wein-Wiss. 42, 202–210

LUDOVICO, P., SOUSA, M. J., SILVA, M. T. S., LEAO, C., CORTE-REAL, M. (2001): *Sacch. cerevisiae* commits to a programmed cell death process in response to acetic acid. Microbiology 147, 2409–2415

MAYER, K., VETSCH, U., PAUSE, G. (1975): Hemmung des biologischen Säureabbaus durch gebundene schweflige Säure. Schweiz. Z. Obst- u. Weinb. 111, 590–596

MICHEL, H. (1991): Qualitätssteigerung durch Gärzügelung 2. Weinwirtsch. Technik (9). 11–14

MOHR, H. D. (1979): Untersuchungen zum Verbleib von Schwermetallen, die Most zugesetzt wurden, nach Ablauf der Gärung. Weinbg. u. Keller 26, 277–288

MONTEIRO, F. F., BISSON, L. F. (1991): Biological assay of N content of grape juice and prediction of sluggish fermentations. Am. J. Enol. Vitic. 42, 47–57

MORRIS, J. R., MAIN, G., THRELFALL, R. (1996): Fermentations: Problems, solutions and prevention. Wein-Wiss. 51, 210–213

NISSEN, C. (1997): Sekt erfordert Fingerspitzengefühl. Deutsch. Weinmagazin 18–20

PASSCUAL, C., ALONSO, A., CARCIA, I., ROMAY, C., KOTYK, A. (1988): Effect of ethanol on glucose transport, key glycolytic enzymes, and proton extrusion in *Sacch. cerevisiae*. Biotechnol. Bioengineering 32, 374–378

PILKINGTON, B. J., ROSE, A. H. (1988): Reactions of *Sacch. cerevisiae* and *Zygosacch. bailii* to sulphite. J. gen. Microbiol. 134, 2823–2830

RADLER, F. (1992): Gärungsstörungen durch Milchsäurebakterien: Gegen Hefen wirksame Hemmstoffe. Jahresber. 1991, Forschungsring d. Deutsch Weinb., DLG, Frankfurt, 47–48

RAUHUT, D. (2004): Nährstoffversorgung in Traubenmost. Dtsch. Weinb. Nr. 19, 12–18

RAUHUT, D., RIEGELHOFER, M., OTTES, G., WEISBROD, A., HAGEMANN, O., GLOWACZ, E., LÖHNERTZ, O., GROSSMANN, M. (2001): Investigations of nutrient supply and vitality of yeasts leading to quality improvement of wines and sparkling wines. Bull. OIV 74, 320–330

REDL, H. (1992): Untersuchungen über pflanzenschutzmittelbedingte Anreicherungen von Kupfer in Most und Wein. Mitt. Klosterneuburg 42, 58–64

RIBÉREAU-GAYON, J., PEYNAUD, E., RIBÉREAU-GAYON, P., SUDRAUD, P. (1975): Traité d' oenologie. 2, Dunod, Paris, 556 S.

RIBÉREAU-GAYON, P., DUBOURDIEU, D., DONÈCHE, B., LONVOUD, A. (2000): siehe Kap. 2

RÜTTGER, R., MANTLER, T., SCHILDBERGER, B. (2006): Hefetoxische Wirkungen von Fungiziden? Der Winzer (7), 10–11

SABLAYROLLES, J. M. (1996): Sluggish and stuck fermentations. Effectiveness of ammonium-nitrogen and oxygen additions. Wein-Wiss. 51, 147–151

SABLAYROLLES, J. M., BLATEYRON, L. (2001): Stuck fermentations. Bull. OIV 74, 463–472

SALMON, J. M. (1996): Sluggish and stuck fermentations: Some actual trends on their physiological basis. Wein-Wiss. 51, 137–140

SCHANDELMAIER, B. (2008): Automatische Gärkontrolle und Gärsteuerungen. Deutsch. Weinb. Nr. 14, 12–15

SCHANDERL, H. (1959): Mikrobiologie des Mostes und Weines, 2. Aufl. E. Ulmer Verl., Stuttg., 321 S.

SCHNEIDER, V. (1995): Ursachen und Behebung von Gärstörungen. Winzer-Zeitschr. 10 (9), 28–31; (10), 18–22

SCHNEIDER, V. (2001): Reaktivierung stockender Gärungen – Erste Hilfe für die Hefe. Deutsch. Weinmagazin (22), 18–22

SCHNEIDER, V. (2004): Sauerstoff zur Gärung. Winzer-Zeitschr. (19), 31

SCHNEIDER, V. (2006): Physiologie der Sinneswahrnehmung. Der Winzer (6), 6–9

SCHÖDL, H., HOFBAUER-SCHMIDT, J. (2009): Gärsteuerung mittels Mouseclick. Der Winzer (04), 6–9

SINGER, M. A., LINDQUIST, S. (1998): Thermotolerance in *Sacch. cerevisiae*: The Yin and Yang of trehalose. Trends Biotech. 16, 460–466

SPONHOLZ, W. R. (1990): Der natürliche Styrolgehalt in authentischen Weinen der Jahrgänge 1983–1988. Wein-Wiss. 45, 47–49

SPONHOLZ, W. R. (1999): Messung des hefeverwertbaren Stickstoffs mit einem enzymatischen Test. XXIV. Weltkongr. Rebe u. Wein. 79. OIV-Generalversammlg. Mainz, Bd. 1, 60–68

SPONHOLZ, W. R., DITTRICH, H. H., HAN, K. (1990 a): siehe Kapi. 4

SPONHOLZ, W. R., HEUER, C., DITTRICH, H. H. (1990 b): Vermehrung, Überleben und Stoffwechsel von im Most vorkommenden Hefen bei steigenden Zuckerkonzentrationen. Wein-Wiss. 45, 1–7

SPONHOLZ, W. R., MILLIES, K. D., AMBROSI, A. (1990 c): siehe Kap. 2

STEIDL, R., RENNER, W. (2001): Gärprobleme: Ursachen – Beurteilung – Problembehebung. Wien, Agrarverlag, 80 S.

STREHAIANO, P., GOMA, G. (1983): Effect of initial substrate concentration on two wine yeasts: Relation between glucose sensitivity and ethanol inhibition. Am. J. Enol. Vitic. 34, 1–5

TAKAGI, H. (2008): Proline as a stress protectant in yeast. Appl. Microbiol. Biotechnol. 81 (2), 211

THOMAS, K. C., HYNES, S. H., INGLEDEW, W. M. (2002): Influence of medium buffering capacity on inhibition of *Sacch. cerevisiae* growth by acetic and lactic acid. Appl. Environment. Microbiol. 68, 1616–1623

TROOST, G. (1988): siehe Kap. 4

UNTERFRAUNER, M.,HÜTTER, M., KOBLER, A., RAUHUT, D. (2008): Einfluss unterschiedlich hoher Gärsalzdosierungen auf Südtiroler Weißweine, Mitt. Klosterneuburg 58, 82–91

UNTERFRAUNER, M., KOBLER, A., RAUHUT, D. (2009): Einfluss unterschiedlich hoher Gärsalzdosierungen auf Südtiroler Weißweine; Auswirkungen auf Sensorik und Aromastoffe. Mitt. Klosterneuburg 59, 106–114

VOS, P. (1981): Assimilierbarer Stickstoff, ein Faktor, der die Weinqualität beeinflusst, in LEMPERLE, E., FRANK, J.: 6. Intern. Önolog. Symp., Mainz, Eigenverl., Breisach, 163–180

WALKER, G. M. (1999): Physiological stress protection of brewing yeast. Europ. Brew. Conv. Monogr. 28, 198–201

WÜRDIG, G. (1989): Behandlung des Weines mit schwefliger Säure (Schwefeln des Weines), in WÜRDIG, G., WOLLER, R.: Chemie des Weines. E. Ulmer Verl., Stuttg., 329–370

YOU, K. M., ROSENFELD, C. L., KNIPPLE, D. C. (2003): siehe Kap. 3

Kapitel 6: Bildung schwefelhaltiger Stoffe

BEECH, F. W., BURROUGHS, L. F., TIMBERLAKE, C. F., WHITING, G. C. (1979): Progrès récents sur l'aspect chimique et l'action antimicrobienne de l'anhydride sulfureux (SO_2). Bull. OIV 52, 1001–1022

BERNATH, K. (1997): siehe Kap. 4

BERNATH, K. (2001): Böckser: Ursachen und Tips zur Vermeidung. Deutsch. Weinb. (10), 106–110

DARRIET, P., BOUCHILLOUX, P., POUPET, C., BUGARET, Y., CLERJEAU, M., SAURIS, P., MEDINA, B., DUBOUR-

DIEU, D. (2001): Effects of copper fungicide spraying on volatile thiols of the varietal aroma of Sauvignon blanc, Cabernet Sauvignon and Merlot wines. Vitis 40, 93–99

DITTRICH, H. H. (1973): Die Entstehung von „Schwefel"-bindenden und Schwefel-haltigen Hefe-Stoffwechselprodukten. Allg. Deutsch. Weinztg. 109, 37–42

DITTRICH, H. H., STAUDENMAYER, T. (1968): SO_2-Bildung, Böckserbildung und Böckserbeseitigung. Allg. Deutsch. Weinztg. 104, 707–710

DOYLE, A., SLAUGHTER, J. C. (1998): Methionin and sulphate as competing and complementary sources of sulphur for yeast during fermentation. J. Inst. -Brewing 104, 147–155

ESCHNAUER, H. R., SCHOLL, W. (1995): Mittel gegen Böckser. Deutsch. Weinmagazin (23), 11

FLAK, W., KRIZAN, R. (2004): Böckser und böckserartige Weinfehler. Der Winzer 60 (12), 6–8

FUNK, E. R. (2001): Der Böckser, ein abstoßender Weinfehler, Ursache, Vermeidung und Beseitigung. Rebe & Wein (10), 10–12

FUR, Y. LE, FEUILLAT, M., ETIEVANT, P. X. (1991): Analyse des composés soufrés de faible poids moléculaire dans les vins blancs issus de cépage aligote. Rev. Franc. Oenologie 128, 7–13

GÖSSINGER, M. (1997): Mängel, Fehler und Krankheiten der Weine. 4: Der Böckser. Der Winzer (4); 15–19

GÖSSINGER, M., STEIDL, R. (1999a): Einfluss der reduktiven Verarbeitung der Trauben auf die Böckserhäufigkeit bei Weißwein. Mitt. Klosterneuburg 49, 93–101

GÖSSINGER, M., STEIDL, R. (1999b): Einfluss verschiedener Produktionsparameter und Technologien auf die Böckserhäufigkeit bei österreichischen Weinen. Mitt. Klosterneuburg 49, 124–131

HEINZEL, M. A., DOTT, W., TRÜPER, H. G. (1979): Ursachen der biologischen SO_2-Bildung bei der Weingärung. Wein-Wiss. 34, 192–211

NIEFIND, H. J. (1969): Über die flüchtigen Schwefelverbindungen in Bier und ihre gaschromatographische Bestimmung. Diss. Univ. Berlin

RAUHUT, D. (1993): Yeasts – Production of sulfur compounds, in Fleet, G. H. siehe Kap. 2

RAUHUT, D. (1996): Qualitätsmindernde S-haltige Stoffe im Wein – Vorkommen, Bildung, Beseitigung. Diss. Fachber. Agrarwiss., Univ. Gießen. 267

RAUHUT, D. (2009): Usage and Formation of Sulphur Compounds, in König, H., Unden, G., Fröhlich, J.: siehe Kap. 2, 181–207

RAUHUT, D., KÜRBEL, H., MACNAMARA, K., GROSSMANN, M.: (1998): GC-SCD monitoring of low volatile sulfur compounds during fermentation and in wine. Analúsis 26, 142–145

RAUHUT, D., KÜRBEL, H., GROSSMANN, M. (1999): Analyse S-haltiger Substanzen in Wein zur Unterscheidung zwischen verschiedenartigen Fehlaromen und zur Qualitätssicherung. XXIV. Weltkongr. Rebe u. Wein, 79. OIV-Generalversammlg., Mainz, 209–217

SCHMITT, J. (2009): Einfluss der Vorgärphase auf die sortentypischen Aromastoffe bei Weinen d. Rebsorte Sauvignon blanc. Der Oenologe Nr. 3, 20

THIBON, C., MARULLO, P., CLAISSE, O., CULLIN, C., DUBOURDIEU, D. (2008): N catabolic repression controls the release of thiols by *Sacch. cer.* during fermentation. FEMS Yeast Res. 8 (7), 1076

UGLIANO, M. FEDRIZZI, B., SIEBENT, T., TRAVIS, B., MAGNO, F., VERSINI, G., HENSCHKE, P. A. (2009): Effect of nitrogen supplementation and *Saccharomyces* species on hydrogen sulfide and other volatile sulfur compounds in Shiraz fermentation and wine. J. Agric. Food Chem. 57 (11), 4948

WENZEL, K., DITTRICH, H. H., SEYFFARDT, H. P., BOHNERT, J. (1980): Schwefelrückstände auf Trauben und im Most und ihr Einfluss auf die H_2S-Bildung. Wein-Wiss. 35, 414–420

WÜRDIG, G. (1985): Levures produisant du SO_2. Bull. OIV, 582–589, 652–653

WÜRDIG, G., SCHLOTTER, H. A. (1971): Über das Vorkommen SO_2-bildender Hefen im natürlichen Hefegemisch des Traubenmostes. Deutsch. Lebensm. Rdsch. 67, 86–91

Kapitel 7: Spontangärung und Reinzuchthefen

ANSANAY, V., DEQUIN, S., CAMARASA, C., SCHAEFFER, V., GRIVET, J. P., BLONDIN, B., SALMON, J. M., BARRE,

P. (1996): Malolactic fermentation by engineered *Saccharomyces cerevisiae* as compared with engineered *Schizosaccharomyces pombe*. Yeast 12, 215–225

BELTRAN, G., TORIJA, M. J., NOVO, M., FERRER, N., POBLET, M., GUILLAMÓN, J. M., ROZÈS, N., MAS, A. (2002): Analysis of yeast population during alcoholic fermentation: A six year follow-up study. System. Appl. Microbiol. 25, 287–293

BISSON, L. F. (1999): Stuck and sluggish fermentations. Am. J. Enol. Vitic. 50, 1–13

BISSON, L. F., BUTZKE, C. E. (2000): Diagnosis and rectification of stuck and sluggish fermentations. Am. J. Enol. Vitic. 51, 168–177

BOONE, C., SDICU, A. M., WAGNER, J., DEGRÉ, R., SANCHEZ, C., BUSSEY, H. (1990): Integration of the yeast K1 killer toxin gene into the genome of marked wine yeasts and its effect on vinification. Am. J. Enol. Vitic. 41, 37–42

CARUSO, C., FIORE, C., CONTURSI, G., SALZANO, G., PAPARELLA, A., ROMANO, P. (2002): Formation of biogenic amines as criteria for selection of wine yeasts. World J. Microbiol. Biotechnol. 18, 159–163

CIANI, M., Comitini, F., Mannazzu, I., Domizio, P. (2009): ‚Controlled mixed culture fermentation: a new perspective on the use of non-*Saccharomyces* yeasts in winemaking. FEMS Yeast Res. (Epub ahead of print)

CONSTANÍ, M., POBLET, M., AROLA, L., MAS, A., GUILLAMÓN, J. M. (1997): Analysis of yeast population during alcoholic fermentation in a newly established winery. Am J. Enol.Vitic. 8, 339–334

DEQUIN, S., BARRE, P. (1994): Mixed lactic acid-alcoholic fermentation of grape musts by *Saccharomyces cerevisiae* expressing the *Lactobacillus casei* L(+)-LDH. Bio/Techn. 12, 173–177

FISCHER, U. (2000): Gärunterbrechungen und Behebung von Gärstörungen. ATW-Bericht Nr. 97

FLEET, G. H., HEARD, G. M. (1993): Yeasts – growth -during fermentation. In: Fleet ,G. H., ed., Wine Microbiology and Biotechnology. Harwood Academic Publishers, Singapore 27–54

FLEET, G. H. (2008): WINE YEASTS FOR THE FUTURE. FEMS YEAST RES. 8, 979–795

GONZALEZ, R. G. (1995): Cloning and sequencing of the egl1 gene from *Trichoderma longibrachiatum* and its expression in an industrial wine yeast. Diss. Abstr. Int. 56, 355

GROSSMANN, M. K., DEGÜNTHER, B. (1999): Optimale Gärführung. Das deutsche Weinmagazin 14, 14–22

GROSSMANN, M. K., LINSENMEYER, H., MUNO, H., RAPP, A. (1996): Use of oligo-strain cultures to -increase complexity of wine aroma. Vitic. Enol. Sci. 51, 175–179

GROSSMANN, M. K., PRETORIUS, S. I. (1999): Übersichtsartikel: Verfahren zur Identifizierung von Weinhefen und Verbesserung der Eigenschaften von *Saccharomyces cerevisiae*. Vitic. Enol. Sci. 54, 61–72

HENDERSON, R. C. A., COX, B. S., TUBB, R. (1985): The transformation of brewing yeasts with a plasmid containing the gene for copper resistance. Curr. -Genet. 9, 133–138

HENSCHKE, P. A. (1997): Wine yeasts. In: Zimmermann F. K., Entian K. D., eds. Yeast Sugar Metabolism, Technomic Publishing Co., Lancaster, Pennsylvania, 527–560

HENSCHKE, P. A., EGLINTON, J. M., COSTELLO, P. J., FRANCIS, I. L., GOCKOWIAK, H., SODEN, A., HOJ, P. (2002): Winemaking with selected strains of non-*Saccharomyces cerevisiae* yeasts. Influence of *Candida stellata* and *Saccharomyces bayanus* on Chardonnay wine composition and flavour. Proceed. 13th Int. Symp. Enology, Montpellier (France), 459–481

HILL, P. J., REES, C. E. D., WINSON, M. K., STEWART, G. S. A. B. (1993): The application of lux genes. Biotechnol. Appl. Biochem. 17, 3–14

INSA, G., SABLAYROLLES, J.-M., DOUZAL, V. (1995): Alcoholic fermentation under oenological conditions. Bioprocess Engineering 13, 171–176

KITAMOTO, K., ODA-MIYAZAKI, K., GOMI, K., KUMAGAI, C. (1993): Mutant isolation of nonurea producing sake yeast by positive selection. J. Fermen. Bioengineer. 75, 359–363

MAGARIFUCHI, T., GOTO, K., IIMURA, Y., TADENUMA, M., TAMURA, G. (1995): Effect of yeast fumarase gene (FIM1) disruption on production of malic, fumaric and succinic acids in sake mash. J. Ferment. Bioengineer. 80, 355–361

MARTINI, A., MARTINI, A. V. (1990): Grape must fermentation past and present. In: Spencer J. F. T., Spencer D. M., eds., Yeast Technology, Springer-Verlag, Berlin, 105–123

MEADEN, P. G. (1995): Molecular genetics offers a new approach to the study of ester synthesis in yeast. Ferment 8, 346–348

MICHNICK, S., ROUSTAN, J. L., REMIZE, F., BARRE, P., DEQUIN, S. (1997): Modulation of glycerol and ethanol yields during alcoholic fermentation in *Saccharomyces cerevisiae* strains overexpressed or disrupted for GPD1 encoding glycerol 3-phosphate dehydrogenase. Yeast 13, 783–793

MILTENBERGER, R., MAIER, C., SCHINDERL, E. (2002): Gärstörungen erkennen und beheben. Das deutsches Weinmagazin 21, 15–17

NARENDRANATH, N. V., THOMAS, K. C., INGLEDEW, M. W. (2001): Acetic Acid and Lactic Inhibition of Growth of *Saccharomyces cerevisiae* by Different -Mechanisms. J. Am. Soc. Brew Chem. 59, 187–194

PEREZ-GONZALEZ, J. A., GONZALEZ, R., QUEROL, A., SENDRA, J., RAMON, D. (1993): Construction of a recombinant wine yeast strain expressing beta-(1,4)-endoglucanase and its use in microvinification processes. Appl. Environm. Microbiology 59, 2801–2806

PETERING, J. E., HENSCHKE, P. A., LANGRIDGE, P. (1991): The *Escherichia coli* beta-glucuronidase gene as a marker for *Saccharomyces* yeast strain identification. Am. J. Enol. Vitic. 42, 6–12

PRETORIUS, I. S., WESTHUIZEN, VAN DER, T. J. (1991): The impact of yeast genetics and recombinant DNA technology on the wine industry – a review. S. Afr. J. Enol. Vitic. 12, 3–31

PRETORIUS I. S., WESTHUIZEN, VAN DER, T. J., AUGUSTYN, O. P. H. (1999): Yeast biodiversity in vineyards and wineries and its importance to South African wine industry. A review. S. Afr. J. Enol. Vitic. 20, 61–74

RENSBURG, VAN, P., ZYL, VAN, W. H., PRETORIUS, I. S. (1994): Expression of the *Butyrivibrio fibrisolvens* endo-beta-1,4-glucanase gene together with the *Erwinia* pectate lyase and polygalacturonase genes in *Saccharomyces cerevisiae*. Curr. Genet. 27, 17–22

RENSBURG, VAN. P., ZYL, VAN, W. H., PRETORIUS, I. S. (1997): Over-expression of the *Saccharomyces cerevisiae* exo-β-1,3-glucanase gene together with the *Bacillus subtilis* endo-β-1,3–1,4-glucanase gene and the *Butyrivibrio fibrisolvens* endo-β-1,4-glucanase gene in yeast. J. Biotechnol. 55, 43–53

SANTOS, J., Sousa, M. J., Cardoso, H., Inacio, J., Silva, S., Spencer-Martins, I., Leao, C. (2008): Ethanol tolerance of sugar transport and the rectification of stuck wine fermentations. Microbiol. 154, 422–430

SANCHEZ-TORRES, P., GONZALEZ-CANDELAS, L., RAMON, D. (1996): Expression in a wine yeast strain of the *Aspergillus niger* abfB gene. FEMS Microbiol. Lett. 145, 189–194

SCHUETZ, M., GAFNER, J. (1993): Sluggish alcoholic fermentation in relation to alternations of the glucose – fructose ratio. Chem. Mikrobiol. Technol. Lebensm. 15, 73–78

SCHUETZ, M., GAFNER, J. (1994): Dynamics of the yeast strain population during spontaneous alcoholic fermentation determined by CHEF gel electrophoresis. Lett. Appl.Microbiol. 19, 253–257

SILAR, P., WEGNEZ, M. (1990): Expression of the *Drosophila melanogaster* metallothionein genes in yeast. FEBS Lett. 269, 273–276

SWIEGERS, J. H., PRETORIUS, I. S. (2007): Modulation of volatile sulfur compounds by wine yeast. Appl. Microbiol. Biotechnol. 74, 954–960

SWIEGERES, J. H., CAPONE, D. L., PARDON, K. H., ELSEY, G. M., SEFTON, M. A., FRANCIS, I. L., PRETORIUS, I. S. (2007): Engineering volatile thiol release in *Saccharomyces cerevisiae* for improved wine aroma. Yeast 24, 561–574

TUBB, R. S., HAMMOND, J. R. M. (1987): Yeast genetics. In: Priest, F. G., Campbell, I. (eds.). Brewing microbiology. Elsevier Applied Science Publishers, Essex, England, 47–82

VOLSCHENK, H., VIJOEN, M., GROBLER, J., PETZOLD, B., BAUER, F., SUBDEN, R. E., YOUNG, R. A., LONVAUD, A., DENAYROLLES, M., VUUREN, VAN, H. J. J. (1997): Engineering pathways for malate degradation in

Saccharomyces cerevisiae. Nat. Biotechnol. 15, 253–257

WATARI, J., NOMURA, M., SAHARA, H., KOSHINO, S., KERAENEN, S., (1994): Construction of flocculent brewer's yeast by chromosomal integration of the yeast flocculent gene FLO1. J. Inst. Brew. 100, 73–77

YAP, N. A., DE BARROS LOPES, M., LANGRIDGE, P., HENSCHKE, P. A. (2000): The incidence of killer activity of non-*Saccharomyces* yeasts towards indigenous yeast species of grape must: potential application in wine fermentation. J. Appl. Microbiol. 89, 381–389

ZAMBONELLI, C. (1998): Microbiologia e biotecnologia dei vini. Edagricole, Bologna

Kapitel 8: Hygiene, Betriebskontrolle und Weinkonservierung

AMERINE, M. A., KUNKEE, R. E. (1968): Microbiology of winemaking. Ann. Rev. Microbiol. 22, 323–358

BARTOWSKY, E. J., HENSCHKE, P. (2008): Acetic acid bacteria spoilage of bottled red wine – a review. Int. J. Microbiol. 125, 60–70

BENDA, I. (1985): Yeasts in winemaking-investigating so-called killer yeasts during fermentation. Der Deutsche Weinbau 40, 1166–1171

BRITZ, T. J., TRACEY, R. P. (1990): The combination effect of pH, SO_2, ethanol and temperature on the growth of *Leuconostoc oenos*. J. Appl. Bacteriol. 68, 23–31

CONNELL, L., STENDER, H., EDWARDS, C. G. (2002): Rapid Detection and Identification of *Brettanomyces* from Winery Air Samples Based on Peptide Nucleic Acid Analysis, Am. J. Enol. Vitic. 53, 4, 322–324

DE VUYST, L., VANDAMME, E. J. (1994): Bacteriocins of lactic acid bacteria. Chapman & Hall, London.

Forum der Deutschen Weinwirtschaft (2001): Leitlinien für eine gute Hygienepraxis in der Weinwirtschaft. Der Deutsche Weinbau 23/24, 1–7

FRÖHLICH, J. (2002): Fluorescence in situ hybridisation (fish) and cell micro-manipulation as novel applications for identification and isolation of new *Oenococcus* strains, Prog. Lallemand Technical Meetings 10, 5, 33–37

HEARD, G. M., FLEET, G. H. (1987): Occurrence and growth of killer yeasts during wine fermentation. Appl. Environ. Microbiol. 53, 2171–2174

JOYEUX, A., LAFON-LAFOURCADE, S., RIBÉREAU-GAYON, P. (1984): Evolution of acetic acid bacteria during fermentation and storage of wine. Appl. -Environ. Microbiol. 48, 153–156

KÖNIG, H., UNDEN, G., FRÖHLICH, J. (2009): Biology of Microorganisms on Grapes, in Must and in Wine. Springer Verlag, Berlin

LOUREIRO, V. (2000): Spoilage yeasts in foods and beverages: characterisation and ecology for improved diagnosis and control. Food Research International 33, 247–256

MALACRINO, P., ZAPPAROLI, G., TORRIANI, S., DELLAGLIO, F. (2001): Rapid detection of viable yeasts and bacteria in wine by flow cytometry. J. Microbiol. Meth. 45, 119–126

MENKE, M., LEDERER, M., MUNO-BENDER, J., GROSSMANN, M., WALLBRUNN, C. VON (2007): Mikrobielle Qualitätskontrolle im Wein – Eine Erhebung zu in Deutschland gehandelten Weinen. Dt. Lebensm. Rdschau 203, 197–202

PETERING, J. E., SYMONS, M. R., LANGRIDGE, P., HENSCHKE, P. A. (1991): Determination of killer yeast activity in fermenting grape juice by using a marked *Saccharomyces* wine yeast strain. Appl. Environ. Microbiol. 57, 3232–3236

PORTER, L. J., OUGH, C. S. (1982): The effects of ethanol, temperature and dimethyldicarbonate on viability of *Saccharomyces cerevisiae* Montrachet No. 522 in wine. Am. J. Enol. Vitic. 33, 222–225

RADLER, F., SCHMITT, M. (1987): Killer toxins of yeasts: Inhibitors of fermentation and their adsorption. J. Food Protect. 50, 234–238

RIET, W. B. VAN DER, PINCHES, S. E. (1991): Control of *Byssochlamys fluva* in fruit juices by means of intermittent treatment with dimethydicarbonate. Lebensm. Wiss. Technol. Food Sci. Technol. 24, 501–503

ROMANO, P., SUZZI, G. (1993): Sulfur dioxide and wine microorganisms. In: FLEET, G. H. (ed). Wine Microbiology and Biotechnology. Harwood Academic Publishers, Chur. 373–393

SHIMIZU, K. (1993): Killer yeasts. In FLEET, G. H. (ed). Wine Microbiology and Biotechnology. Harwood Academic Publishers, Chur. 234–263

SINELL, H.-J., MEYER, H. (1996): Lebensmittelsicherheit: HACCP in der Praxis. Behrs Verlag

SPLITTSTOESSER, D. F., CHURNEY, J. J. (1992): The incidence of sorbic acid-resistant *Gluconobacter* and yeasts on grapes grown in New York State. Am. J. Enol. Vitic. 43, 290–293

SPONHOLZ, W. R. (1992): Wine spoilage by microorganisms. In: Fleet, G. H. (ed). Wine Microbiology and Biotechnology. Harwood Academic Publishers, Chur. 395–420

TOIT, DU, M. & PRETORIUS, I. S. (2000): Microbial spoilage and preservation of wine: using weapons from nature's own arsenal. S. A. J. Enol. Vitic. 21, 74–96

ZOECKLEIN, B. W., FUGELSANG, K. C., GUMP, B. H., NURY, F. S. (1995): Wine Analysis and Production. Chapman & Hall, New York

Kapitel 9: Sherry – Produkt des aeroben Hefestoffwechsels

ARANDA, A., QUEROL, A., DEL OLMO, M. (2002): Correlation between acetaldehyde and ethanol resistance and expression of HSP genes in yeast strains isolated during the biological aging of sherry wines. Arch. Microbiol. 177, 304–312

BARNETT, J. A., PAYNE, R. W., YARROW, D. (1983): Yeasts: characteristics and identification. Cambridge Univ. Press, Cambridge

BARNETT, J. A., PAYNE, R. W., YARROW, D. (1989): Yeast: characteristics and identification, 2nd ed. Cambridge University Press, Cambridge

BERLANGA, T. M., ATANASIO, C., MAURICIO, J. C., ORTEGA, J. M. (2001): Influence of aeration on the physiological activity of flor yeasts. J. Agric. Food Chem. 49, 3378–3384

CANTARELLI, C., MARTINI, A. (1969): On the pellicle formation by 'flor' yeasts. Antonie vanLeeuw. Suppl. Yeast Sympos 35: F35-F36

CHARPENTIER, C., COLIN, A., ALAIS, A., LEGRAS, J.-L. (2009): French Jura flor yeasts: genotype and technological diversity. Ant. Leeuwenhoek 95, 263–273

CORTEZ, M. B., MORENO, J. J., ZEA, L., MOYANO, L., MEDINA, M. (1999): Response of the aroma fraction in sherry wines subjected to accelerated biological aging. J. Agric. Food. Chem. 47, 3297–3302

ESTEVE-ZARZOSO, B., PERIS-TORÁN, M. J., GRACÍA-MAIQUEZ, E., URUBURU, F., QUEROL, A. (2001): Yeast Population Dynamics during the Fermentation and Biological Aging of Sherry Wines. Appl. Envi. Microbiol. 67, No. 5, 2056–2061

FABIOS, M., LOPEZ-TOLEDANO, A., MAYEN, M., MERIDA, J., MEDINA, M. (2000): Phenolic compounds and browning in sherry wines subjected oxidative and biological aging. J. Agric. Food Chem. 48, 2155–2159

FARRIS, G. A., SINIGAGLIA, M., BUDRONI, M., GUERZONI, M. E. (1993): Cellular fatty acid composition in film-forming strains of two physiological races of *Saccharomyces cerevisiae*. Lett. Appl. Microbiol. 17, 215–219

GUIJO, J. C., MAURICIO, C., SALMON, J. M., ORTEGA, J. M. (1997): Determination of the Relative Ploidy in Different *Saccharomyces cerevisiae* Strains used for Fermentation and 'Flor' Film Ageing of Dry Sherry-type Wines. Yeast 13, 101–117

HOHMANN, S., MAGER, W. H. (1997): Yeast stress responses. Springer, Berlin Heidelberg New York

IBEAS, J. I., LOZANO, I., PERDIGONES, F., JIMENEZ, J. (1996): Detection of *Dekkera-Brettanomyces* Strains in Sherry by a Nested PCR Method. Appl. Envi. -Microbiol. 63, 998–1003

IBEAS, J. I., LOZANO, I., PERDIGONES, F., JIMENEZ, J. (1997): Dynamics of Flor Yeast Populations During the Biological Aging of Sherry Wines. Am. J. Enol. Vitic. 48, 75–79

JONES, R. P. (1988): Intracellular ethanol accumulation and exit from yeast and other cells. FEMS Microbiol. Rev. 4, 239–258

MARTINEZ, P., CODÓN, C., PÉREZ, L. BENÍTEZ, T. (1995): Physiological and molecular characterization of flor yeasts: polymorphism of flor yeast popu-lations. Yeast 11, 1399–1411

MARTINEZ, P., PÉREZ RODRÍGUEZ, L., BENÍTEZ, T. (1997): Velum Formation by Flor Yeasts Isolated From Sherry Wine. Am. J. Enol. Vitic. 48, No.1., 55–62

MARTINEZ, P., VALCÁREL, M. J., PÉREZ, L. BENÍTEZ, T. (1998): Metabolism of *Saccharomyces cerevisiae* flor yeasts during fermentation and biological aging of fino sherry: by-products and aroma compounds. Am. J. Enol. Vitic. 49, 240–250

MAURICIO, J. C., VALERO, E., MILLÁN, C., ORTEGA, J. M. (2001): Changes in Nitrogen Compounds in Must and Wine during Fermentation and Biological Aging by Flor Yeasts. J. Agric. Food Chem. 49, 3310–3315

MERIDA, J., LOPEZ-TOLEDANO, A., MARQUEZ, T., MILLAN, C., ORTEGA, J. M., MEDINA, M. (2005): Retention of browning compounds by yeasts involved in the winemaking of sherry type wines. Biotechnol. Lett. 27, 1565–1570

MOYANO, L., ZEA, L., MORENO, J., MEDINA, M. (2002): Analytical study of aromatic series in sherry wines subjected biological aging. J. Agric. Food Chem. 50, 7356–7361

MUNOZ, D., PEINADO, R. A., MEDINA, M., MORENO, J. (2005): Biological aging of sherry wines using pure cultures of two flor yeast strains under controlled microaeration. J. Agric. Chem. 53, 5258–5264

REYNOLDS, T. B., FINK, G. R. (2001): Bakers' yeast, a model for fungal biofilm formation. Science 29, 878–881

SCHANDERL, H. (1936): Untersuchungen über so genannte Jerez-Hefen. Wein u. Rebe 18, 16–25

WEBB, A. D., NOBLE, A. C. (1976): Aroma of sherry wine. Biotechnol. Bioeng. 18, 939–952

WEHOWSKY, B. (1990): Sherry – die andere Art, Wein zu machen. Weinwirtschaft Technik 3, 17–19

ZARA, S., FARRIS, G. A., BUDRONI, M., BAKALINSKY, A. T. (2002): HSP12 is essential for biofilm formation by a Sardinian wine strain of S. *cerevisiae*. Yeasts 19, 269–276

Kapitel 10: Die Apiculatus-Hefen

BACK, W. (1994, 2000): siehe Kap. 2

BARNETT, J. A., PAYNE, R. W., YARROW, D. (2000): siehe Kap. 2

DITTRICH, H. H. (1963): Versuche zum Äpfelsäureabbau mit einer Hefe der Gattung *Schizosaccharomyces*. Wein-Wiss. 18, 392–405

EGLI, C. M., MITRAKUL, C., LICKER, J., HENICK-KLING, T. (1998): *Brettanomyces* yeasts: Promotors of bad or fine wines? Bericht 5. Intern. Symp. Innovationen in der Kellerwirtsch., Intervitis Interfructa, Stuttg., 255–259

FUGELSANG, K. C., ZOECKLEIN, B. W. (2003): Population dynamics and effects of *Brettanomyces bruxellensis* strains on Pinot noir (*Vitis vinif.*) wines. Am. J. Enol. Vitic. 54, 294–300

HERESZTYN, T. (1986): Metabolism of volatile phenolic compounds from hydroxycinnamic acids by *Brettanomyces* yeast. Arch. Microbiol. 146, 96–98

KUDRJAWZEW, W. I. (1960): Die Systematik der Hefen. Akademie-Verl., Berlin, 324 S.

KURTZMAN, C. P., FELL, C. J. W. (1998): siehe Kap. 2

LEMPERLE, E., KERNER, E. (1982): siehe Kap. 2

OELOFSE, A., PRETORIUS, I. S. TOIT, M. DU (2008): Significance of *Brettanomyces* and *Dekkera* during Wine making; a Review. S. Afr. J. Enol. Vitic. 29 (2), 128–144

SPONHOLZ, W. R., DITTRICH, H. H. (1974): siehe Kap. 4

SPONHOLZ, W. R., DITTRICH, H. H., BARTH, A. (1982): Über die Zusammensetzung essigstichiger Weine. Deutsch. Lebensm. Rdsch. 78, 423–428

SPONHOLZ, W. R., DITTRICH, H. H., HAN, K. (1990 a): siehe Kap. 4

SPONHOLZ, W. R., LACHER, M., DITTRICH, H. H. (1986): siehe Kap. 3

UNTERHOLZNER, O., AURICH, M., PLATTNER, K. (1988): Geschmacks- und Geruchsfehler bei Rotweinen verursacht durch *Schizosaccharomyces pombe*. Mitt. Klosterneuburg 38, 66–70

Kapitel 11: Die Kahmhefen

BACH, H. P., HOFFMANN, P., NOBIS, P. (1982): Untersuchungen zur Gasüberlagerung in Holz-Anbruchgebinden. Weinwirt. 118, 412–417

BARNETT, J. A., PAYNE, R. W., YARROW, D. (2000): siehe Kap. 2

BENDA, I. (1970): Natürliche und gesteuerte mikrobielle Vorgänge im Traubenmost und Jungwein. Bayer. Landw. Jahrb. 47,19–29

ERTEN, H., CAMPBELL, I. (2001): The production of low-alcohol wines by aerobic yeasts. J. Inst. of Brewing 107, 207–215

FLEET, G. H., LAFON-LAFOURCADE, S. (1984): siehe Kap. 2

HENSCHKE, P. A., EGLINTON, J. M., COSTELLO, P. J., FRANCIS, I. I., GOCKOWIAK, H., SODEN, A., HOJ, P. B. (2002): Weinbereitung mit ausgewählten Nicht-*Sacch-cerevisiae*-Hefen: Einfluss von *Candida stellata* und *Sacch. bayanus* auf Zusammensetzung und Aroma von Chardonnay. 13. Int. Oenolog. Symp. 9.–12.6., Montpellier. TS Verl. Neuenburg/Rh., 459–481

LEMPERLE, E., KERNER, E. (1982): siehe Kap. 2

SPONHOLZ, W. R., DITTRICH, H. H. (1974): siehe Kap. 4

SPONHOLZ, W. R., LACHER, M., DITTRICH, H. H. (1986): siehe Kap. 3

WALKLEY, V. T., WORDSWORTH, L. (1980): The *Rhodotorula* yeasts. Intern. Bottler & Packer 54, 58

Kapitel 12: Mikrobieller Säureabbau

ALZINGER, L., EDER, R. (2003): Einfluss verschiedener Hefepräparate auf die Säurezusammensetzung von Weinen der Sorte Grüner Veltliner. Mitt. Klosterneuburg 53, 52–60

AVEDOVECH, R. M. (1992): An evaluation of combinations of wine yeast and *Leuconostoc oenos* strains in malolactic fermentation of Chardonnay wine. Am. J. Enol. Vitic. 43, 253–260

BACH, H. P., KRIEGER, S. A. (2003): BSA-Wechselwirkung mit Hefe und Hefenährstoffen. Deutsch. Weinbau (16–17), 22–25

BANDION, F., ROTH, I., MAYR, E., VALENTA, M.(1980): Zur Beurteilung der Gluconsäuregehalte bei Wein im Hinblick auf mögliche Veränderungen während der Lagerung. Mitt. Klosterneuburg 30, 32–36

BAUER, R., DICKS, L. M. T. (2004): Control of malolactic fermentation in wine. A Review. S. Afr. J. Enol. Vitic. 25 (2), 74–88

BENDA, I. (1989): Die Milchsäurebakterien des Traubenmostes und Weines. Deutsch. Weinb. 47, 96–99, 153–154

BERGER, S., PISCHINGER, K., WENDELIN, S. (2003): Deacidification of wine using wine yeast and bacteria starter cultures. Mitt. Klosterneuburg 53, 113–122

BOURDINEAUD, J. P., NEHMÉ, B., LONVAUD-FUNEL, A. (2002): Arginine stimulates preadatation of *Oenococcus oeni* to wine stress. Sciences Alim. (Paris) 22, 113–121

CASPRITZ, G., RADLER, F. (1983): Malolactic enzyme of *Lactob. plantarum*. J. Biol. Chem. 258, 4907–4910

DAVIS, C. R., WIBOWO, D., FLEET, G. H., LEE, T. H. (1988): Properties of wine lactic acid bacteria. Am. J. Enol. Vitic. 39, 137–142

DICK, K. J., MOLAN, P. C., ESCHENBRUCH, R. (1992): The isolation from *Sacch. cerevisiae* of two antibacterial cationic proteins that inhibit malolactic bacteria. Vitis 31, 105–116

DICKS, L. M. T., DELLAGLIO, F., COLLINS, M. D. (1995): Proposal to reclassify *Leucon. oenos* as *Oenococcus oeni* (corrig.) gen. nov., comb. nov. Intern. J. Systemat. Bact. 45, 395–397

DICKS, L. M. T., ENDO, A. (2009): Taxonomic Status of Lactic Acid Bacteria in Wine and Key Characteristics to Differentiat Species. S. Afr. J. Enol. Vitic. 30 (1), 72–90

DITTRICH, H. H. (1963): siehe Kap. 10

DITTRICH, H. H. (1964): Die alkoholische Vergärung der L-Äpfelsäure durch *Schizosacch. pombe* var. *acidodevoratus*. Zbl. Bakt. II 118, 406–421

DITTRICH, H. H. (1995): Bildung und Abbau organischer Säuren durch Mikroorganismen in Most und Wein. Wein-Wiss. 50. 50–66

DITTRICH, H. H., BARTH, A. (1984): SO_2-Gehalte, SO_2-bindende Stoffe und Säureabbau in deutschen Weinen. Wein-Wiss. 39, 184–200

FLAMINI, R., DE LUCA, G., DI STEFANO, R. (2002): Changes in carbonyl compounds in Chardonnay and Cabernet Sauvignon wines as a consequence of malolactic fermentation. Vitis 41, 107–112

FUCK, E., RADLER, F. (1974): Über den Abbau von L-Äpfelsäure durch Hefen verschiedener Gattungen mit Malatenzym. Zbl. Bakt. II 129, 82–93

GAFNER, J. (1996): Der biologische Säureabbau. Rebe u. Wein 49, 319–323

GAFNER, J., HOFFMANN, P. (1997): siehe Kap. 2

GENTH, A., WEGENER, G., RADLER, F. (1997): Quantitative mesurement of heat formation during malolactic fermentation. Am. J. Enol. Vitic. 48, 423–427

GUZZO, J., COUCHENEY, P., FORTIER, L. C., DELMAS, F., DIVIES, C., TOURDOT-MARÉCHAL, R. (2002): Acidophilic behaviour of the malolactic bacterium *Oenococcus oeni*. Sciences Alim. (Paris) 22, 107–111

GUZZO, J., DESROCHE, N. (2009): Physical and Chemical Stress Factors in Lactic Acid Bacteria, in König, H., Unden, G., Fröhlich, J., siehe Kap. 2, 293–306

GUZZON, R., POZNANSKI, E., CONTERNO, L., VAGNOLI, P. KRIEGER-WEBER, S., CAVAZZA, A. (2009): Selection of a new highly resistant strain for malolactic fermentation, under difficult conditions. S. Afr. J. End. Vitic. 30 (2), 133–141

HENICK-KLING, T. (1988): Phage interference in malolactic fermentation. Am. J. Enol. Vitic. 39, 99–100

HENICK-KLING, T. (1993): Malolactic fermentation, in Fleet, G. H., siehe Kap. 2, 289–326

HENICK-KLING, T. (1995): Control of malolactic fermentation in wine: Energetic, flavour modification and methods of starter culture preparation. J. Appl. Bacteriol. 79, 295–375

KAPOL, R., STORK, J., RADLER, F. (1990): 2-Oxoglutarate Decarboxylase of *Leucon. oenos*. Folia Microbiol. 35, 205–208

KÖNIG, H., FRÖHLICH, J. (2009): Lactic Acid Bacteria, in König, H., Unden, G., Fröhlich, J., siehe Kap. 2, 3–29

KRIEGER, S. (2002): Lenkung des biologischen Säureabbaus bei Weiß- und Rotwein. Schw. Z. Obst- u. Weinb. (21), 554–556

KRIEGER, S. A., DE FRENNE, E., HAMMES, W. P. (1986): Ausführung des biolog. Säureabbaus in Wein mit *Lc. oenos*. Chem. Mikrobiolog. Lebensm. 10, 13–18

KRIEGER, S. A., HENICK-KLING, T., RICHARDSON, J. (2002): Wine flavor management by malolactic fermentation. Am. J. Enol. Vitic. 53, 239

KRIEGER-WEBER, S. (2009): Application of Yeast and Bacteria as Starter Cultures, in König, H., Unden, G., Fröhlich, J., siehe Kap. 2, 489–511

KUENSCH, U., TEMPERLI, A., MAYER, K. (1974): Conversion of arginine to ornithine during malolactic fermentation in red swiss wine. Am. J. Enol. Vitic. 25, 191–193

KUNKEE, R. E. (1974): Malo-lactic fermentation and winemaking, in Webb, A. D.: Chemistry of winemaking. Adv. In Chem. 137. Series. Am. Chem. Soc., Washington, D. C., 151–170

LEMPERLE, E., KERNER, E. (1982): siehe Kap. 2

LIU, J. W. R., GALLANDER, J. F.(1983): Effect of pH and sulfur dioxide on the rate of malolactic fermentation in red table wines. Am. J. Enol. Vitic. 34, 44–46

LÜTHI, H., VETSCH, U. (1981): Mikroskopische Beurteilung von Weinen und Fruchtsäften in der Praxis, 2. Aufl., Heller Chemie- u. Verw. Ges., Schw. Hall

MAYER, K. (1974): Nachteilige Auswirkungen auf die Weinqualität bei ungünstig verlaufendem biologischen Säureabbau. Schweiz. Z. Obst- u. Weinb. 110, 385–391

MAYER, K. (1979): Die Bedeutung des biologischen Säureabbaus auf den SO_2-Bedarf der Weine. Weinwirtsch. 115, 223–226

MAYER, K., VETSCH, U., PAUSE, G. (1975): siehe Kap. 5

MILTENBERGER, R., STUMPF, C., GESSNER, M., KÖHLER, H. (1997): Mikrobieller Säureabbau. Rebe u. Wein 50, 343–347

MILTENBERGER, R., MAIER, C., SCHINDLER, E. (2001): Bakterien-Starterkulturen und ihr Einsatz beim mikrobiellen Säureabbau. Rebe u. Wein 54 (5), 28–32, (6), 21–23

NIEFIND, H. J., SPÄTH, G. (1971): Die Bildung flüchtiger Aromastoffe durch Mikroorganismen. Europ. Brew. Conv. Proc. 13th Congr., Elsevier Publ., Amsterdam, 297–308

PEYNAUD, E. (1968): Etudes récentes sur les bactéries lactiques du vin. Ferment. Vinific. 1, 219–256

PULVER, D. (1997): Biologischer Säureabbau. Deutsch. Weinmagazin 10–14

RADLER, F. (1966): Die mikrobiologischen Grundlagen des Säureabbaus im Wein. Zbl. Bakt. II 120, 237–287

RADLER, F. (1986): Das in den USA zugelassene Säuerungsmittel Fumarsäure und seine Wirkung – Übersicht. Wein-Wiss. 41, 47–50

RADLER, F. (1989): Biologischer Säureabbau, in Würdig, G., Woller, R.: Chemie des Weines, E. Ulmer Verl., Stuttg., 222–228

RAUHUT, D. (2004): siehe Kap. 5

RAUHUT, D., BAUER, O., DITTRICH, H. H. (1995): Einfluss des biologischen Säureabbaus auf Farbintensität und Gehalt an freien und kondensierten Anthocyanen. Mitt. Klosterneuburg 45, 82–89

RIBÉREAU-GAYON, J., PEYNAUD, E., RIBÉREAU-GAYON, P., SUDRAUD, P. (1975): Traite d'Oenologie – Science et techniques du vin, Tome 2, Dunod, Paris, 539 S.

RIBÉREAU-GAYON, P., DUBOURDIEU, D., DONÈCHE, B., LONVOUD, A. (2000): siehe Kap. 2

RICHTER, H., DE GRAAF, A. A., HAMANN, I., UNDEN, G. (2003): Significance of phosphoglucose isomerase for the shift between heterolactic and mannitol fermentation of fructose by *Oenococcus oeni*. Arch Microbiol. 180, 465–470

SALMON, J. M. (1987): L-malic acid permeation in resting cells of anaerobically grown *Sacch. cerevisiae*. Biochem. Biophys. Acta 901, 30–34

SCHMITT, M. J., SAO-JOSÉ, C. SANTOS, M. A. (2009): Phages of Yeast and Bacteria, in König, H., Unden, G., Fröhlich, J., siehe Kap. 2, 89–112SCHÜTZ, M., RADLER, F.(1974): Das Vorkommen von Malat-Enzym und Malolactat-Enzym bei verschiedenen Milchsäurebakterien. Arch. Mikrobiol. 96, 329–339

SORRI, T., MIGNOT, O. (1988): Les bacteriophages en oenologie. Bull. OIV 61, 705–716

STEIDL, R., LEINDL, G. (2002): Biologischer Säureabbau. Österr. Agrarverl., Leopoldsdorf, 80 S.

THEOBALD, S., PFEIFFER, T., KÖNIG, H. (2009): Nährstoffansprüche von Wein-relevanten mololaktischen Milchsäurebakterien. Deutsch. Weinb.-Jahrb. 59, 169–176

UGLIANO, M., GENOVESE, A., MOIO, L. (2003): Hydrolysis of wine aroma precursors during malolactic fermentation with four starter cultures of *Oenococcus*. J. Agric. Food Chem. 51, 5073–5078

UNDEN, G., ZAUNMÜLLER, T. (2009): Metabolism of Sugars and Organic Acids by Lactic Acid Bacteria from Wine and Must, in König, H., Unden, G., Fröhling, J., siehe Kap. 2, 135–147

VIDAL, M. T., POBLET, M., CONSTANTI, M., BORDONS, A. (2001): Inhibitory effect of copper and dichlofluanid on *Oenococcus oeni* and malolactic fermentation. Am. J. Enol. Vitic. 52, 223–229

VOLSCHENK, H., VILJOEN-BLOOM, M., STADEN, J. VAN, HUSNIK, J., VUUREN, H. J. J. VAN (2004): siehe Kap. 2

VUUREN, H. J. VAN, DICKS, L. M. (1993): *Leuconostoc oenos*: A review. Am. J. Enol. Vitic. 44, 99–112

WAGNER, K., KREUTZER, P., MAHLMEISTER, K. (1990): SO_2-freie Weine – eine chemische Analyse. Weinwirtsch. Techn. 21–23

WEIAND, J. (2008): Gärstörung: Umgärung mit Zygo oder Lyso. Deutsch. Weinb. Nr. 21, 28–31

WEILLER, H. G., RADLER, F. (1970): Milchsäurebakterien aus Wein und von Rebenblättern. Zbl. Bakt. II 124, 707–732

WEILLER, H. G., RADLER, F. (1972): Vitamin- und Aminosäurebedarf von Milchsäurebakterien aus Wein und von Rebenblättern. Mitt. Klosterneuburg 22, 4–18

WENZEL, K., DITTRICH, H. H., PIETZONKA, B. (1982): Untersuchungen zur Beteiligung von Hefen am Äpfelsäureabbau bei der Weinbereitung. Wein-Wiss. 37, 133–138

Yokomori, Y. 1993: Isolation and characterization of wild yeast which show antibacterial activity and characterization of the activity. Am. J. Enol. Vitic. 44, 121

ZAPPAROLI, G., TOSI, E., AZZOLINI, M., VAGNOLI, P., KRIEGER, S. (2009): Baterial Inoculation strategies for the Achievement of Malolactic Fermentation in High-alcohol Wines. S. Afr. J. Enol. Vitic. 30 (1), 49–55

Kapitel 13: Mikrobielle Qualitätsminderungen

BANDION, F., VALENTA, M. (1977 a): siehe Kap. 4

BANDION, F., VALENTA, M. (1977 b): Zur Beurteilung des D(-) und L(+)-Milchsäuregehaltes in Wein. Mitt. Klosterneuburg 27, 4–10

BARTOWSKY, E. J., XIA, D., GIBSON, R. L., FLEET, G. H., HENSCHKE, P. A. (2003): Spoilage of bottled red wine by acetic acid bacteria. Letters Appl. Microbiol. 36, 307–314

CANAL-LLAUBERES, R. M., DUBOURDIEU, D., RICHARD, B., LOUVAUD-FUNEL, A. (1989): Structure moleculaire du ß-D-glucane exocellulaire de -*Pediococcus* sp. Connaiss. Vigne Vin 23, 49–52

CHANG, S. C., LIN, C. W., JIANG, C. M., CHEN, H. C., SHIH, M. K., CHEN, Y. Y., TSAI, Y. H. (2009): Histamin production by bacilli bacteria, acetic bateria and yeast isolated from fruit wines. LWT Food Sci. Technol. 42 (1), 280 f

CHATONNET, P., DUBOURDIEU, D., BOIDRON, J. N. (1999): siehe Kap. 5

COSTELLO, P. J., LEE, T. H., HENSCHKE, P. A. (2001): Ability of lactic acid bacteria to produce N-heterocycles causing mousy off-flavour in wines. Austral. J. Grape & Wine Res. 7, 160–167

COTON, E. (1998): Histamine-producing lactic acid bacteria in wines: Early detection, frequency and distribution. Am. J. Enol. Vitic. 49, 199–204

DITTRICH, H. H. (1984): Essigstich – Noch immer Weinfehler Nr. 1. Ursachen und Zusammenhänge. Deutsch. Weinb. 39, 1154–1163

DITTRICH, H. H., KERNER, E. (1964): Diacetyl als Weinfehler, Ursache und Beseitigung des Milchsäuretones. Wein-Wiss. 19, 528–535

DOLS-LAFARGUE, M., LONVAUD-FUNEL, A. (2009): Polysaccharide Production by Grape, Must and Wine Microorganisms, in König, H., Unden, G., Fröhlich, J., siehe Kap. 2, 241–258

DRYSDALE, G. S., FLEET, G. H. (1988): Acetic acid bacteria in winemaking: A review. Am. J. Enol. Vitic. 39, 143–154

DU TOIT, M., PRETORIUS, S. (2000): Microbial spoilage and preservation of wine: Using weapons from nature's own arsenal. S. Afr. J. Enol. Vitic. 21, 74–96

EDER, R., BRANDES, W., PAAR, E. (2002): Einfluss von Traubenfäulnis und Schönungsmitteln auf Gehalte biogener Amine in Mosten und Weinen. Mitt. Klosterneuburg 52, 204–217

EDER, R. (Hrsg.) (2000): Weinfehler. E. Ulmer Verl., Stuttg., 192 S.

ESCHENBRUCH, B., DITTRICH, H. H. (1986): Stoffbildungen von Essigsäurebakterien in Bezug auf ihre Bedeutung für die Wein-Qualität. Zbl. Mikrobiol. 141, 279–289

FÄTH, K. P., RADLER, F. (1994): Untersuchung der Aminbildung bei Milchsäurebakterien. Wein-Wiss. 49, 11–16

FUGELSANG, K. C., ZOECKLEIN, B. W. (2003): siehe Kap. 10

GUILLAMÓN, J. M., MAS, A. (2009): Acetic Acid Bacteria, in König, H., Unden, G., Fröhlich, J., siehe Kap. 2, 31–36

HERESZTYN, T. (1986): Formation of substituted tetrahydropyridines by species of *Brettanomyces* and *Lactobacillus* isolated from mousy wines. Am. J. Enol. Vitic. 37, 127–132

HENICK-KLING, T. (1995) siehe Kap. 12

KÖNIG, H. (2008): Bedeutung von biogenen Aminen für die Weinqualität. Der Oenologe Nr. 6, 44–46

LAFON-LAFOURCADE, S., RIBÉREAU-GAYON, P. (1984): Les alternations des vins par les bactéries acétiques et les bactéries lactiques. Connaiss. Vigne Vin 18, 67–82

LAY, H. (2003): Untersuchungen über die Entstehung des Mäuseltons in Wein und Modelllösungen. Mitt. Klosterneuburg 53, 243–250

LEMPERLE, E. (2007): Weinfehler erkennen. Ulmer Verl., Stuttgart, 128 S.

LOUREIRO, V., MALFEITO-FERREIRA, M. (2003): Spoilage yeasts in the wine industry. Int. J. Food Microbiol. 86, 23–50

LÜTHY, J., SCHLATTER, C. (1983): Biogene Amine in Lebensmitteln: Zur Wirkung von Histamin, Tyramin und Phenylethylamin auf den Menschen. Z. Lebensm. Unters. Forsch. 177, 439–443

MANSFIELD, A. K., ZOECKLEIN, B. W., WHITON, R. S. (2002): Quantification of glycosidase activities in selected strains of *Oenococcus oeni* and *Brettanomyces bruxellensis*. Am. J. Enol. Vitic. 53, 303–307

MAYER, K. (1974): siehe Kap. 12

MEUNIER, J. M., BOTT, E. W. (1979): Das Verhalten verschiedener Aromastoffe in Burgunderweinen im Verlauf des biologischen Säureabbaus. Chem. Mikrobiol. Technol. Lebensm. 6, 92–95

MORENO-ARRIBAS, M. V., POLO, M. C., JORGANES, F., MUNOS, R. (2003): Screening of biogenic amine production by lactic acid bacteria isolated from grape must and wine. Int. J. Food Microbiol. 84, 117–123

OELOFSE, A., PRETORIUS, I. S., TOIT, M. DU (2008): Significance of Brettanomyces and Dekkera during Winemaking: A Review. S. Afr. J. Enol. Vitic. 29 (2), 128–144

OELOFSE, A., LONVAUD-FUNEL, DU TOIT, M. (2009): Molecular identification of Brettanomyces bruxellensis strains isolated from red wines and volatile phenol production. Food Microbiol. 26 (4), 377

PFEIFFER, P., KÖNIG, H. (2009): Pyroglutamic Acid: A novel Compound in Wines, in König, H., Unden, G., Fröhlich, J., siehe Kap. 2, 233–240

PORRET, N. A., SCHNEIDER, K., HESFORD, F., GAFNER, J. (2004): Früherkennung unerwünschter Mikroorganismen im Wein: *Brettanomyces bruxellensis*. Schweiz. Z. Obst- u. Weinb. 140 (6), 13–15

POSTEL, W. (1982): Butanol-2 als Beurteilungskriterium bei Wein, Brennwein und Weindestillaten. Deutsch. Lebensm. Rdsch. 78, 211–215

RADLER, F., YANNISSIS, C. (1972): Weinsäureabbau bei Milchsäurebakterien. Arch. Mikrobiol. 82, 219–238

RADLER, F., ZORG, J. (1986): Characterization of the enzyme involved in formation of 2-Butanol from –meso-2,3-Butanediol by lactic acid bacteria. Am. J. Enol. Vitic. 37, 206–210

RIBÉREAU-GAYON, J., PEYNAUD, E., RIBÉREAU-GAYON, P., SUDRAUD, P. (1975), siehe Kap. 12

RIBÉREAU-GAYON, P., DUBOURDIEU, D., DONÈCHE, B., LONVAUD, A. (2000): siehe Kap. 2

RICHTER, H., HAMMANN, I., UNDEN, G. (2003): Use of the mannitol pathway in fructose fermentation of *Oenococcus oeni* due to limiting redox regeneration capacity of the ethanol pathway. Arch Microbiol. 179, 227–233

SCHÜTZ, H., RADLER, F. (1984): Anaerobic reduction of glycerol to 1,3-propandiol by *Lactob. brevis* and *Lactob. buchneri*. Appl. Microbiol. 5, 169–178

SMIT, A. Y., TOIT, W. J. DU, TOIT, M. DU (2008): Biogenic Amines in Wine: Understanding the Headache. S. Afr. J. Enol. Vitic. 29 (2), 109–127

SPONHOLZ, W. R. (2008): Mikroorganismen auf/in Früchten und Brennereirohstoffen, in Back, W., siehe Kap. 2, 261–273

SPONHOLZ, W. R. (1993): Wine spoilage by microorganisms, in FLEET, G. H. (1993 a): siehe Kap 2, 395–420

SPONHOLZ, W. R., DITTRICH, H. H. (1974): siehe Kap. 4

SPONHOLZ, W. R., DITTRICH, H. H. (1979): siehe Kap. 4

SPONHOLZ, W. R., DITTRICH, H. H. (1984): siehe Kap. 4

SPONHOLZ, W. R., DITTRICH, H. H., STRECKER, H. (1974): Die Gärungsnebenproduktbildung einiger für die Weinbereitung wichtiger Hefen. Zbl. Bakt. II 129, 610–616

SPONHOLZ, W. R., DITTRICH, H. H., HAAS, F., WÜNSCH, B. (1981 a): siehe Kap. 4

SPONHOLZ, W. R., DITTRICH, H. H., BARTH, A. (1982): siehe Kap. 10

SPONHOLZ, W. R., BRENDEL, M., PERIADNADI (2004a): Bildung von Zuckersäuren durch Essigsäurebakterien auf Trauben und im Wein. Mitt. Klosterneuburg, 49, 130–143

SPONHOLZ, W. R., BRENDEL, M., PERIADNADI (2004b): Essigsäurebakterien und ihre Bedeutung für die Weinbereitung. Mitt. Klosterneuburg 54, 77–85

UNTERWEGER, H., KOHLER, I., BANDION, F. (1999): Zur Charakterisierung und Beurteilung des Essigstiches bei Wein. Mitt. Klosterneuburg 49, 138–143

VINCENZINI, M., GUERRINI, S., MANGANI, S., GRANCHI, L. (2009): Amino Acid Metabolism and Production of Biogenic Amines and Ethyl Carbamate, in König, H., Unden, G., Fröhlich, J., siehe Kap. 2, 167–180

VUUREN, H. J. VAN, DICKS, L. M. (1993): siehe Kap. 12

WAGNER, K., KREUTZER, P., MAHLMEISTER, K. (1990): siehe Kap. 12

WESENBERG, J., LAUBE, K. (1990): Acrolein-Bildung und Eigenschaften einer bei der ethanolischen Gärung unerwünschten Verbindung. Lebensm. Ind. 37, 156

WISSELINK, H. W., WEUSTHUIS, R. A., EGGINK, G., HUGENHOLTZ, J., GROBBEN, G. J. (2002): Mannitol production by lactic acid bacteria – a review. Int. Dairy J. 12, 151–161

Kapitel 14: Für die Weinqualität wichtige Schimmelpilze

BACH, H. P., HOFFMANN, P., NOBIS, P. (1982): siehe Kap. 11

BARBE, J. C., REVEL, G. DE, PERELLO, M. C., LONVAUD-FUNEL, A., BERTRAND, A. (2001): SO_2, composition of botrytized musts and wines 2: Balance and influence of technological parameters. Revue Franc. Oenolog. (190), 16–21

BERGHOLD, S., EDER, R. (2000): Auswirkungen von Pilzbefall auf die Zusammensetzung von Mosten und Weinen und Calciumgehalte nach chemischer Entsäuerung. Mitt. Klosterneuburg 50, 16–26

DITTRICH, H. H. (1964 a): siehe Kap. 4

DITTRICH, H. H. (1964 b): Zur Vergärung edelfauler und hochkonzentrierter Moste. Wein-Wiss. 19, 169–182

DITTRICH, H. H. (1989): Die Veränderungen der Beereninhaltsstoffe und der Weinqualität durch *Botrytis cinerea* – ein Übersichtsreferat. Wein-Wiss. 44, 105–131

DITTRICH, H. H., BARTH, A. (1962): siehe Kap. 3

DITTRICH, H. H., SPONHOLZ, W. R. (1975): Die Aminosäurenabnahme in *Botrytis*-infizierten Traubenbeeren und die Bildung höherer Alkohole in diesen Mosten bei der Vergärung. Wein-Wiss. 30, 188–210

DITTRICH, H. H., SPONHOLZ, W. R., KAST, W. (1974): Vergleichende Untersuchungen von Mosten und Weinen aus gesunden und *Botrytis*-infizierten Traubenbeeren I. Säurestoffwechsel, Zuckerstoffwechselprodukte, Leucoanthocyangehalte. Vitis 13, 36–49

DITTRICH, H. H., SPONHOLZ, W. R., GÖBEL, H. G. (1975): Vergleichende Untersuchungen von Mosten und Weinen aus gesunden und *Botrytis*-infizierten Traubenbeeren II. – Modellversuche zur Veränderung des Mostes durch *Botrytis*-Infektion und ihre Konsequenzen für die Nebenproduktbildung bei der Gärung. Vitis 13, 336–347

DOLS-LAFARGUE, M., LONVAUD-FUNEL, A. (2009): Polysaccharide Production by Grapes, Must, and Wine Microorganism, in König, H., Unden, G., Fröhlich, J., siehe Kap. 2, 241–258

DONECHE, B. J. (1993): Botrytized wines, in FLEET, G. H.: siehe Kap. 2, 327–351

DUBOURDIEU, D., RIBÉREAU-GAYON, P., FOURNET, B. (1981): Structure of the extracellular ß-D-Glucan from *Botrytis cinerea*. Carbohydr. Res. 93, 294–299

EWART, A. J. W. (1982): *Botrytis*. Its use in the production of a speciality wine. Austral. Grapegrow. -Winem. 19, 24–26

FRANCIOLI, S., BUXADERAS, S., PELLERIN, P. (1999): Influence of *Botrytis cinerea* on the polysaccharide composition of Xarel. 10 musts and cava base wines. Am. J. Enol. Vitic. 50, 456–460

FRÖHLICH, J., HIRSCHHÄUSER, S., PFANNEBECKER, J. (2009): Botrytis-Nachweis per DNA-Fingerprintanalyse. Dtsch. Weinb. Nr. 19, 28–29

GANGL, H., LEITNER, G., TIEFENBRUNNER, W., REDL, H. (2003): Die Induktion von Edelfäule (*Botrytis cinerea* Pers.) mit einer Sporensuspension im Freiland. Mitt. Klosterneuburg 53, 214–222

GENY, L., DARRIEUMERLOU, A., DONÈCHE, B. (2003): Conjugated polyamines and hydroxycinnamic acids in grape berries during *Botrytis cinerea* disease development: differences between „noble rot“ and „grey mould“. Austral. J. Grape & Wine Re-search 9, 102–106

GOTO, S., OGURI, H., YAMAZAKI, M. (1984): Yeast population in botrytised grapes. J. Inst. Enol. Vitic., Yamanashi Univ. 19, 1–5

GROSSMANN, M., SALOMON, A., SPONHOLZ, W. R., KUGLER, D., RAPP, A. (1997): Biological process to defeat the production of harmful compounds during manufacturing of cork stoppers. Proc. 76th General Assembly OIV, Cape Town, S. A.

GROSSMANN, M., SPONHOLZ, W. R., RAUHUT, D. (1999): Isolierung von Kork assoziierten Bakterien und ihr Einfluss auf die Entstehung von Kork-Fehltönen. Jahresber. Forsch. Anstalt Geisenheim 105–107

HESFORD, F., SCHNEIDER, K. (2002): Entstehung des Korktons im Wein. Schweiz. Z. Obst- u. Weinb. 138, 415–417

HOFFMANN, G. (1968): Biochemical changes caused by *Botrytis cinerea* and *Rhizopus nigricans* in grape must. S. Afr. J. Agric. Sci. 11, 335–348

HOLBACH, B., WOLLER, R. (1976): Über den Zusammenhang zwischen Botrytisbefall von Trauben und dem Glycerin- und dem Gluconsäuregehalt von Wein. Wein-Wiss. 31, 202–214

HOLBACH, B., WOLLER, R. (1978): Der Gluconsäuregehalt von Wein und seine Beziehung zum Glyceringehalt. Wein-Wiss. 33, 114–126

JUNG, R., SCHAETER, V., BERND, A., FRITSCH, S., HEY, M., RAUHUT, D. (2008): Die Entfernung von TCA u. TBA aus Wein durch Filtration. Deutsch. Weinb. Nr. 16/17, 36–39

KASSEMEYER, H. H., BERKELMANN-LÖHNERZ, B. (2009): Fungiat Grapes, in König, H. Unden, G., Fröhlich, J., siehe Kap. 2, 61–87

LANDRAULT, N. (2002): Stilben-Oligomere und Astilbin in französischen Weinen und Trauben bei Edelfäule. J. Agric. Food Chem. 50, 2046–2052

LEE, T. H., SIMPSON, R. F. (1993): Microbiology and chemistry of cork taints in wine, in Fleet, G. H. siehe Kap. 2, 353–372

LE ROUX, G., ESCHENBRUCH, R., DE BRUIN, S. I. (1973): The microbiology of south african winemaking VIII. Microflora of healthy and *Botrytis -cinerea* infected grapes. Phytophylactica 5, 51–54

MAJERUS, P., WOLLER, R. (1987): Zum Patulingehalt von Traubenmost und Wein. Lebensm. Chem. Gerichtl. Chem. 41, 8–20

MAJERUS, P., ZIMMER, M. (1995): Trichothecin in Weinen, Traubenmosten und Traubensäften. Ein Problem? Wein-Wiss. 50, 14–18

MAJERUS, P., OTTENEDER, H. (2000): Ochratoxin A in Wein, Fruchtsäften und Würzen. Arch. Lebensm. Hygiene 51, 95–97

MARCHAL, R., TABARY, I., VALADE, M., MONCOMBLE, D., VIAUX, L., ROBILLARD, B., JEANDET, P. (2001): Effects of *Botrytis cinerea* infection on Champagne wine foaming properties. J. Sci. Food Agric. 81, 1371–1378

NELSON, K. E., NIGHTINGALE, M. S. (1959): Studies in the commercial production of natural sweet wines from botrytised grapes. Am. J. Enol. Vitic. 10, 135–141

PALOTTA, U., CASTELLARI, M., PIVA, A., BAUMES, R., BAYONOVE, C. (1998): Effects of *Botrytis cinerea* on must composition of three italian grape varieties. Wein-Wiss. 53, 32–36

PFEIFFER, P., KÖNIG, H. (2009): Pyroglutamic Acid: A Novel Compound in Wines, in König, H., Unden, G., Fröhlich, J., siehe Kap. 2, 233–240

RADLER, F., THEIS, W. (1972): Über das Vorkommen von *Aspergillus*-Arten auf Weinbeeren. Vitis 10, 314–317

REDL, H., KOBLER, A. (1991): Quantitative Veränderungen von Traubeninhaltsstoffen bei klassifizierter *Botrytis*-Sauerfäule. Mitt. Klosterneuburg 41, 177–185

REISS, J. (1998): Schimmelpilze. 2. Aufl., Springer Verl., Berlin, N. Y., Heidelberg, London, Paris, Tokyo, Hongkong, Barcelona, Budapest

RIBÉREAU-GAYON, J., RIBÉREAU-GAYON, P., SEQUIN, G. (1980): *Botrytis cinerea* in enology, in COLEY-SMITH, J. R., VERHOFF, K., JARVIS, W. R.: The biology of *Botrytis*. Acad. Press, London, N. Y., Toronto, Sydney, San Francisco, 251–274

RUDY, H. (2010): Korkgeschmack trotz alternativen Verschlüssen Deutsch. Weinb. Nr. 4, 38–42

SCHANDERL, H. (1959): siehe Kap. 5

SHIMIZU, J., UEHARA, M., WATANABE, M. (1982): Transformation of terpenoids in grape musts by *-Botrytis cinerea*. Agric. Biol. Chem. 46, 1339–1344

SPONHOLZ, W. R. (2002): Maßnahmen gegen den Korkton – Ein Überblick. 13. Intern. Oenol. Symp., Montpellier, T. S. Verl., Neuenburg/Rh., 119–138

SPONHOLZ, W. R., DITTRICH, H. H. (1984): siehe Kap. 4

SPONHOLZ, W. R., DITTRICH, H. H. (1985a): siehe Kap. 4

SPONHOLZ, W. R., DITTRICH, H. H. (1985b): Über die Herkunft von Gluconsäure, 2- und 5-Oxo-Gluconsäure sowie Glucuron- und Galacturonsäure in Mosten und Weinen. Vitis 24, 51–60

SPONHOLZ, W. R., HÜHN, T. (1994): 4,5-Dimethyl-3-hydroxy-2(5H)-furanon (Sotolon), ein *Botrytis*-Indikator?, Wein-Wiss. 49, 37–39

SPONHOLZ, W. R., MUNO, H. (1994): Der Korkton – ein mikrobiologisches Problem? Wein-Wiss. 49, 17–22

SPONHOLZ, W. R., HEUER, C., DITTRICH, H. H. (1990 b): siehe Kap. 3

SPONHOLZ, W. R., ROMANELLI, A., FABRE, S. (2002): Des goûts de bouchon apportés par des bouchons à vis. Objectif 56, Mars, 10–13

SPONHOLZ, W. R., BRENDEL, M., PERIADNADI, (2004a): siehe Kap. 13

SPONHOLZ, W. R., BRENDEL, M., PERIADNADI (2004b): siehe Kap. 13

WAGNER, K., KREUTZER, P., KIRCHNER-NESS, R., DITTRICH, H. H. (1989): Beziehungen zwischen der Konzentration von Inhaltsstoffen fränkischer Traubenmoste und ihrer Qualität. Wein-Wiss. 44, 165–167

WAGNER, K., KREUTZER, P., MAHLMEISTER, K. (1999): Oidiumgeschädigtes Traubengut. Deutsch. Weinb. (22), 20–27

WALLBRUNN, C. V. (2010): Mit infrarotstrahlen Hefen Namen geben. Identifizierung von Hefen mittels Fourier-Transform Infrarotspektroskopie. Campus-Magazin Forsch. Anst. Geisenhm. 2, 1–13

WUCHERPFENNIG, K. (1983): Ameisensäure als Indikator. Lebensm. Technol. 15, 92–94

WUCHERPFENNIG, K., DIETRICH, H. (1983): Bestimmung des Kolloidgehaltes von Weinen. Lebensm. Technol. 15, 246–253

WUCHERPFENNIG, K., DIETRICH, H., FAUTH, R. (1984): Über den Einfluss von Polysacchariden auf die Klärung und Filtrierfähigkeit von Weinen unter besonderer Berücksichtigung des *Botrytis*-Glucans. Deutsch. Lebensm. Rdsch. 80, (2); 38–44

WÜRDIG, G. (1976): Schleimsäure – ein Inhaltsstoff von Weinen aus botrytisfaulem Lesegut. Weinwirtsch. 112, 16–17

YUNOME, H., ZENIBAYASHI, Y., DATE, M (1981 a): Characteristic components of botrytised wine – sugars, alcohols, organic acids and other factors. J. Ferment. Technol. 59, 169–175

YUNOME, H., NISHIMURA, K., MASUDA, M., ZENIBAYASHI, Y., OHKAWA, E. (1981 b): Some neutral volatile compounds of botrytised wine. J. Ferment. Technol. 59, 177–184

Register

Die Autoren und der Verlag haben sich um richtige und zuverlässige Angaben bemüht. Fehler können jedoch nicht vollständig ausgeschlossen werden. Eine Garantie für die Richtigkeit der Angaben kann daher nicht gegeben werden. Haftung für Schäden und Unfälle wird aus keinem Rechtsgrund übernommen.

Bibliografische Information der Deutschen Nationalbibliothek
Die Deutsche Nationalbibliothek verzeichnet diese Publikation in der Deutschen Nationalbibliografie; detaillierte bibliografische Daten sind im Internet über http://dnb.d-nb.de abrufbar.

Bildquellen: Die Zeichnungen fertigte Helmuth Flubacher, Waiblingen, nach Vorlagen der Autoren und aus der zitierten Literatur.

Wollgrasweg 41, 70599 Stuttgart (Hohenheim)
E-Mail: info@ulmer.de
Internet: www.ulmer.de
Lektorat: Inge Henke-Messerschmitt, Helen Haasf
Herstellung: Jonas Thaler, Jürgen Sprenzel
Einbandgestaltung: Atelier Reichert, Stuttgart
Satz: pagina GmbH, Tübingen
Druck und Bindung: Graphischer Großbetrieb Friedrich Pustet GmbH, Regensburg
Printed in Germany

ISBN 978-3-8001-6989-4